工　程　力　学

主　编　金　铮

副主编　张国成　陈　波

主　审　刘桂香

东南大学出版社

·南京·

内 容 简 介

本书是根据教育部提出的高职高专工程力学的教学基本要求和近几年来高职高专教育发展的实际需要，本着优化、适用、适度的原则编写的。

本书共分三篇十五章。第一篇为静力学部分，包括刚体静力学基本概念，物体的受力分析，力系的简化，力系的平衡，物体的重心与形心；第二篇为运动力学部分，包括质点的运动，刚体的基本运动，质点和刚体的动力学分析基础，动能定理；第三篇为材料力学部分，包括四种基本变形下的外力、内力、应力、变形的分析和强度刚度设计，组合变形，压杆稳定和动载荷分析。

本书可作为高职高专院校、成人高等教育的土木类、机械类、近机类、非机类各专业的教材，也可作为工程技术人员的参考资料。

图书在版编目(CIP)数据

工程力学/金铮主编. --南京：东南大学出版社，2010.7

ISBN 978-7-5641-2310-9

Ⅰ.①工… Ⅱ.①金… Ⅲ.①工程力学—高等学校：技术学校—教材 Ⅳ.①TB12

中国版本图书馆 CIP 数据核字(2010)第 128478 号

工程力学

出版发行 东南大学出版社
出 版 人 江 汉
网 址 http://press. seu. edu. cn
电子邮件 press@seu. edu. cn
社 址 南京市四牌楼 2 号
邮 编 210096
电 话 025-83793191(发行) 025-57711295(传真)
经 销 全国新华书店
印 刷 江苏兴化印刷有限责任公司印刷
开 本 787mm×1092mm 1/16
印 张 15
字 数 381 千字
版 次 2010 年 7 月第 1 版
印 次 2010 年 7 月第 1 次印刷
书 号 ISBN 978-7-5641-2310-9
印 数 1—4000 册
定 价 26.00 元

前　言

现代高职高专教育越来越突出职业技能培养的教育目标，教学内容逐渐向着强化实训和实践，以及理论知识以“必需够用”为度的方向发展。工程力学作为一门技术基础课程，教学课时再次减少，教学内容则需进一步精选。为了适应高职高专教育发展的需要，本书由具有丰富教学经验的一线教师在总结“工程力学”课程教学改革成果的基础上，精心编写而成。本书的编写以简明为宗旨，以必需与够用为原则，以培养、提高学生分析问题和解决问题的能力为目的，在加强基础理论的同时，密切联系工程实际，以适应高级技能型人才培养的目标和要求。本书可作为高等职业教育院校土木类、机械类、近机类等专业“工程力学”课程的教材，也可供工程技术人员参考。

本书分为三部分：第一部分为静力学（第一章～第四章）；第二部分为运动力学（第五～第七章）；第三部分为材料力学（第八章～第十五章）。静力学部分以受力分析为要点，以平面力系的简化和平衡问题求解为重点，以空间力系为扩展，培养学生在工程模型上分析和解决工程中静力学问题的能力。运动力学部分主要介绍质点及刚体的基本运动，研究质点和刚体的运动规律，分析产生运动的原因，建立物体的运动与作用在物体上的力的相互关系，培养学生分析和解决运动模型上的质点以及刚体的运动力学问题的能力。材料力学部分，着重掌握四种基本变形，可根据课时安排与教学要求介绍组合变形、压杆稳定和动载荷等内容。该部分内容编排从内力分析入手，以应力应变为主线，以材料和构件的失效分析为目标，以解决工程构件的强度分析和刚度分析为目的。培养学生分析和解决工程中的强度、刚度问题的能力以及掌握有关的材料力学基础知识。本书力求使读者通过学习，掌握力系分析和力系简化的方法，掌握利用力系的平衡条件解决工程实际中的平衡问题的求解，从而进一步掌握对构件进行强度、刚度及稳定性方面的分析与计算。

本书由金铮担任主编，张国成、陈波任副主编。其中第一、二、三、四章由张国成编写，第五、七章由陈波编写，第六、十四、十五章由马春卉编写，第八、九、十、十一、十二、十三章和附录由金铮编写。全书由刘桂香担任主审。在本书的编写过程中，得到了东南大学李兆霞教授、何小元教授的热情帮助和指导，并参考了部分工程力学、理论力学和材料力学方面的教材，在此一并表示感谢。限于编者水平有限，疏漏和欠妥之处在所难免，恳请读者批评指正。

编　者

2010 年 3 月

目　录

第三篇　材料力学

绪 论

工程力学主要包括理论力学和材料力学中的基础和经典部分。第一篇、第二篇我们学习理论力学中有关内容,第三篇我们学习材料力学中有关内容。现在我们先来初步认识工程力学。

一、工程力学的性质、内容和任务

工程力学是研究物体机械运动一般规律以及构件承载能力的一门学科。

理论力学是研究物体机械运动一般规律的一门学科。所谓机械运动,就是物体在空间的位置随时间而改变,它包括物体的相对运动和相对静止。材料力学则是研究构件承载能力的一门学科。

本教材分为静力学、运动力学和材料力学三个部分。

静力学——它的任务是研究刚体在力系作用下的平衡规律。主要内容包括三方面:物体的受力分析;力系的等效与简化;力系的平衡条件与平衡方程及其工程应用。

运动力学——它包括运动学与动力学。运动学的任务是研究物体运动的几何量(如轨迹、速度、加速度、角速度、角加速度和时间)之间的关系,提出对刚体和质点进行运动分析的一般方法。主要内容包括:质点的运动和刚体的基本运动。动力学的任务是研究刚体和质点的受力与其运动状态变化之间的关系。

材料力学——它的任务是对杆类构件或零件在外力作用下进行静力学的强度、刚度和稳定性的基本原理与计算的研究,并为构件选择合理的截面形状与尺寸提供依据。

二、工程力学的研究对象

工程力学研究的对象往往比较复杂,在实际问题中,常常要抓住一些本质的主要因素,略去次要因素,从而抽象成为力学模型作为研究对象。当物体的运动范围比它本身的尺寸要大得多时,我们可把物体看成只有质量而形状和大小可以忽略的质点。物体在力的作用下会发生变形,如果这种变形在所研究的问题中可以不予考虑,则可把该物体当作不变形的物体——刚体。质点和刚体是两种最基本的力学模型。当变形不能忽略时,就要将物体当成变形体来处理。一般来说,任何物体都可以看成是由无数质点组成的,这种质点的集合称为质点系。因此工程力学的研究对象为质点、刚体、质点系和变形体。

三、工程力学的课程地位

工程力学的定律、定理与结论广泛应用于机械、交通、纺织、轻工、化工、石油等工程技术之中,这是众所周知的事实。从而,工程力学是一门与工程技术联系极为紧密的技术基础课，是机械类及近机类专业的主干专业基础课。

四、学习工程力学的基本要求与方法

工程力学来源于实践，因此，进行现场观察和实验是认识力学规律必不可少的环节。学习本课程时，必须大量地观察实际生活中的力学现象，并学会用力学基本知识去解释这些现象。这就要求我们会利用原有的直接经验与感性认识对所学的理论进行对照、检验、分析。除此而外，正在学习工程力学课程的学生还应该掌握下面的学习方法：

(1) 工程力学系统性较强，应注意到各部分内容有较紧密的联系，学习中还要用到物理及高等数学的有关知识。

(2) 要注意深入体会和理解基本概念、基本理论和基本方法，决不能满足于背公式、记结论。要注意分析问题的思路和解决问题的方法。要善于思考、善于发现问题并利用所学知识去解决问题。

(3) 课前应预习，做到听课时有所侧重；课后应复习，加深对新学内容的理解。在复习理解的基础上，再做一定量的作业。

综上所述，作为未来的工程技术人员，不仅要学好工程力学的基本内容，还要掌握好工程力学的研究方法。只有这样，才能在建设具有中国特色的社会主义的过程中，作出较大的贡献。

第一篇

静 力 学

第一章　静力学基础知识与物体的受力分析

工程静力学研究的是刚体在力系作用下的平衡规律。它包括确定研究对象、进行受力分析、简化力系、建立平衡条件以及求解未知量等内容。

静力学研究的物体抽象为刚体。所谓刚体，是指在力的作用下其大小和形状都不变的物体。刚体是一种抽象的力学模型，在实践中并不存在。所谓平衡是指物体相对于地面保持静止或做匀速直线运动。平衡是物体各种运动状态的特殊情形，是相对的。力系是指作用在物体上的一组力。如果物体在力系的作用下保持平衡，则该力系称为平衡力系；若两力系分别对同一物体的作用效果相同，则二力系等效，互称为等效力系；若力系与一力等效，则此力称为该力系的合力。所谓力系的简化就是用简单的力系代替复杂的力系。

第一节　力的概念

一、力的定义及表示方法

力的概念来自于人们的实践，在日常劳动或生活中推、拉、提、举物体时，肌肉会产生紧张的感觉，渐渐地就有了对力的感性认识，大量的感性认识经过科学的抽象概括，形成了力的概念。**力是物体之间的相互机械作用。这种作用对物体产生两种效应，其一是使物体的空间位置和运动状态发生变化，称为外效应；其二是使物体的形状发生改变，称为内效应。**理论力学研究物体受力以后的外效应，材料力学研究物体受力以后的内效应。

在理解力的概念时，特别要强调“机械作用”。如果物体之间的作用不是机械作用，那么产生的就不是力，而是其他形式的热或能量。如果物体之间只有相互接触而没有机械作用，则也不会产生力。同时，谈到力时，必须指明相互作用的两个物体。

力对物体的作用效应，决定于力的三要素：①力的大小；②力的方向；③力的作用点。这三要素中，任何一个要素的改变都会改变对物体的作用效应。

按照国际单位制的规定，力的单位用牛顿(N)或千牛顿(kN)。

力既有大小又有方向，是一种矢量。和其他矢量一样，力通常用有向线段来表示。如图 1.1 所示，线段长度 AB 按照一定的比例表示力的大小；线段的箭头表示力的方向；线段的起始点(或终点)表示力的作用点。本书中，矢量用黑体字母表示，所以经常用一黑体字母来表示一个力，如 **F**、**N**、**R**、**S** 等。在力的表达式中，也可以用带箭头的字母来表示，如 $\vec{F}$、$\vec{N}$ 等。

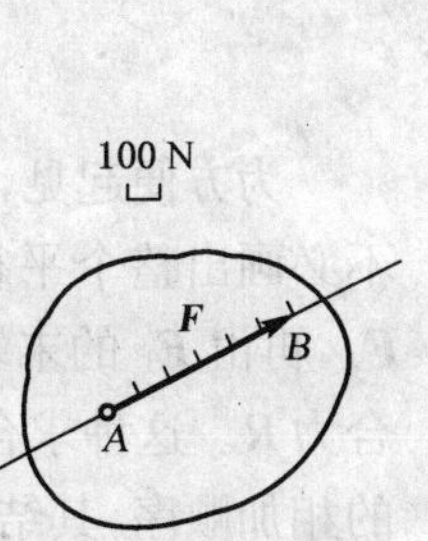

图 1.1

二、力的四个基本公理

人们经过长期的生产实践和科学实验的积累，总结出以下几条力的公理。所谓公理就是指不需要理论证明但是符合客观现实的真理。

公理一　二力平衡公理

作用于刚体上的两个力使刚体处于平衡状态的充要条件是：这两个力大小相等、方向相反，且作用在同一条直线上。

公理二　加减平衡力系公理

在作用于刚体的任意力系上，加上或者减去一个平衡力系，都不会改变原力系对刚体的作用效应。由此可得如下推论：

推论一　力的可传性原理

刚体上的力可沿其作用线移到该刚体内的任意位置，并不改变该力对该刚体的作用效应。

证明　设力 $\boldsymbol{F}$ 作用在刚体上的 A 点，如图 1.2 所示，在力 $\boldsymbol{F}$ 的作用线上任选一点 B，在 B 点上加上一对平衡力 $\boldsymbol{F}_1$ 和 $\boldsymbol{F}_2$ 使 $\boldsymbol{F}_1=-\boldsymbol{F}_2=\boldsymbol{F}$，将平衡力系 $\boldsymbol{F}$、$\boldsymbol{F}_2$ 减去，则 $\boldsymbol{F}_1$ 与 $\boldsymbol{F}$ 等效。相当于力 $\boldsymbol{F}$ 已由 A 点沿作用线移到 B 点。

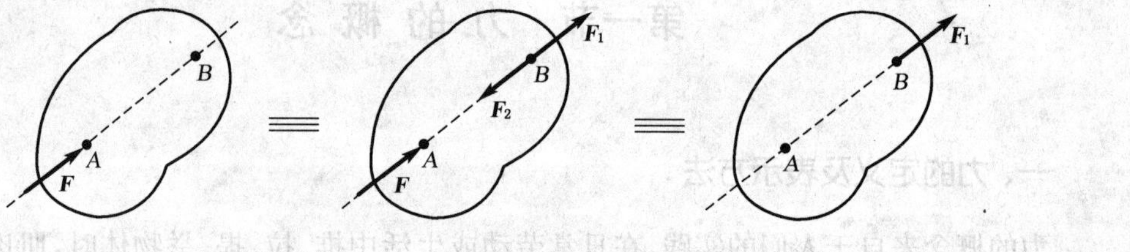

图 1.2

由此可见，力的作用点对刚体来说已不是决定力作用效应的要素。因此，作用于刚体上的力的三要素是力的大小、方向和作用线。由此也可知，作用于刚体上的力是滑移矢量。

公理三　力的平行四边形法则

作用于物体上同一点的两个力可以合成为一个合力。合力的作用点仍在该点，合力的大小和方向由这两个力为邻边所构成的平行四边形的对角线来确定，如图 1.3(a)所示。其矢量表达式为：

$$\boldsymbol{R}=\boldsymbol{F}_1+\boldsymbol{F}_2 \qquad (1\text{-}1)$$

为方便起见，在利用矢量加法求合力时，可不必画出整个平行四边形，而是从 A 点作矢量 $\boldsymbol{F}_1$，再由 $\boldsymbol{F}_1$ 的末端 B 作矢量 $\boldsymbol{F}_2$，则矢量 $\overrightarrow{AC}$ 即为合力 $\boldsymbol{R}$。这种求合力的方法称为力的三角形法则，如图 1.3(b)所示。显然，若改变 $\boldsymbol{F}_1$、$\boldsymbol{F}_2$ 的相加顺序，其结果不变。

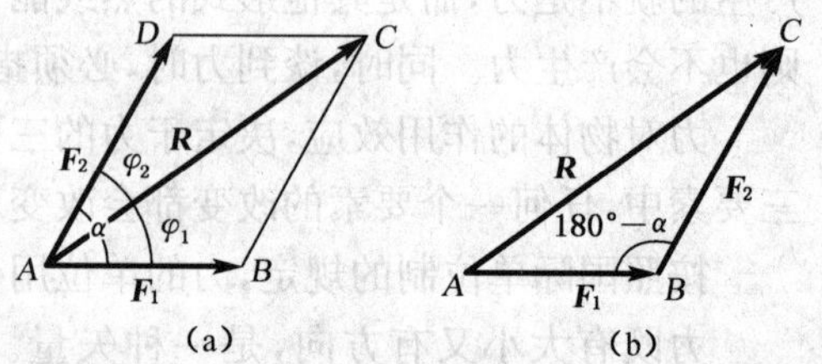

图 1.3

力的平行四边形法则是力系合成的法则，也是力系分解的法则。该法则表明了最简单力系简化的规律，它也是复杂力系简化的基础。

如有多个力在同一平面上作用于同一点(平面汇交力系),则连续应用力的平行四边形法则总能得到该平面汇交力系的合力;而连续应用力的三角形法则,如图 1.4 所示,将 $\boldsymbol{F}_1$、$\boldsymbol{F}_2$、$\boldsymbol{F}_3$、$\boldsymbol{F}_4$ 首尾相连,形成一条折线,连接首尾两点,即从 $\boldsymbol{F}_1$ 的始端指向 $\boldsymbol{F}_4$ 的末端,可得合力的大小和方向,此法称为力的多边形法则,得到的图形为力多边形。如果最后的力多边形自行封闭,则说明该平面汇交力系为一平衡力系。

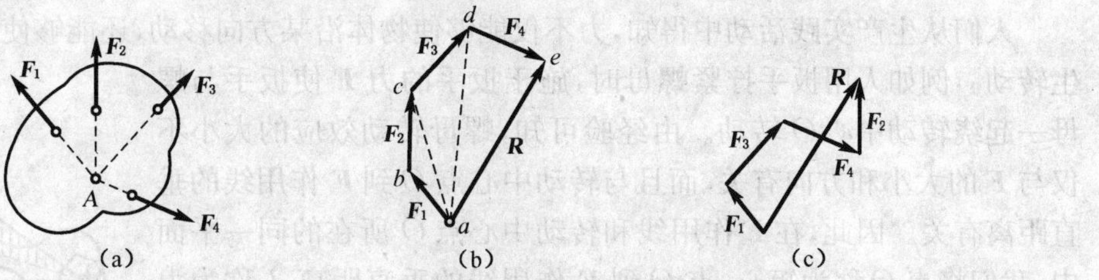

图 1.4

由力的多边形法则求得的合力 $\boldsymbol{R}$,其作用点仍为各力的汇交点,而且合力 $\boldsymbol{R}$ 的大小和方向与相加的次序无关。如有 n 个力,求合力的矢量表达式为

$$\boldsymbol{R} = \boldsymbol{F}_1 + \boldsymbol{F}_2 + \cdots + \boldsymbol{F}_n = \sum \boldsymbol{F} \tag{1-2}$$

由于连续利用力的平行四边形法则计算合力比较麻烦,用力的多边形法则计算合力误差较大,实际中常用解析法求合力(详见第二章第一节)。

推论二　三力平衡汇交定理

刚体受三个共面但互不平行的力作用而平衡时,此三力必汇交于一点。

此定理说明了三个共面但互不平行的力平衡的必要条件,而且,当两个力的作用线相交时,可用来确定第三个力的作用线方位。如果刚体同时受三个力作用而平衡且已知有两个力平行时,则可肯定第三个力也与它们平行。

证明　设在刚体上三点 A、B 和 C 分别作用有同平面的三个力 $\boldsymbol{F}_1$、$\boldsymbol{F}_2$ 和 $\boldsymbol{F}_3$,其互不平行,且为平衡力系,如图 1.5 所示。根据力的可传递性,将 $\boldsymbol{F}_1$ 和 $\boldsymbol{F}_2$ 移到汇交点 O,根据力的平行四边形法则,得合力 $\boldsymbol{R}$,则力 $\boldsymbol{F}_3$ 与 $\boldsymbol{R}$ 平衡,$\boldsymbol{F}_3$ 与 $\boldsymbol{R}$ 必共线,所以力 $\boldsymbol{F}_3$ 必通过 $\boldsymbol{F}_1$ 与 $\boldsymbol{F}_2$ 的交点 O。

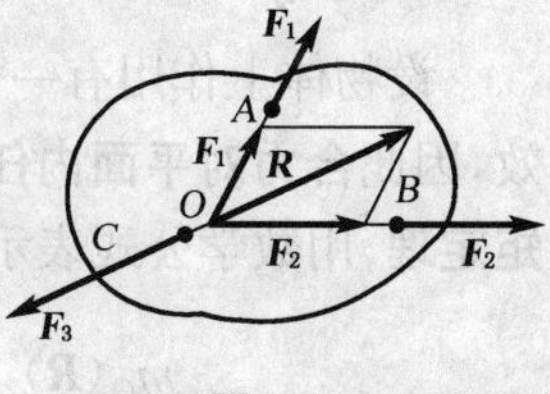

图 1.5

公理四　作用与反作用公理

两物体间的作用力与反作用力,总是大小相等、方向相反、沿同一条直线,分别作用在这两个物体上。

此定律概括了自然界中物体间相互作用关系,表明一切力总是成对出现的,揭示了力的存在形式和力在物体间的传递方式。

特别要注意的是,必须把作用与反作用定律与二力平衡公理严格地区分开来。作用与反作用定律是表明两个物体相互作用的力学性质,而二力平衡公理则说明一个刚体在两个力作用下处于平衡时两力满足的条件。

第二节　力对点之矩

一、力矩的概念

人们从生产实践活动中得知，力不仅能够使物体沿某方向移动，还能够使物体绕某点产生转动。例如人用扳手拧紧螺母时，施于扳手的力 $\boldsymbol{F}$ 使扳手与螺母一起绕转动中心 O 转动。由经验可知，螺母转动效应的大小不仅与 $\boldsymbol{F}$ 的大小和方向有关，而且与转动中心点 O 到 $\boldsymbol{F}$ 作用线的垂直距离有关。因此，在 $\boldsymbol{F}$ 作用线和转动中心点 O 所在的同一平面内，我们将点 O 称为矩心，点 O 到 $\boldsymbol{F}$ 作用线的垂直距离 d 称为力臂，如图 1.6 所示。**力使物体绕转动中心的转动效应，就用力 $\boldsymbol{F}$ 的大小与力臂 d 的乘积并冠以适当的正负号来度量。该量称为力对 O 点之矩，简称力矩，记作 $m_O(\boldsymbol{F})$，即**

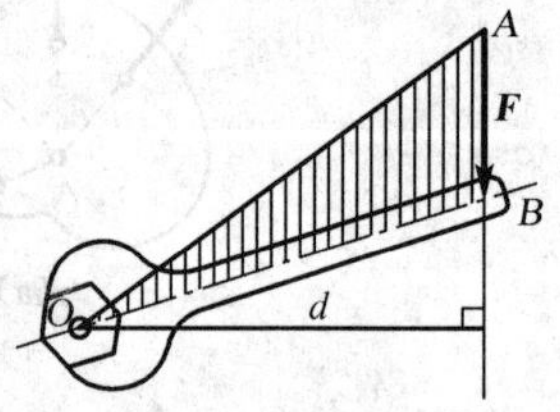

图 1.6

$$m_O(\boldsymbol{F}) = \pm Fd \tag{1-3}$$

式中正负号规定为：若力使物体绕矩心逆时针方向转动时，则力矩为正；反之，力矩为负。力矩的常用单位为 N·m 或 kN·m。

由力矩的定义可知：

(1) 力对点之矩的大小，不仅取决于力的大小，还与力的作用线到矩心的位置有关。

(2) 力对任意点之矩的大小，不因该力的作用点沿其作用线移动而改变。

(3) 力的作用线通过矩心时，力矩为零。

二、合力矩定理

设物体上作用有一个平面汇交力系 $\boldsymbol{F}_1$、$\boldsymbol{F}_2$、…、$\boldsymbol{F}_n$，其合力为 $\boldsymbol{R}$。由于合力与力系等效，**因此合力对平面内任意点之矩等于力系中所有分力对同一点之矩的代数和，这就是合力矩定理，**用数学公式表示即为

$$m_O(\boldsymbol{R}) = m_O(\boldsymbol{F}_1) + m_O(\boldsymbol{F}_2) + \cdots + m_O(\boldsymbol{F}_n) = \sum m_O(\boldsymbol{F}) \tag{1-4}$$

对于有合力的其他形式的力系，在以后各章的研究中会发现，合力矩定理对其他形式的力系同样成立。

当力矩的力臂不易求出时，常将力正交分解为两个易确定力臂的分力，然后应用合力矩定理计算力矩。

例 1-1　试计算图 1.7 中力 $\boldsymbol{F}$ 对 A 点之矩。

解　本题有两种解法。

解法一：由力矩定义计算。

$$m_A(\boldsymbol{F}) = Fd = F(a\sin\alpha - b\cos\alpha)$$

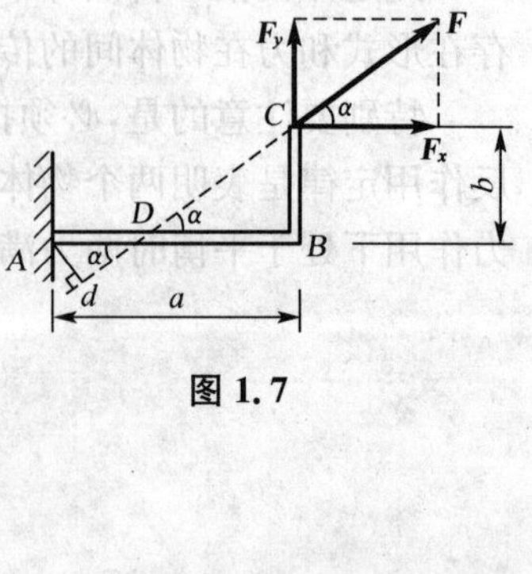

图 1.7

解法二：由合力矩定理计算。

将力 $\boldsymbol{F}$ 在 C 点分解为正交的两个分力，由合力矩定理可得

$$m_A(\boldsymbol{F}) = m_A(\boldsymbol{F}_x) + m_A(\boldsymbol{F}_y) = -F_x b + F_y a = F(a\sin\alpha - b\cos\alpha)$$

本例两种解法结果相同。显然当力臂不易确定时用第二种方法比较简单。

第三节　力　偶

一、力偶与力偶矩

在人们的生活和实践中，经常会见到两个大小相等、方向相反、作用线相互平行但不共线的两个力作用在同一个物体上。例如：司机用两手驾驶汽车时作用在方向盘上的力(见图1.8(a))；工人使用丝锥用双手攻丝时加在丝锥把手上的力(见图1.8(b))。**力学上把这一对等值、反向、不共线的两个平行力称为力偶，用符号($\boldsymbol{F}$, $\boldsymbol{F}'$)表示。**力偶两力作用线之间的垂直距离 d 称为力偶臂，如图1.9所示。力偶的两力作用线所决定的作用面称为力偶作用面。力偶使物体转动的方向称为力偶的转向。实践证明，**力偶只能使物体转动，力偶对物体的转动效应，可用力偶中的力与力偶臂的乘积再冠以适当的正负号来确定，称为力偶矩，记作$m(\boldsymbol{F}, \boldsymbol{F}')$或简写为 m，**即

$$m(\boldsymbol{F}, \boldsymbol{F}') = m = \pm Fd \tag{1-5}$$

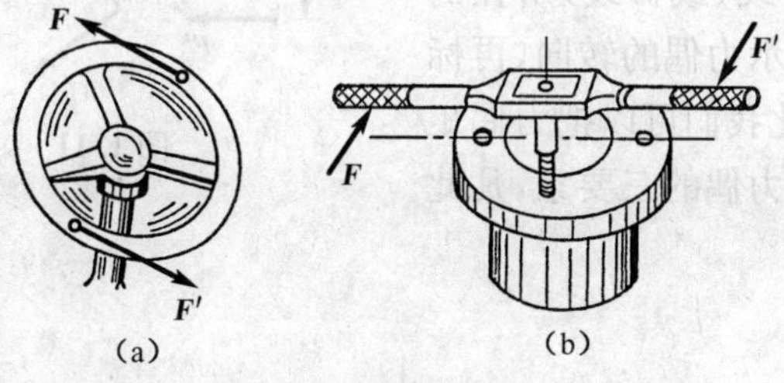

图 1.8

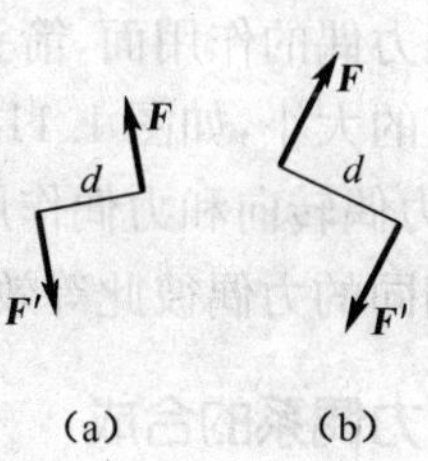

图 1.9

力偶矩与力矩一样是一个代数量。式中的正负号表示力偶的转向，通常规定，**力偶的转向为逆时针时取正，反之取负。**力偶矩的单位是 N·m 或 kN·m。

二、力偶的性质

1. 力偶只能使物体转动而不能使物体平动。

力可以使物体产生平动，也可以使物体产生转动。而力偶只能使物体转动而不能使物体平动。

2. 力偶无合力，力偶不能用一个力来代替。

力偶是一个基本力学元素。

力偶在任意轴上投影的代数和为零，故不能合成为一个力，也不能与一个力等效。力偶的这一性质说明了力偶不能与一个力相互平衡，只能与一个力偶平衡。可见，力与力偶是静力学的两个基本要素。

3. 力偶对其作用面上任意点之矩，恒等于力偶矩，而与矩心位置无关。

力偶对其作用面内任意点之矩，恒等于其力偶矩，而与矩心的位置无关。如图 1.10 所示，已知力偶$(\boldsymbol{F}, \boldsymbol{F}')$的力偶矩为$m(\boldsymbol{F}, \boldsymbol{F}')=Fd$，在力偶作用平面内任取一点$O$为矩心，设$O$点到力$\boldsymbol{F}$的垂直距离为$x$，则$(\boldsymbol{F}, \boldsymbol{F}')$对$O$之矩的代数和为：

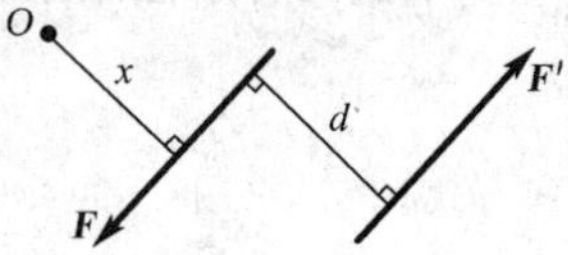

$$
\begin{aligned}
m_O(\boldsymbol{F})+m_O(\boldsymbol{F}') &= -Fx+F'(x+d) \\
&= m(\boldsymbol{F}, \boldsymbol{F}')
\end{aligned}
\qquad (1\text{-}6)
$$

图 1.10

显然，力偶矩$m(\boldsymbol{F}, \boldsymbol{F}')$与$x$无关，即与矩心无关。

4. 力偶的等效性：同一平面内的两个力偶，如果它们的转向相同，力偶矩的大小相等，则两个力偶等效。

推论 1：只要保持力偶的转向和力偶矩的大小不变，力偶可以在其作用面内任意转动和移动，而不改变它对刚体的作用效应。这一性质说明力偶对物体的作用效应与力偶在作用面内的位置无关。

推论 2：在保持力偶矩大小和转向不变的情况下，可以任意改变力偶中的力的大小和力偶臂的长短，而不会改变对物体的转动效应。

根据力偶的等效性，只要保持力偶矩的大小和转向不变，可以同时改变力偶中力的大小和力偶臂的长短，而不会改变力偶对刚体的作用效应。这一性质说明了力偶中的力或力偶臂都不是力偶的特征量，只有力偶矩才是力偶作用的度量参数。因此，力偶常用一带箭头的折线（或弧线）来表示，其中折线（或弧线）所在的平面代表力偶的作用面，箭头的指向表示力偶的转向，再标注力偶矩的大小，如图 1.11 所示。因此我们可以把力偶矩的大小、力偶转向和力偶作用面归结为力偶的三要素，凡此三要素相同的力偶彼此等效。

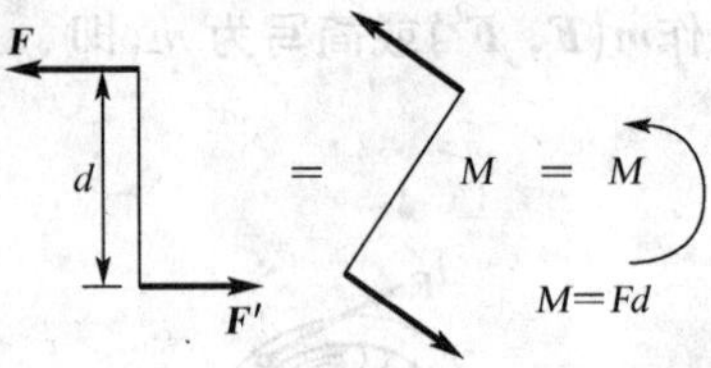

图 1.11

三、力偶系的合成

当两个或两个以上的力偶M_1、M_2、…、M_n在某平面内对一物体作用时即组成平面力偶系，记为平面力偶系(M_1、M_2、…、M_n)。从上面的力偶性质可知，力偶对刚体只产生转动效应，且转动效应的大小完全取决于力偶矩的大小和转向，那么，力偶系可以简化，其简化结果也应是一个力偶。力偶系简化所得到的结果称为力偶系的合力偶。可以证明，**合力偶矩的大小等于各个分力偶矩的代数和**，即

$$
M=m_1+m_2+\cdots+m_n=\sum m \qquad (1\text{-}7)
$$

第四节　约束与约束反力

在实际工程中，我们所遇到的物体通常分为两种：一种是不受任何限制，可向一切方向运动的物体，称为自由体，例如飞行的飞机、炮弹、飞鸟等；另一种是受其他物体的限制，沿着

某些方向不能运动的物体，称为非自由体。

限制非自由体运动的其他物体，称为该非自由体的约束。例如图 1.12 中，灯是非自由体，绳子是灯的约束。

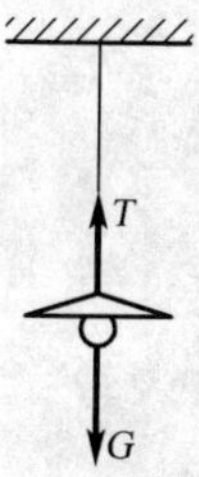

图 1.12

在实际中我们把能使物体产生运动或运动趋势的力称为主动力，例如重力、载荷、牵引力等。非自由体在主动力的作用下，将产生运动或运动趋势。此时，如果非自由体沿某个方向或几个方向的运动受到约束的限制，则该非自由体将给约束一定的作用力，同时约束也必将给非自由体一定的反作用力，我们把这个反作用力称为约束反力。显然，主动力企图使物体运动，而约束反力则限制物体的运动。如图 1.12 中，绳子限制了灯的向下运动。

约束反力的方向与物体被限制的运动方向或运动趋势方向相反。

下面介绍工程中常见的几种约束及确定相应的约束反力方向的方法。

一、柔索约束

由柔软的绳索、链条、胶带等柔性物体所构成的约束称为柔索约束。柔索约束只能限制**物体沿柔索伸长方向的运动**，而不能限制其他方向的运动，所以柔索约束的**约束反力的方向总是沿柔索中心线方向且背离被约束的物体**，即为拉力，通常用符号 $\boldsymbol{T}$、$\boldsymbol{F}$、$\boldsymbol{F}_{\mathrm{T}}$ 等表示，如图 1.13 与图 1.14 所示。

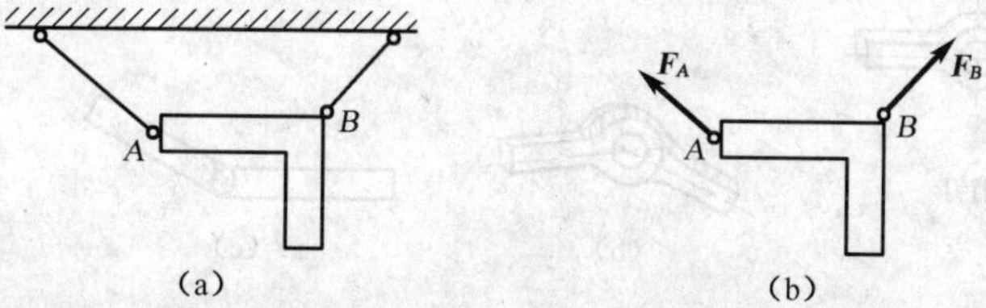

图 1.13

图 1.14

二、光滑接触面约束

当物体之间以刚性的点、线、面形式接触且认为两物体接触面之间的摩擦很小，可以忽略不计时，则构成光滑接触面约束。光滑面约束的接触方式有多种(如：平面与平面；平面与曲面；曲面与曲面等)，但光滑面对被约束物体在过接触点处的公切面内任意方向的运动不加限制，同时也不限制物体沿接触面处的公法线脱离接触面，但限制物体沿该公法线方向进入约束内部，因此，光滑接触面约束的**约束反力必沿接触面处的公法线指向被约束物体**，常用符号 $\boldsymbol{N}$、$\boldsymbol{F}$、$\boldsymbol{F}_{\mathrm{N}}$ 等表示，如图 1.15 所示。

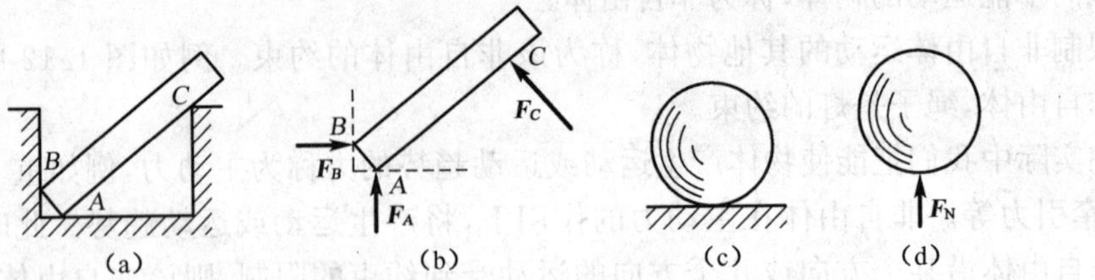

图 1.15

三、光滑圆柱铰链约束

工程中，**将两个物体用圆柱形销钉连接起来，接触处的摩擦忽略不计，受约束的两个物体都只能绕销钉轴线转动，销钉对被约束的物体沿垂直于销钉轴线的方向的移动形成的约束称为光滑圆柱铰链约束**。这类约束，根据连接物体的形状、位置及作用，可以分为以下几种形式。

1. 中间铰链约束

如图 1.16(a)所示，1、2 分别是带圆孔的两个物体，用销钉将 1、2 两个物体连接起来，便构成了中间铰链约束，如图 1.16(b)所示，简图通常用图 1.16(c)表示。

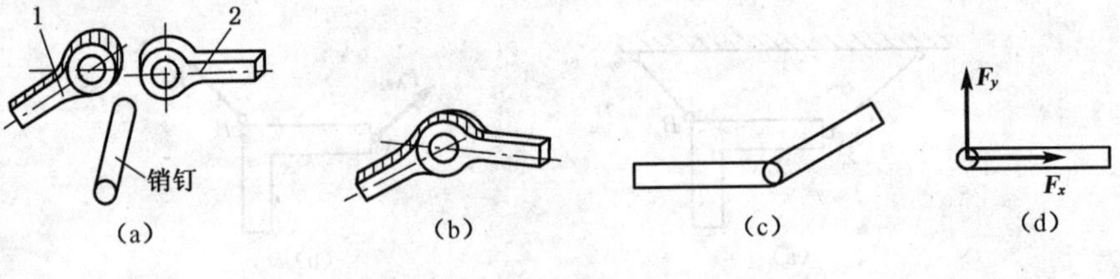

图 1.16

由于销钉与物体之间的接触面是光滑的，在主动力的作用下，销钉与物体产生局部接触，本质上是属于光滑接触面约束。但由于主动力的方向不能预先确定引起接触点也不确定，所以约束反力的方向也不能预先确定。在**力学中常以正交的两个分力 F_x、F_y(或用 R_x、R_y 等)来代替方向不能确定的约束反力**，如图 1.16(d)所示。

2. 固定铰链支座约束

如图 1.17(a)所示，将中间铰链结构中物体 1 换成支座，且与固定机架或支承面连接起来，则构成固定铰链支座约束，简图通常用图 1.17(b)表示。**约束反力的方向与中间铰链约束反力画法相同**，如图 1.17(c)所示。

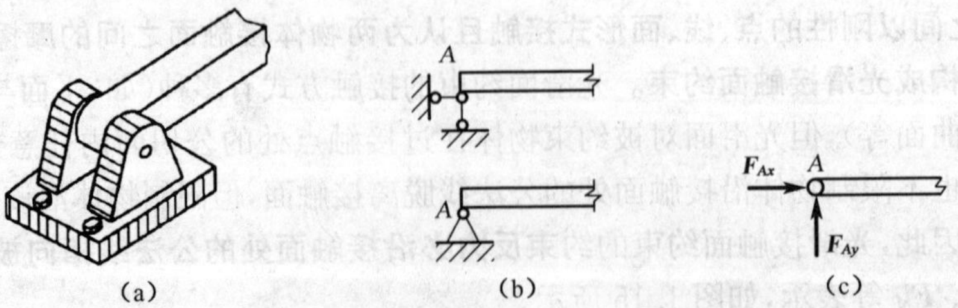

图 1.17

3. *活动铰链支座约束*

将固定铰链支座底部安放若干个滚子，并与支承面连接起来，则构成活动铰链支座约束，又称辊轴支座约束，如图 1.18(a)所示。活动铰链支座常见于桥梁、屋架等结构中，简图通常用图 1.18(b)表示。由于活动铰链支座只能限制物体沿支承面垂直方向的移动，不能限制物体沿支承面方向的运动和绕销钉轴线的转动。因此**活动铰链支座约束的约束反力垂直于支承面**，如图 1.18(c)所示。

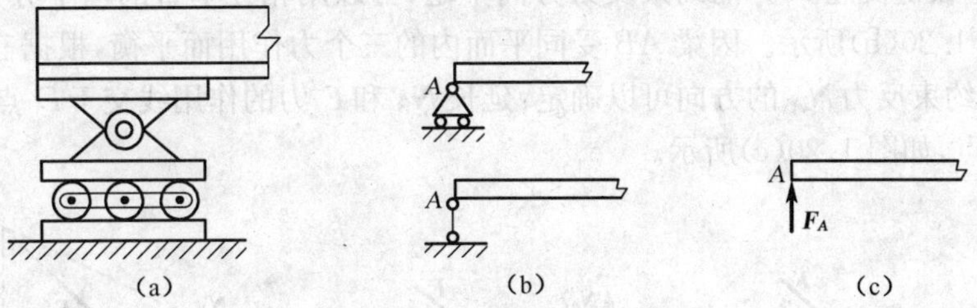

图 1.18

四、固定端约束

物体的一部分固嵌于另一物体所构成的约束，称为固定端约束，如图 1.19(a)所示。这种约束不仅限制了物体沿任何方向的平动，也限制了物体在约束处的转动。如建筑物中的阳台、跳水用的跳台等都是固定端约束的实例。所以**固定端约束用两个正交的约束分力 F_x、F_y（或用 R_x、R_y 等）来表示固定端约束对物体移动的限制，用 m 表示固定端约束对物体转动的限制**，如图 1.19(b)所示。

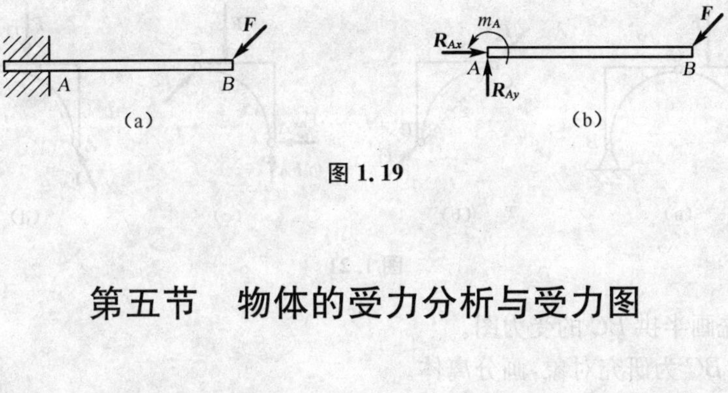

图 1.19

第五节　物体的受力分析与受力图

在实际工程中，无论是结构还是受力情况都是比较复杂的。为了清楚地表达出某个物体的受力情况，必须将它从与其相联系的周围物体中分离出来，成为人为的自由体，称为分离体。分离的过程就是解除约束的过程，在解除约束的地方用相应的约束反力来代替约束。在分离体上画上物体所受的全部主动力和全部约束反力，这样得到的图称为受力图。

画受力图的步骤一般为：

(1) 明确研究对象，画分离体。

(2) 在分离体上画出全部主动力。

(3) 在分离体上画出全部约束反力。

下面举例说明受力图的画法。

例 1-2 梁 AB，A 端为固定铰链支座，B 端为活动铰链支座，梁的中间 C 处作用一力 $\boldsymbol{F}$，如图 1.20(a)所示，梁重不计。试分析梁的受力情况。

解 (1) 以梁 AB 为研究对象，画分离体。

(2) 画上主动力 $\boldsymbol{F}$(载荷)。

(3) 画出全部约束反力。活动铰链支座 B 处约束反力 $\boldsymbol{N}_B$ 的方向垂直向上且通过铰链的中心。固定铰链支座 A 处的约束反力方向不定，可以用相互垂直的两个分力 $\boldsymbol{N}_{Ax}$ 和 $\boldsymbol{N}_{Ay}$ 来表示，如图 1.20(b)所示。因梁 AB 受同平面内的三个力作用而平衡，根据三力平衡汇交定理，A 处的约束反力 $\boldsymbol{N}_A$ 的方向可以确定：延长 $\boldsymbol{N}_B$ 和 $\boldsymbol{F}$ 力的作用线交于 D 点，则 $\boldsymbol{N}_A$ 作用线必通过 D 点，如图 1.20(c)所示。

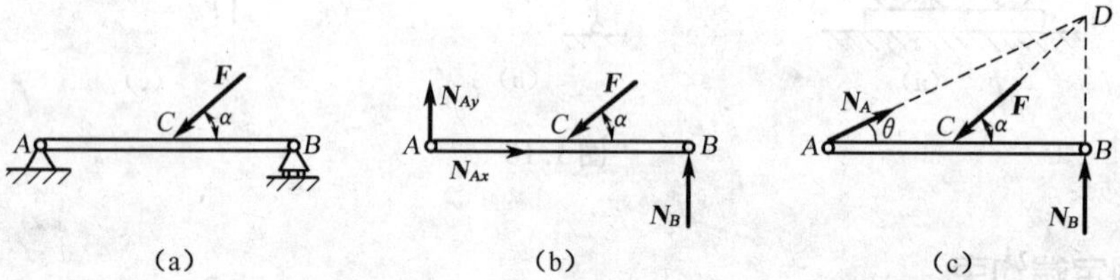

图 1.20

有时，我们研究的问题是由几个物体组成的一个系统，称为物体系或物系。下面说明物体系受力图的画法。

例 1-3 如图 1.21(a)所示的三铰拱桥，由左、右两半拱铰接而成。自重不计，在半拱 AC 上作用一载荷 $\boldsymbol{F}$。试分别画出半拱 AC 和 BC 的受力图。

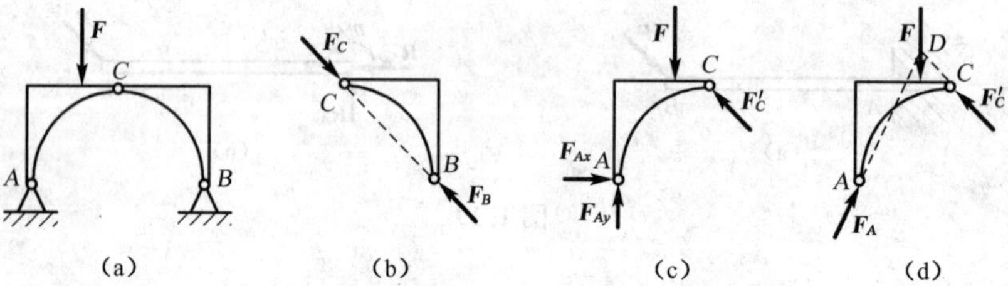

图 1.21

解 (1) 先画半拱 BC 的受力图。

① 以半拱 BC 为研究对象，画分离体。

② 半拱 BC 上没有主动力。

③ 在 B、C 处受到铰链的约束反力 $\boldsymbol{F}_B$、$\boldsymbol{F}_C$ 的作用。考虑到半拱 BC 只在 B、C 两点受力，根据二力平衡公理，B、C 两点的力 $\boldsymbol{F}_B$ 和 $\boldsymbol{F}_C$ 必定等值、反向、在一直线上。$\boldsymbol{F}_B$、$\boldsymbol{F}_C$ 的方向可根据实际情况而定，如图 1.21(b)所示。

在力学中，我们把只受两个力作用而平衡的构件，称为二力杆。它所受的两个力必定等值、反向、在一直线上，如图 1.21(b)中的 BC 杆。在实际中，两端用铰链连接，中间没有受到载荷，而自重不计的构件往往都是二力杆。

(2) 再画半拱 AC 的受力图。

① 以半拱 AC 为研究对象，画分离体。

② 画上主动力 $\boldsymbol{F}$。

③ 画约束反力：铰链 C 处的约束反力可根据作用力与反作用力的关系画出 $\boldsymbol{F}'_C=-\boldsymbol{F}_C$；铰链 A 处的约束反力可以用 $\boldsymbol{F}_{Ax}$ 和 $\boldsymbol{F}_{Ay}$ 来表示，如图 1.21(c)所示；也可以用三力平衡汇交定理确定 $\boldsymbol{F}_A$ 的方向，如图 1.21(d)所示。

例 1-4　组合梁由梁 AB 和 BC 在 B 处铰接而成，所受的载荷和约束如图 1.22(a)所示。自重不计，试分别作出梁 AB、BC 的受力图及整体的受力图。

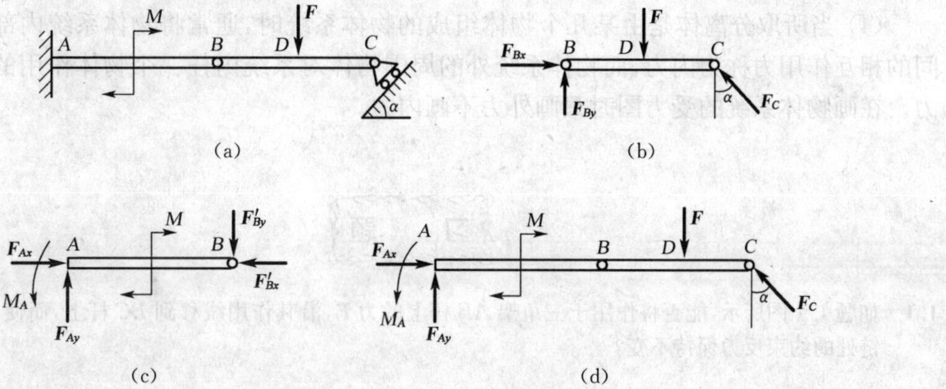

图 1.22

解　(1) 先作梁 BC 的受力图。

① 取梁 BC 为研究对象，画梁 BC 的分离体。

② 画出作用在梁 BC 上的主动力。梁 BC 在 D 点受主动力 $\boldsymbol{F}$ 作用，方向铅直向下。

③ 画出作用在梁 BC 上的约束反力。活动铰链支座 C 的反力 $\boldsymbol{F}_C$ 垂直于支承面，故与铅垂线成 α 角；梁 AB 通过铰链 B 对梁 BC 的反力则可用两个正交分力 $\boldsymbol{F}_{Bx}$、$\boldsymbol{F}_{By}$ 表示，或用三力平衡汇交定理确定铰链 B 约束反力的方向。梁 BC 的受力图如图 1.22(b)所示。

(2) 再作梁 AB 的受力图。

① 取梁 AB 为研究对象，画梁 AB 的分离体。

② 画出作用在梁 AB 上的主动力。梁 AB 受主动力偶 M 作用，转向为顺时针方向。

③ 画出作用在梁 AB 上的约束反力。梁 BC 通过铰链 B 对梁 AB 的反力是 $\boldsymbol{F}'_{Bx}$、$\boldsymbol{F}'_{By}$ 它们与 $\boldsymbol{F}_{Bx}$、$\boldsymbol{F}_{By}$ 的方向相反。固定端 A 的约束作用可用两正交分力 $\boldsymbol{F}_{Ax}$、$\boldsymbol{F}_{Ay}$ 和反力偶 M_A 表示。梁 AB 的受力图如图 1.22(c)所示。

(3) 再作整体梁 ABC 的受力图。

① 取梁 ABC 为研究对象，解除梁 ABC 上的全部约束，即取分离体。

② 画出作用在梁 ABC 上的主动力。即主动力 $\boldsymbol{F}$ 和主动力偶 M。

③ 画出作用在梁 ABC 上的约束反力。由于梁没有拆分开，所以铰链 B 处的力就是物体间的内力。内力在作受力图时不用画出，只要画出物体系的外力即可。所以我们只要画出作用在固定端 A 的约束反力和可动铰链支座 C 上的约束反力即可。梁 ABC 整体的受力图如图 1.22(d)所示。

综合以上几例，我们可以总结在画受力图时应注意以下几个方面：

(1) 在画每一个约束反力时,一定要明确是哪个物体施加的,不要多画力、少画力或随意移动力。

(2) 要熟练使用规定的字母和符号,标记各个约束反力,对作用力和反作用力一般用相同的字母,反作用力加一个上标"′"。在画相邻两物体间作用力与反作用力的方向时,若其中一个力的方向已经明确或假定,则另一个力的方向应随之而定。

(3) 运用二力平衡公理或三力平衡汇交定理确定某些约束反力。凡是二力构件必须按二力平衡公理来画约束反力;当物体受三个共面但不平行的力作用处于平衡时,已知其中两力作用线的交点,第三个力为未知的约束反力,则此约束反力的作用线必通过此交点。

(4) 当所取分离体是由某几个物体组成的物体系统时,通常将物体系统内部各物体之间的相互作用力称为内力,而物体系统外的周围物体对系统内任一个物体作用的力称为外力。在画物体系统的受力图时只画外力不画内力。

习 题

1.1 如题 1.1 图所示,能否将作用于三角架 AB 杆上的力 $\boldsymbol{F}$,沿其作用线移到 BC 杆上,而使 A、B、C 铰链处的约束反力保持不变?

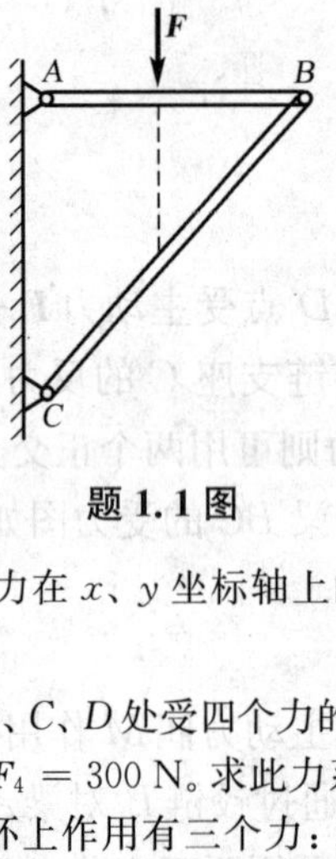

题 1.1 图

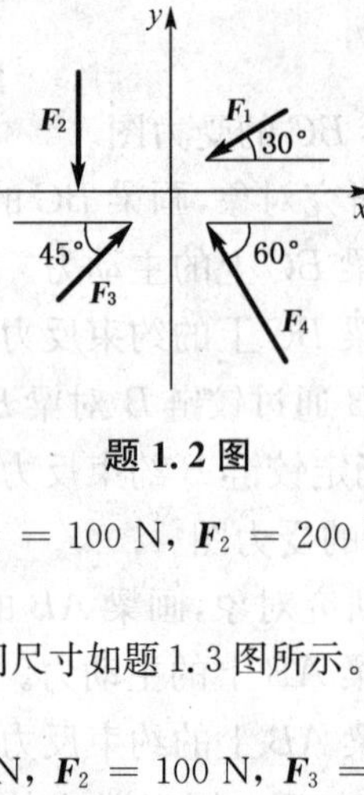

题 1.2 图

1.2 求题 1.2 图中所示各力在 x、y 坐标轴上的投影。$\boldsymbol{F}_1 = 100$ N,$\boldsymbol{F}_2 = 200$ N,$\boldsymbol{F}_3 = 200$ N,$\boldsymbol{F}_4 = 300$ N。

1.3 铆接薄钢板在孔 A、B、C、D 处受四个力的作用,孔间尺寸如题 1.3 图所示。已知:$\boldsymbol{F}_1 = 50$ N,$\boldsymbol{F}_2 = 100$ N,$\boldsymbol{F}_3 = 150$ N,$\boldsymbol{F}_4 = 300$ N。求此力系的合力。

1.4 如题 1.4 图所示的吊环上作用有三个力:$\boldsymbol{F}_1 = 300$ N,$\boldsymbol{F}_2 = 100$ N,$\boldsymbol{F}_3 = 400$ N。试求这三个力的合力。

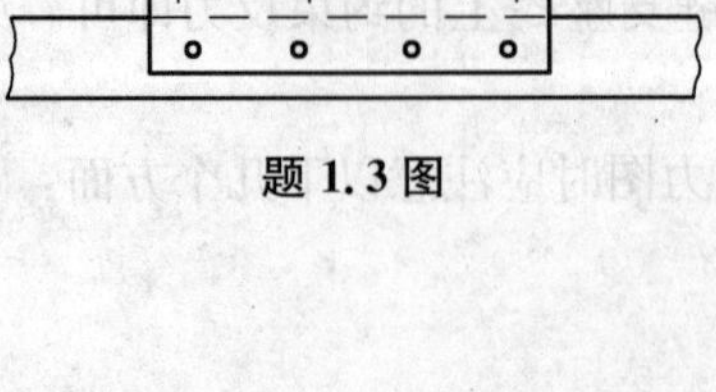

题 1.3 图

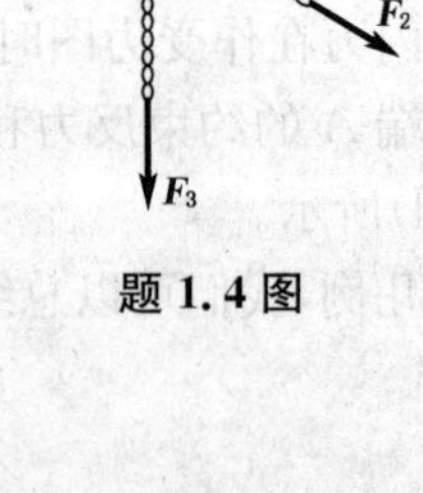

题 1.4 图

1.5　计算题 1.5 图所示各图中力 $\boldsymbol{F}$ 对 O 点的矩。

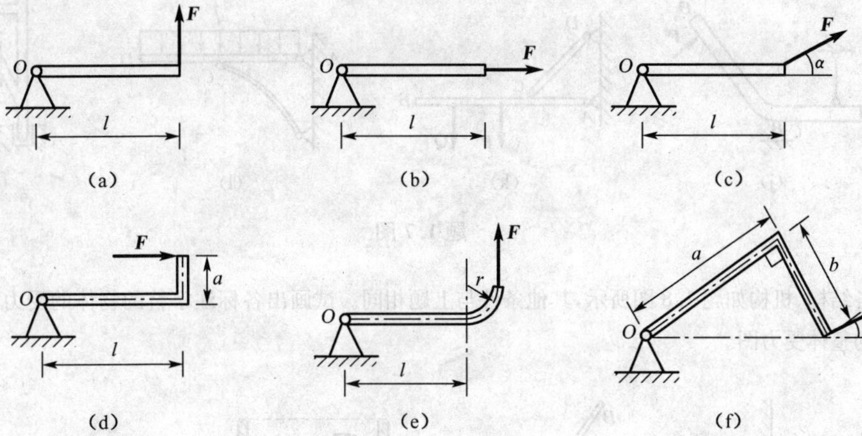

题 1.5 图

1.6　力偶不能用力来平衡，为什么题 1.6 图中的轮子却能平衡呢？

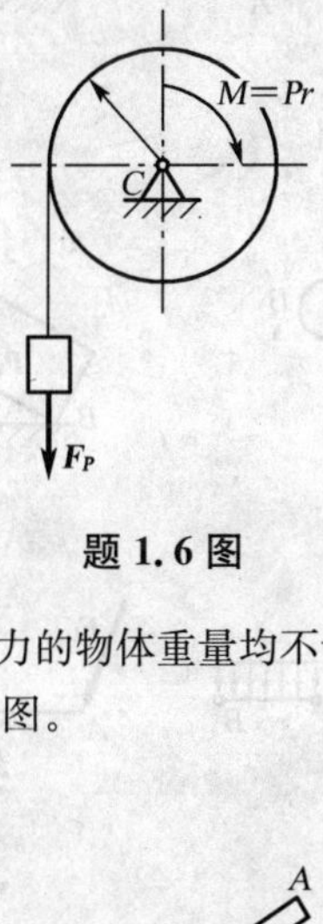

题 1.6 图

1.7　已知各结构、机构如图，图中未画出重力的物体重量均不计，所有接触均为光滑接触。试画出各图中物体 A、ABC 或物体 AB、CD 的受力图。

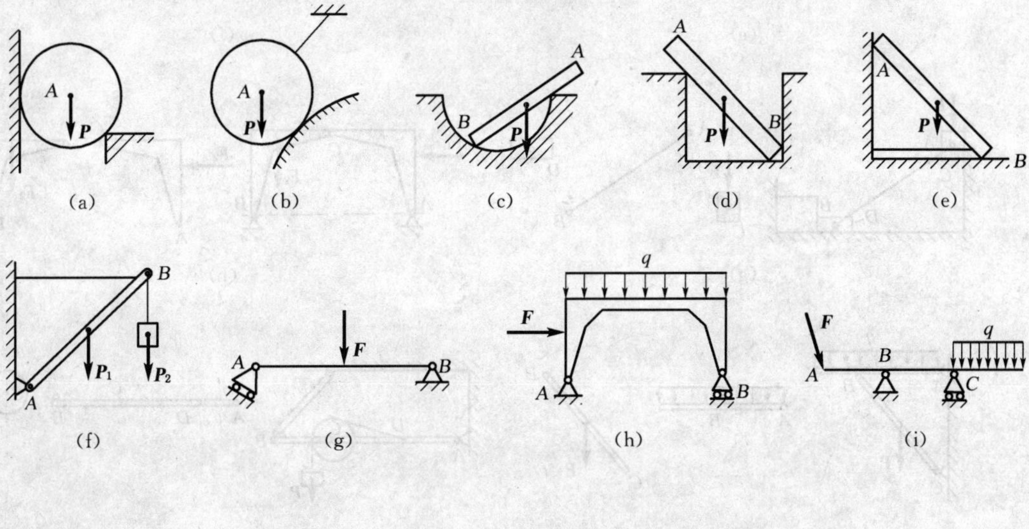

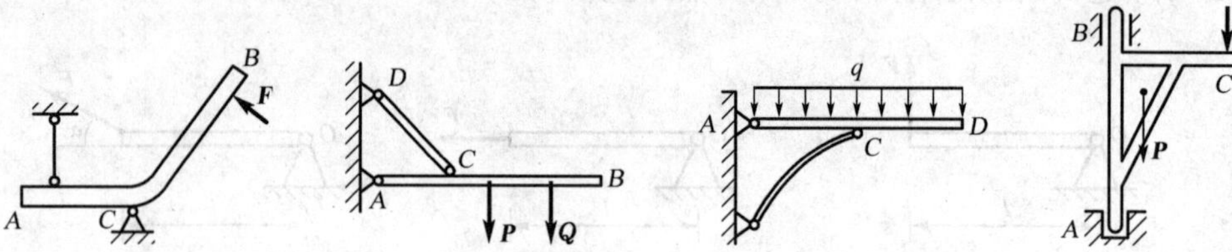

(j)　　　　(k)　　　　(l)　　　　(m)

题 1.7 图

1.8 已知各结构、机构如题 1.8 图所示，其他条件与上题相同。试画出各标注字符的物体的受力图，及各小题的整体受力图。

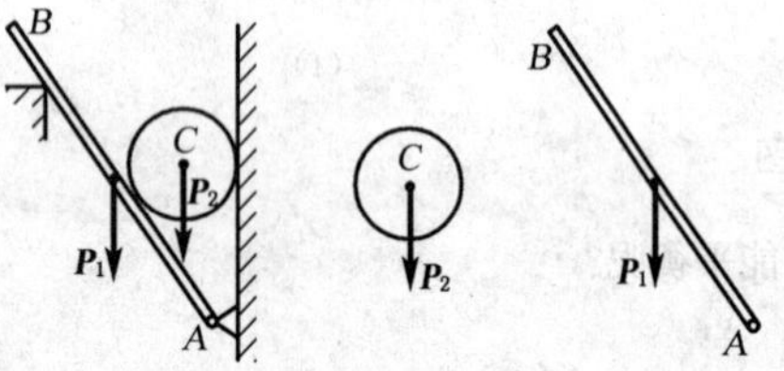

(a)

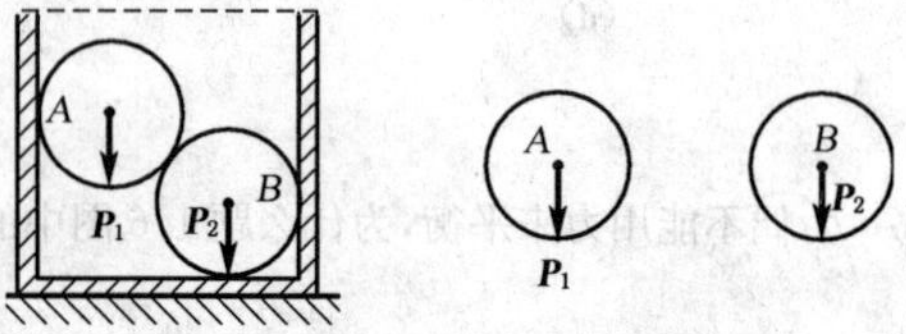

(b)

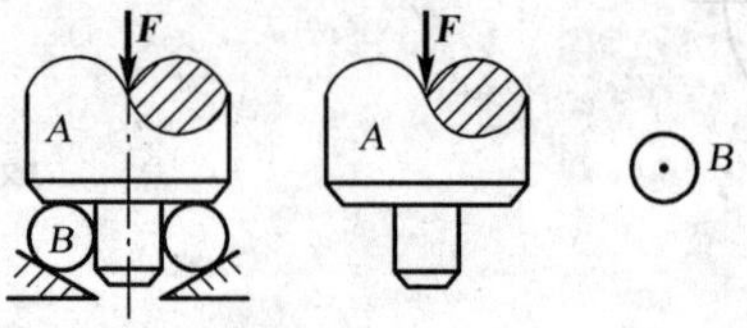

(c)

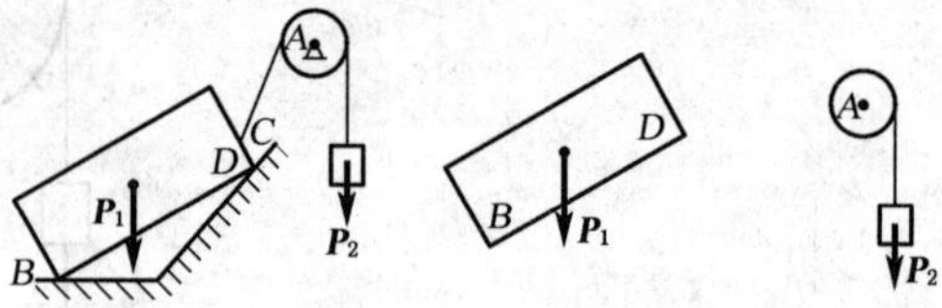

(d)

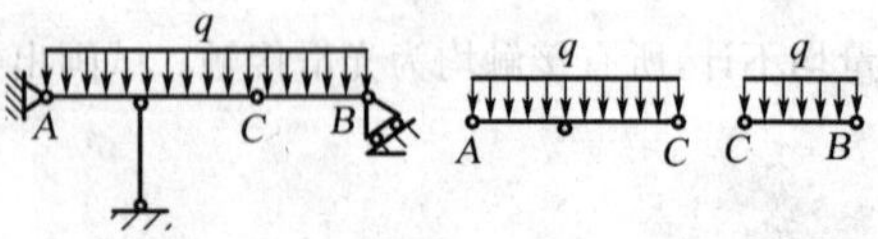

(e)

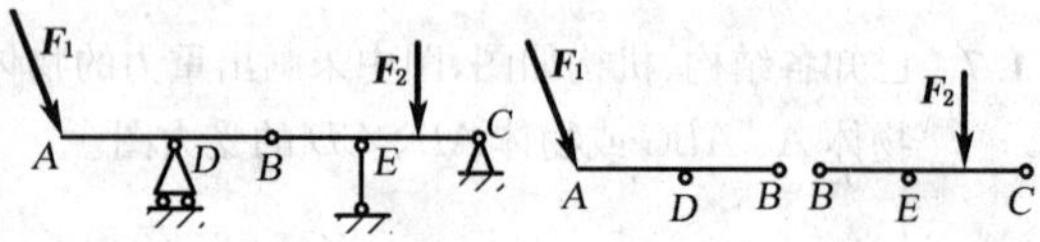

(f)

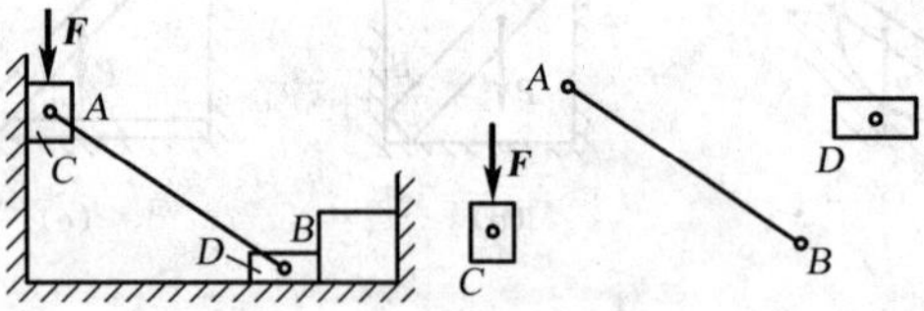

(g)

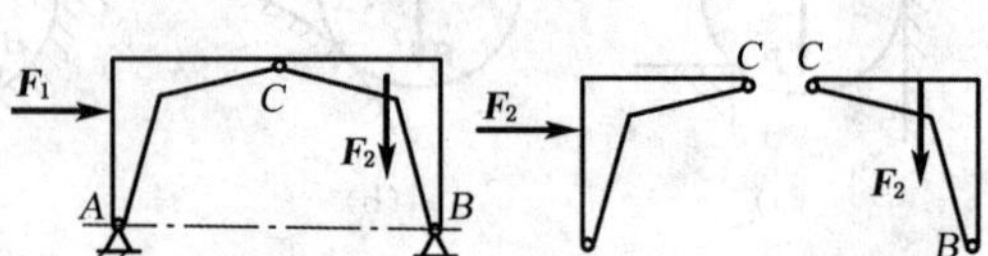

(h)

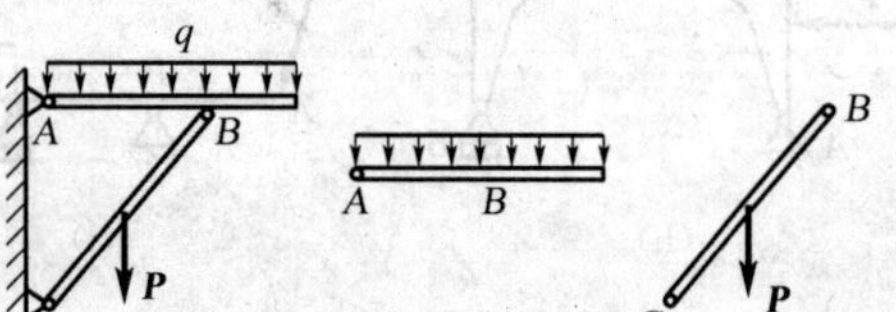

(i)

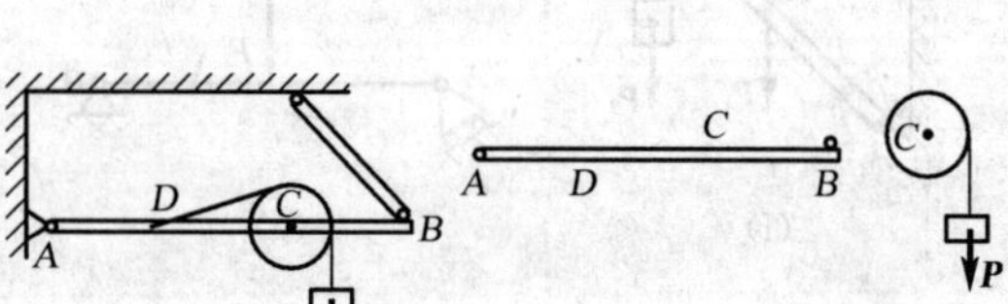

(j)

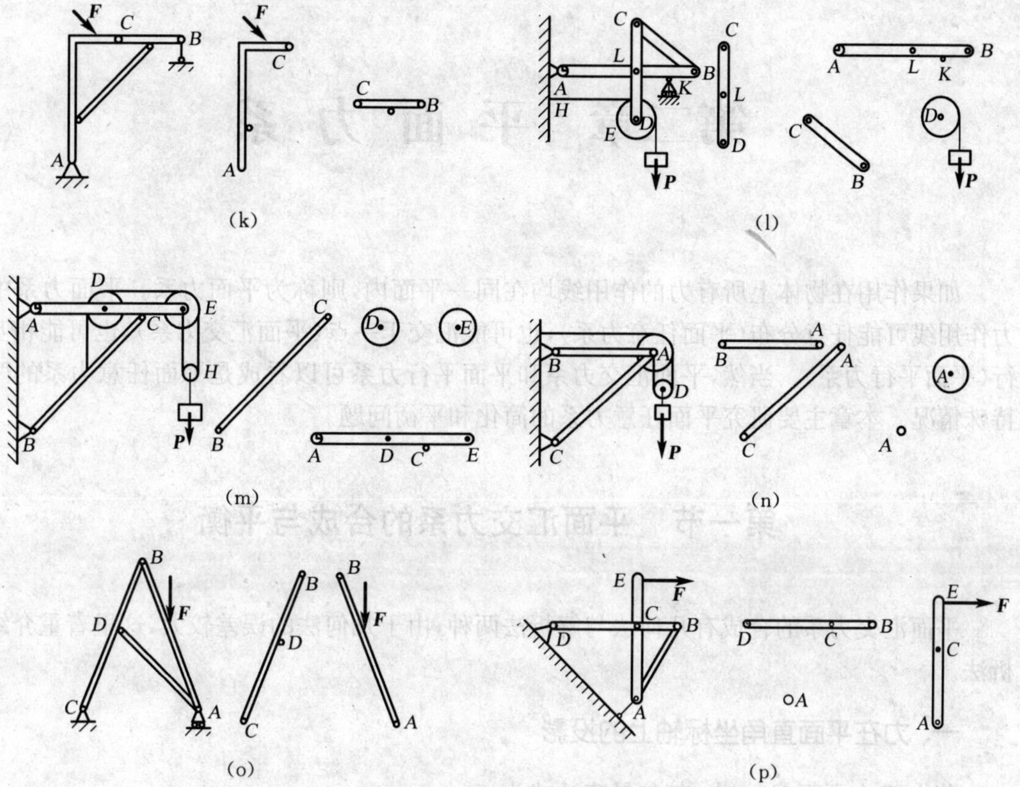

题 1.8 图

第二章　平面力系

如果作用在物体上所有力的作用线均在同一平面内，则称为平面力系。平面力系中各力作用线可能任意分布（平面任意力系），也可能汇交于一点（平面汇交力系），也可能相互平行（平面平行力系）。当然，平面汇交力系和平面平行力系可以看成是平面任意力系的两种特殊情况。本章主要研究平面任意力系的简化和平衡问题。

第一节　平面汇交力系的合成与平衡

平面汇交力系的合成有几何法与解析法两种，由于几何法的误差较大，这里着重介绍解析法。

一、力在平面直角坐标轴上的投影

若力 $\boldsymbol{F}$ 在平面 Oxy 内，其矢量表达式为：

$$\boldsymbol{F}=\boldsymbol{F}_x+\boldsymbol{F}_y=F_x\boldsymbol{i}+F_y\boldsymbol{j} \tag{2-1}$$

式中，$\boldsymbol{F}_x$、$\boldsymbol{F}_y$ 分别表示力 $\boldsymbol{F}$ 沿平面直角坐标轴 x、y 方向上的两个分量；F_x 和 F_y 分别为力 $\boldsymbol{F}$ 在平面直角坐标轴 x、y 上的投影；$\boldsymbol{i}$、$\boldsymbol{j}$ 分别为直角坐标轴 x、y 上的单位矢量。

投影的正负号规定如下：若从 a 到 b 的方向与 x 轴正向一致，则取正号；反之则取负号。

如图 2.1 所示，力 $\boldsymbol{F}$ 在 x 轴和 y 轴的投影分别为：

$$\begin{cases}F_x=F\cos\alpha\\F_y=-F\sin\alpha\end{cases} \tag{2-2}$$

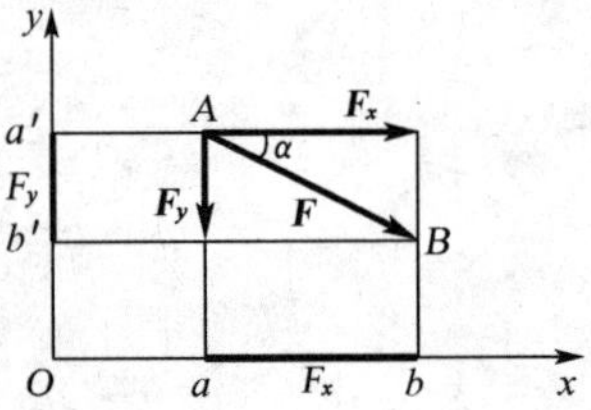

图 2.1

若已知力 $\boldsymbol{F}$ 在平面直角坐标轴上的投影 F_x 和 F_y，则该力的大小和方向为：

$$\begin{cases}F=\sqrt{F_x^2+F_y^2}\\\tan\alpha=\left|\dfrac{F_y}{F_x}\right|\end{cases} \tag{2-3}$$

式中 α 表示力 $\boldsymbol{F}$ 与 x 轴所夹的锐角，$\boldsymbol{F}$ 的指向由 F_x 和 F_y 的正负来确定。

应当注意，力在轴上的投影是代数量，而分力是矢量，不可把它们混同起来。

二、合力投影定理

力系的合力在某一直角坐标轴上的投影等于力系中各分力在同一轴上投影的代数和，

此即为合力投影定理。

证明　设一平面汇交力系 $\boldsymbol{F}_1$、$\boldsymbol{F}_2$、$\boldsymbol{F}_3$、$\boldsymbol{F}_4$ 作用于刚体上，其力多边形 $abcde$ 如图 2.2 所示，其封闭边 ae 表示该力系的合力 $\boldsymbol{R}$。在力多边形平面内取一坐标系 Oxy，将所有的力都投影到 x 轴和 y 轴上，得

$$R_x = a_1e_1,\ F_{1x} = a_1b_1,\ F_{2x} = b_1c_1,$$

$$F_{3x} = c_1d_1,\ F_{4x} = d_1e_1$$

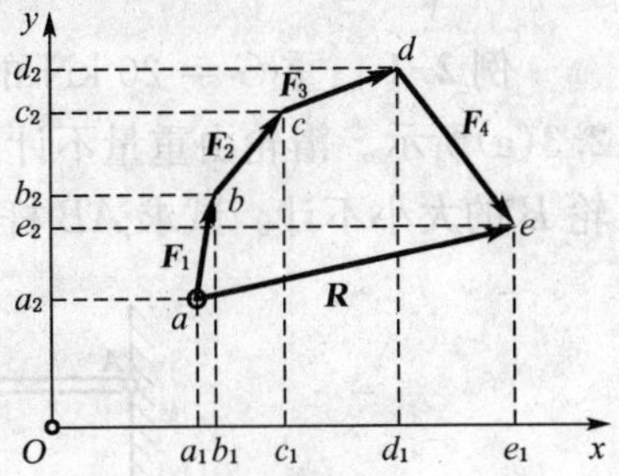

图 2.2

由图 2.2 可知

$$a_1e_1 = a_1b_1 + b_1c_1 + c_1d_1 + d_1e_1$$

即

$$R_x = F_{1x} + F_{2x} + F_{3x} + F_{4x} = \sum F_x$$

同理可得

$$R_y = F_{1y} + F_{2y} + F_{3y} + F_{4y} = \sum F_y$$

以上结论可推广到一般情形，得到合力投影定理的数学表达式：

$$\begin{cases} R_x = F_{1x} + F_{2x} + \cdots + F_{nx} = \sum F_x \\ R_y = F_{1y} + F_{2y} + \cdots + F_{ny} = \sum F_y \end{cases} \tag{2-4}$$

三、解析法求合力

若刚体上作用的 n 个力 $\boldsymbol{F}_1$、$\boldsymbol{F}_2$、…、$\boldsymbol{F}_n$ 为平面汇交力系，为求出它们的合力，首先选定坐标系 Oxy，求出力系中各力在 x，y 轴上的投影 F_{1x}、F_{1y}、F_{2x}、F_{2y}、…、F_{nx}、F_{ny}，再由下面公式求得

$$\begin{cases} R_x = \sum F_x \\ R_y = \sum F_y \end{cases} \tag{2-5}$$

$$\begin{cases} R = \sqrt{R_x^2 + R_y^2} = \sqrt{\left(\sum F_x\right)^2 + \left(\sum F_y\right)^2} \\ \tan\alpha = \left|\dfrac{R_y}{R_x}\right| \end{cases} \tag{2-6}$$

式中 α 表示力 $\boldsymbol{R}$ 与 x 轴所夹的锐角，$\boldsymbol{R}$ 的指向由 R_x 和 R_y 的正负来确定。

四、平面汇交力系的平衡方程

由于平面汇交力系平衡时，系中各力的作用线汇交于一点，因此**平面汇交力系平衡的必要且充分条件为：力系中各力在两个坐标轴上投影的代数和分别为零。**即

$$\begin{cases} \sum F_x = 0 \\ \sum F_y = 0 \end{cases} \tag{2-7}$$

上式为平面汇交力系的平衡方程。由于只有两个独立的平衡方程,所以只能求出两个未知量。

五、应用举例

例 2-1 重 $G = 20\ \text{kN}$ 的物体被绞车吊起,绞车的绳子绕过光滑的定滑轮 B,如图 2.3(a)所示。滑轮由重量不计的 AB 杆和 BC 杆支撑,A、B、C 三点都由光滑铰链连接,滑轮 B 的大小不计。试求 AB 杆和 BC 杆所受的力。

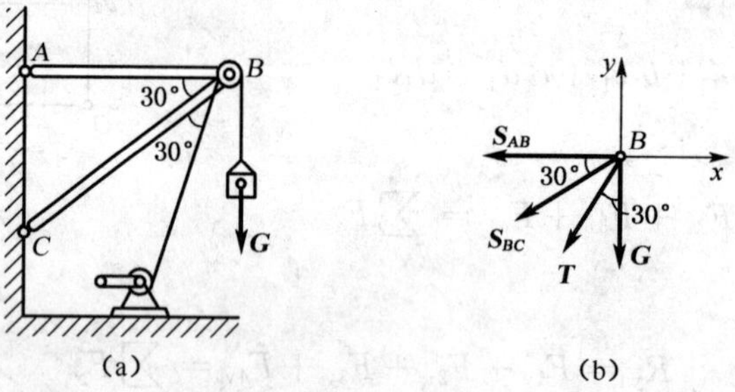

图 2.3

解 (1) 取滑轮 B 为研究对象,画出受力图,建立坐标系,如图 2.3(b)所示。

(2) 列平衡方程。

$$\begin{cases}\sum F_x = 0 \qquad -S_{AB} - S_{BC}\cos 30^\circ - T\sin 30^\circ = 0 \\ \sum F_y = 0 \qquad -S_{BC}\sin 30^\circ - T\cos 30^\circ - G = 0\end{cases}$$

$$T = G = 20\ \text{kN}$$

(3) 解方程得未知量。

$$\begin{cases}S_{AB} = 54.6\ \text{kN} \\ S_{BC} = -74.6\ \text{kN}\ (\text{负号说明与原假设方向相反})\end{cases}$$

例 2-2 连杆机构由三个无重杆铰接而成,如图 2.4 所示。在铰 B 处施加一已知的竖向力 $\boldsymbol{F}_B$,欲使机构处于平衡状态,试问在铰 C 处施加的力 $\boldsymbol{F}_C$ 应为何值?

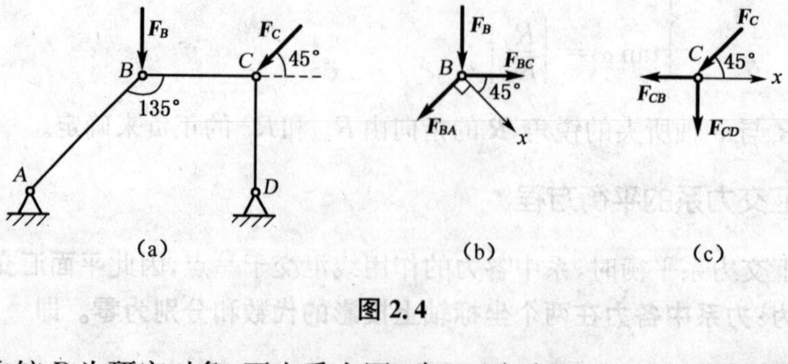

图 2.4

解 (1) 取铰 B 为研究对象,画出受力图,建立坐标如图 2.4(b),列平衡方程。

$$\sum F_x = 0 \qquad F_B\cos 45^\circ + F_{BC}\cos 45^\circ = 0$$

解得：$F_{BC}=-F_B$

(2) 取铰 C 为研究对象，画出受力图，建立坐标如图 2.4(c)，列平衡方程。

$$\sum F_x=0 \qquad -F_{CB}-F_C\cos45^\circ=0$$

解得：$F_C=\sqrt{2}F_B$

由上面例题可知，**求解平面力系平衡问题的步骤如下：**

(1) **取研究对象，画受力图，选取坐标轴**　根据问题的已知条件和未知量，选择合适的研究对象；取分离体，画出全部作用力(主动力和约束反力)。

(2) **列平衡方程**　为了简化计算，通常尽可能使力系中作用线平行或垂直于坐标轴的未知力多一些，尽可能把未知力的交点作为坐标原点，力求做到列一个平衡方程求一个未知数，以避免解联立方程。

(3) **解平衡方程，校核结果**　将已知条件代入方程求出未知数。但应注意由平衡方程求出的未知量的正、负号的含义，正号说明求出的力的实际方向与假设方向相同，负号说明求出的力的实际方向与假设方向相反，不要去改动受力图中原假设的方向。必要时可根据已得出的结果，代入再列出的任何一个平衡方程，检验其正误。

第二节　平面任意力系向一点简化

一、力的平移定理

作用于刚体上的力可以平行移动到刚体上的任意指定点，但必须同时在该力与指定点所决定的平面内附加一力偶 M，其力偶矩的大小等于原力对指定点之矩。这就是力的平移定理。

即附加力偶的矩为

$$M=F\cdot d=m_B(\boldsymbol{F}) \tag{2-8}$$

证明　作用于刚体上 A 点的力 $\boldsymbol{F}$，要平行移动到刚体上 B 点去，如图 2.5(a)所示。作等效力系，在 B 点加一平衡力系 $\boldsymbol{F}'$、$\boldsymbol{F}''$，此两力与 F 大小相等，作用线平行，则由 $\boldsymbol{F}$、$\boldsymbol{F}'$、$\boldsymbol{F}''$组成的力系与原力 F 等效，如图 2.5(b)所示。重新组合这三个力，由于 $\boldsymbol{F}$、$\boldsymbol{F}''$组成力偶，用力偶符号 M 表示，力偶 M 的矩等于力偶中力 $\boldsymbol{F}$ 的大小乘以力 $\boldsymbol{F}$ 到 B 点的距离，即 $M=Fd$，力 $\boldsymbol{F}$ 对 B 作用点的矩为 $m_B(F)=Fd$，所以附加力偶的矩等于原力对新作用点 B 点之矩，如图 2.5(c)所示。这时作用于 A 点的力 $\boldsymbol{F}$ 和平行移动到 B 点的力 $\boldsymbol{F}'$及原力 $\boldsymbol{F}$ 对 B 点的矩的共同作用等效，定理得证。

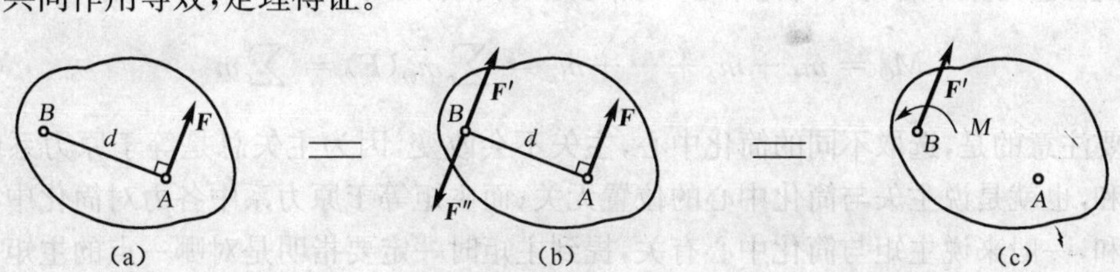

图 2.5

力的平移定理揭示了力对物体产生移动和转动两种效应的实质。根据力的平移定理，可以将一个力分解为一个力和一个力偶；也可以将同一平面内的一个力和一个力偶合成为一个力。力的平移定理说明了力与力偶在对物体作用效应上的区别和联系：一个力不能与一个力偶等效，但一个力可以和另一个与它平行的力及一个力偶的联合作用等效。

二、平面任意力系向一点简化

设刚体上作用一平面任意力系（$\boldsymbol{F}_1$、$\boldsymbol{F}_2$、…、$\boldsymbol{F}_n$），如图 2.6(a)所示。力系所在的平面内任取一点 O（称为简化中心），按力的平移定理，把力系中的各力平移至 O 点，如图 2.6(b)所示。在各力的平移过程中会产生附加力偶：M_1、M_2、…、M_n。因此原力系等价于作用于 O 点的平面汇交力系（$\boldsymbol{F}_1'$、$\boldsymbol{F}_2'$、…、$\boldsymbol{F}_n'$）及附加的平面力偶系（M_1、M_2、…、M_n）。

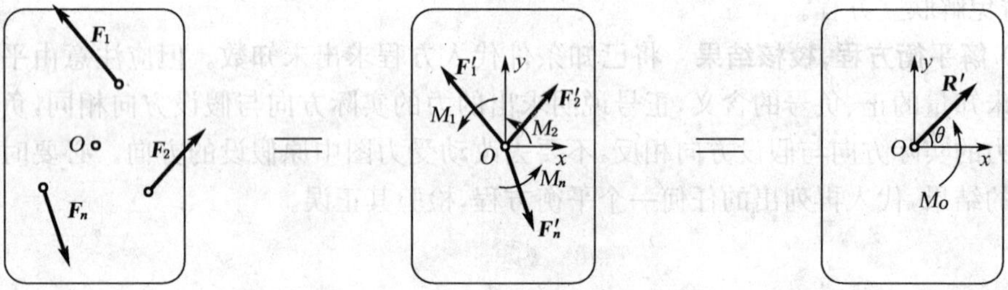

(a) (b) (c)

图 2.6

平面汇交力系（$\boldsymbol{F}_1{}'$、$\boldsymbol{F}_2{}'$、…、$\boldsymbol{F}_n{}'$）的合力用 $\boldsymbol{R}'$ 表示，称为原平面任意力系的主矢。大小和方向等于汇交力系中所有分力的矢量和。计算方法由求合力的大小和方向的计算方法确定，即为：

$$\begin{cases} R_x' = \sum F_x' \\ R_y' = \sum F_y' \end{cases} \tag{2-9}$$

$$\begin{cases} R' = \sqrt{R_x'^2 + R_y'^2} \\ \tan\alpha = \left|\dfrac{R_y'}{R_x'}\right| \end{cases} \tag{2-10}$$

式中 α 表示力 $\boldsymbol{R}'$ 与 x 轴所夹的锐角，$\boldsymbol{R}'$ 的指向由 R_x' 和 R_y' 的正负来确定。

附加的平面力偶系中有 $m_1 = m_O(\boldsymbol{F}_1)$、$m_2 = m_O(\boldsymbol{F}_2)$、…、$m_n = m_O(\boldsymbol{F}_n)$。记附加的平面力偶系的合力偶矩为 M_O，M_O 称为原平面任意力系对简化中心 O 点的主矩。显然 M_O 等于原平面任意力系中各力对简化中心 O 点之矩的代数和，即

$$M_O = m_1 + m_2 + \cdots + m_n = \sum m_O(\boldsymbol{F}) = \sum m \tag{2-11}$$

需要注意的是，选取不同的简化中心，主矢不会改变，因为主矢总是等于原力系中各力的矢量和，也就是说主矢与简化中心的位置无关；而主矩等于原力系中各力对简化中心之矩的代数和，一般来说主矩与简化中心有关，提到主矩时一定要指明是对哪一点的主矩。主矢与主矩的共同作用才与原力系等效。

综上所述，平面任意力系向平面内任一点 O 简化后，可以得到一个力和一个力偶，如图 2.6(c)所示，该力称为主矢，该力偶的力偶矩称为主矩。

三、平面任意力系简化结果的分析

(1) $R'=0$, $M_O=0$　原力系处于平衡状态，**原力系为一平衡力系。**

(2) $R'\neq 0$, $M_O=0$　原力系与一个力等效，**原力系简化为作用在简化中心的一个合力。合力等于主矢，合力的作用线通过简化中心**。该平面任意力系相当一个平面汇交力系。

(3) $R'=0$, $M_O\neq 0$　原力系与一个力偶等效，**原力系简化为一个合力偶。合力偶矩等于主矩，此时，主矩与简化中心的位置无关。**该平面任意力系相当一个平面力偶力系。

(4) $R'\neq 0$, $M_O\neq 0$　根据力的平移定理的逆过程，可将主矢 $\boldsymbol{R}'$ 与主矩 M_O 简化为一个合力 $\boldsymbol{R}$，合力 $\boldsymbol{R}$ 的大小、方向与主矢 $\boldsymbol{R}'$ 相同，$\boldsymbol{R}$ 的作用线与主矢的作用线平行，到主矢的距离为 $d=\left|\dfrac{M_O}{R'}\right|$。合力与主矢的方位由主矢的方向和主矩的转向来确定，从主矢的正向看，当作用在简化中心上的主矩为正(逆时针转向)时，合力在主矢的右侧，反之，合力在主矢的左侧。如图 2.7 所示的简化力系，从主矢的正向看，主矩为正，所以合力 $\boldsymbol{R}$ 在主矢的右侧。由此我们知这种简化的最后结果为一合力 $\boldsymbol{R}$，即 $R'\neq 0$, $M_O\neq 0$ **时平面任意力系简化为一个合力。**

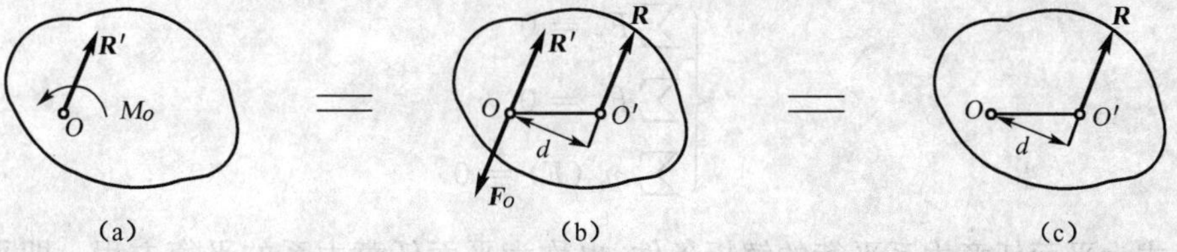

图 2.7

四、固定端约束的力系简化

物体的一部分固嵌于另一物体所构成的约束，称为固定端约束。这种约束不仅限制了物体沿任何方向的平动，也限制了物体在约束处的转动。固定端约束的力学模型如图 2.8(a)所示。

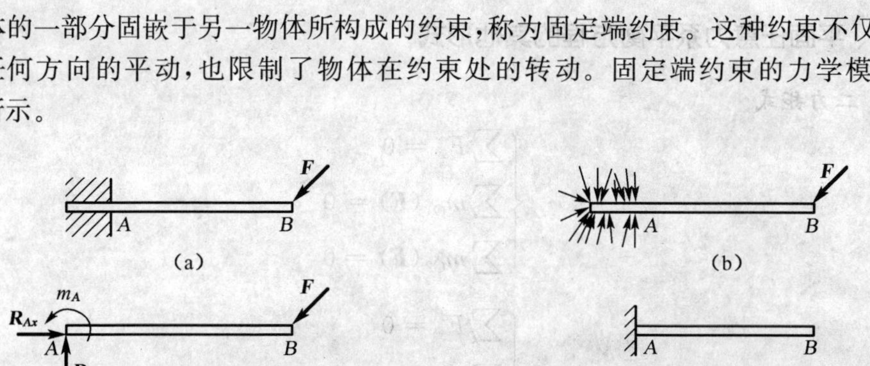

图 2.8

梁 AB 在力 $\boldsymbol{F}$ 的作用下，其插入部分受到墙的约束，梁上每个与墙接触的点所受到的约束反力的大小和方向都不一样，这样杂乱分布的约束反力组成了一个平面任意力系，如图2.8(b)所示。把这个力系向 A 点简化，可得到一个作用在梁 A 点的约束反力和一个力偶 m_A。由于约束反力的方向不定，我们用两个正交分力 $\boldsymbol{R}_{Ax}$、$\boldsymbol{R}_{Ay}$ 来代替，如图 2.8(c)。约束反力 R_{Ax}、R_{Ay} 限制了梁的平动，而力偶 m_A 限制了梁的转动。这些力的大小和方向可以通过平面任意力系的平衡方程来确定。

第三节 平面任意力系的平衡方程及其应用

一、平面任意力系的平衡方程

由前面的平面任意力系简化结果的分析可知，当主矢和主矩都等于零时，物体既不能移动也不能转动，力系平衡。因此**平面任意力系平衡的充分与必要条件为：力系的主矢及力系对任一点的主矩均为零**，即

$$\begin{cases} R' = 0 \\ M_O = 0 \end{cases} \tag{2-12}$$

以上平衡条件可以用解析式表示。由式(2-9)和式(2-11)知，当(2-12)满足时，必有：

$$\begin{cases} \sum F_x = 0 \\ \sum F_y = 0 \\ \sum m_O(\boldsymbol{F}) = 0 \end{cases} \tag{2-13}$$

上式为平面任意力系平衡的解析条件，也称为平面任意力系的平衡方程。即**平面任意力系平衡的解析条件为：力系中各力在两个任选的直角坐标轴上投影的代数和等于零，以及各力对任一点的力矩的代数和也等于零**。这三个方程是各自独立的三个平衡方程，能求解三个未知量。

二、平面任意力系平衡方程的其他形式

1. 二力矩式

$$\begin{cases} \sum F_x = 0 \\ \sum m_{O1}(\boldsymbol{F}) = 0 \\ \sum m_{O2}(\boldsymbol{F}) = 0 \end{cases} \tag{2-14}$$

$$\begin{cases} \sum F_y = 0 \\ \sum m_{O1}(\boldsymbol{F}) = 0 \\ \sum m_{O2}(\boldsymbol{F}) = 0 \end{cases} \tag{2-15}$$

上两式均为二力矩式方程，其中 O_1 和 O_2 是平面内任意两点，O_1 和 O_2 的连线不能和 $x(y)$ 轴垂直。这两个二力矩式方程均为平面任意力系平衡方程，即满足二力矩式方程中三

个平衡方程的平面任意力系必平衡。

2. 三力矩式

$$\begin{cases}\sum m_{O1}(\boldsymbol{F})=0\\ \sum m_{O2}(\boldsymbol{F})=0\\ \sum m_{O3}(\boldsymbol{F})=0\end{cases}\tag{2-16}$$

上式中 O_1、O_2、O_3 三点不能共线。此也为一组实用的平衡方程。

三、平面平行力系的平衡方程

在平面平行力系中，若选择直角坐标轴的 y(或 x)轴与力系各力作用线平行，则每个力在 x(或 y)轴上的投影均为零，即 $\sum F_x\equiv 0$(或 $\sum F_y\equiv 0$)。于是平行力系只有两个独立的平衡方程，即

$$\begin{cases}\sum F_x(\text{或}\sum F_y)=0\\ \sum m_O(\boldsymbol{F})=0\end{cases}\tag{2-17}$$

上式为平面平行力系的平衡方程的一般式。它表明**平面平行力系平衡的必要和充分条件是:力系中各力在与力平行的坐标轴上的投影的代数和为零，各力对任意点之矩的代数和也为零。**

平面平行力系的平衡也可用二力矩式求解，二力矩式为：

$$\begin{cases}\sum m_{O1}(\boldsymbol{F})=0\\ \sum m_{O2}(\boldsymbol{F})=0\end{cases}\tag{2-18}$$

上式中 O_1、O_2 两点连线不能与各力平行。

下面举例说明平衡问题的求解。

四、应用举例

例 2-3　图 2.9(a)为一简易起吊机的平面力系简图。已知横梁 AB 的自重 $G_1=4\ \text{kN}$，起吊总重量 $G_2=20\ \text{kN}$，AB 的长度 $l=2\ \text{m}$；斜拉杆 CD 的倾角 $\alpha=30°$，自重不计；当电葫芦距 A 端距离 $a=1.5\ \text{m}$ 时，处于平衡状态，试求拉杆 CD 的拉力和 A 端固定铰链支座的约束反力。

解　(1) 以横梁 AB 为研究对象，画受力图，建立坐标系，如图 2.9(b)所示。

(2) 列平衡方程。

$$\begin{cases}\sum F_x=0 & F_{Ax}-F_{CD}\cos\alpha=0\\ \sum F_y=0 & F_{Ay}-G_1-G_2+F_{CD}\sin\alpha=0\\ \sum m_A(\boldsymbol{F})=0 & F_{CD}l\sin\alpha-G_1\dfrac{l}{2}-G_2a=0\end{cases}$$

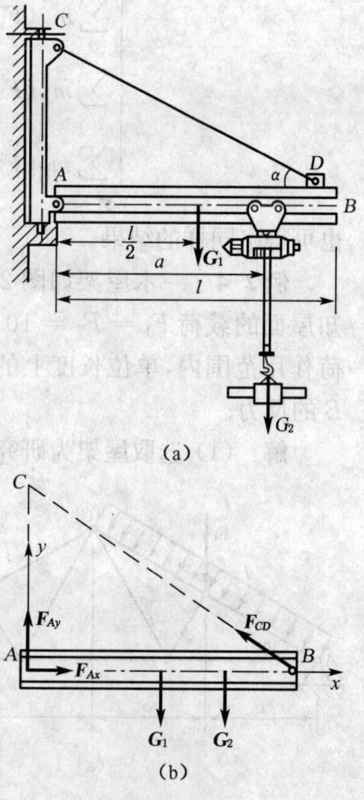

图 2.9

(3) 解方程得未知量。

$$\begin{cases} F_{Ax} = 29.44\ \text{kN} \\ F_{Ay} = 7\ \text{kN} \\ F_{CD} = 34\ \text{kN} \end{cases}$$

F_{CD}、F_{Ax}、F_{Ay}都为正值，表示力的实际方向与假设方向相同；若为负值，则表示力的实际方向与假设方向相反。

(4) 用二力矩式求解，对 A、B 两点取矩，列平衡方程：

$$\begin{cases} \sum m_A(\boldsymbol{F}) = 0 \quad F_{CD} l \sin\alpha - G_1 \dfrac{l}{2} - G_2 a = 0 \\ \sum m_B(\boldsymbol{F}) = 0 \quad -F_{Ay} l + G_1 \dfrac{l}{2} + G_2(l - a) = 0 \\ \sum F_x = 0 \quad F_{Ax} - F_{CD} \cos\alpha = 0 \end{cases}$$

解方程得：
$$\begin{cases} F_{Ax} = 29.44\ \text{kN} \\ F_{Ay} = 7\ \text{kN} \\ F_{CD} = 34\ \text{kN} \end{cases}$$

若列出对 A、B、C 三点的力矩方程：

$$\begin{cases} \sum m_A(\boldsymbol{F}) = 0 \quad F_{CD} l \sin\alpha - G_1 \dfrac{l}{2} - G_2 a = 0 \\ \sum m_B(\boldsymbol{F}) = 0 \quad -F_{Ay} l + G_1 \dfrac{l}{2} + G_2(l - a) = 0 \\ \sum m_C(\boldsymbol{F}) = 0 \quad F_{Ax} l \tan\alpha - G_1 \dfrac{l}{2} - G_2 a = 0 \end{cases}$$

也可得出同样的结果。

例 2-4 一木屋架如图 2.10(a)所示，A、B 两端分别为固定铰链和活动铰链支座，已知屋面的载荷 $F_1 = F_2 = 10\ \text{kN}$，$AC$ 均布载荷（均匀连续分布的力），其载荷集度（均布载荷作用范围内，单位长度上的受力）为 $q = 1\ \text{kN/m}$，屋架的宽度为 $4a = 6\ \text{m}$，试求支座 A、B 的反力。

解 (1) 选取屋架为研究对象，画出受力图，建立坐标系，如图 2.10(b)所示。

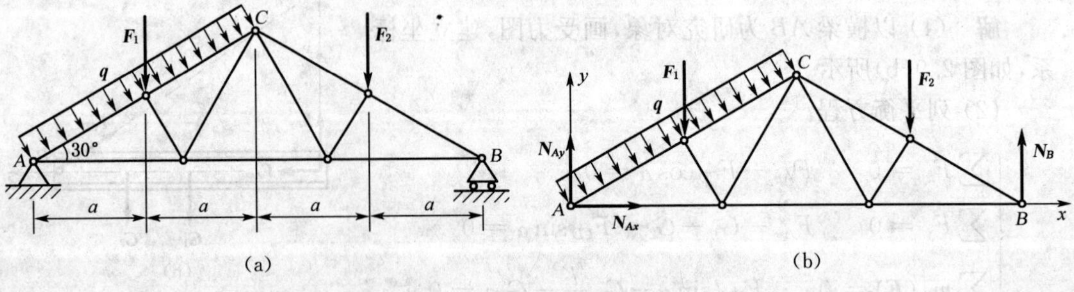

图 2.10

(2) 列平衡方程。

列平衡方程时，均布载荷可以视为一集中力 Q(图中不要画出)。Q 力的大小等于载荷的集度与均布载荷作用的长度的乘积；作用点在均布载荷的中点。即

$$Q = AC \cdot q = \frac{2a}{\cos 30^\circ} \times q = 3.46\ \text{kN}$$

列平衡方程如下：

$$\begin{cases} \sum F_x = 0 \qquad N_{Ax} + Q\sin 30^\circ = 0 \\ \sum F_y = 0 \qquad N_{Ay} - F_1 - F_2 - Q\cos 30^\circ + N_B = 0 \\ \sum m_A(\boldsymbol{F}) = 0 \qquad -F_1 a - 3aF_2 - Q \times \dfrac{a}{\cos 30^\circ} + 4aN_B = 0 \end{cases}$$

(3) 解方程得未知量。

$$\begin{cases} N_{Ax} = -1.73\ \text{kN} \\ N_{Ay} = 12\ \text{kN} \\ N_B = 11\ \text{kN} \end{cases}$$

例 2-5　外伸梁受力如图 2.11 所示，已知：F、M、q、a，求支座 A、B 处的约束反力。

解　作支座的约束反力 F_{Ay}、F_{NB}，对梁列平衡方程有

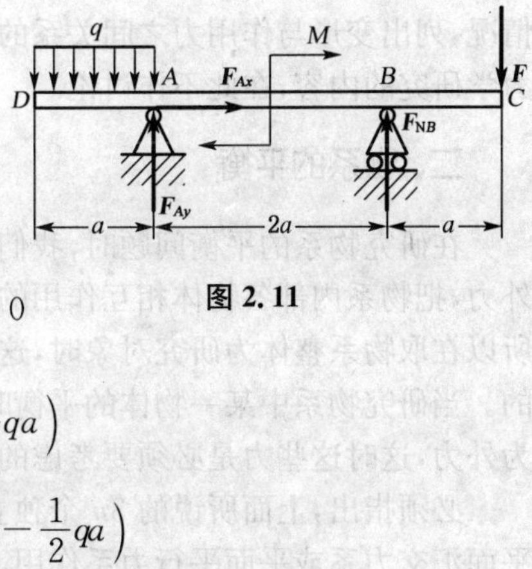

图 2.11

$$\begin{cases} \sum F_x = 0 \qquad F_{Ax} = 0 \\ \sum F_y = 0 \qquad F_{Ay} - qa + F_{NB} - F = 0 \\ \sum M_B(\boldsymbol{F}) = 0 \qquad qa\,\dfrac{5}{2}a - 2aF_{Ay} - M - Fa = 0 \end{cases}$$

解得
$$F_{Ay} = -\frac{1}{2}\left(F + \frac{M}{a} - \frac{5}{2}qa\right)$$

$$F_{Ax} = 0,\ F_{NB} = \frac{1}{2}\left(3F + \frac{M}{a} - \frac{1}{2}qa\right)$$

例 2-6　如图 2.12 所示，一汽车停放在桥梁上。已知：汽车前轮压力为 10 kN，后轮压力为 20 kN，汽车前后轮间距为 2.5 m，桥长 20 m，桥重不计。求后轮与支座 A 距离 x 为多大时，支座 A、B 受力相等。

解　选桥为研究对象，受力如图，列平衡方程有

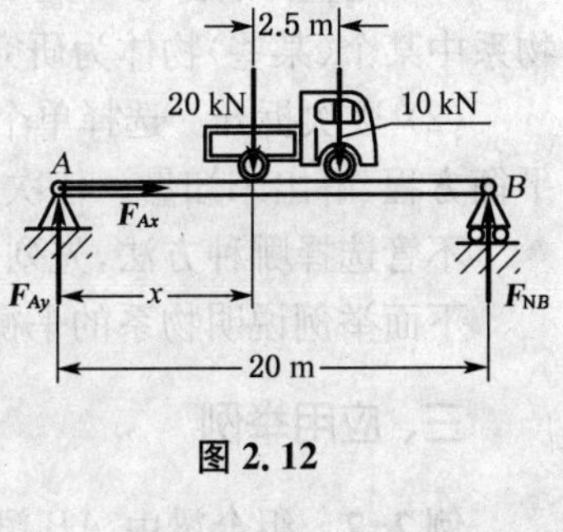

图 2.12

$$\begin{cases} \sum F_x = 0 \qquad F_{Ax} = 0 \\ \sum F_y = 0 \qquad F_{Ay} + F_{NB} - 20 - 10 = 0 \\ \sum M_A(\boldsymbol{F}) = 0 \qquad 20F_{NB} - 20x - 10(x + 2.5) = 0 \end{cases}$$

令 $F_{Ay}=F_{NB}$，解得 $F_{Ay}=F_{NB}=15\ \text{kN},\ x=9\dfrac{1}{6}\ \text{m}$

所以，当后轮距支座 A 9.167 m 时，支座 A、B 受力相等。

第四节 物体系统的平衡、静定与静不定问题

一、静定与静不定问题的概念

所谓物系就是指由若干个物体通过约束按一定方式连接而成的系统。当整个物系处于平衡时，系统中每一个物体或局部一定平衡，因此，可以取整个系统为研究对象，也可以取单个物体或系统中部分物体的组合为研究对象。对于每个研究对象，一般情况下我们都可以写出三个独立的平衡方程。假设物系由 n 个物体组成，则可以写出 $3n$ 个独立的方程，因而可以确定 $3n$ 个未知量。如果我们研究的物系中，未知量的数目不超过 $3n$ 个，则所有的未知量都可以由平衡方程求出。我们把这类问题称为静定问题。反之，如果物系中，未知量的数目超过 $3n$ 个，则所有的未知量仅用平衡方程无法求出。我们把这类问题称为静不定问题或超静定问题。

静不定问题在实际中非常多，主要是由于为了增加结构的承载能力和稳定性而产生的。静不定问题不是不能解决，而只是不能仅用静力学的平衡方程解决。如果考虑物体的变形情况，列出变形与作用力之间关系的补充方程，则静不定问题就可以得到解决。但这是材料力学研究的内容，在此不作讨论。

二、物系的平衡

在研究物系的平衡问题时，我们把物系以外的其他物体作用于物系的力称为该物系的外力，把物系内部各物体相互作用的力称为内力。对整个物系而言，内力总是成对出现的，所以在取物系整体为研究对象时，这些力是无须考虑的。这里还需指出，内力和外力是相对的。当研究物系中某一物体的平衡时，物系中的其他物体对所研究的物体的作用力就转化为外力，这时这些力是必须要考虑的。

必须指出，上面所说的 $3n$ 个独立平衡方程，是理论的方程个数。如果系统中的物体受平面汇交力系或平面平行力系作用，则整个系统的平衡方程数目应相应地减少。

求解物系的平衡问题时，常用两种方法。

(1) 先整体后拆开　先取整体为研究对象，列出三个平衡方程，解出部分未知量。再选物系中某个(某些)物体为研究对象，列出相应平衡方程，解出所需的未知量。

(2) 逐次拆开　选择单个物体为研究对象(注意：先选择哪个物体是关键)，列出对应的平衡方程，解出未知量。依次进行直到解出所有的未知量。

不管选择哪种方法，先列出的平衡方程，必须要能解出相应的未知量，以免解联立方程。

下面举例说明物系的平衡问题的解法。

三、应用举例

例 2-7　组合梁由 AB 梁和 BC 梁用中间铰链 B 连接而成，支承与载荷情况如图 2.13

所示。已知 $F=20\ \text{kN}$，$q=5\ \text{kN/m}$，$\alpha=45°$，求支座 A、B、C 处的约束反力。

解　(1) 先取 BC 梁为研究对象，画出受力图，建立坐标系如图 2.13(b)所示，列平衡方程。

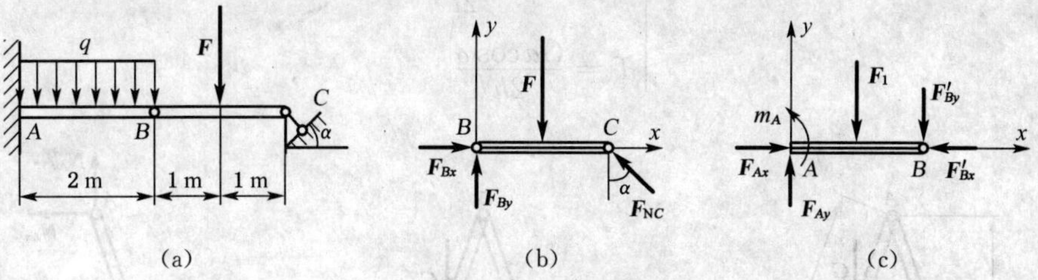

图 2.13

$$\begin{cases}\sum F_x=0 & F_{Bx}-F_{NC}\sin\alpha=0\\ \sum F_y=0 & F_{By}-F+F_{NC}\cos\alpha=0\\ \sum m_C(\boldsymbol{F})=0 & 1\cdot F-2\cdot F_{By}=0\end{cases}$$

解之得：
$$\begin{cases}F_{Bx}=10\ \text{kN}\\ F_{By}=10\ \text{kN}\\ F_{NC}=14.14\ \text{kN}\end{cases}$$

(2) 再取 AB 梁为研究对象，将均布载荷合成为集中力 $\boldsymbol{F}_1$，画出受力图，建立坐标系如图 2.13(c)所示，列平衡方程。

$$\begin{cases}\sum F_x=0 & F_{Ax}-F'_{Bx}=0\\ \sum F_y=0 & F_{Ay}-F_1-F'_{By}=0\\ \sum m_A(\boldsymbol{F})=0 & m_A-1\cdot F_1-2\cdot F'_{By}=0\end{cases}$$

解之得：
$$\begin{cases}F_{Ax}=10\ \text{kN}\\ F_{Ay}=20\ \text{kN}\\ m_A=30\ \text{kN}\cdot\text{m}\end{cases}$$

例 2-8　人字梯由 AB、AC 两杆在 A 点铰接，又在 D、E 两点用水平绳连接。梯子放在光滑的水平面上，其一边有人攀梯而上，人重为 G，尺寸如图 2.14(a)所示。如不计梯重，求绳的拉力 T 及铰链 A 的约束反力 N_A，并求人在攀登过程中 T 及 N_A 的最大值。

解　(1) 先取整体为研究对象，画出受力图，如图 2.14(b)所示，列平衡方程。

$$\sum m_C(\boldsymbol{F})=0 \qquad G\cdot a\cdot\cos\alpha-N_B 2l\cos\alpha=0$$

可得
$$N_B=G\frac{a}{2l}$$

(2) 再取 AB 杆为研究对象，画出受力图，如图 2.14(c)所示，列平衡方程。

$$\begin{cases}\sum F_x=0 & N_{Ax}+T=0\\ \sum F_y=0 & N_{Ay}+N_B=0\\ \sum m_A(\boldsymbol{F})=0 & Th-N_B l\cos\alpha=0\end{cases}$$

解之得：
$$\begin{cases} N_{Ax} = -\dfrac{Ga\cos\alpha}{2h} \\ N_{Ay} = -G\dfrac{a}{2l} \\ T = \dfrac{Ga\cos\alpha}{2h} \end{cases}$$

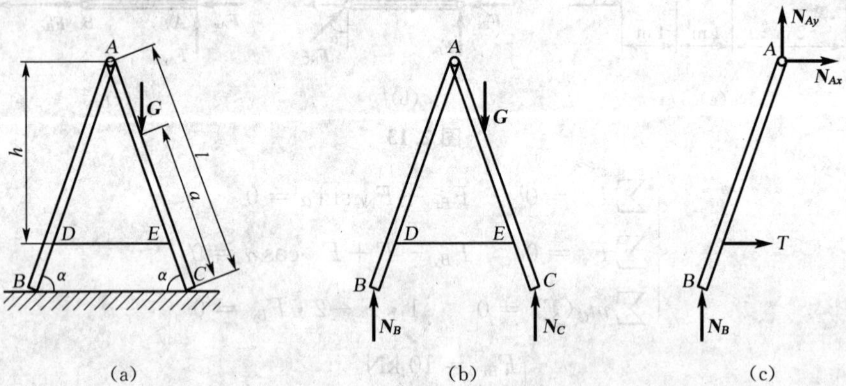

图 2.14

(3) 由以上结果可知，在其他条件不变的情况下，当 a 取最大值时 T、N_{Ax}、N_{Ay} 均为最大值。

$$T_{\max} = \frac{Gl\cos\alpha}{2h};\quad N_{Ax\max} = -\frac{Gl\cos\alpha}{2h};\quad N_{Ay\max} = -\frac{G}{2}$$

例 2-9 压力机构如图 2.15(a)所示，已知：汽缸直径 $D = 120\,\text{mm}$，气压 $p = 6\,\text{N/mm}^2$，$\alpha = 30^\circ$，各杆自重不计，求：机构的夹紧力 F。

解 (1) 取销钉 B 为研究对象，作受力分析图，如图 2.15(b)所示。

图中
$$F_1 = p\frac{\pi D^2}{4} = 21.6\pi\ \text{kN}$$

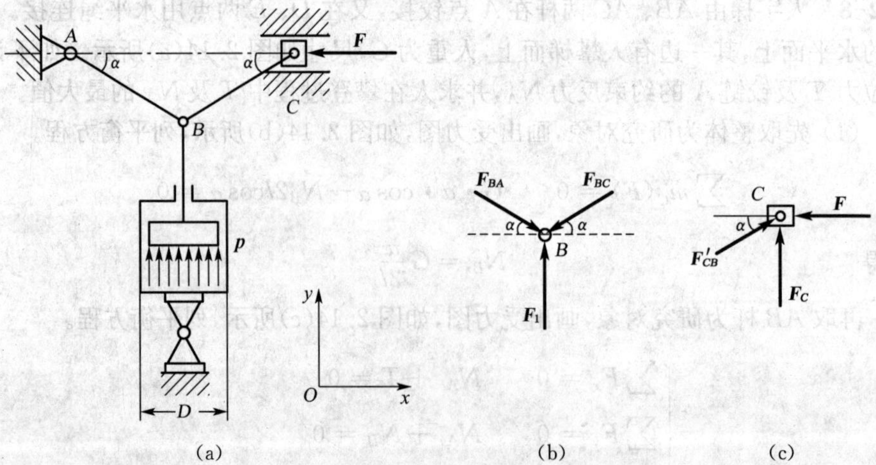

图 2.15

建立 xOy 平面直角坐标系,对销钉 B 列平衡方程

$$\begin{cases}\sum F_x = 0 \quad F_{BA}\cos 30^\circ - F_{BC}\cos 30^\circ = 0 \\ \sum F_y = 0 \quad -F_{BA}\sin 30^\circ - F_{BC}\sin 30^\circ + F_1 = 0\end{cases}$$

解得

$$F_{BC} = F_{BA} = F_1 = 21.6\pi \text{ kN}$$

(2) 取滑块 C 为研究对象,作受力分析图,如图 2.15(c)所示,列平衡方程有

$$\sum F_x = 0 \qquad -F + F'_{CB}\cos 30^\circ = 0$$

得

$$F = F'_{CB}\cos 30^\circ = 21.6 \times 3.14 \times 0.866 = 58.74 \text{ kN}$$

第五节　考虑摩擦时的平衡问题

一、滑动摩擦

在前面章节中,我们分析物体的受力时,都假定表面是光滑的,因而都没有考虑摩擦力对物体的作用。但在很多工程问题中,摩擦已成为主要因素,必须加以考虑。

两个物体相互接触,当它们发生相对滑动或有相对滑动趋势时,在两个物体的接触面上,就会出现阻止彼此滑动的力,该力称为滑动摩擦力(简称摩擦力)。摩擦力的方向与物体相对运动(或相对运动趋势)的方向相反。

当物体仅有滑动趋势而没有发生相对滑动时,两物体间产生的摩擦力称为静摩擦力;当两物体已经产生相对滑动时,两物体间的摩擦力称为动摩擦力。物体处于将动而未动的状态,称之为临界平衡状态(简称临界状态)。这时的摩擦力是所有静摩擦力中的最大值,称为最大静摩擦力,用 F_{max} 表示。

(一) 静摩擦力

1. 静摩擦力

(1) 当物体与接触面之间有法向力存在,且有滑动趋势时,沿接触面的切线方向有静摩擦力存在,其方向与滑动趋势方向相反。

(2) 静摩擦力的大小由平衡条件确定,其值在零与最大静摩擦力 F_{max} 之间,即

$$0 \leqslant F \leqslant F_{max}$$

(3) 当物体处于临界平衡状态时,摩擦力达到最大静摩擦力 F_{max}。

2. 静摩擦定律

通过大量的实验证明:**最大静摩擦力的大小与两物体间的正压力(即法向反力)成正比,其方向与相对滑动趋势的方向相反**,即

$$F_{max} = \mu N \tag{2-19}$$

这就是**静滑动摩擦定律**。式中的比例常数 μ 称为静滑动摩擦系数(简称静摩擦系数),它是一个无量纲的正数,由接触物体的材料和接触面的情况(如粗糙度、温度、湿度、润滑情

况等)来决定。其数值可查阅有关的工程手册。表 2.1 列出了部分常用材料的摩擦系数。

表 2.1　常用材料的摩擦系数

材料名称	静摩擦系数	动摩擦系数
钢-钢	0.15	0.15
钢-铸铁	0.3	0.18
钢-青铜	0.15	0.15
软钢-铸铁	0.2	0.18
木材-木材	0.4～0.6	0.2～0.5
皮革-铸铁	0.3～0.5	0.6

(二) 动摩擦力

当物体处于滑动状态时,通过实验也可以得出与静滑动摩擦定律相似的动滑动摩擦定律,即

$$F' = \mu' N \tag{2-20}$$

式中,F'为动滑动摩擦力,μ'为比例系数称为动摩擦系数,其大小与接触面的材料、粗糙度、湿度、温度等情况有关,而与接触面积的大小无关。一般 $\mu > \mu'$,这说明推动物体从静止开始滑动比较费力,一旦滑动起来,要维持滑动就省力些。各种材料在不同情况下的动摩擦系数是由实验测定的,几种常见材料的动摩擦系数如表 2.1 所示。在精确程度要求不高的情况时,可以近似认为静摩擦系数和动摩擦系数相等。

由上述所知:当考虑摩擦问题时,首先要认清物体处于何种状态:静止、临界还是运动。根据不同的状态用相应的方法来计算摩擦力。

但是在计算前并不知道物体所处的状态,因此首先需假设物体处于静止状态,然后根据平衡方程求出摩擦力 F,再和最大静摩擦力 F_{max} 作比较:

(1) $F < F_{max}$ 物体处于静止状态;(2) $F = F_{max}$ 物体处于临界状态;(3) $F > F_{max}$ 物体处于运动状态,这时的摩擦力需根据动摩擦力的计算公式重新计算。

(三) 应用举例

例 2-10　物体重为 $G = 1\,000$ N,放在一倾角 $\alpha = 30°$ 的斜面上。已知接触面的静摩擦系数 $\mu = 0.2$。今有一大小为 $Q = 600$ N 的力沿斜面推物体,如图 2.16(a)所示。问物体在斜面上所处的状态? 并求摩擦力的大小。

解　假设物体处于静止状态,画出受力图,建立坐标系,如图 2.16(b)所示,列平衡方程。

$$\begin{cases} \sum F_x = 0 & F + Q - G\sin\alpha = 0 \\ \sum F_y = 0 & N - G\cos\alpha = 0 \end{cases}$$

解之得:

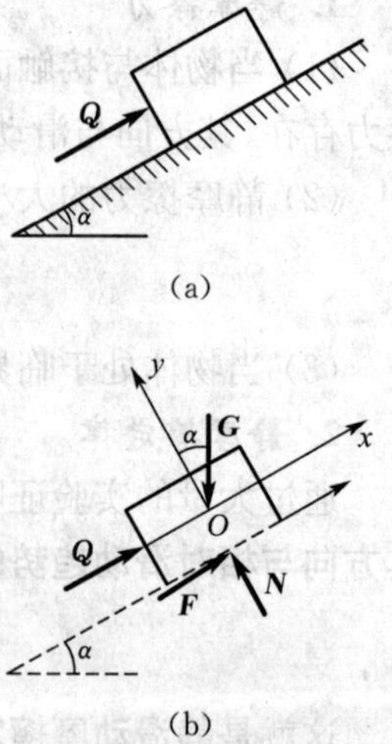

图 2.16

$$F = G\sin\alpha - Q = 1\,000 \times 0.5 - 600 = -100\ \text{N}$$

$$F_{\max} = \mu N = \mu G\cos\alpha = 0.2 \times 1\,000 \times \frac{\sqrt{3}}{2} = 173\ \text{N}$$

由于 $F < F_{\max}$，所以物体处于静止状态，摩擦力的负号说明方向和原假设的方向相反，所以物体有向上运动的趋势。

二、摩擦角和自锁现象

在考虑摩擦的情况下，平衡物体受到的约束反力包括法向反力 N 和沿接触面的摩擦力 F，两者的合力称为全约束反力，简称全反力，用符号 R 表示，如图 2.17(a)所示。全反力 R 与法向反力 N 之间的夹角为 α。全反力 R 和夹角 α 的大小随静摩擦力 F 的增大而增大，当物体处于平衡的临界状态时，静摩擦力达到最大值 $F_{\max}$，夹角 α 也达到最大值 φ_m，这时的全反力与法向反力 N 夹角的最大值 φ_m 称为摩擦角，如图 2.17(b)所示。由此可得

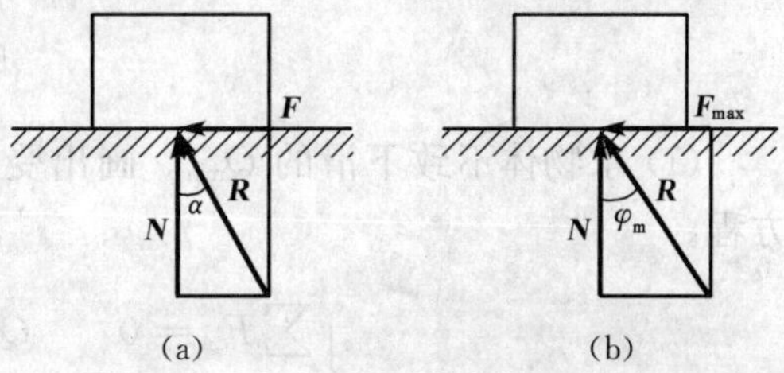

图 2.17

$$\tan\varphi_m = \frac{F_{\max}}{N} = \mu \tag{2-21}$$

即摩擦角的正切值等于静摩擦系数。摩擦角和静摩擦系数是两接触物体同一摩擦性能的两种不同度量方式。

物体平衡时，静摩擦力总是小于或等于最大静摩擦力，因此，全反力 R 与接触面法线间的夹角 α 也总是小于或等于摩擦角 φ_m，即全反力的作用线不可能超出摩擦角的范围。若主动力的合力 Q 作用线在摩擦角范围内，约束面必产生一个与之等值、共线、反向的全反力 R 与之相平衡，不论 Q 怎样增大，物体总能处于静止平衡状态。这种只需主动力的合力作用线在摩擦角范围内，物体依靠摩擦总能静止而与主动力大小无关的力学现象称为自锁现象。自锁的条件为

$$\alpha \leqslant \varphi_m \tag{2-22}$$

三、考虑摩擦时的平衡问题

考虑摩擦时物体的平衡问题，其解题方法、步骤与不考虑摩擦时基本相同，所不同的是：在画物体受力图时，一定要画出摩擦力，并要注意摩擦力总是沿着接触面的公切线并与物体相对滑动或相对滑动趋势方向相反，当方向不定时可以假设；除列出物体的平衡方程外，还应附加静摩擦力的求解条件作为补充方程。因静摩擦力有一个变化范围，故所得结果也是一个范围值，称为平衡范围。在临界状态时，补充方程为 $F_{\max} = \mu N$，所得的结果也是平衡范围的极限值。

例 2-11　将重为 G 的物体放在斜面上，如图 2.18(a)所示。斜面倾角为 α，静摩擦系数为 μ，求能使物体静止在斜面上的水平推力 Q 的大小。

解 若 Q 力较小，物体将向下滑动；若 Q 力较大，物体将向上滑动。因此所求 Q 为一范围值，即

$$Q_{\min} \leqslant Q \leqslant Q_{\max}$$

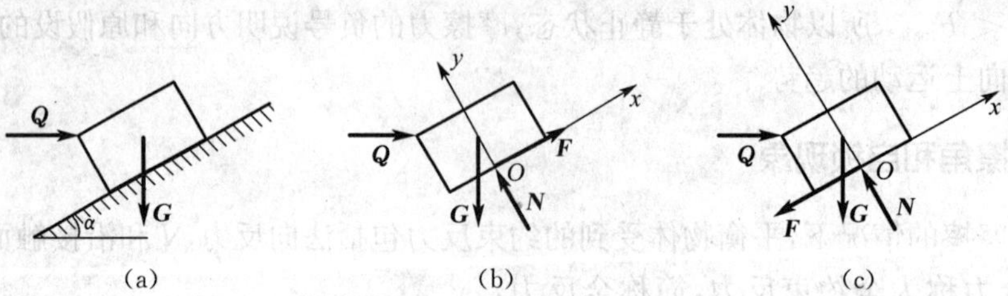

图 2.18

(1) 求物体不致下滑的 $Q_{\min}$。画出受力图，建立坐标系，如图 2.18(b)所示，列平衡方程。

$$\begin{cases} \sum F_x = 0 & Q\cos\alpha - G\sin\alpha + F = 0 \\ \sum F_y = 0 & N - G\cos\alpha - Q\sin\alpha = 0 \end{cases}$$

补充方程：
$$F = \mu N$$

解之得：
$$Q_{\min} = G\frac{\sin\alpha - \mu\cos\alpha}{\cos\alpha + \mu\sin\alpha}$$

(2) 求物体不致下滑的 $Q_{\max}$。画出受力图，建立坐标系，如图 2.18(c)所示，列平衡方程。

$$\begin{cases} \sum F_x = 0 & Q\cos\alpha - G\sin\alpha - F = 0 \\ \sum F_y = 0 & N - G\cos\alpha - Q\sin\alpha = 0 \end{cases}$$

补充方程：
$$F = \mu N$$

解之得：
$$Q_{\max} = G\frac{\sin\alpha + \mu\cos\alpha}{\cos\alpha - \mu\sin\alpha}$$

因此，水平推力 Q 的值为：

$$G\frac{\sin\alpha - \mu\cos\alpha}{\cos\alpha + \mu\sin\alpha} \leqslant Q \leqslant G\frac{\sin\alpha + \mu\cos\alpha}{\cos\alpha - \mu\sin\alpha}$$

例 2-12 图 2.19(a)为一制动器的示意图。已知制动器摩擦块与滑轮表面的静摩擦系数为 μ，作用在滑轮上的力偶的力偶矩为 m，A 和 O 都是铰链，几何尺寸如图所示。求制动滑轮所必需的最小力 $P_{\min}$。

解 当摩擦块与滑轮表面产生的摩擦力的力矩刚好等于力偶矩 m 时，滑轮刚刚能停止转动，并处与临界状态，此时力 P 值最小。

(1) 先取滑轮为研究对象，画出受力图，建立坐标系，如图 2.19(b)所示，列平衡方程。

$$\sum m_O(\boldsymbol{F}) = 0 \qquad m - Fr = 0$$

补充方程：
$$F = \mu N$$

解得：
$$F=\frac{m}{r},\ N=\frac{m}{\mu r}$$

(2) 再以制动杆 AB 为研究对象，画出受力图，建立坐标系，如图 2.19(c)所示，列平衡方程。

$$\sum m_A(\boldsymbol{F})=0 \qquad N'a-F'e-Pl=0$$

补充方程：
$$F'=\mu N'$$

解得：
$$P=\frac{N'(a-\mu e)}{l}=\frac{m(a-\mu e)}{\mu rl}$$

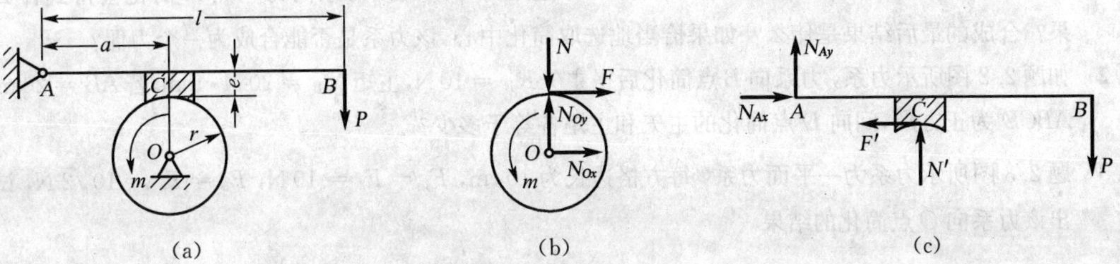

图 2.19

例 2-13　夹砖机构如图 2.20(a)所示，已知砖重 $P=120\ \mathrm{N}$，砖夹与砖之间的摩擦系数 $\mu=0.5$，求能把砖提起所应有的尺寸 b。

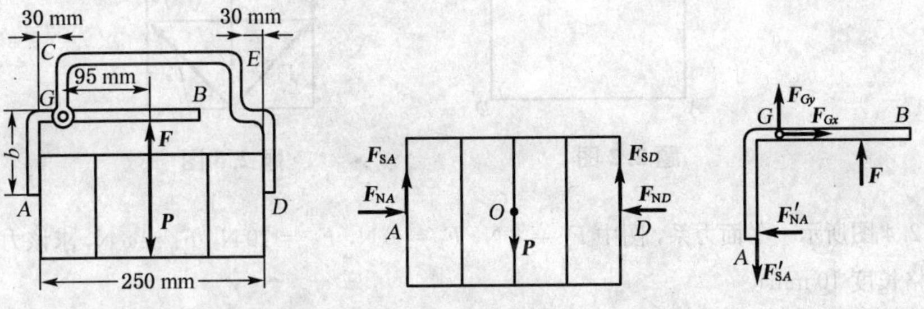

图 2.20

解　设提起砖时系统处于平衡状态，则由图(a)可知，$F=P$；

(1) 取砖为研究对象，见图(b)，

由 $\sum M_O(\boldsymbol{F})=0$ 可得 $F_{SA}=F_{SD}$

再由 $\sum F_y=0 \qquad P-F_{SA}-F_{SD}=0$

$\sum F_x=0 \qquad F_{NA}-F_{ND}=0$

得
$$F_{SA}=F_{SD}=\frac{P}{2},\ F_{NA}=F_{ND}$$

(2) 研究曲杆 AGB，见图(c)，

由
$$\sum M_G(\boldsymbol{F})=0 \qquad 95F+30F'_{SA}-bF'_{NA}=0$$

解出 $$b=\frac{220F_{SA}}{F_{NA}}$$

砖不下滑需满足条件 $$F_{SA}\leqslant\mu F_{NA}$$

由此两式可得 $$b\leqslant 110\ \text{mm}$$

习　题

2.1 若某一平面力系向 O 点简化得到一个合力(即主矩为零),问该力系向另一点 A 简化会得到什么结果？合成的最后结果是什么？如果恰当地选取简化中心,该力系是否能合成为一个力偶？

2.2 如题 2.2 图所示力系,力系向 B 点简化后得主矢 $R_B'=10\ \text{N}$,主矩 $M_B=20\ \text{N}\cdot\text{mm}$,若 $AB=20\ \text{mm}$, $ABCD$ 为正方形,问向 D 点简化的主矢和主矩各等于多少？

2.3 题 2.3 图所示力系为一平面力系，每方格边长为 10 cm，$F_1=F_2=10\ \text{N}$，$F_3=F_4=10\sqrt{2}\ \text{N}$，试求出该力系向 O 点简化的结果。

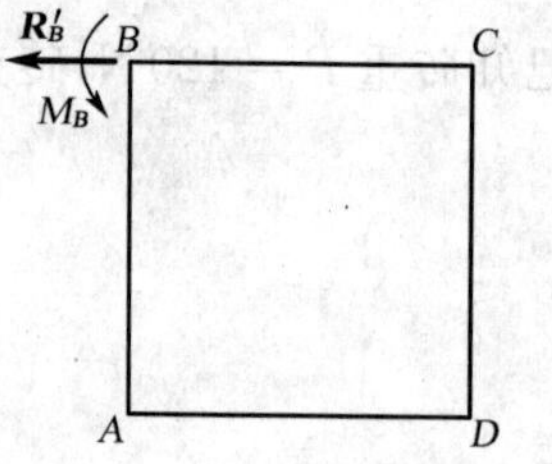

题 2.2 图

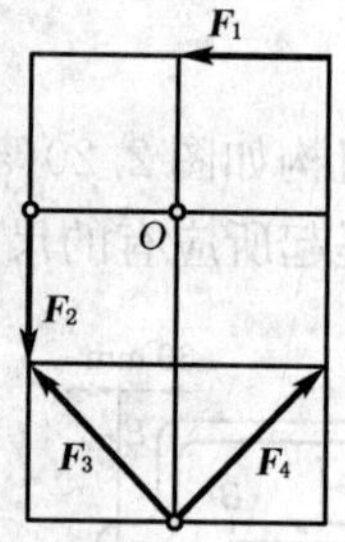

题 2.3 图

2.4 如题 2.4 图所示一平面力系，图中 $F_1=8\ \text{N}$，$F_2=6\ \text{N}$，$F_3=10\ \text{N}$，$F_4=5\ \text{N}$，求该力系的合力(图中每格长度 10 mm)。

2.5 如题 2.5 图所示一平面力系，已知 $F_1=100\ \text{N}$，$F_2=50\ \text{N}$，$F_3=50\ \text{N}$，求力系的合力 R。

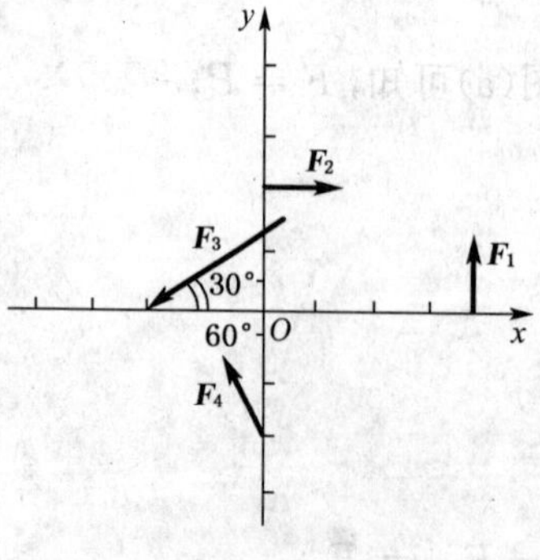

题 2.4 图

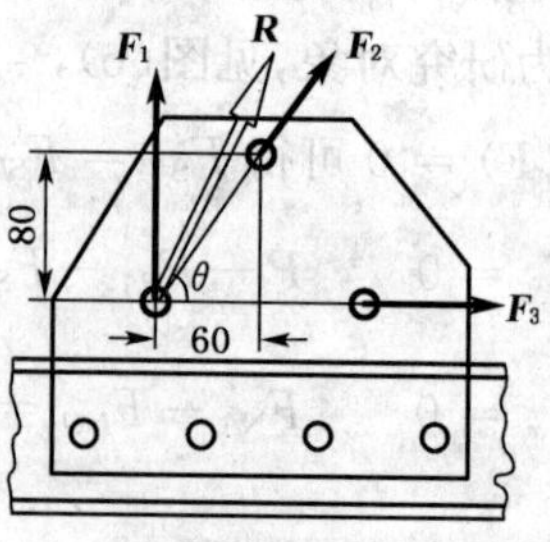

题 2.5 图

2.6 如题 2.6 图所示一平面力系，已知 $F_1=2\,000\ \text{N}$，$F_2=2\,500\ \text{N}$，$F_3=1\,500\ \text{N}$，求力系的合力 R。

2.7 如题 2.7 图所示工件，已知力 $F=400\ \text{N}$，不计工件自重，求工件对 V 形铁的压力。

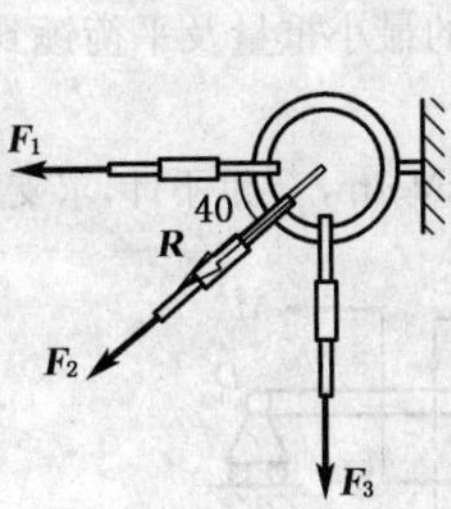

题 2.6 图

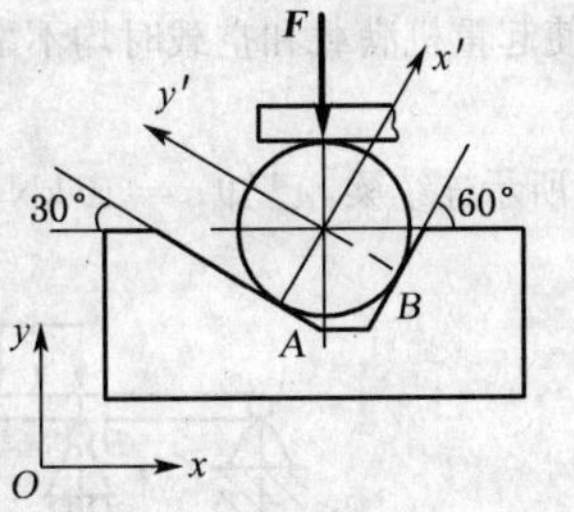

题 2.7 图

2.8 如题 2.8 图所示框架，已知 a、b、F、θ，求 $M_A(\vec{F})$，$M_B(\vec{F})$。

2.9 如题 2.9 图所示运送装置，已知油桶重 1 500 N，$AB = 2.4$ m，$BC = 1.2$ m，求能将桶拉上汽车的最小拉力 F。

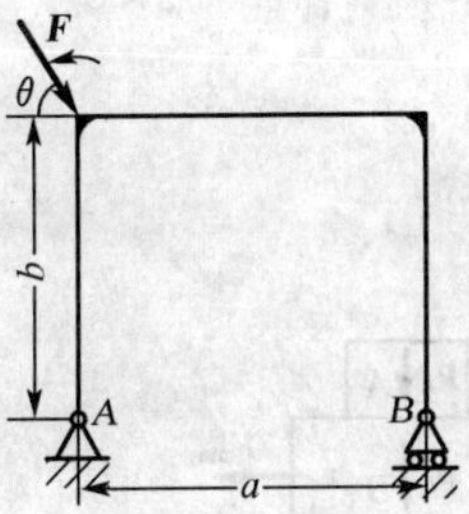

题 2.8 图

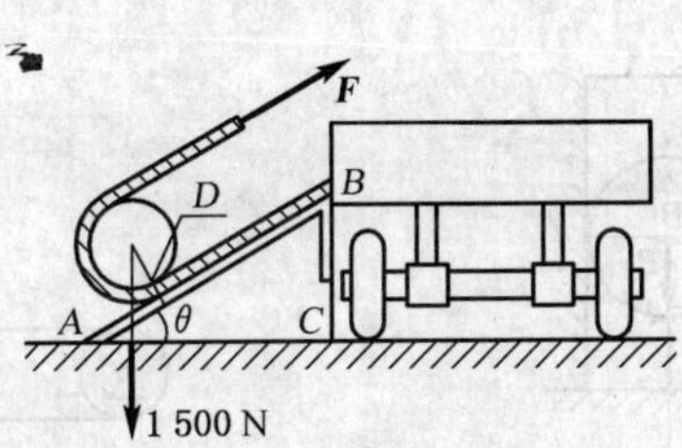

题 2.9 图

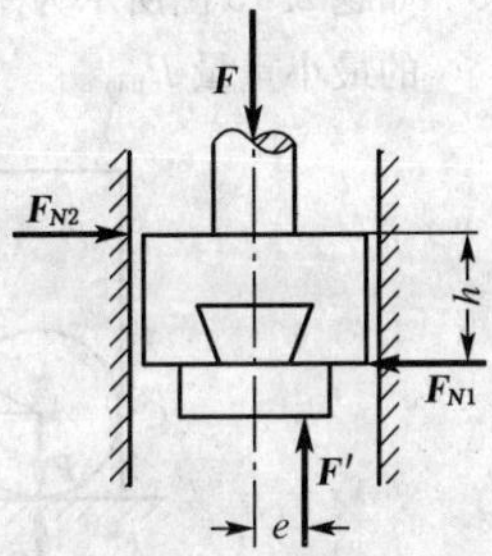

题 2.10 图

2.10 如题 2.10 图所示锤头，已知 $F = F' = 1\,000$ N，$e = 20$ mm，$h = 200$ mm，求锤头加给两侧导轨的压力。

2.11 如题 2.11 图所示梁，已知力偶矩 M，无重梁长 l，求(a)、(b)、(c)三图中的支座反力。

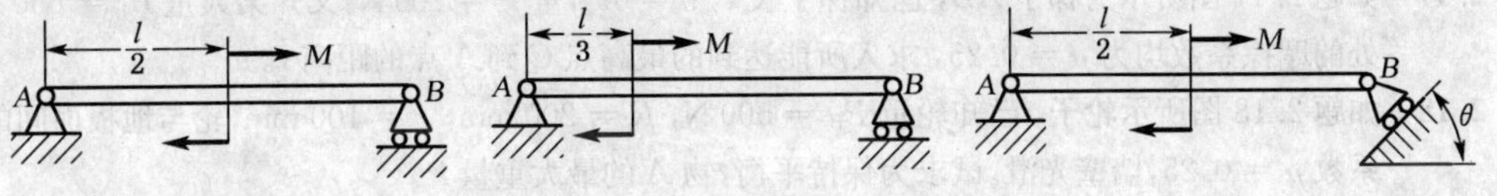

(a)　(b)　(c)

题 2.11 图

2.12 如题 2.12 图所示结构，已知 a 和 M，杆重不计，求支座 A 和 C 的约束反力。

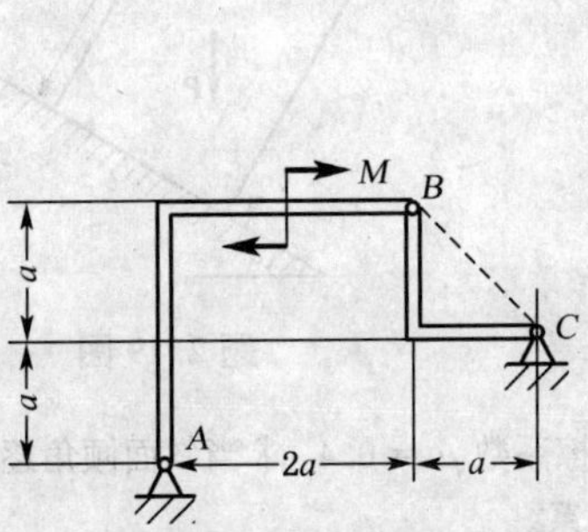

题 2.12 图

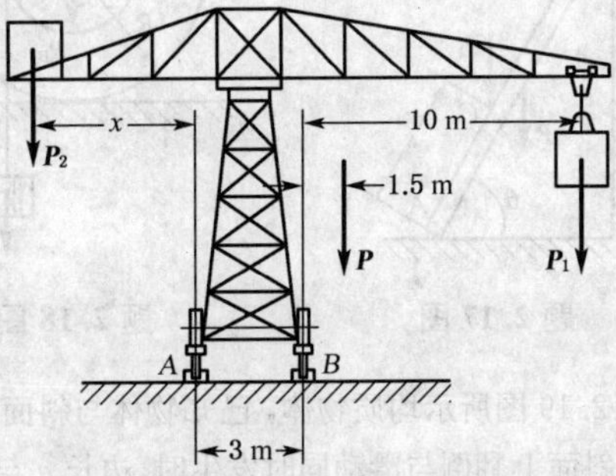

题 2.13 图

2.13 如题 2.13 图所示塔式起重机，已知塔身重 $P = 500$ kN，最大起吊重量 $P_1 = 250$ kN，几何尺寸图中所示。求欲使起重机满载和空载时均不翻倒，平衡锤的最小重量及平衡锤到左轨的最大距离 x 应为多大？

2.14 如题 2.14 图所示连续梁，已知 $q=10\ \mathrm{kN/m}$，$M=40\ \mathrm{kN\cdot m}$，梁重不计，求支座 A、B、C、D 处受力。

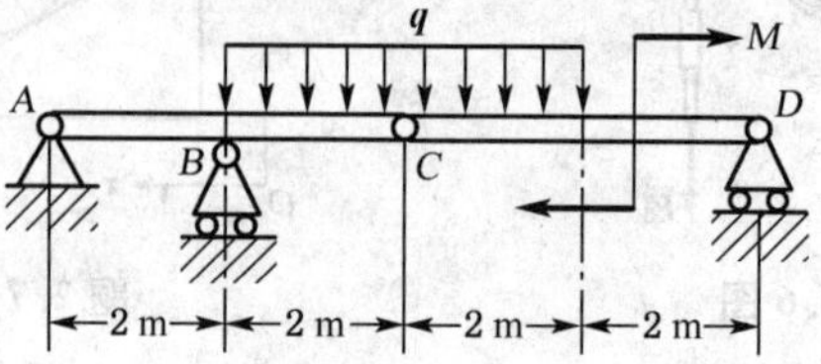

题 2.14 图

2.15 如题 2.15 图所示为一无底圆桶，已知其中每个球重为 P，半径为 r，圆桶半径为 R，求圆桶不致翻倒的最小重量 $P_{\min}$。

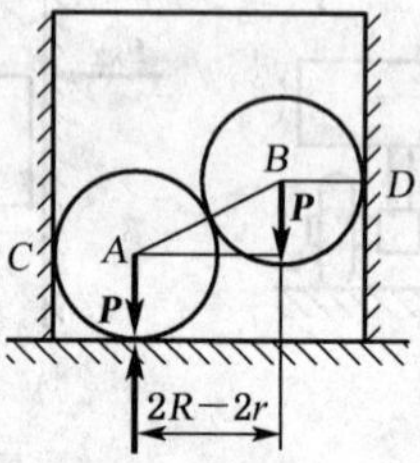

题 2.15 图

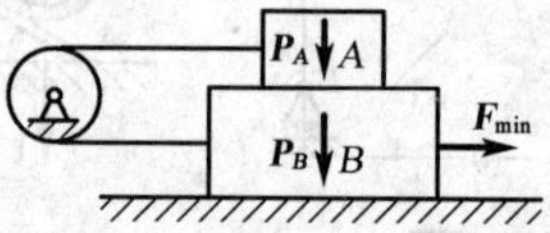

题 2.16 图

2.16 如题 2.16 图所示物块，已知 $P_A=5\,000\ \mathrm{N}$，$P_B=6\,000\ \mathrm{N}$；A 与 B、B 与地之间的静摩擦系数分别为 $\mu_1=0.1$、$\mu_2=0.2$。求使系统运动的水平力 F 的最小值。

2.17 如题 2.17 图所示为梯子 AB，已知梯子长 l，$\theta=60°$，重 $P=200\ \mathrm{N}$。又知某人重 $P_1=650\ \mathrm{N}$。A、B 处的摩擦系数均为 $\mu=0.25$，求人所能达到的最高点 C 到 A 点的距离 s。

2.18 如题 2.18 图所示轮子，已知轮重 $P_B=500\ \mathrm{N}$，$R=200\ \mathrm{mm}$，$r=100\ \mathrm{mm}$，轮与地板面间的静摩擦系数 $\mu=0.25$，墙壁光滑。试求为保持平衡，物 A 的最大重量 P。

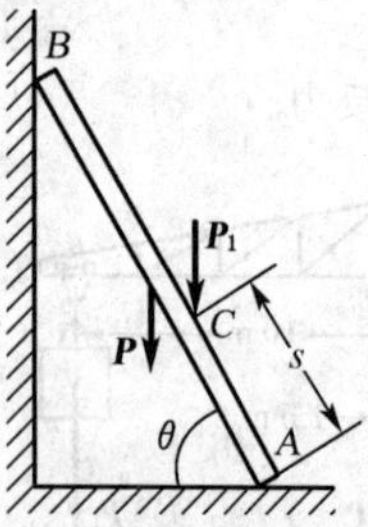

题 2.17 图

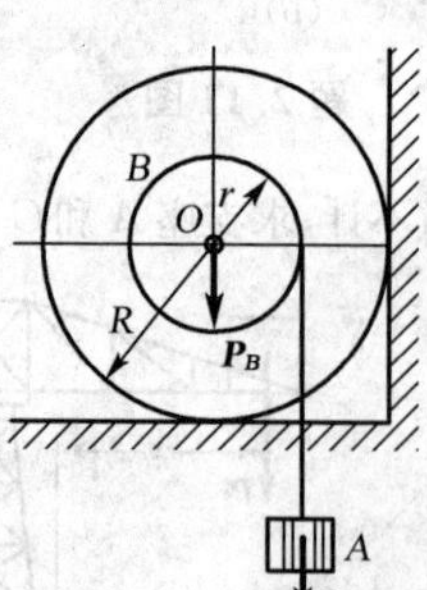

题 2.18 图

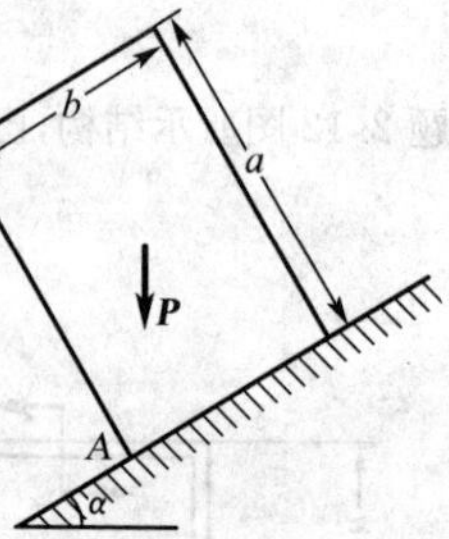

题 2.19 图

2.19 如题 2.19 图所示均质物体，已知物体与斜面间的摩擦系数 $\mu=0.4$，求当斜面倾角逐渐增大后，物体在斜面上翻倒与滑动同时发生时，边长 a 与 b 的关系。

第三章 空 间 力 系

本章主要研究空间力系的平衡问题。所谓空间力系，是指各力的作用线不在同一平面内的力系。与平面力系一样，空间力系分为空间汇交力系、空间平行力系和空间任意力系。

第一节 力在空间直角坐标轴上的投影

一、直接投影法

力在空间直角坐标轴上的投影与力在平面直角坐标轴上的投影相同。若已知力与轴的夹角，就可以直接求出力在轴上的投影。

设空间直角坐标系的三个坐标轴如图 3.1 所示，已知力 $\boldsymbol{F}$ 与三轴间的夹角分别为 α、β、γ，则力在三轴上的投影分别为

$$\begin{cases} F_x = F\cos\alpha \\ F_y = F\cos\beta \\ F_z = F\cos\gamma \end{cases} \tag{3-1}$$

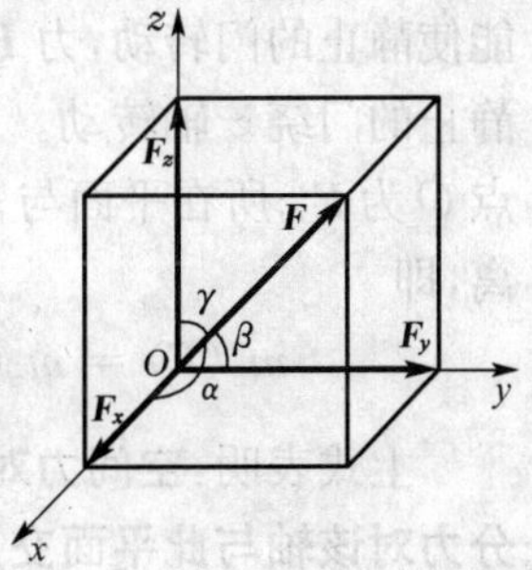

图 3.1

这种求投影的方法称为直接投影法。

力在轴上的投影为代数量，其正负号规定：从力的起点到终点若投影后的趋向与坐标轴正向相同，力的投影为正；反之为负。

二、二次投影法

当力与坐标轴的夹角没有全部给出时，可采用二次投影法。即先将力投影到某一坐标平面上，然后再进一步投影到所选的坐标轴上，这种求投影的方法称为二次投影法。

如图 3.2 所示，已知力 $\boldsymbol{F}$ 的值和 $\boldsymbol{F}$ 与 z 轴的夹角 γ，以及力 $\boldsymbol{F}$ 在 Oxy 平面上的投影 $\boldsymbol{F}_{xy}$ 与 x 轴的夹角 φ，则 $\boldsymbol{F}$ 在 x、y、z 三轴上的投影分别为

$$\begin{cases} F_x = F\sin\gamma\cos\varphi \\ F_y = F\sin\gamma\sin\varphi \\ F_z = F\cos\gamma \end{cases} \tag{3-2}$$

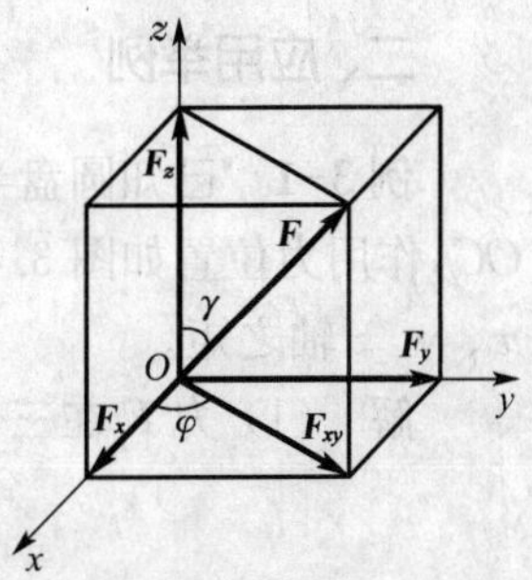

图 3.2

三、已知分力求合力 F

若已知投影 F_x、F_y、F_z，则合力 $\boldsymbol{F}$ 的大小、方向可由下式求得

$$\begin{cases} F=\sqrt{F_x^2+F_y^2+F_z^2} \\ \cos\alpha=\left|\dfrac{F_x}{F}\right|;\ \cos\beta=\left|\dfrac{F_y}{F}\right|;\ \cos\gamma=\left|\dfrac{F_z}{F}\right| \end{cases} \tag{3-3}$$

其中，α、β、γ 分别为力 $\boldsymbol{F}$ 与 x、y、z 轴之间所夹之锐角。

第二节　力对轴之矩

一、力对轴之矩

在工程实际中，经常遇到刚体绕定轴转动的情形，为了度量力使物体绕定轴转动的效果，我们引入力对轴之矩的概念。

如图 3.3 所示，可把推门的力 $\boldsymbol{F}$ 分解为平行于 z 轴的分力 $\boldsymbol{F}_z$ 和垂直于 z 轴的平面内的分力 $\boldsymbol{F}_{xy}$。由经验可知，分力 $\boldsymbol{F}_z$ 不能使静止的门转动，力 $\boldsymbol{F}_z$ 对 z 轴的矩为零，只有分力 $\boldsymbol{F}_{xy}$ 才能使静止的门绕 z 轴转动。现用符号 $m_z(\boldsymbol{F})$ 表示力 $\boldsymbol{F}$ 对 z 轴之矩。点 O 为 $\boldsymbol{F}_{xy}$ 所在平面与 z 轴的交点，d 为点 O 到 $\boldsymbol{F}_{xy}$ 作用线的距离，即

$$m_z(\boldsymbol{F})=m_z(\boldsymbol{F}_{xy})=m_O(\boldsymbol{F}_{xy})=\pm F_{xy}\cdot d \tag{3-4}$$

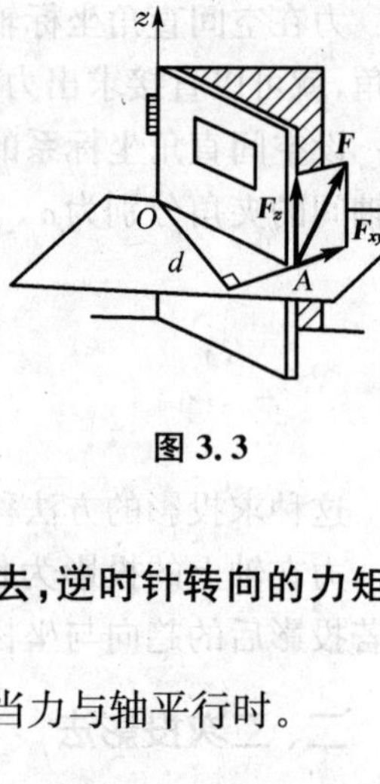

图 3.3

上式表明：**空间力对轴之矩等于此力在垂直于该轴平面上的分力对该轴与此平面交点之矩。**

力对轴之矩是一个代数量，其正负号规定为：**从转轴正端看过去，逆时针转向的力矩为正，顺时针转向的力矩为负。力对轴之矩的单位是 N·m。**

力对轴之矩等于零的情形：(1) 当力与轴相交时($d=0$)；(2)当力与轴平行时。

可以证明，合力投影定理和合力矩定理在空间力系中也适用。

二、应用举例

例 3-1　已知圆盘半径 r，高度 h，圆盘上作用一空间力 $\boldsymbol{F}$ 垂直于 OC，作用力位置如图 3.4 所示。求力 $\boldsymbol{F}$ 在三个坐标轴上的投影和对 x、y、z 轴之矩。

解　(1) 力 $\boldsymbol{F}$ 在三个坐标轴上的投影为

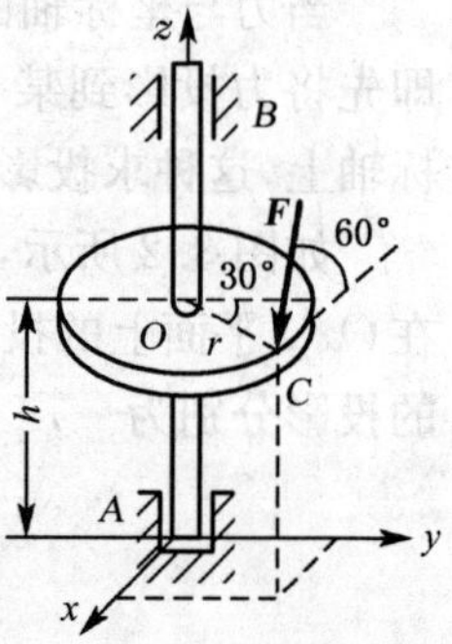

图 3.4

$$F_x=F\cos 60°\cos 30°=\frac{\sqrt{3}}{4}F$$

$$F_y=F\cos 60°\sin 30°=\frac{F}{4}$$

$$F_z = F\sin 60^\circ = \frac{\sqrt{3}}{2}F$$

(2) 力 $\boldsymbol{F}$ 对三个坐标轴之矩为

由合力矩定理有

$$m_x(\boldsymbol{F}) = F_y h - rF_z\cos 30^\circ = \frac{F}{4}(h-3r)$$

$$m_y(\boldsymbol{F}) = F_x h + rF_z\sin 30^\circ = \frac{\sqrt{3}}{4}F(h+r)$$

$$m_z(\boldsymbol{F}) = -rF\cos 60^\circ = -\frac{1}{2}rF$$

第三节 空间力系的平衡方程

一、空间任意力系平衡方程

与平面任意力系相同,空间任意力系向一点简化,可得一个空间汇交力系和一组空间力偶系,前者可合成为主矢,后者可合成为主矩。若主矢、主矩同时为零,则该空间任意力系必定平衡;反之,若空间任意力系平衡,则该主矢、主矩必同时为零。故**空间任意力系平衡的充要条件是:主矢、主矩同时为零**。由此可得**空间任意力系的平衡方程**为:

$$\left\{\begin{aligned}&\sum F_x = 0\\&\sum F_y = 0\\&\sum F_z = 0\\&\sum m_x(\boldsymbol{F}) = 0\\&\sum m_y(\boldsymbol{F}) = 0\\&\sum m_z(\boldsymbol{F}) = 0\end{aligned}\right. \tag{3-5}$$

前三个方程称为投影方程,表示力系中各力在三个坐标轴上投影的代数和分别等于零,表明物体无任何方向的移动。后三个方程为力矩方程,表示力系中各力对三个坐标轴之矩的代数和分别为零,表明物体无绕任何轴的转动。

空间任意力系有六个独立的平衡方程,所以空间任意力系的平衡问题最多可求解六个未知量。

二、空间汇交力系平衡方程

若物体受空间汇交力系的作用,则力系简化结果为一个合力,力系中各力对坐标轴 x、y 及 z 之矩都等于零。所以空间汇交力系的平衡方程只有三个,即

$$\begin{cases}\sum F_x = 0 \\ \sum F_y = 0 \\ \sum F_z = 0\end{cases} \tag{3-6}$$

三、空间平行力系平衡方程

若物体受空间平行力系的作用，设所有的力和 z 轴平行，则力系中各力对坐标轴 z 之矩都等于零，同时各力在 x 轴与 y 轴上的投影也都等于零。所以空间平行力系的平衡方程只有三个，即

$$\begin{cases}\sum F_z = 0 \\ \sum m_x(\boldsymbol{F}) = 0 \\ \sum m_y(\boldsymbol{F}) = 0\end{cases} \tag{3-7}$$

四、应用举例

下面举例说明空间力系平衡问题的计算。

例 3-2 用起重杆吊起重物，如图 3.5 所示，A 端用球形铰链固定在地面上，B 端用绳 CB 和 DB 拉住，两绳分别系在墙上的点 C 和 D。已知 $BC = BD$，$CE = EB = DE$，$\alpha = 30°$，CDB 平面与水平面间的夹角为 $\angle EBF = 30°$，物重 $Q = 10\,\text{kN}$。起重杆重量不计，试求起重杆所受的压力及绳子的拉力。

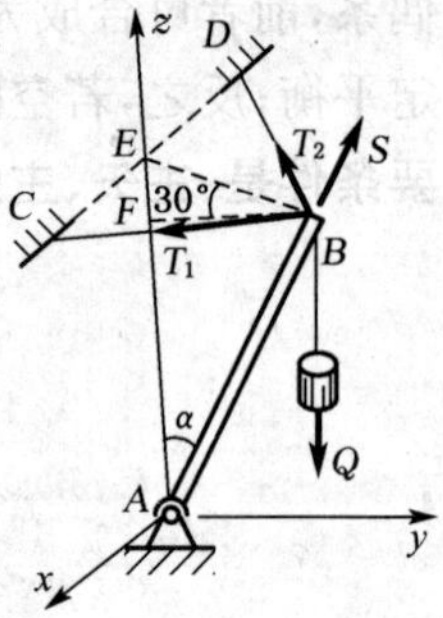

图 3.5

解 本题为空间汇交力系的平衡问题，可用(3-6)式求解。

(1) 取结点 B 为研究对象，画出受力图，建立坐标系，如图 3.5 所示。

(2) 列平衡方程

由题意知 $\angle CBE = \angle DBE = 45°$

$$\begin{cases}\sum F_x = 0 \qquad T_1\sin 45° - T_2\sin 45° = 0 \\ \sum F_y = 0 \qquad S\sin 30° - T_1\cos 45°\cos 30° - T_2\cos 45°\cos 30° = 0 \\ \sum F_z = 0 \qquad T_1\cos 45°\sin 30° + T_2\cos 45°\sin 30° + S\cos 30° - Q = 0\end{cases}$$

(3) 解之得

$$T_1 = T_2 = 3.45\,\text{kN} \quad S = 8.66\,\text{kN}$$

例 3-3 某传动轴如图 3.6(a)所示。已知皮带拉力 $T = 5\,\text{kN}$，$t = 2\,\text{kN}$，带轮直径 $D = 160\,\text{mm}$，齿轮分度圆直径为 $d = 100\,\text{mm}$，压力角(齿轮啮合力与分度圆切线间夹角)$\alpha = 20°$，求齿轮圆周力 F_t、径向力 F_r 和轴承的约束反力。

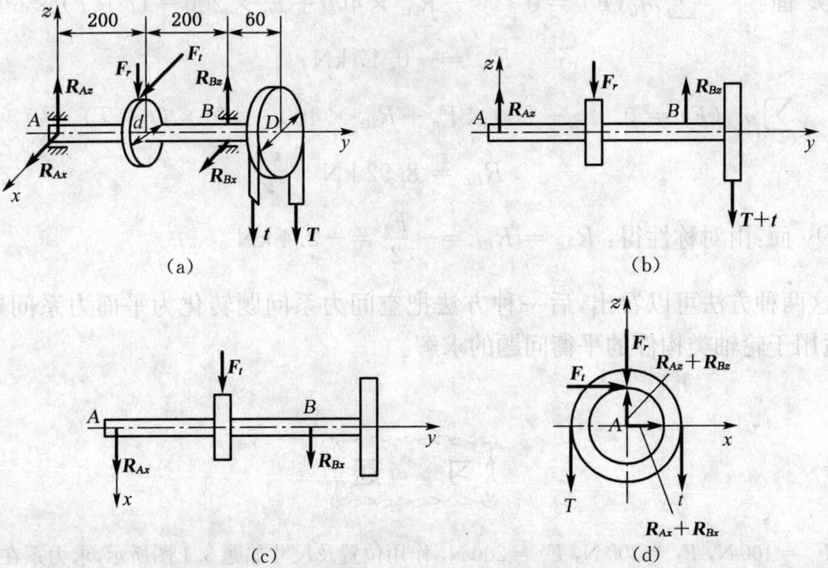

图 3.6

解 取传动轴为研究对象，画出受力图，如图 3.6(a)所示。由图可知，传动轴共受八个力作用，为空间任意力系。对于空间力系的解法有两种：一是直接应用空间力系的平衡方程求解；二是将空间力系转化为平面力系求解，即把空间的受力图投影到三个坐标平面，画出主视、俯视、侧视三个视图，分别列出它们的平衡方程，同样可解出所求的未知量。本题用两种方法分别求解。

(1) 直接应用空间力系的平衡方程求解。

列平衡方程如下

$$\begin{cases}\sum F_x=0 \qquad R_{Ax}+R_{Bx}+F_t=0\\ \sum F_z=0 \qquad R_{Az}+R_{Bz}-F_r-(t+T)=0\\ \sum m_x(\boldsymbol{F})=0 \qquad -F_r\times 200+R_{Bz}\times 400-(t+T)\times 460=0\\ \sum m_y(\boldsymbol{F})=0 \qquad -(T-t)\times\dfrac{D}{2}+F_t\times\dfrac{d}{2}=0\\ \sum m_z(\boldsymbol{F})=0 \qquad -F_t\times 200-R_{Bx}\times 400=0\end{cases}$$

解之得：

$$R_{Ax}=-2.4\ \text{kN};\ R_{Az}=-0.17\ \text{kN};\ F_t=4.8\ \text{kN}$$

$$R_{Bx}=-2.4\ \text{kN};\ R_{Bz}=8.92\ \text{kN};\ F_r=1.747\ \text{kN}$$

(2) 转化为平面力系求解。

取传动轴为研究对象，并画出它的分离体在三个坐标平面投影的受力图。如图 3.6(b)、(c)、(d)所示。对符合可解条件的先行求解，故先从 xOz 面先行求解。

对 xOz 面：$\sum m_A(\boldsymbol{F})=0 \qquad (T-t)\times\dfrac{D}{2}-F_t\times\dfrac{d}{2}=0$

得：$F_t=4.8\ \text{kN};\ F_r=F_t\tan\alpha=1.747\ \text{kN}$

对 yOz 面： $\sum m_B(\boldsymbol{F}) = 0 \qquad -R_{Az} \times 400 + F_r \times 200 - (t+T) \times 60 = 0$

得： $R_{Az} = -0.17\ \text{kN}$

$$\sum m_A(\boldsymbol{F}) = 0 \qquad -200 \times F_r + R_{Bz} \times 400 - 460 \times (t+T) = 0$$

得： $R_{Bz} = 8.92\ \text{kN}$

对 xOy 面：由对称性得：$R_{Ax} = R_{Bx} = -\dfrac{F_t}{2} = -2.4\ \text{kN}$

比较这两种方法可以看出，后一种方法把空间力系问题转化为平面力系问题，较易掌握，尤其适用于轮轴类构件的平衡问题的求解。

习　题

3.1 已知 $F_1 = 100\ \text{N}$，$F_2 = 300\ \text{N}$，$F_3 = 200\ \text{N}$，作用位置及尺寸如题 3.1 图所示，求力系在三个坐标轴上的投影和对三个坐标轴之矩。

3.2 题 3.2 图所示空间力 F，已知 F、α、θ，$CD = a$，求力 F 对 AB 轴之矩 $M_{AB}(F)$。

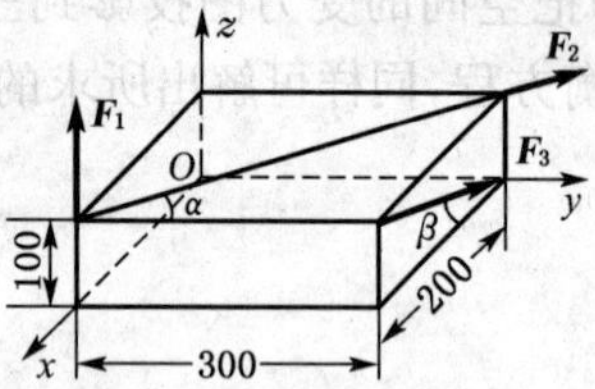

题 3.1 图

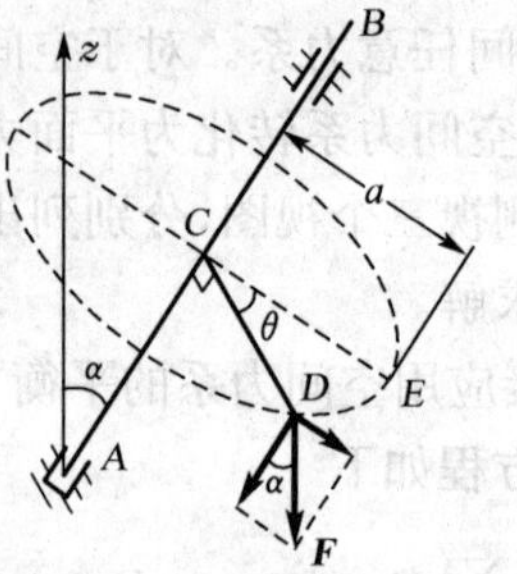

题 3.2 图

3.3 已知 $P = 10\ \text{kN}$，空间构架连接如题 3.3 图所示，求铰链 A、B、C 处的约束反力。

3.4 已知：重物重 $P = 1\,000\ \text{N}$，空间构架如题 3.4 图所示，求三杆所受的力。

3.5 如题 3.5 图所示起重吊车，已知：$AD = DB = 1\ \text{m}$，$CD = 1.5\ \text{m}$，$CM = 1\ \text{m}$，$GM = 0.5\ \text{m}$，机身和平衡锤共重 $P_1 = 100\ \text{kN}$，重物 $P_2 = 30\ \text{kN}$。求当平面 LMN 平行于 AB 时，车轮对轨道的压力。

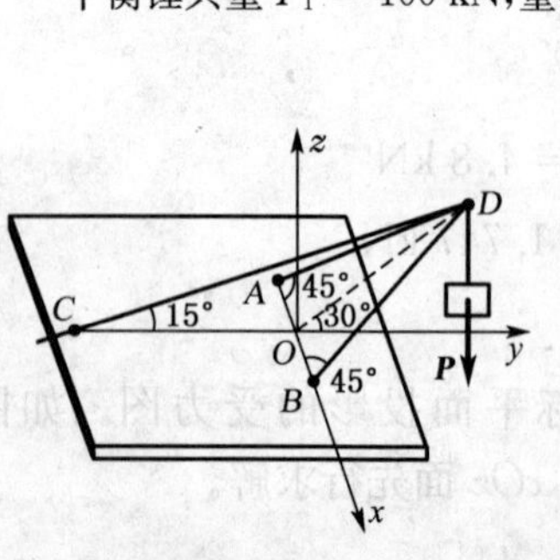

题 3.3 图

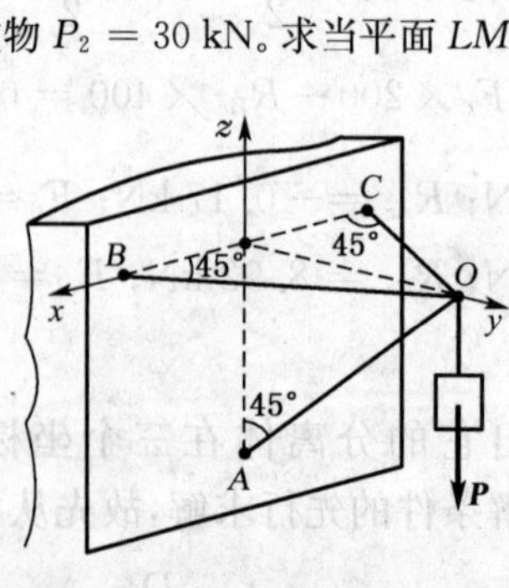

题 3.4 图

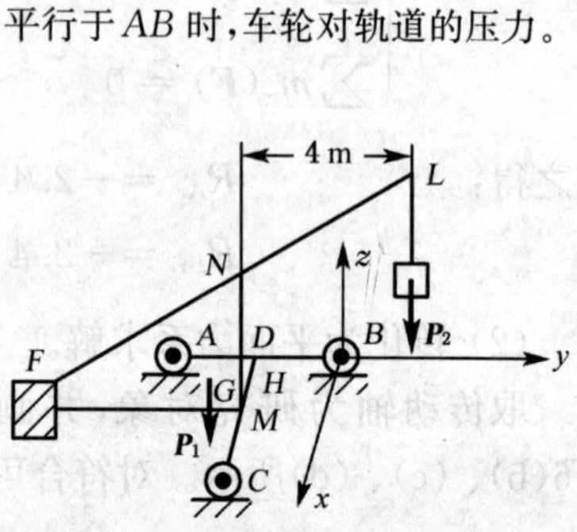

题 3.5 图

3.6 轴受力如题 3.6 图所示，已知：$r_1 = 200\ \text{mm}$，$r_2 = 250\ \text{mm}$，$a = b = 500\ \text{mm}$，$c = 1\,000\ \text{mm}$，$\alpha = 30°$，

F_1、F_2 平行于 x 轴，$F_1 = 2F_2 = 5\,000$ N，$F_3 = 2F_4$。求拉力 F_3、F_4 和轴承 A、B 的约束反力。

3.7　已知：$P_1 = 60$ N，轮的半径是卷筒半径的六倍，其他尺寸如题 3.7 图所示，求重物 P_2 的重量，以及轴承 A 与 B 的约束反力。

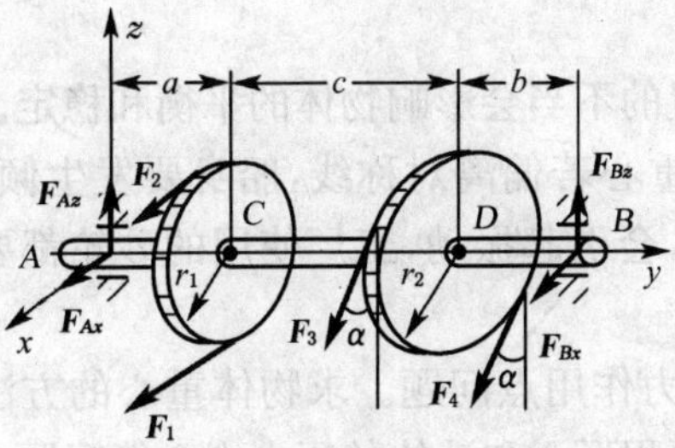

题 3.6 图

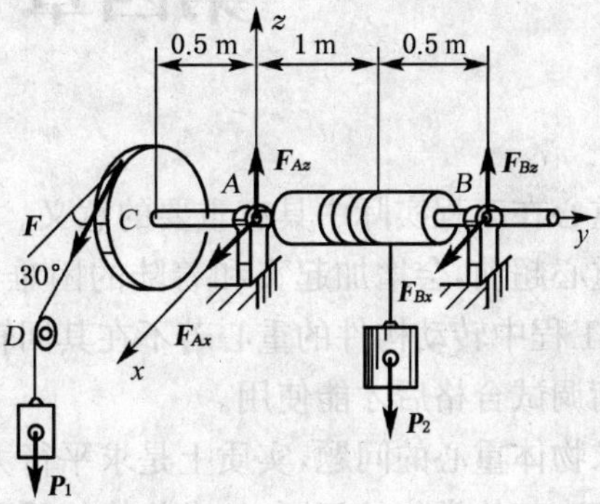

题 3.7 图

第四章　重　　心

重心在工程实际中具有重要的意义。重心位置的不当会影响物体的平衡和稳定。如飞机的重心超前,会增加起飞和着陆的困难;船舶的重心若偏离对称线,船身要发生倾斜等。又如,工程中转动构件的重心若不在其回转轴线上,会引起振动,工厂使用的砂轮都要经过动平衡调试合格后才能使用。

求物体重心的问题,实质上是求平行力系的合力作用点问题。求物体重心的方法还适用于解决其他类似的问题,如求物体的质量中心、面积形心和液体的压力中心等问题。

第一节　重心的概念与坐标公式

一、物体重心坐标公式

在地球附近的物体都受到地球地心的引力,即物体的重力。重力分布于物体内每一微小部分,可以近似视作一个平行分布力系。刚体在地球表面处无论怎样放置,其平行分布力系的合力作用线,都通过物体上一个确定的点 $C(x_C, y_C, z_C)$,这一点 C 称为物体的重心,即为物体重力 $\boldsymbol{G}$ 的作用点。如图 4.1 所示,若将物体分成若干微小部分,各部分的重力分别为 $\Delta\boldsymbol{G}_1$、$\Delta\boldsymbol{G}_2$、…、$\Delta\boldsymbol{G}_i$,各力作用点的坐标分别为(x_1, y_1, z_1)、(x_2, y_2, z_2)、…、(x_i, y_i, z_i)。根据合力矩定理,对 y 轴取矩,有

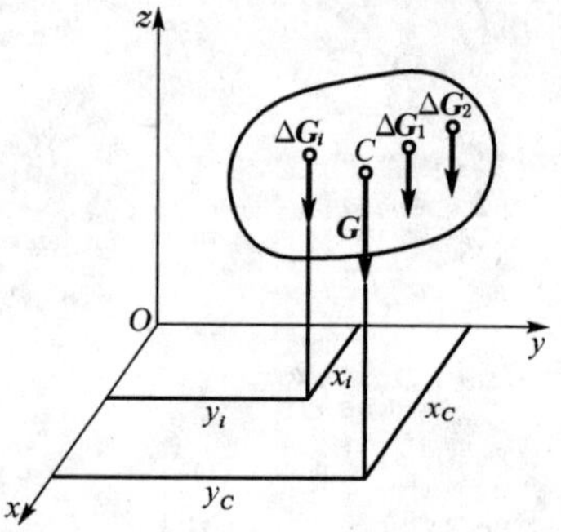

图 4.1

$$\begin{aligned} Gx_C &= \Delta G_1 x_1 + \Delta G_2 x_2 + \cdots + \Delta G_n x_n \\ &= \sum \Delta G_i x_i \end{aligned}$$

得
$$x_C = \frac{\sum \Delta G_i x_i}{G}$$

同理,对 x 轴取矩,

可得
$$y_C = \frac{\sum \Delta G_i y_i}{G}$$

求坐标 z_C,可将物体连同坐标 $Oxyz$ 一起绕 x 轴顺时针转 90°,再对 x 轴取矩,

可得
$$z_C = \frac{\sum \Delta G_i z_i}{G}$$

由此可得,求重心的一般公式为

$$\begin{cases} x_C = \dfrac{\sum \Delta G_i x_i}{G} \\ y_C = \dfrac{\sum \Delta G_i y_i}{G} \\ z_C = \dfrac{\sum \Delta G_i z_i}{G} \end{cases} \tag{4-1}$$

二、均质物体重心(体积形心)坐标公式

如果物体是均质的,即单位体积的重量(比重)γ 是常量。若物体的体积为 V,则物体的重量 $G=\gamma V$,而每一微小体积的重量 $\Delta G_i=\Delta V_i \gamma$,则上述(4-1)的公式可改为

$$\begin{cases} x_C = \dfrac{\sum \Delta V_i x_i}{V} \\ y_C = \dfrac{\sum \Delta V_i y_i}{V} \\ z_C = \dfrac{\sum \Delta V_i z_i}{V} \end{cases} \tag{4-2}$$

可见,均质物体的重心位置与单位体积的重量(比重)无关,仅决定于物体的形状。因此,均质物体的重心亦称为体积形心,式(4-2)是均质物体体积形心坐标的计算公式。

三、平面图形的形心坐标公式

如物体是均质等厚的平薄板,设薄板的面积为 A,厚度为 h,则薄板的总体积为 $V=Ah$,而每一微小体积为 $\Delta V_i=\Delta A_i h$。建立直角坐标 $Oxyz$ 如图 4.2 所示,令 $z_C=0$,将上述关系代入(4-2)中的前两式,消去 h 后得

$$\begin{cases} x_C = \dfrac{\sum \Delta A_i x_i}{A} \\ y_C = \dfrac{\sum \Delta A_i y_i}{A} \end{cases} \tag{4-3}$$

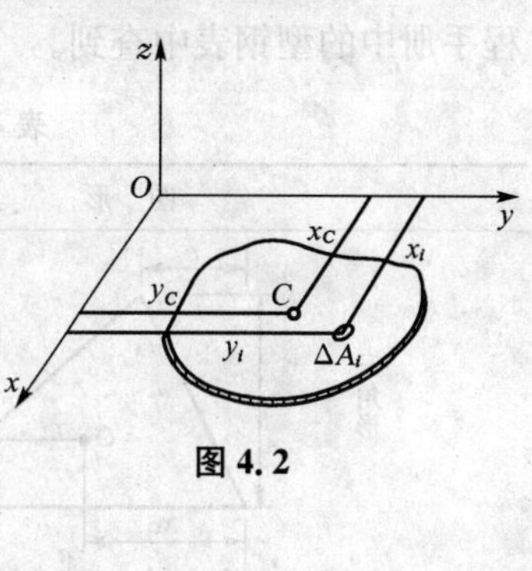

图 4.2

上式所确定的 C 点称为薄板的形心或平面图形的形心。

第二节 确定重心位置的方法

一、积分法

求基本规则形体的形心时,可将形体分割成无限多块微小形体,在此极限情况下,(4-2)式即可写成定积分的形式。

体积形心坐标公式

$$\begin{cases} x_C = \dfrac{\int_0^V x\mathrm{d}V}{V}, \\ y_C = \dfrac{\int_0^V y\mathrm{d}V}{V}, \\ z_C = \dfrac{\int_0^V z\mathrm{d}V}{V} \end{cases} \tag{4-4}$$

面积形心坐标公式，由(4-3)式可得

$$\begin{cases} x_C = \dfrac{\int_0^A x\mathrm{d}A}{A}, \\ y_C = \dfrac{\int_0^A y\mathrm{d}A}{A} \end{cases} \tag{4-5}$$

式中 $\mathrm{d}V$、$\mathrm{d}A$ 为体积单元和面积单元。x，y，z 则为体积单元和面积单元位置坐标。利用(4-4)、(4-5)式可求得几何形体的形心坐标，此方法称为积分法。这是计算形心的基本方法。

二、利用对称性

另外具有对称面、对称轴或对称中心的均质物体，其重心必在其物体的对称面、对称轴或对称中心上。如直线段的重心在该线段的中点、圆面积或整个圆周的重心在圆心、平行四边形的重心在其两对称线的交点上等。另外，简单形状物体的重心可查阅工程手册，表 4.1 列出了几种简单形状物体的重心。工程上常用的型钢(如工字钢、角钢、槽钢等)的形心从工程手册中的型钢表中查到。

表 4.1　简单形状物体的重心(形心)位置表

图　形	重心(形心)位置及面积(体积)
三角形 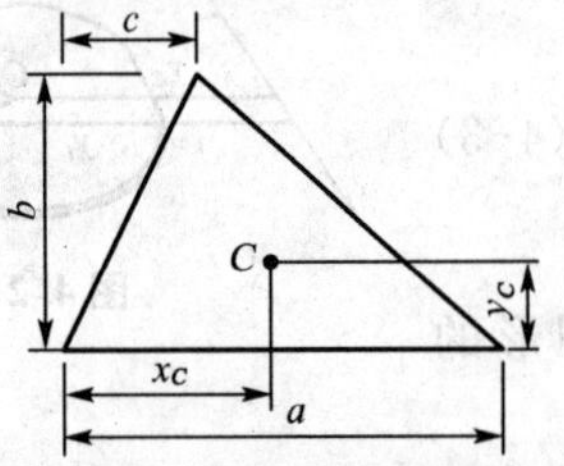	$x_C = \frac{1}{3}(a+c)$ $y_C = \frac{1}{3}h$ $A = \frac{1}{2}ab$
梯形 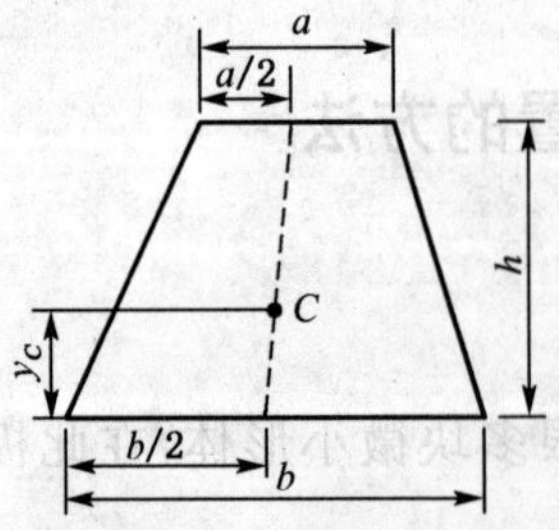	在上、下底中点的连线上 $y_C = \frac{h(2a+b)}{3(a+b)}$ $A = \frac{1}{2}(a+b)h$

续表 4.1

图　形		重心(形心)位置及面积(体积)
扇形	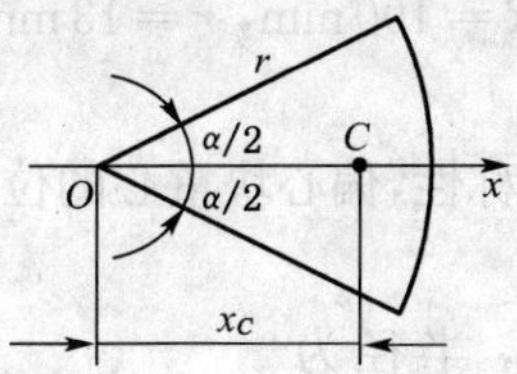	在扇形的对称轴上 $x_C=\frac{4r}{3\alpha}\sin\frac{\alpha}{2}$ $A=\frac{1}{2}\alpha r^2$ 半圆 $x_C=\frac{4r}{3\pi}$
圆弧	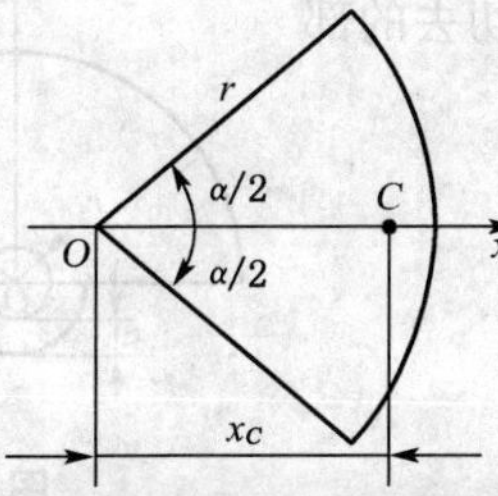	在圆弧的对称轴上 $x_C=\frac{2r}{\alpha}\sin\frac{\alpha}{2}$
半球体	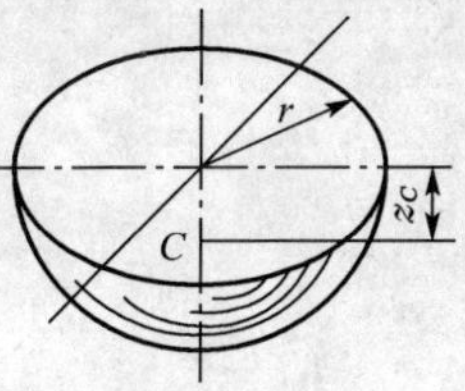	在半球体的对称轴上 $z_C=\frac{3}{8}r$ $V=\frac{2}{3}\pi r^3$
锥体	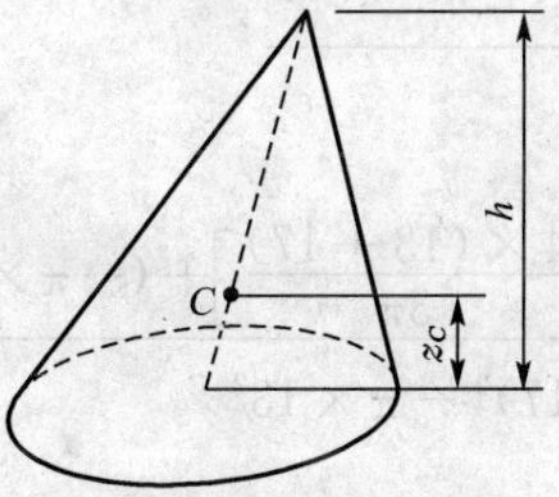	在锥顶与底面形心的连线上 $z_C=\frac{1}{4}h$ $V=\frac{1}{3}Ah$ (A 为底面面积)
抛物线形	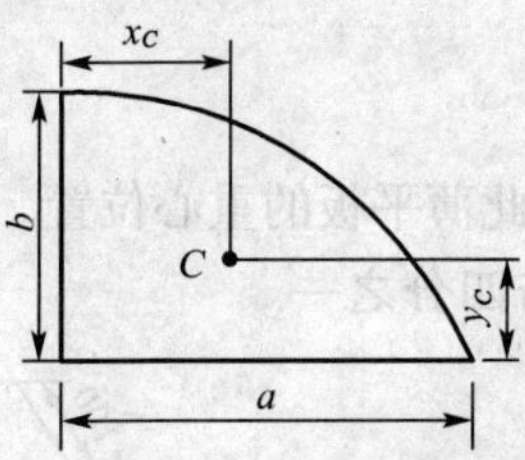	$x_C=\frac{2}{5}a$ $y_C=\frac{3}{8}b$ $A=\frac{2}{3}ab$
抛物线形	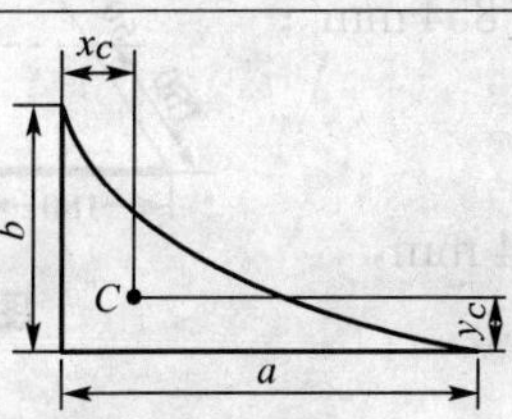	$x_C=\frac{1}{4}a$ $y_C=\frac{3}{10}b$ $A=\frac{1}{3}ab$

三、组合法

组合法是求组合图形重心位置的基本方法。组合图形由简单几何图形组合而成，而简单几何图形重心位置可由对称性或查表直接确定,因而可将组合图形分割为若干部分(简单几何图形),然后直接用式(4-3)求出重心位置。

例 4-1 已知图 4.3 中振动器偏心块的几何尺寸 $R=100\,\text{mm}$, $r=13\,\text{mm}$, $b=17\,\text{mm}$。试求偏心块重心的位置。

解 选坐标系 Oxy,其中 Oy 轴为对称轴。根据对称性,偏心块重心的位置必在对称轴 Oy 上,所以 $x_C=0$。

将偏心块分割为三部分:半径为 R 的半圆 A_1,半径为 $(r+b)$ 的半圆 A_2 及半径为 r 的小圆 A_3,因 A_3 是需要切去的部分,故其面积取负值。即

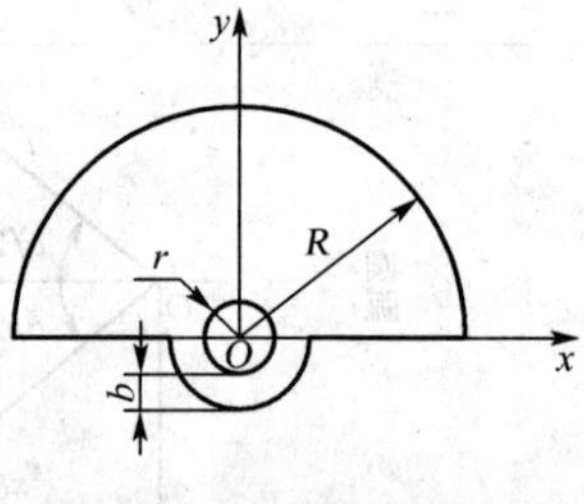

图 4.3

$$A_1=\frac{1}{2}\pi R^2,\ y_1=\frac{4R}{3\pi}$$

$$A_2=\frac{1}{2}\pi(r+b)^2,\ y_2=-\frac{4(r+b)}{3\pi}$$

$$A_3=-\pi r^2,\ y_3=0$$

由公式(4-3)可求得

$$y_C=\frac{A_1y_1+A_2y_2+A_3y_3}{A_1+A_2+A_3}$$

$$=\frac{\frac{1}{2}\pi R^2\times\frac{4R}{3\pi}+\frac{\pi}{2}(r+b)^2\times\left[-\frac{4(r+b)}{3\pi}\right]+(-\pi r^2\times 0)}{\frac{1}{2}\pi R^2+\frac{1}{2}\pi(r+b)^2-\pi r^2}$$

$$=\frac{\frac{1}{2}\pi\times 100^2\times\frac{4\times 100}{3\pi}+\frac{\pi}{2}(13+17)^2\times\left[-\frac{4\times(13+17)}{3\pi}\right]+(-\pi\times 13^2\times 0)}{\frac{1}{2}\pi\times 100^2+\frac{\pi}{2}\times(13+17)^2-\pi\times 13^2}$$

$$=39\,\text{mm}$$

所以,偏心块重心(即形心)的位置坐标为(0, 39)。

例 4-2 已知薄平板形状与尺寸如图 4.4 所示,求此薄平板的重心位置。

解 如图 4.4 所示,把此薄板分为矩形、三角形与四分之一圆形三部分,其面积和重心坐标分别为

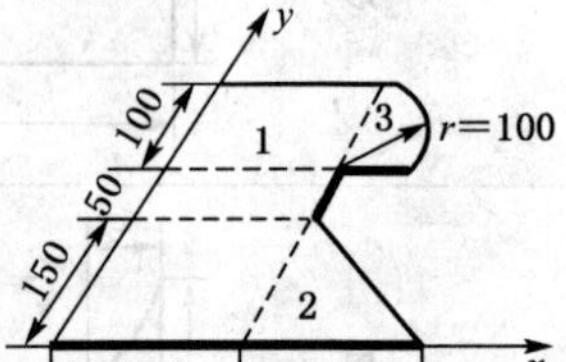

图 4.4

$$S_1=54\,000\,\text{mm}^2,\ S_2=15\,000\,\text{mm}^2,\ S_3=7\,854\,\text{mm}^2;$$

$$x_1=90\,\text{mm},\ x_2=246.7\,\text{mm},$$

$$x_3=180+\frac{2}{3}\times\frac{100\sin 45^\circ}{\frac{\pi}{4}}\cos 45^\circ=222.4\,\text{mm},$$

$$y_1=150\,\text{mm},\ y_2=50\,\text{mm},$$

$$y_3=200+\frac{2}{3}\times\frac{100\sin 45^\circ}{\frac{\pi}{4}}\sin 45^\circ=242.4\,\text{mm}$$

整板重心坐标　$x_C = \dfrac{\sum S_i x_i}{\sum S_i} = 134\ \text{mm}$，$y_C = \dfrac{\sum S_i y_i}{\sum S_i} = 140\ \text{mm}$

四、实验法

如果物体的形状复杂或质量分布不均匀，其重心或形心的位置常用实验法来确定。

1. 悬挂法

如需求一薄板的重心，可先将板悬挂于一点 A，如图 4.5(a)所示，根据二力平衡条件，重心必在过悬挂点的铅直线上，在板上画出此线。然后再将板悬挂于另一点 B，同样可画出另一直线。两线相交点 C 即是薄板的重心位置，如图 4.5(b)所示。

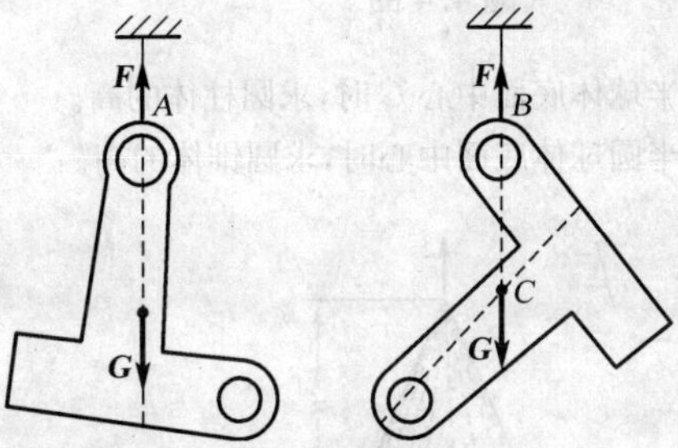

(a)　　(b)

图 4.5

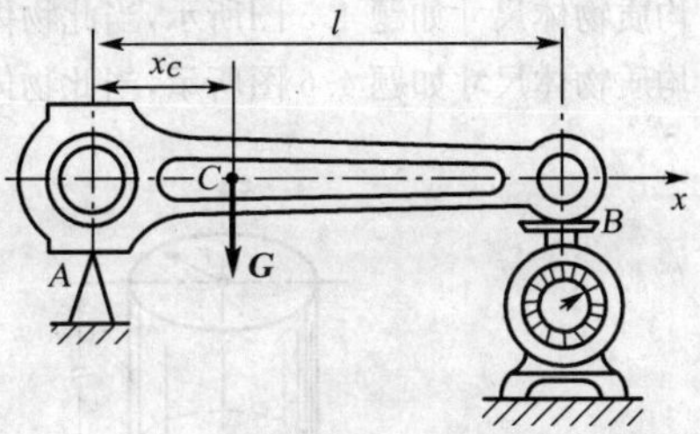

图 4.6

2. 称重法

对于形状复杂的构件，或体积很大的物体，可由称重法求其重心。一发动机连杆，先用磅秤称出其重量为 G，然后如图 4.6 所示将其一端支于固定的支点 A 上，另一端支于磅秤上，量出两支点间的距离 l，并读出磅秤上的读数 N_B 值，则由

$$N_B l - G x_C = 0 \quad 得 \quad x_C = \frac{N_B l}{G}$$

习　题

4.1　求题 4.1 图所示角钢横断面之形心。图中尺寸单位为 mm。

4.2　已知如题 4.2 图所示平面图形中一方格的边长为 20 mm，求挖去一圆后剩余部分面积的形心位置。

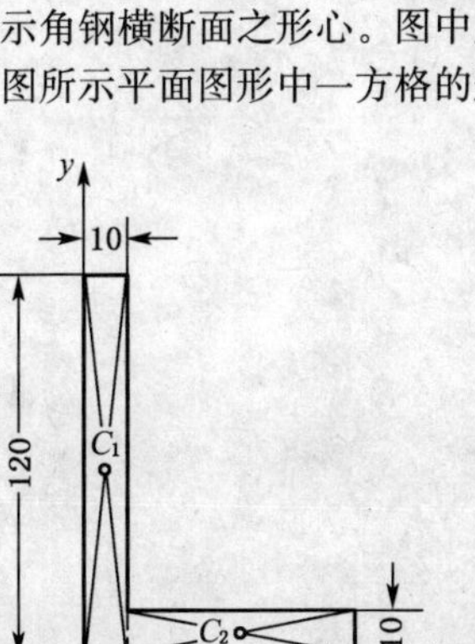

题 4.1 图

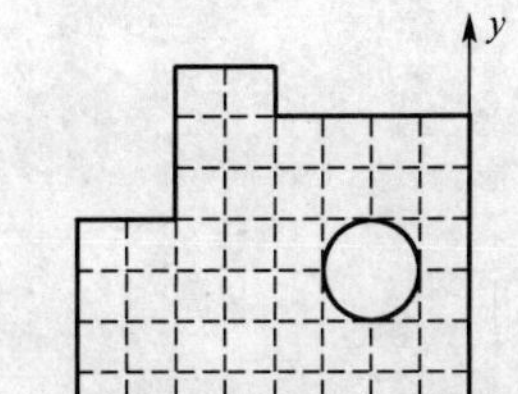

题 4.2 图

4.3 已知：$AD=a$，$AB=b$，求：若将均质梯形板在点 E 挂起，且使 AD 边保持水平，BE 应等于多少。

4.4 均质物块尺寸如题 4.4 图所示，求均质物块重心位置。

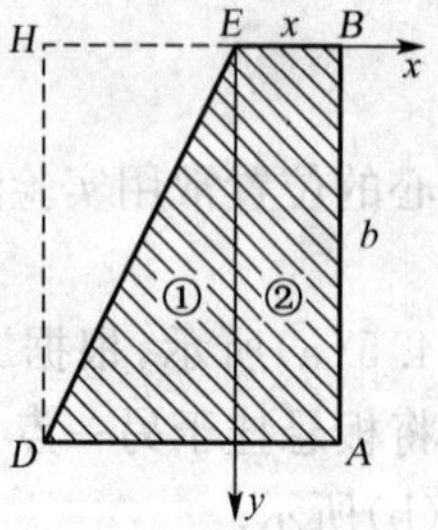

题 4.3 图

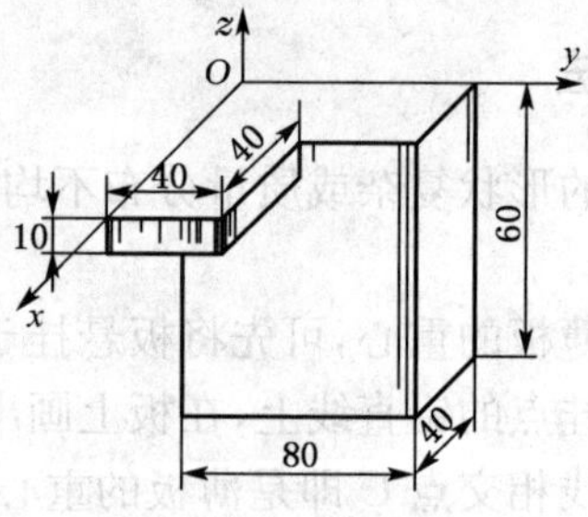

题 4.4 图

4.5 均质物体尺寸如题 4.5 图所示，当此物体重心恰好在半球体底面中心 C 时，求圆柱体的高。

4.6 均质物体尺寸如题 4.6 图所示，当此物体重心恰好在半圆球体底面中心时，求圆锥体的高。

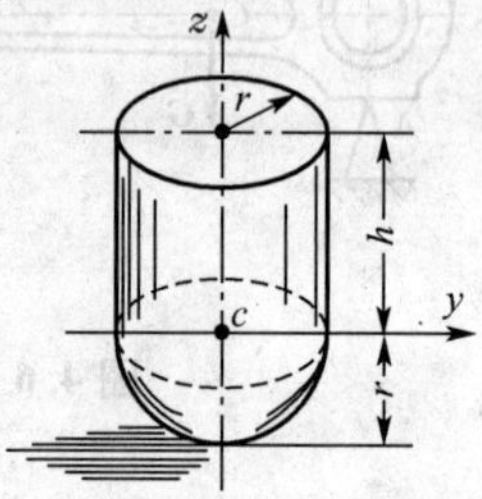

题 4.5 图

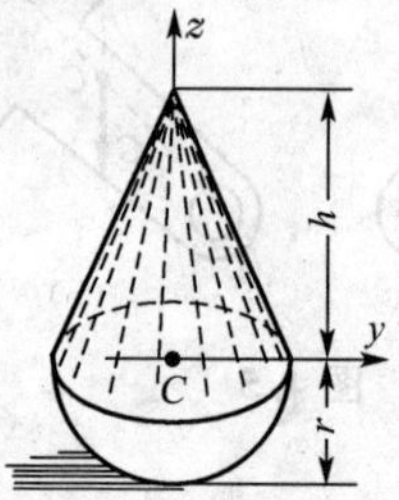

题 4.6 图

第二篇

运 动 力 学

第五章　质点运动力学

本篇我们研究物体的运动力学。

物体运动学研究的是物体相对某一个参考系的几何位置随时间变化的规律。包括物体的运动方程、运动轨迹、运动速度和加速度。

物体动力学研究的是物体运动变化与作用于物体上的力之间的关系。动力学的理论基础是牛顿定律。

运动力学　就是研究物体运动的几何性质以及运动的变化与受力之间关系的科学。

运动力学的主要内容包括：质点运动力学、刚体运动力学和动能定理。

研究物体运动时，有时把一个物体看成一个点即不涉及物体的大小。若还考虑它的质量这就是质点。仅研究它的运动，不考虑它的质量时，就称为动点或简称为点。多个质点组成的系统称为质点系。各质点间距离保持不变的质点系称为刚体。

宇宙中物体的运动是其不可分割的属性。观察任何物体的运动规律必须选取另一物体作为参考，这个参考的物体我们称为参考体。观察同一物体的运动，选取的参考体不同，其运动规律也不同。例如，一架正升空的飞机，对于地面的观察者，其运动是向前向上飞行；对于驾驶飞机的飞行员，他和飞机之间是静止的。

在运动学中只从几何角度研究物体的运动，因而对物体本身，只考虑其几何尺寸与形状，而不考虑其物理属性。

要确定一个物体在空间的位置，必须选取参考体，确定参考系。在运动学里经常涉及两个重要的概念：**“瞬时”**和**“时间间隔”**。瞬时是指某一具体时刻；时间间隔是指两个瞬时之间的一段时间。

在动力学中我们要研究物体在不平衡力系作用下将如何运动，对机械运动做全面的分析。研究作用于物体上的力与物体运动状态变化之间的关系，即研究物体机械运动的普遍规律。

动力学也称为牛顿力学，首先也涉及两个非常重要的概念：**“惯性”**与**“质量”**。惯性是指任何物体都有保持静止或匀速直线运动的属性。例如火车突然刹车，人并不随火车立即停止，会保持原来的运动状态，于是你会有前倾倒趋势；或者火车突然启动，人并不随火车前进，而是保持原来静止状态，这样便有后倾倒趋势，这些都是惯性的表现。质量是物体惯性的度量。物体质量大，惯性大；质量小，惯性小。

动力学中所研究的力学模型有质点和刚体（质点系）。

运动学是动力学与机械运动分析的基础，是工程力学的重要组成部分。

动力学是静力学和运动学内容的延伸，研究物体运动与作用在物体上的力之间的关系，从而建立物体机械运动的普遍规律。

第一节 质点运动学

运动学是从几何的角度研究质点和刚体在空间的位置随时间变化的规律。包括质点的运动方程、运动轨迹、运动速度和加速度。还研究运动分解与合成的规律。研究物体运动时,有时把一个物体看成一个点即不涉及物体的大小。若还考虑它的质量这就是质点。仅研究它的运动,不考虑它的质量时,就称为动点或简称为点。

一、点的速度和加速度矢量法

1. 点的运动轨迹

为描述点 M 相对于某参考系的位置,在参考系上任意取一点 O 为原点,自点 O 向动点 M 作矢量 $\boldsymbol{r}$,如图 5.1 所示。$\boldsymbol{r}$ 称为点 M 相对于原点 O 的位置矢量,简称**矢径**。当动点 M 运动时,矢径 $\boldsymbol{r}$ 的大小和方向一般均随时间变化。因此,矢径 $\boldsymbol{r}$ 是时间 t 的函数,且为单值连续函数。

动点 M 的矢量形式运动方程为:

$$\boldsymbol{r} = \overrightarrow{OM} \qquad (5\text{-}1)$$

$$\boldsymbol{r} = \boldsymbol{r}(t)$$

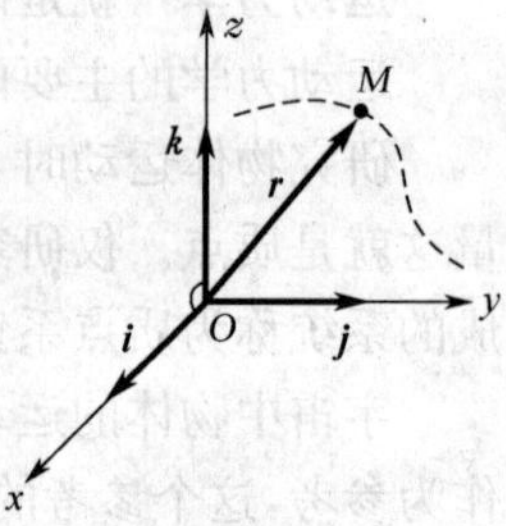

图 5.1

当动点 M 运动时,其在空间位置变化所形成的矢径末端描绘出一条曲线,即是动点运动轨迹。我们称这条曲线为**矢端曲线**。

2. 质点的速度

速度是描述点的运动的基本物理量,用来表示运动的快慢程度和方向。

设瞬时 t 时动点位置在 M 处,瞬时 $t+\Delta t$ 时动点到达 M_1 处,如图 5.2 所示,则矢径的变化就是动点在 Δt 时间内的位移 $\Delta\boldsymbol{r}$:

$$\Delta\boldsymbol{r} = \boldsymbol{r}(t+\Delta t) - \boldsymbol{r}(t) = \overline{MM_1}$$

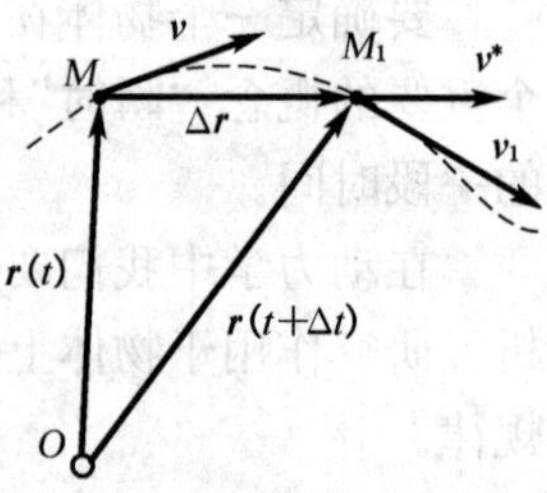

图 5.2

我们定义:在 Δt 这个时间间隔内,动点的平均速度为 $\boldsymbol{v}^*$,其计算式为:

$$\boldsymbol{v}^* = \frac{\Delta\boldsymbol{r}}{\Delta t} = \frac{\overline{MM_1}}{\Delta t} \qquad (5\text{-}2)$$

时间是标量,故平均速度 $\boldsymbol{v}^*$ 方向与 $\Delta\boldsymbol{r}$ 方向相同。Δt 越小,$\Delta\boldsymbol{r}$ 越趋近于动点轨迹在 M 点的切线方向,即平均速度 $\boldsymbol{v}^*$ 越趋近于动点在瞬时 t 的真实速度。令 Δt 趋近零,此时平均速度则趋近于一极限值,此极限值即为动点 M 在瞬时 t 的速度 $\boldsymbol{v}$:

$$\boldsymbol{v} = \lim_{\Delta t\to 0}\frac{\Delta\boldsymbol{r}}{\Delta t} = \frac{\mathrm{d}\boldsymbol{r}}{\mathrm{d}t} = f'(t) \qquad (5\text{-}3)$$

结论:**动点的速度等于动点矢径对时间的一阶导数,速度是矢量,速度矢沿轨迹曲线的切线方向,与动点的运动方向一致。**速度的单位是 m/s(米/秒)。

3. 质点的加速度

设瞬时 t 时动点位置在 M 处，瞬时 $t+\Delta t$ 时动点到达 M_1 处，如图 5.3(a) 所示，其速度分别为 $\boldsymbol{v}$ 和 $\boldsymbol{v}_1$，则在 Δt 这个时间间隔内，速度变化量为 $\Delta\boldsymbol{v}=\boldsymbol{v}_1-\boldsymbol{v}$。

我们定义：在 Δt 这个时间间隔内，动点的 $\Delta\boldsymbol{v}$ 与 Δt 之比值，称为动点在 Δt 时间间隔内的平均加速度，以 $\boldsymbol{a}^*$ 表示，其计算式为：

$$\boldsymbol{a}^*=\frac{\boldsymbol{v}_1-\boldsymbol{v}}{\Delta t}=\frac{\Delta\boldsymbol{v}}{\Delta t}$$

加速度是描述动点运动速度变化快慢的物理量。当 Δt 趋近于零时，平均加速度的极限就是动点在瞬时 t 的加速度：

$$\boldsymbol{a}=\lim_{\Delta t\to 0}\frac{\Delta\boldsymbol{v}}{\Delta t}=\frac{\mathrm{d}\boldsymbol{v}}{\mathrm{d}t}=\frac{\mathrm{d}[f'(t)]}{\mathrm{d}t}=f''(t) \tag{5-4}$$

即点的加速度等于其速度矢量对时间的一阶导数，或等于其矢径对时间的二阶导数。加速度单位是 $\mathrm{m/s^2}$（米/秒）。

由式(5-4)可知，加速度也是矢量，具有大小和方向。为了确定加速度方向，可在空间任取一点 O，将动点各瞬时的连续速度都画成由 O 点出发的速度矢，连接各速度矢端点，可画出一条连续曲线，称为**速度矢端曲线**。如图 5.3(b)所示。

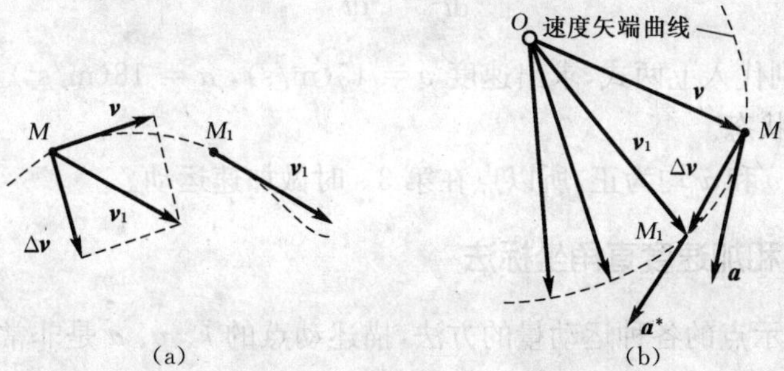

图 5.3

由于 $\Delta\boldsymbol{v}$ 是速度矢端曲线上的割线 MM_1，Δt 又是标量，所以，平均加速度 $\boldsymbol{a}^*$ 的方向与 $\Delta\boldsymbol{v}$ 方向（即割线 MM_1 方向）相同。当 Δt 趋近于零时，割线将成为速度矢端曲线上的切线。故动点的加速度矢量方向与速度矢量曲线在相应点上的切线方向平行。

应当注意的是加速度为正，并不一定表示动点运动越来越快，它只表达了加速的方向。只有当速度方向也为正时，加速方向与运动方向一致，动点速度的绝对值越来越大，动点才做加速运动。当速度为负时，加速度的方向与运动方向相反，动点速度的绝对值越来越小，做减速运动。总之，**速度和加速度符号一致时做加速运动；异号时做减速运动。**

4. 应用举例

例 5-1　已知动点做直线运动，矢端曲线方程为 $r=r_0+kt$（其中 r_0、k 为常数），求其运动速度及加速度。

解　由矢端曲线方程，求矢径对时间的一阶导数，计算出动点运动速度：

$$v=\frac{\mathrm{d}r}{\mathrm{d}t}=\frac{\mathrm{d}(r_0+kt)}{\mathrm{d}t}=k$$

求速度对时间的一阶导数，计算出加速度：

$$a=\frac{\mathrm{d}v}{\mathrm{d}t}=\frac{\mathrm{d}k}{\mathrm{d}t}=0$$

由此我们可知，当动点的速度为一常数时，动点做匀速直线运动，这时加速度等于零。

例 5-2 动点沿直线运动，其矢端曲线方程为 $r=t^3-12t+2$（式中 r 的单位为 m，t 的单位为 s），试求第 3 s 瞬时：(1)点所在的位置；(2)此时的速度和加速度；(3)判定此时做加速运动还是减速运动。

解 (1) 将 $t=3$ s 代入运动方程

$$r=(3)^3-12\times3+2=-7(\mathrm{m})$$

点在原点左侧 7 m 处。

(2) 求速度和加速度

速度是矢径对时间的一阶导数：

$$v=\frac{\mathrm{d}r}{\mathrm{d}t}=\frac{\mathrm{d}(t^3-12t+2)}{\mathrm{d}t}=3t^2-12$$

加速度是矢径对时间的二阶导数：

$$a=\frac{\mathrm{d}^2r}{\mathrm{d}t^2}=\frac{\mathrm{d}v}{\mathrm{d}t}=6t$$

将 $t=3$ s 分别代入上两式，求出速度 $v=15(\mathrm{m/s})$，$a=18(\mathrm{m/s^2})$。

(3) 判定运动状态。

在 $t=3$ s 时，v 和 a 均为正，所以点在第 3 s 时做加速运动。

二、点的速度和加速度直角坐标法

用直角坐标表示点的各种运动量的方法，描述动点的 r、v、a 是非常简单且常用的，称为直角坐标法。

1. 质点的运动轨迹

取参考空间任一点为原点，建立固定直角坐标系 $Oxyz$，如图 5.4 所示，则动点 M 的位置可由坐标(x, y, z)唯一确定。当动点 M 运动时，位置坐标显然是随时间 t 而变化且是时间的单值连续函数，即：

$$\begin{cases}x=x(t)\\y=y(t)\\z=z(t)\end{cases}\tag{5-5}$$

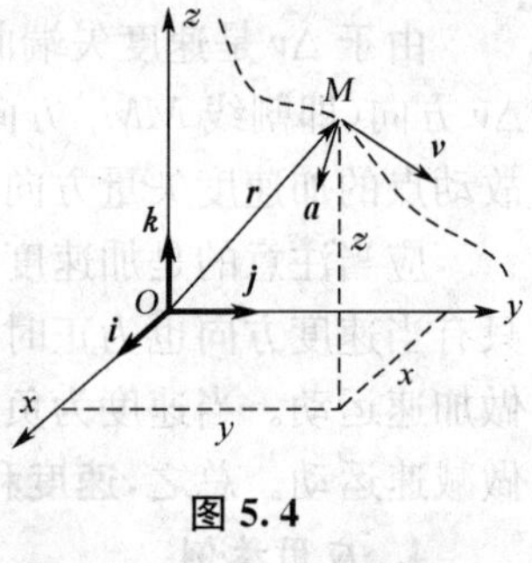

图 5.4

当函数 $x(t)$、$y(t)$ $z(t)$ 均为已知时，动点 M 在任一瞬时 t 的位置即完全确定。公式(5-5)就是动点 M 在直角坐标系下的运动方程。

动点运动根据其运动轨迹的不同，可以分为平面曲线运动和空间曲线运动。对于平面曲线运动，可以选择 xOy 平面与运动平面重合，$z(t)=0$，此时运动方程可表述为：

$$\begin{cases}x=x(t)\\y=y(t)\end{cases}\tag{5-6}$$

2. 质点的速度

在图 5.4 中，$\boldsymbol{r}$ 为 M 点过原点 O 的矢径，由于我们以矢径的起始点作为直角坐标系原点，因此可得到如下关系式：

$$\boldsymbol{r}=x\boldsymbol{i}+y\boldsymbol{j}+z\boldsymbol{k} \tag{5-7}$$

其中，$\boldsymbol{i}$、$\boldsymbol{j}$、$\boldsymbol{k}$ 分别为沿三个坐标轴的单位矢量。由速度定义，将上式对时间求一阶导数：

$$\boldsymbol{v}=\frac{\mathrm{d}\boldsymbol{r}}{\mathrm{d}t}=\frac{\mathrm{d}}{\mathrm{d}t}(x\boldsymbol{i}+y\boldsymbol{j}+z\boldsymbol{k})=\frac{\mathrm{d}x}{\mathrm{d}t}\boldsymbol{i}+\frac{\mathrm{d}y}{\mathrm{d}t}\boldsymbol{j}+\frac{\mathrm{d}z}{\mathrm{d}t}\boldsymbol{k} \tag{5-8}$$

$$\boldsymbol{v}=v_x\boldsymbol{i}+v_y\boldsymbol{j}+v_z\boldsymbol{k} \tag{5-9}$$

上式中的 v_x、v_y、v_z 为速度在坐标轴 x、y、z 上的投影。比较式(5-8)与式(5-9)，得

$$v_x=\frac{\mathrm{d}x}{\mathrm{d}t}\qquad v_y=\frac{\mathrm{d}y}{\mathrm{d}t}\qquad v_z=\frac{\mathrm{d}z}{\mathrm{d}t} \tag{5-10}$$

由此可知，动点的速度在坐标轴上的投影等于其相应坐标对时间的一阶导数。上式即为用直角坐标表示的动点速度。速度大小为：

$$v=\sqrt{v_x^2+v_y^2+v_z^2} \tag{5-11}$$

速度的方向可由速度 $\boldsymbol{v}$ 的方向余弦来确定：

$$\begin{cases}\cos(\boldsymbol{v},\ \boldsymbol{i})=\dfrac{v_x}{v}\\[2ex] \cos(\boldsymbol{v},\ \boldsymbol{j})=\dfrac{v_y}{v}\\[2ex] \cos(\boldsymbol{v},\ \boldsymbol{k})=\dfrac{v_z}{v}\end{cases} \tag{5-12}$$

3. 质点的加速度

点的加速度为：

$$\boldsymbol{a}=\frac{\mathrm{d}\boldsymbol{v}}{\mathrm{d}t}=\frac{\mathrm{d}v_x}{\mathrm{d}t}\boldsymbol{i}+\frac{\mathrm{d}v_y}{\mathrm{d}t}\boldsymbol{j}+\frac{\mathrm{d}v_z}{\mathrm{d}t}\boldsymbol{k}=\frac{\mathrm{d}^2x}{\mathrm{d}t^2}\boldsymbol{i}+\frac{\mathrm{d}^2y}{\mathrm{d}t^2}\boldsymbol{j}+\frac{\mathrm{d}^2z}{\mathrm{d}t^2}\boldsymbol{k} \tag{5-13}$$

加速度的矢量表达式也可用下式：

$$\boldsymbol{a}=a_x\boldsymbol{i}+a_y\boldsymbol{j}+a_z\boldsymbol{k} \tag{5-14}$$

故加速度 $\boldsymbol{a}$ 在直角坐标轴上的投影为：

$$a_x=\frac{\mathrm{d}v_x}{\mathrm{d}t}=\frac{\mathrm{d}^2x}{\mathrm{d}t^2}\qquad a_y=\frac{\mathrm{d}v_y}{\mathrm{d}t}=\frac{\mathrm{d}^2y}{\mathrm{d}t^2}\qquad a_z=\frac{\mathrm{d}v_z}{\mathrm{d}t}=\frac{\mathrm{d}^2z}{\mathrm{d}t^2} \tag{5-15}$$

即动点的加速度在直角坐标轴上的投影等于动点各相应的速度的投影对时间的一阶导数，或等于其相应的坐标对时间的二阶导数。

加速度的大小为：

$$a=\sqrt{a_x^2+a_y^2+a_z^2} \tag{5-16}$$

加速度的方向可由加速度 $\boldsymbol{a}$ 的方向余弦来确定。

$$\begin{cases}\cos(\boldsymbol{a},\ \boldsymbol{i}) = \dfrac{a_x}{a} \\ \cos(\boldsymbol{a},\ \boldsymbol{j}) = \dfrac{a_y}{a} \\ \cos(\boldsymbol{a},\ \boldsymbol{k}) = \dfrac{a_z}{a}\end{cases} \tag{5-17}$$

4. 应用举例

例5-3 某正弦机构如图5.5所示。曲柄OM长为R，绕轴匀速转动，曲柄与水平线夹角为$\varphi = \omega t + \theta$，其中$\theta$为$t = 0$时的曲柄夹角，即初始相角，$\omega$为常数；滑杆$AB$只能沿滑道上下运动。滑杆$AB = L$，求点$A$、$B$和$M$的运动方程及$M$的速度和加速度，并确定速度方向。

解 根据题给出已知条件，A、B两点做直线运动且为平面运动，建立固定直角坐标系xOy，如图所示。

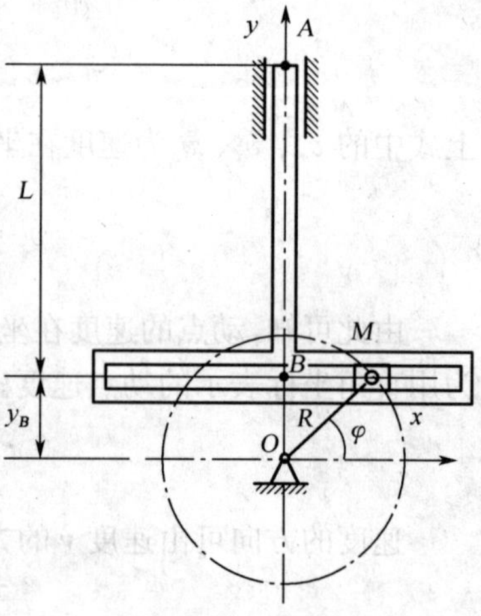

图 5.5

$$\begin{cases}x_A = 0 \\ y_A = L + R\sin\varphi = L + R\sin(\omega t + \theta)\end{cases}$$

$$\begin{cases}x_B = 0 \\ y_B = R\sin\varphi = R\sin(\omega t + \theta)\end{cases}$$

$$\begin{cases}x_M = R\cos\varphi = R\cos(\omega t + \theta) \\ y_M = y_B = R\sin(\omega t + \theta)\end{cases}$$

如果将上式中时间消去，动点M的运动轨迹方程为：

$$x_M^2 + y_M^2 = R^2$$

动点M实际是在一个平面圆上运动，或者说动点M的运动轨迹是一个圆。

我们可以根据式(5-10)求出动点M在坐标轴上的速度投影：

$$v_{Mx} = \frac{\mathrm{d}x_M}{\mathrm{d}t} = \frac{\mathrm{d}}{\mathrm{d}t}(R\cos(\omega t + \theta)) = -R\omega\sin(\omega t + \theta)$$

$$v_{My} = \frac{\mathrm{d}y_M}{\mathrm{d}t} = \frac{\mathrm{d}}{\mathrm{d}t}(R\sin(\omega t + \theta)) = R\omega\cos(\omega t + \theta)$$

由式(5-11)求出动点M的速度值：

$$v_M = \sqrt{v_{Mx}^2 + v_{My}^2} = R\omega\sqrt{\sin^2(\omega t + \theta) + \cos^2(\omega t + \theta)} = R\omega$$

由式(5-12)确定速度方向

$$\begin{cases}\cos(v_M,\ i) = \dfrac{v_{Mx}}{v} = \dfrac{-R\omega\sin(\omega t + \theta)}{R\omega} = -\sin(\omega t + \theta) \\ \cos(v_M,\ j) = \dfrac{v_{My}}{v} = \dfrac{R\omega\cos(\omega t + \theta)}{R\omega} = \cos(\omega t + \theta)\end{cases}$$

由上式中$\cos(v_M,\ j)$可以看出速度v_M与y轴夹角为φ。

根据式(5-15)求出动点M在坐标轴上的加速度投影：

$$a_{Mx}=\frac{\mathrm{d}v_{Mx}}{\mathrm{d}t}=\frac{\mathrm{d}^2x_M}{\mathrm{d}t^2}=-R\omega^2\cos(\omega t+\theta)$$

$$a_{My}=\frac{\mathrm{d}v_{My}}{\mathrm{d}t}=\frac{\mathrm{d}^2y_M}{\mathrm{d}t^2}=-R\omega^2\sin(\omega t+\theta)$$

由式(5-16)求出动点 M 的加速度值：

$$a_M=\sqrt{a_{Mx}^2+a_{My}^2}=R\omega^2$$

例 5-4　如图 5.6 所示，小车 A 和 B 用长度 $L=4.5\,\mathrm{m}$ 的绳索相连，A 车高出 B 车 $h=1.5\,\mathrm{m}$，如 A 车从 C 处开始以匀速 $v_A=0.4\,\mathrm{m/s}$ 向右行驶。求经过 5 s 时，小车 B 的速度和加速度。

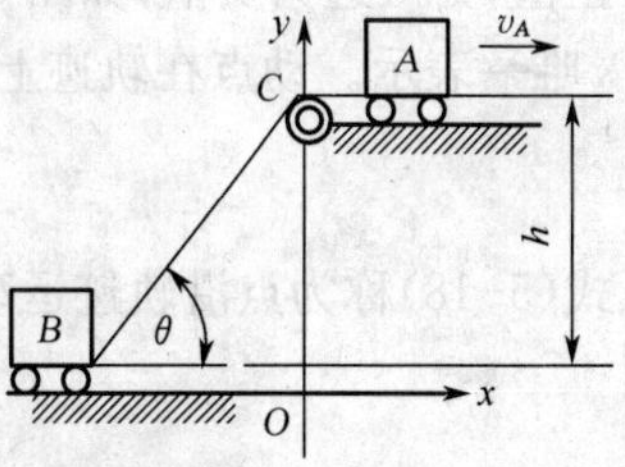

图 5.6

解　取图示直角坐标系 Oxy，设 $t=0$ 时小车 A 在 C 点处，t 瞬时小车 A、B 坐标分别为 x_A、x_B，设 $BC=s$，不论小车在何位置，总有以下关系式成立：

$$\begin{cases}x_B^2+h^2=BC^2=s^2 & (1)\\ s+x_A=L & (2)\end{cases}$$

将式(1)两边对时间求导，

$$2x_B\frac{\mathrm{d}x_B}{\mathrm{d}t}=2s\frac{\mathrm{d}s}{\mathrm{d}t}$$

∵
$$v_B=\frac{\mathrm{d}x_B}{\mathrm{d}t}$$

∴
$$x_Bv_B=s\frac{\mathrm{d}s}{\mathrm{d}t} \tag{3}$$

将式(2)两边对时间求导，

$$\frac{\mathrm{d}s}{\mathrm{d}t}=-\frac{\mathrm{d}x_A}{\mathrm{d}t}$$

即
$$\frac{\mathrm{d}s}{\mathrm{d}t}=-v_A \tag{4}$$

由式(3)(4)可得

$$v_B=\frac{-s}{x_B}v_A=\frac{s}{\sqrt{s^2-h^2}}v_A \tag{5}$$

当 $t=5\,\mathrm{s}$ 时，$x_A=v_A\times t=0.4\times5=2(\mathrm{m})$，$s=4.5-2=2.5(\mathrm{m})$，将之代入式(5)得 $v_B=0.5\,\mathrm{m/s}$。

将(3)(4)式再求导，则

$$v_B^2+x_Ba_B=\left(\frac{\mathrm{d}s}{\mathrm{d}t}\right)^2 \tag{6}$$

由式(4)(6)，得

$$a_B=\frac{(v_A^2-v_B^2)}{x_B}=\frac{(v_A^2-v_B^2)}{\sqrt{s^2-h^2}} \tag{7}$$

将 $t = 5\ \text{s}$ 时参数代入式(7),求出 $a_B = -0.045\ \text{m/s}^2$。

三、点的速度和加速度自然坐标法

如果动点的运动轨迹为已知,我们利用该动点轨迹建立弧坐标及自然轴系,并称利用它们来描述和分析点的运动的方法为自然法。

1. 弧坐标

按照动点轨迹已知的条件,可以在轨迹上任取一点 O_1 为原点,规定 O_1 一边所取弧长为正值,另一边为负值,如图 5.7 所示。取动点 M,在其轨迹上的位置可由它与 O_1 之间的弧长 s 唯一表示。动点在轨迹上运动,弧长 s 即为时间 t 的一个单值连续函数。

$$s = s(t) \tag{5-18}$$

式(5-18)称为点沿轨迹运动方程,或称为以弧坐标表示的点的运动方程。

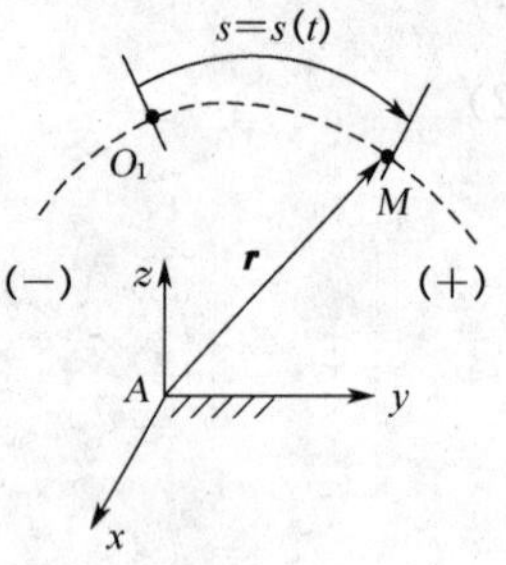

图 5.7

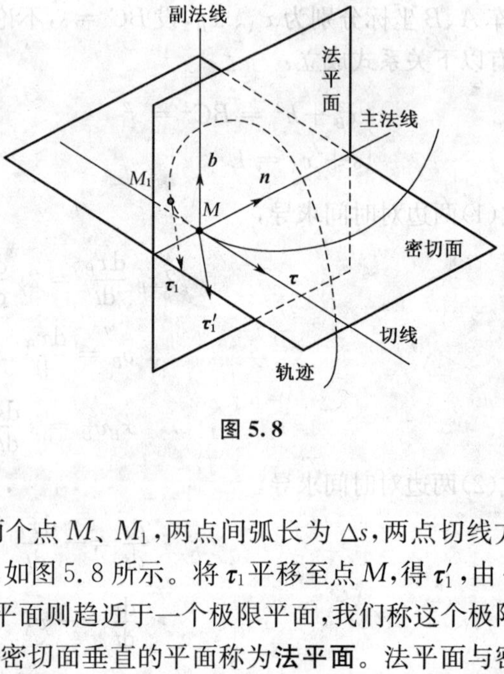

图 5.8

2. 自然轴系

在动点轨迹上我们取极为相近的两个点 M、M_1,两点间弧长为 Δs,两点切线方向单位矢量为 $\boldsymbol{\tau}$ 和 $\boldsymbol{\tau}_1$,指向与弧坐标正向一致,如图 5.8 所示。将 $\boldsymbol{\tau}_1$ 平移至点 M,得 $\boldsymbol{\tau}_1'$,由 $\boldsymbol{\tau}$ 与 $\boldsymbol{\tau}_1'$ 形成一个平面。令 M_1 无限趋近 M 点,此平面则趋近于一个极限平面,我们称这个极限平面为曲线在点 M 处的**密切面**。过点 M 并与密切面垂直的平面称为**法平面**。法平面与密切面交线称为**主法线**,单位矢量为 $\boldsymbol{n}$,方向指向曲线内凹一侧。法平面内过 M 点垂直于主法线与切线的直线称为**副法线**,单位矢量为 $\boldsymbol{b}$,其方向由 $\boldsymbol{\tau}$、$\boldsymbol{n}$、$\boldsymbol{b}$ 构成的右手法则确定。即:

$$\boldsymbol{b} = \boldsymbol{\tau} \times \boldsymbol{n} \tag{5-19}$$

现在,以 M 点为原点,以切线,主法线和副法线为坐标轴组成了一个正交坐标系,称为曲线在 M 处的**自然坐标系**,三个轴称为自然轴。

自然坐标系的建立是动态的,随着坐标原点与动点的重合点在轨迹上位置变化而变化,相应的 $\boldsymbol{\tau}$、$\boldsymbol{n}$、$\boldsymbol{b}$ 也是方向随动点位置变化的单位矢。也可以说自然坐标系是沿运动轨迹而变动的游动坐标系。

3. 自然坐标系点的速度

如图 5.9 所示,动点 M 沿轨迹运动,设在 t 及 $t+\Delta t$ 瞬时动点分别位于 M 和 M_1 点,则

在 Δt 时间间隔内，动点位移为 $\Delta \boldsymbol{r}$，弧坐标的增量为 Δs，由式(5-3)，得：

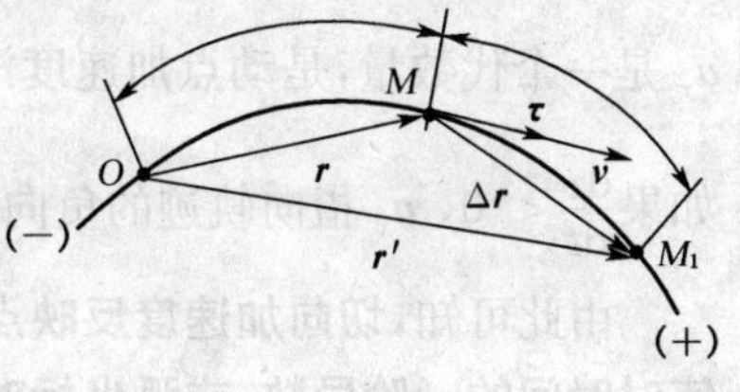

图 5.9

$$\boldsymbol{v}=\frac{\mathrm{d}\boldsymbol{r}}{\mathrm{d}t}=\lim_{\Delta t\to 0}\frac{\Delta \boldsymbol{r}}{\Delta t}=\lim_{\Delta t\to 0}\left(\frac{\Delta s}{\Delta t}\times\frac{\Delta \boldsymbol{r}}{\Delta s}\right)$$
$$=\lim_{\Delta t\to 0}\frac{\Delta s}{\Delta t}\times\lim_{\Delta t\to 0}\frac{\Delta \boldsymbol{r}}{\Delta s}=\frac{\mathrm{d}s}{\mathrm{d}t}\lim_{\Delta t\to 0}\frac{\Delta \boldsymbol{r}}{\Delta s}$$

当 $\Delta t\to 0$ 时，$\Delta s\to 0$，上式可表达为：

$$\boldsymbol{v}=\frac{\mathrm{d}\boldsymbol{r}}{\mathrm{d}t}=\frac{\mathrm{d}s}{\mathrm{d}t}\lim_{\Delta s\to 0}\frac{\Delta \boldsymbol{r}}{\Delta s}=\frac{\mathrm{d}s}{\mathrm{d}t}\times\frac{\mathrm{d}\boldsymbol{r}}{\mathrm{d}s}$$

式中 $\left|\frac{\Delta \boldsymbol{r}}{\Delta s}\right|\to 1$，而 $\frac{\Delta \boldsymbol{r}}{\Delta s}$ 的极限方向就是轨迹的切线方向，故 $\frac{\mathrm{d}\boldsymbol{r}}{\mathrm{d}s}$ 为轨迹切线方向单位矢 $\boldsymbol{\tau}$。

动点 M 的速度沿轨迹的切线方向，并可表示为：

$$\boldsymbol{v}=\frac{\mathrm{d}s}{\mathrm{d}t}\boldsymbol{\tau} \tag{5-20}$$

即动点的速度的大小等于其弧坐标对时间的一阶导数绝对值，其方向沿轨迹在该点的切线方向。速度在切线上的投影为：

$$v=v_{\tau}=\frac{\mathrm{d}s}{\mathrm{d}t} \tag{5-21}$$

式(5-20)可表达为：

$$\boldsymbol{v}=\frac{\mathrm{d}s}{\mathrm{d}t}\boldsymbol{\tau}=v\boldsymbol{\tau} \tag{5-22}$$

显然，v 是速度 $\boldsymbol{v}$ 在 $\boldsymbol{\tau}$ 方向的投影，是一个代数量。

$v>0$ 时，$\boldsymbol{v}$ 沿 $\boldsymbol{\tau}$ 正向；$v<0$ 时，$\boldsymbol{v}$ 沿 $\boldsymbol{\tau}$ 负向。

4. 自然坐标系点的加速度

将式(5-22)求一阶导数，注意 $\boldsymbol{v}$ 与 $\boldsymbol{\tau}$ 都是变量，得

$$\boldsymbol{a}=\frac{\mathrm{d}\boldsymbol{v}}{\mathrm{d}t}=\frac{\mathrm{d}v}{\mathrm{d}t}\boldsymbol{\tau}+v\frac{\mathrm{d}\boldsymbol{\tau}}{\mathrm{d}t} \tag{5-23}$$

上式右端两项均为矢量，第一项记为 $\boldsymbol{a}_{\tau}$，它反映了速度大小变化的加速度，叫做**切向加速度**；第二项记为 $\boldsymbol{a}_{\mathrm{n}}$，反映了速度方向变化的加速度，叫做**法向加速度**。自然坐标系点的加速度可表达为

$$\boldsymbol{a}=\boldsymbol{a}_{\tau}+\boldsymbol{a}_{\mathrm{n}} \tag{5-24}$$

(1) 求切向加速度 $\boldsymbol{a}_{\tau}$

$$\boldsymbol{a}_{\tau}=\frac{\mathrm{d}v}{\mathrm{d}t}\boldsymbol{\tau} \tag{5-25}$$

显然 $\boldsymbol{a}_{\tau}$ 是一个沿轨迹切线方向的矢量，因此称为切向加速度，其大小为

$$a_{\tau}=\frac{\mathrm{d}v}{\mathrm{d}t}=\frac{\mathrm{d}^2 s}{\mathrm{d}t^2} \tag{5-26}$$

a_τ 是一个代数量，是动点加速度沿轨迹切线方向的投影。如果$\dfrac{dv}{dt}>0$，$\boldsymbol{a}_\tau$ 指向轨迹的正向；如果$\dfrac{dv}{dt}<0$，$\boldsymbol{a}_\tau$ 指向轨迹的负向。

由此可知，**切向加速度反映点的速度的大小对时间的变化率，它的大小等于速度的代数值对时间的一阶导数，或弧坐标对时间的二阶导数，方向沿轨迹切向。**

(2) 求法向加速度 $\boldsymbol{a}_n$

$$\boldsymbol{a}_n = v\frac{d\boldsymbol{\tau}}{dt} = v\frac{d\boldsymbol{\tau}}{ds}\cdot\frac{ds}{dt} = v^2\frac{d\boldsymbol{\tau}}{ds} \tag{5-27}$$

是一个矢量，其方向由$\dfrac{d\boldsymbol{\tau}}{dt}$确定，亦即$\dfrac{d\boldsymbol{\tau}}{ds}$的方向。如图 5.10 所示，设点 M、M_1 的切向单位矢量为 $\boldsymbol{\tau}$ 和 $\boldsymbol{\tau}_1$，二矢量间夹角为 $\Delta\varphi$，作$\overrightarrow{MB}//\boldsymbol{\tau}_1$，在等腰 $\triangle MAB$，$\angle A=\angle B=\dfrac{\pi}{2}-\dfrac{\Delta\varphi}{2}$，当 $\Delta s\to 0$ 时，$\Delta\varphi\to 0$ 则 $\angle A$(或$\angle B$)$\to\dfrac{\pi}{2}$，这样，$\Delta\boldsymbol{\tau}$ 的极限方向垂直于切向 $\boldsymbol{\tau}$。因此$\dfrac{d\boldsymbol{\tau}}{ds}$与 $\boldsymbol{\tau}$ 垂直且指向曲线凹侧。由等腰 $\triangle MAB$ 可知，$|\Delta\boldsymbol{\tau}|=2|\boldsymbol{\tau}|\sin\dfrac{\Delta\varphi}{2}$，当 $\Delta t\to 0$ 时 $\Delta\varphi$ 也很小，$\sin\dfrac{\Delta\varphi}{2}\approx\dfrac{\Delta\varphi}{2}$，又 $\boldsymbol{\tau}$ 的大小等于1，则 $|\Delta\boldsymbol{\tau}|\approx\Delta\varphi$ 则 $\left|\dfrac{d\boldsymbol{\tau}}{ds}\right|=\lim\limits_{\Delta s\to 0}\left|\dfrac{\Delta\boldsymbol{\tau}}{\Delta s}\right|=\lim\limits_{\Delta s\to 0}\left|\dfrac{\Delta\varphi}{\Delta s}\right|=\dfrac{1}{\rho}$，$\dfrac{d\varphi}{ds}$是切线的转角对弧长的变化率，即为曲线的曲率，它的倒数$\rho=\dfrac{ds}{d\varphi}$称为曲线在$M$点的曲率半径。显然$\dfrac{d\boldsymbol{\tau}}{ds}$的方向，即 $\boldsymbol{a}_n$ 的方向是与主法线单位矢 $\boldsymbol{n}$ 方向一致，因此 $\boldsymbol{a}_n$ 称为法向加速度。

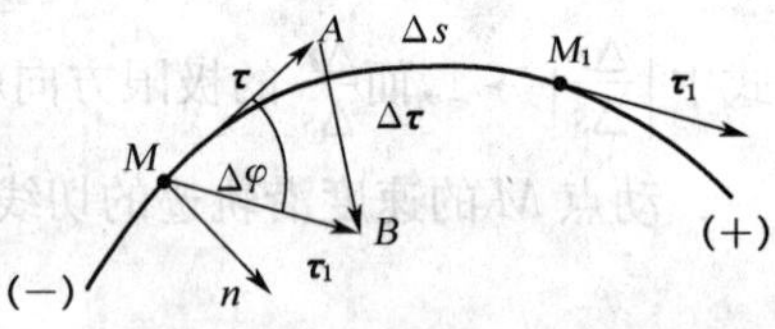

图 5.10

法向加速度则可以表达为：

$$\boldsymbol{a}_n = \frac{v^2}{\rho}\boldsymbol{n} \tag{5-28}$$

由此可知，法向加速度反映点的速度方向改变的快慢程度，其大小等于点的速度平方除以曲率半径，方向沿着主法线，指向曲率中心。

综上所述，点的加速度为

$$\boldsymbol{a} = \boldsymbol{a}_\tau + \boldsymbol{a}_n = a_\tau\boldsymbol{\tau} + a_n\boldsymbol{n} \tag{5-29}$$

如果$\dfrac{ds}{dt}$与$\dfrac{dv}{dt}$同号，表示点做加速运动，如果$\dfrac{ds}{dt}$与$\dfrac{dv}{dt}$异号，则表示点做减速运动。因为$\dfrac{v^2}{\rho}$永远正值，故法向加速度永远指向曲率中心。

由于 $\boldsymbol{a}_\tau$、$\boldsymbol{a}_n$ 均在密切面内，因之全加速度也必在密切面内。说明加速度沿副法线上的分量 $a_b=0$。如图 5.11 所示，切向加速度与法向加速度与全加速度的关系可以表达为：

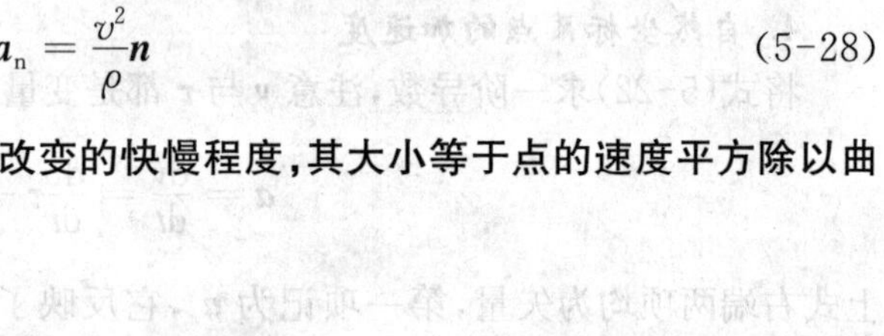

图 5.11

$$a=\sqrt{a_{\tau}^{2}+a_{\mathrm{n}}^{2}}=\sqrt{\left(\frac{\mathrm{d}v}{\mathrm{d}t}\right)^{2}+\left(\frac{v^{2}}{\rho}\right)^{2}} \tag{5-30}$$

全加速度与主法线夹角的正切值为：

$$\tan\theta=\frac{a_{\tau}}{a_{\mathrm{n}}} \tag{5-31}$$

5. 几种特殊运动

直线运动：直线的曲率半径 $\rho\to\infty$，因此法向加速度的大小为零，全加速度与切向加速度相等

$$\boldsymbol{a}=\boldsymbol{a}_{\tau}=\frac{\mathrm{d}v}{\mathrm{d}t}\boldsymbol{\tau}, \tag{5-32}$$

此时速度只有大小与指向的变化，而无方位的变化。

匀速曲线运动：此时速度只改变方向，不改变大小。$a_{\tau}=0$，加速度只有法向分量。

$$\boldsymbol{a}=\boldsymbol{a}_{\mathrm{n}}=\frac{v^{2}}{\rho}\boldsymbol{n} \tag{5-33}$$

匀变速曲线运动：这种运动加速度在切线上的投影 $a_{\tau}=C$(常数)，其速度与轨迹方程为

$$\begin{cases}v=v_{0}+a_{\tau}t\\ s=s_{0}+v_{0}t+\dfrac{1}{2}a_{\tau}t^{2}\end{cases} \tag{5-34}$$

式中 s_0 和 v_0 是 $t=0$ 时点的弧坐标与速度。

6. 应用举例

例 5-5　已知 $\varphi=\omega t$，M 沿 OA 和半径为 R 的圆弧做滑动如图 5.12 所示。求用直角坐标法与自然坐标法表达 M 的运动方程，并求出 v_M 与 a_M。

解　(1) 直角坐标法　设直角坐标系 xOy 如图 5.12，则 M 点的运动方程为

$$\begin{cases}x=R+R\cos2\omega t\\ y=R\sin2\omega t\end{cases}$$

速度和加速度为

图 5.12

$$\begin{cases}v_{x}=\dfrac{\mathrm{d}x}{\mathrm{d}t}=-2\omega R\sin2\omega t\\ a_{x}=\dfrac{\mathrm{d}v_{x}}{\mathrm{d}t}=-4\omega^{2}R\cos2\omega t\\ v_{y}=\dfrac{\mathrm{d}y}{\mathrm{d}t}=2\omega R\cos2\omega t\\ a_{y}=\dfrac{\mathrm{d}v_{y}}{\mathrm{d}t}=-4\omega^{2}R\sin2\omega t\end{cases}$$

$$v_{M}=\sqrt{v_{x}^{2}+v_{y}^{2}}=2\omega R$$

$$a_{M}=\sqrt{a_{x}^{2}+a_{y}^{2}}=4\omega^{2}R$$

(2) 自然坐标法　设弧坐标正方向如图所示，则其运动方程、速度及加速度为：

$$s = 2R\omega t;\ v = \frac{ds}{dt} = 2R\omega;\ a_\tau = \frac{dv}{dt} = 0;\ a = a_n = \frac{v^2}{R} = 4\omega^2 R$$

当动点 M 在图示位置时，其速度及加速度方向如图 5.12 所示。

例 5-6 已知动点 M 的运动方程为

$$\begin{cases} x = 2\sin\dfrac{\pi}{3}t & (\text{m}) \\ y = 4 + 4\sin\dfrac{\pi}{3}t & (\text{m}) \end{cases}$$

用自然坐标法求动点 M 的运动方程 $s(t)$、速度 v 和加速度 a。($t = 0$ 时 $s = 0$)

解 由运动方程，消除 t 得轨迹方程 $y = 2x + 4$。注意：$-2 \leqslant x \leqslant 2$，$t = 0$ 时，M 点在 O_1 处作为弧坐标原点，正向如图 5.13 所示，有

$$ds = \sqrt{(dx)^2 + (dy)^2} = \frac{\pi}{3}\sqrt{2^2 + 4^2}\cos\frac{\pi}{3}t dt$$

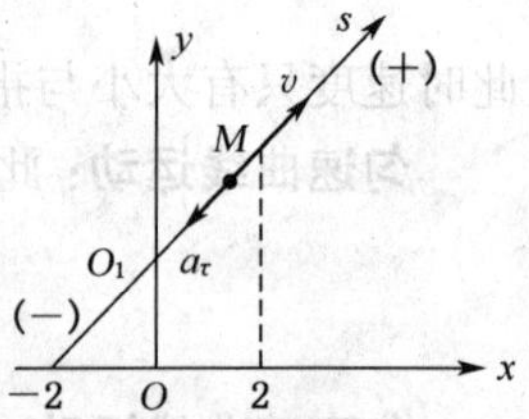

图 5.13

积分此式得点的轨迹方程：

$$s = 4.472\sin\frac{\pi}{3}t\left(-\frac{3}{2} \leqslant t \leqslant \frac{3}{2}\right)$$

求出点的速度、加速度在轨迹切线方向投影：

$$v = \frac{ds}{dt} = 4.683\cos\frac{\pi}{3}t \quad (\text{m/s})$$

$$a = a_\tau = \frac{dv}{dt} = -4.904\sin\frac{\pi}{3}t \quad (\text{m/s}^2)$$

第二节 质点动力学

本节主要依据牛顿定律建立质点在惯性坐标系下的运动微分方程，即前节所述三种坐标系形式，并应用质点微分方程求解质点动力学的两类问题。质点是构成物质复杂系统的基础，质点动力学基本方程给出了质点受力与运动规律之间的联系，可以说是质点运动学的进一步深入研究。

一、动力学基本定律

动力学的基本定律是**牛顿运动三大定律**。这三条定律描述了动力学的最基本规律，是古典力学体系的核心。

第一定律(惯性定律) 任何不受力的质点，将永远保持其原来的静止或匀速直线运动状态。

第一定律说明(1)质点有保持原有运动状态不变的特性，我们定义此特性为**惯性**。惯性也是质点重要的动力学特性之一，匀速直线运动也称为**惯性运动**。(2)任何质点若改变原运动状态，必须有外力的作用，这种机械作用就是力。

第二定律 质点因受力作用而产生的加速度，其大小与作用力成正比，而与质点质量成反比，其方向与力的方向相同。

$$\boldsymbol{F} = m\boldsymbol{a} \tag{5-35}$$

其中，m 为质点的质量，$\boldsymbol{F} = \sum \boldsymbol{F}_i$ 是作用于质点上的合力。

由第二定律，在相同力作用下，质量越大，质点加速度越小，即质量越大其保持惯性运动的能力越强。说明质量是物体惯性的度量。

在受地球引力作用下的自由落体的加速度 g 称为重力加速度，重量 P、质量 m 与重力加速度 g 用下式来表达：

$$P = mg \quad 或 \quad m = P/g \tag{5-36}$$

注意重量与质量是两个不同的概念。一个物体的质量 m 是一定的，重量 P 和重力加速度 g 随着它在地面位置的改变而会发生改变。通常为便于计算，取 $g = 9.80\ \mathrm{m/s^2}$

第三定律(作用与反作用定律)　两物体间相互的作用力(作用力与反作用力)，总是大小相等，方向相反，并沿着同一直线分别作用在这两个物体上。

因为第二定律是描述质点受力的规律，而工程中实际大量涉及的是质点系的动力学问题，这就必须利用作用与反作用定律解决一般工程实际问题。该定律也是将质点动力学引申到质点系动力学的重要概念。

二、质点运动微分方程

质点 M 的质量为 m，作用于质点上的合力 $\boldsymbol{F} = \sum \boldsymbol{F}_i$，由牛顿第二定律公式(5-35)，加速度可以表示为：

$$\boldsymbol{a} = \frac{\boldsymbol{F}}{m} \tag{5-37}$$

由质点运动学，加速度矢量形式为

$$\boldsymbol{a} = \frac{\mathrm{d}\boldsymbol{v}}{\mathrm{d}t} = \frac{\mathrm{d}^2\boldsymbol{r}}{\mathrm{d}t^2}$$

代入式(5-35)，得

$$\boldsymbol{F} = m\frac{\mathrm{d}\boldsymbol{v}}{\mathrm{d}t} \quad 或 \quad m\frac{\mathrm{d}^2\boldsymbol{r}}{\mathrm{d}t^2} = \boldsymbol{F} \tag{5-38}$$

这就是以**矢量法表达的质点运动微分方程**。

当选用直角坐标系描述点的运动时，由式(5-15)，可得

$$\begin{cases} F_x = m\dfrac{\mathrm{d}^2 x}{\mathrm{d}t^2} \\ F_y = m\dfrac{\mathrm{d}^2 y}{\mathrm{d}t^2} \\ F_z = m\dfrac{\mathrm{d}^2 z}{\mathrm{d}t^2} \end{cases} \tag{5-39}$$

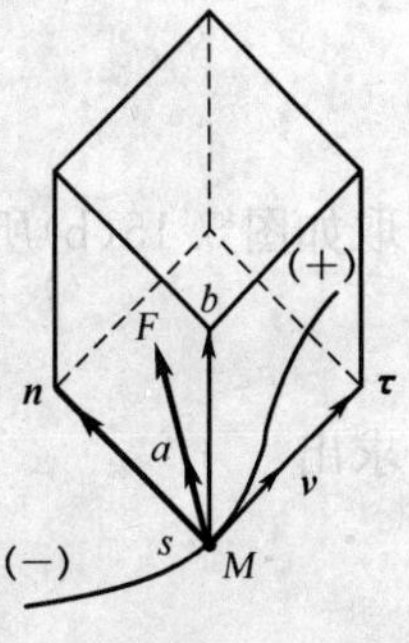

图 5.14

这就是**直角坐标系形式的质点运动微分方程**。其中 F_x、F_y、F_z 为作用于质点的各力在 x、y、z 轴上投影的代数和。

设已知质点运动轨迹曲线，如图 5.14 所示。以轨迹上质点 M 所在处为原点，正向如图所示，取自然坐标轴系 $\boldsymbol{\tau}$，$\boldsymbol{n}$，$\boldsymbol{b}$，将式(5-39)分别运

用到自然轴系上，由公式(5-27)、(5-28)则有

$$\begin{cases} F_\tau = m\dfrac{d^2 s}{dt} \\ F_n = m\dfrac{v^2}{\rho} \\ F_b = 0 \end{cases} \tag{5-40}$$

这就是自然坐标系形式的质点运动微分方程。

三、质点动力学的两类基本问题

应用质点运动微分方程可求解质点动力学的两类基本问题：

第一类问题　已知质点的运动规律，求作用于质点的力。此类问题可以利用微分方程解决，称为微分问题。

在这类问题中，质点运动方程已知，通过求导可以求出质点的速度和加速度，再由牛顿第二定律公式，便可求出作用于质点的未知力。

例 5-7　如图 5.15(a)所示，曲柄连杆机构位于铅垂平面。已知 $OA = l$，$AB = 2l$，滑块质量为 m，滑块 B 与滑道间动滑动摩擦系数为 f_d，OA、AB 杆质量不计，OA 杆以匀角速度 ω 绕 O 轴转动。求当 $\angle AOB = 90°$ 时杆 AB 所受的力。

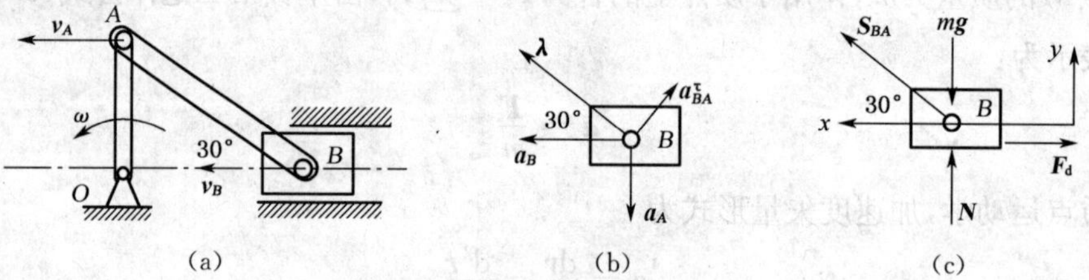

图 5.15

解　分析：本题实际是已知滑块 B 的运动，求未知约束反力 $\boldsymbol{S}_{BA}$，属于质点动力学第一类问题。在图示瞬间位置，AB 杆做瞬时平移，$\omega_{AB} = 0$，故

$$v_A = v_B = \omega l$$

以 A 为基点求 AB 杆上 B 点的加速度，有

$$a_B = a_A + a_{BA}$$

$$a_A = \omega^2 l \quad a_{BA}^n = 0 \quad a_{BA}^\tau = 2l\omega_{AB}$$

取如图 5.15(b)所示投影轴 λ，加速度合成的矢量在 λ 轴上投影为

$$a_B \cos 30° = -a_A \sin 30°$$

求出

$$a_B = -\frac{\sqrt{3}}{3} l\omega^2$$

取滑块 B 为研究体，其受力如图 5.15(c)所示，在直角坐标系中列出质点微分方程在 x、y

方向的投影式，则

$$\begin{cases} S_{BA}\cos30^\circ - F_d = ma_B \\ N - mg + S_{BA}\sin30^\circ = 0 \\ F_d = f_d N \end{cases}$$

求出杆 AB 所受的力：

$$S_{BA} = \frac{m\left(2gf_d - \frac{2\sqrt{3}}{3}l\omega^2\right)}{\sqrt{3} + f_d}$$

例 5-8　如图 5.16(a) 所示半径为 R 的偏心轮以匀角速度 ω 绕 O 轴转动，推动阀杆沿垂直轨道做平移。已知偏心距 $OC = e$，开始时 OC 处于水平位置，若在阀杆顶部 A 处放有一质量为 m 的物体 M。求(1) 物体 M 对阀杆的最大压力；(2) 使物体 M 不离开阀杆的 ω 最大值。

解　(1) 取物体 M 为研究对象且视为一质点。如果能建立质点 M 的运动方程，则应用质点运动微分方程，便可求出阀杆对质点 M 的反力 F_N。可见此题仍属于第一类质点动力学问题。

在任意瞬时质点 M 受力如图 5.16(b) 所示，将 x 轴的原点取在回转中心 O 上并取向上为正。由式(5-38)可得质点运动微分方程为

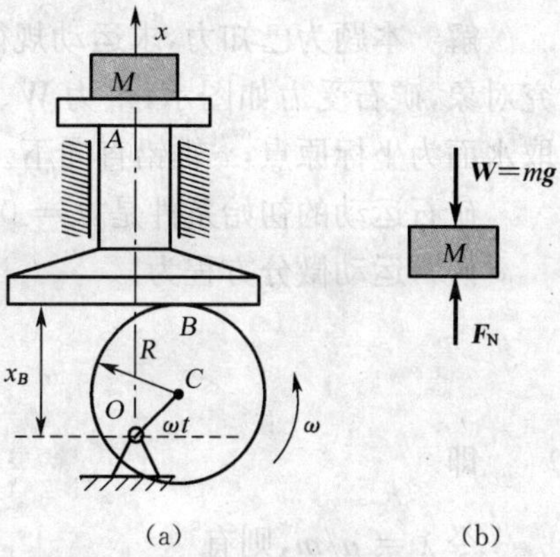

图 5.16

$$m\frac{d^2x}{dt^2} = F_N - W \tag{a}$$

质点 M 的加速度也等于阀杆上 B 点即与偏心轮接触点的加速度。由图 5.16(a) 所示，可求出 B 点的运动方程为

$$x_B = OC\sin\omega t + R = e\sin\omega t + R \tag{b}$$

则质点 B 的(也即 M 的)加速度为

$$a_B = \frac{d^2x}{dt^2} = \frac{d^2x_B}{dt^2} = -e\omega^2\sin\omega t \tag{c}$$

将(c)代入(a)式得约束力

$$F_N = W - me\omega^2\sin\omega t \tag{d}$$

由上式可知约束反力包含两部分：其一为质点静止时的约束力 $W = mg$，称为静约束力；其二是由于质点 M 具有加速度而引起的约束力，称为附加动约束力。且当 $\sin\omega t = -1$ 时，即 C 点在最低位置时，约束反力 F_N 达到最大值 F_{Nmax} 即

$$F_{Nmax} = W + me\omega^2 = m(g + e\omega^2)$$

(2) 又由式(d)可知，当 $\sin\omega t = 1$ 时，即 C 点处于最高位置时，F_N 达到最小值 F_{Nmin} 即

$$F_{Nmin} = W - me\omega^2 = m(g - e\omega^2)$$

欲使 M 不离开阀杆，必须 $F_{Nmin}\geqslant 0$ 亦即 $m(g-e\omega^2)\geqslant 0$，得

$$\omega\leqslant\sqrt{\frac{g}{e}}$$

因此要使动质点 M 不离开阀杆其角速度最大值为 $\sqrt{\frac{g}{e}}$。

第二类问题　已知作用于质点上的力，求质点的运动规律。这类问题可以归结为利用积分解微分方程，称为积分问题。

例 5-9　如图 5.17 所示，质量为 m 的矿石 M 从水面由静止开始沉降。已知水的阻力为 $F_R=-\mu v$，其中比例系数 μ 是矿石物理常数，与形状、密度及断面尺寸相关。求矿石运动规律。

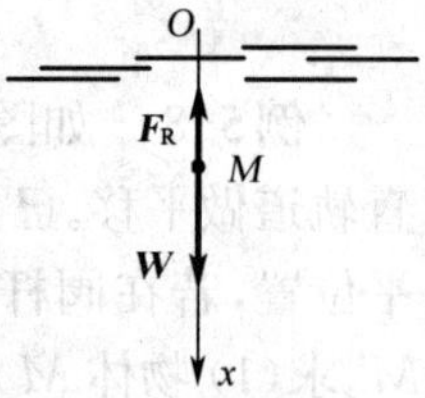

图 5.17

解　本题为已知力，求运动规律，属于第二类问题。取矿石 M 为研究对象，矿石受力如图示，重力 W、阻力 F_R。矿石做匀变速直线运动，取水面为坐标原点，x 轴铅直向下。

矿石运动的初始条件是：$t=0$ 时，$x_0=0$，$v_0=0$

矿石运动微分方程为：

$$m\frac{d^2x}{dt^2}=W-F_R \tag{a}$$

即

$$\frac{dv}{dt}=g-\frac{\mu}{m}v \tag{b}$$

令 $\lambda=\mu/m$，则有

$$\int_0^v\frac{dv}{g-\lambda v}=\int_0^t dt\quad 即\quad -\frac{1}{\lambda}\ln(g-\lambda v)\Big|_0^v=t\Big|_0^t$$

求出

$$v=\frac{g}{\lambda}(1-e^{-\lambda t})\quad 当\ t\to\infty,\ e^{-\lambda t}\to 0 \tag{c}$$

于是可以求出矿石下降的最大速度

$$v_{max}=\frac{g}{\lambda}=\frac{mg}{\mu}$$

由(c)有

$$dx=\frac{g}{\lambda}(1-e^{-\lambda t})dt$$

积分可知，矿石运动方程为：

$$x=\frac{g}{\lambda}t-\frac{g}{\lambda^2}(1-e^{-\lambda t})=\frac{mg}{\mu}\cdot t-\frac{m^2g}{\mu^2}\cdot(1-e^{-\frac{\mu}{m}\cdot t})$$

第三节　动静法(达朗贝尔原理)

动静法是将动力学问题在形式上化为静力学问题的一种方法。达朗贝尔于 1743 年提出一个关于非自由质点动力学的原理，被称为**达朗贝尔原理**。即用静力学中研究平衡问题的方法来研究动力学问题。对于解决工程技术中求解动约束力及动强度非常方便。

一、惯性力的概念

动静法涉及一个重要基本概念:惯性力。牛顿第一定律指出力是改变物体运动状态的唯一外界因素,任何物体都有保持静止或匀速直线运动的属性,称为惯性。当物体受外力作用而产生运动状态的变化时,运动物体即对施力物体产生反作用力。由于这种反作用力是因运动物体的惯性所引起,故称物体的惯性力。惯性力作用对象是施力物体。

下面举例说明惯性力的概念。如图 5.18 所示,在光滑的地面甲车推动乙车,乙车的质量为 m,甲对乙车的推力为 F,乙车获得的加速度为 a。根据动力学基本定律有:

$$F = ma$$

同时,乙车对甲车作用一反作用力 F_1,根据作用与反作用力的关系有:

$$F = -F_1 = -ma$$

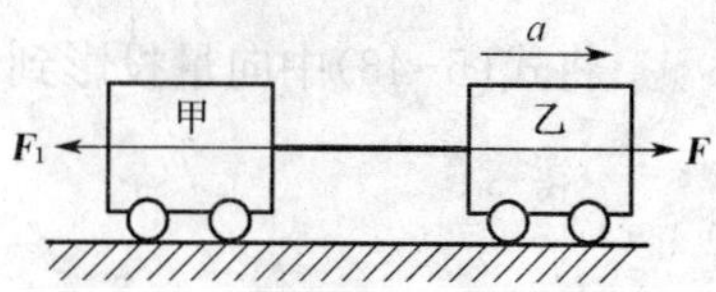

图 5.18

这个反作用力 F_1 就是乙车对甲车的惯性力。

再如图 5.19 所示,链球运动中,链球 A 拴在链子一端,链球在水平面内做圆周运动。设球质量为 m,速度为 v,圆半径为 R,球受到链的拉力 T(向心力)作用,引起的向心加速度 $a_n = \dfrac{v^2}{R}$,由牛顿第二定律 $T = ma_n$,同时由牛顿第三定律,链球对链的反作用力 $Q = -T = -ma_n$。力 Q 是因为要改变球的运动状态,由球的惯性引起的对链的抵抗力。因此力 Q 的方向总是沿法线离开中心(离心力),这就是链球的惯性力。

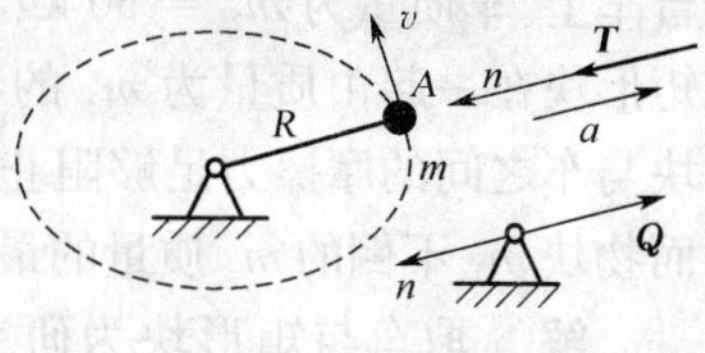

图 5.19

综上所述,可知:

惯性力的大小等于质量与加速度的乘积,方向与加速度反向。用记号 F_1 表示。即

$$F_1 = -ma \tag{5-41}$$

由此验证了惯性力的作用物体是施力物体的结论,即惯性力作用在施力物体上。引入惯性力的概念,可以使动力学问题从形式上变成静力学问题。

二、动静法

设一质量为 m 的质点,在主动力 F 和约束反力 N 的作用下做曲线运动,如图 5.20 所示。其加速度为 a。根据质点动力学基本方程,有

$$\begin{cases} \boldsymbol{R} = m\boldsymbol{a} \\ \boldsymbol{F} + \boldsymbol{N} = \boldsymbol{R} = m\boldsymbol{a} \end{cases} \tag{5-42}$$

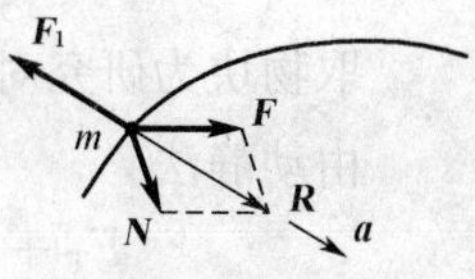

图 5.20

引入惯性力表达式(5-41)后,上式可改写为:

$$\boldsymbol{F} + \boldsymbol{N} + \boldsymbol{F}_1 = 0 \tag{5-43}$$

上式表明,当非自由质点运动时,如假想地把惯性力加在运动的质点上,则**作用在质点上的真实力(主动力、约束反力)与质点的惯性力构成一平衡力系**。这是用静力学的方法来

处理动力学问题，故称**动静法**，亦即**达朗贝尔原理**。

将式(5-43)中向量投影到直角坐标系上，得

$$\begin{cases} F_x + N_x + F_{1x} = 0 \\ F_y + N_y + F_{1y} = 0 \end{cases} \tag{5-44}$$

式中惯性力投影：

$$\begin{cases} |F_{1x}| = m\dfrac{d^2x}{dt^2} \\ |F_{1y}| = m\dfrac{d^2y}{dt^2} \end{cases}$$

将式(5-43)中向量投影到切线和法线方向，得

$$\begin{cases} F_\tau + N_\tau + F_{1\tau} = 0 \\ F_n + N_n + F_{1n} = 0 \end{cases} \tag{5-45}$$

三、应用举例

例 5-10 如图 5.21 所示，矩形块质量 $m_1 = 100$ kg，置于平台车上。车质量为 $m_2 = 50$ kg，此车沿光滑的水平面运动。车和矩形块在一起由质量为 m_3 的物体牵引，使之做加速运动。设物块与车之间的摩擦力足够阻止相互滑动，求能够使车加速运动而物块 m_1 不倒的 m_3 质量的最大值，以及此时车的加速度大小。

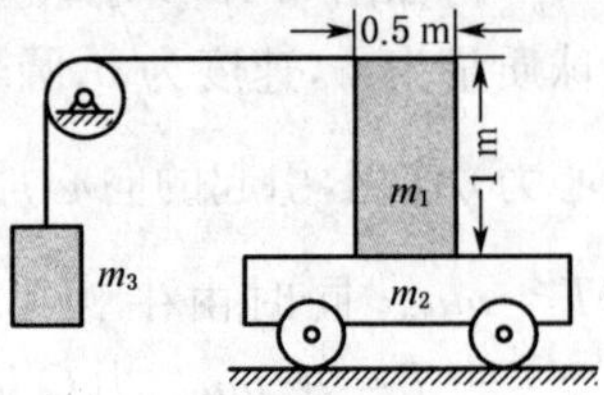

图 5.21

解 取车与矩形块为研究对象(见图(a))，惯性力 $F_1 = (m_1 + m_2)a = 150a$。由动静法

$$\sum F_x = 0,\ F_T - F_1 = 0,\ F_T = 150a$$

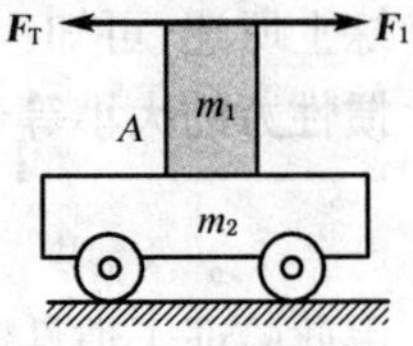

图 5.21(a)

取矩形块为研究对象，欲求使车与矩形块一起加速运动而 m_1 块不倒的 m_3 最大值，应考虑在此时矩形块受车的约束反力 N_1 已集中到左侧 A 点(见图(b))，且矩形块惯性力 $F_{11} = m_1 a$。

由动静法，不翻倒的条件为：

$$\sum M_A = 0,\ F_T \cdot 1 - \frac{0.5}{2} \cdot m_1 g - m_1 a \cdot \frac{1}{2} = 0$$

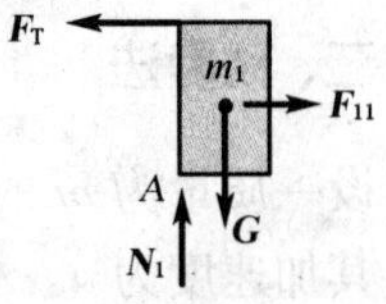

图 5.21(b)

将 $F_T = 150a$ 代入解出

$$a = \frac{g}{4} = 2.45\ \text{m/s}^2$$

取物块为研究对象(见图(c))，惯性力 $F_{13} = m_3 a$。

由动静法

$$F_T + m_3 a - m_3 g = 0$$

$$m_3 = \frac{F_T}{g - a} = \frac{150 \cdot \dfrac{g}{4}}{g - \dfrac{g}{4}} = 50\ \text{kg}$$

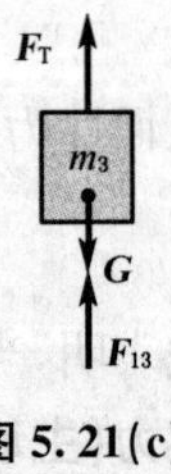

图 5.21(c)

例 5-11　图示 5.22(a) 由相互铰接的水平臂连成的传送带,将圆柱形零件从一高度传送到另一个高度。设零件与臂之间的摩擦系数 $\mu = 0.2$。求:(1) 降落加速度 a 为多大时,零件不致在水平臂上滑动;(2) 比值 h/d 等于多少时,零件在滑动之前先倾倒。

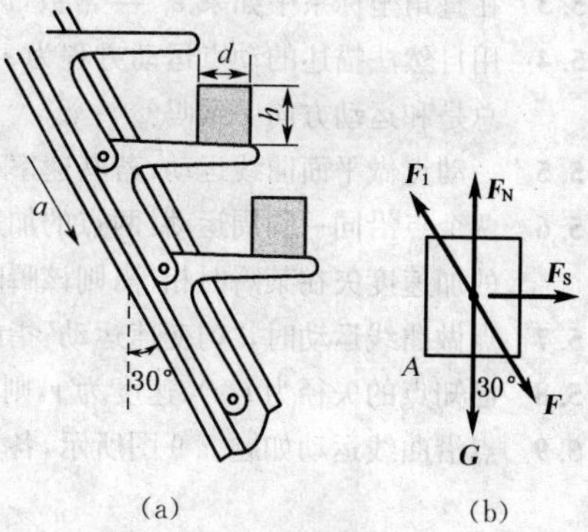

图 5.22

解　取圆柱形零件为研究对象,作受力分析,并虚加上零件的惯性力 F_1。

(1) 零件不滑动时,受力如图 5.22(b)所示,

摩擦定律

$$F \leqslant \mu F_N \qquad (1)$$

达朗贝尔原理

$$\sum F_x = 0$$

$$F - F_1 \sin 30^\circ = 0 \qquad (2)$$

$$\sum F_y = 0$$

$$F_N + F_1 \cos 30^\circ - mg = 0 \qquad (3)$$

把 $F_1 = ma$ 代入式(1)、(2)、(3),解得

$$a \leqslant 2.92\ \mathrm{m/s^2}$$

(2) 零件不滑动而倾倒时,约束反力 F_N 已集中到左侧 A 点,零件在惯性力作用下将向左倾倒。倾倒条件是

$$\sum M_A \geqslant 0$$

即

$$\frac{d}{2}(-mg + F_1 \cos 30^\circ) + F_1 \sin 30^\circ \frac{h}{2} \geqslant 0 \qquad (4)$$

以 $F_1 = ma$ 代入式(4),解得

$$\frac{h}{d} \geqslant \frac{2g - \sqrt{3}a}{a}$$

此时零件仍满足式(1),(2),(3),将其结果 $a \leqslant 2.92\ \mathrm{m/s^2}$ 代入上式,得 $\frac{h}{d} \geqslant 5$。

习　题

5.1　什么叫点的运动方程? 什么叫点的轨迹方程? 二者有何区别与联系? 能否由点的轨迹方程确定点的运动方程吗?

5.2　点做曲线运动时,点的位移、路程和弧坐标是否相同?

5.3 在直角坐标系中如果 $v_x=$ 常数, $v_y=$ 常数, $v_z=$ 常数,则加速度是否等于常数?

5.4 用自然法描述的动点运动方程为 $s=s(t)$,则任意瞬时点的速度、加速度都可以确定吗?其速度方向总是和运动方向一致吗?

5.5 一动点做平面曲线运动,若其速率不变,其速度矢量与加速度矢量夹角是什么角度?

5.6 两个点沿同一圆周运动:两点的加速度矢在某段时间内相等,两点的速度此时间段内必相等;若两点的加速度矢在某瞬时相等,则该瞬时两点的速度大小必相等。这两种解释哪个正确?

5.7 点做曲线运动时,"匀变速运动"指的是 $\boldsymbol{a}_\tau$ 常矢量? a_τ 常量? $\boldsymbol{a}$ 常矢量? a 常量?

5.8 已知点的矢径为 $\boldsymbol{r}(t)$,速度为 $\boldsymbol{v}$,则点的轨迹在任意时刻的切向单位矢量表达式是什么?

5.9 点沿曲线运动如题 5.9 图所示,各点所给出的速度和加速度哪些是可能的?哪些是不可能的?

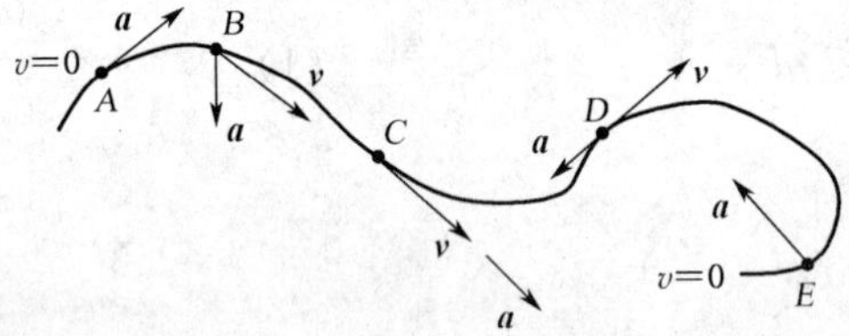

题 5.9 图

5.10 点做曲线运动时,下面哪种说法正确?

(1) 若切向加速度为正,则点做加速运动;

(2) 若切向加速度与速度符号相同,则点做加速运动;

(3) 若切向加速度为零,则速度为常矢量。

5.11 如题 5.11 图所示,岸距水面高为 h,岸上有汽车拉着绳子以匀速率 u 向左开行,绳子另一端通过滑轮 A 连于小船 B 上,绳与水面交角为 θ,小船到岸的距离为 s. 则 u 与 $\dot{s}$ 的关系为:

(1) $u=\dot{s}\cos\theta$; (2) $u=-\dot{s}\cos\theta$; (3) $\dot{s}=u\cos\theta$; (4) $\dot{s}=-u\cos\theta$

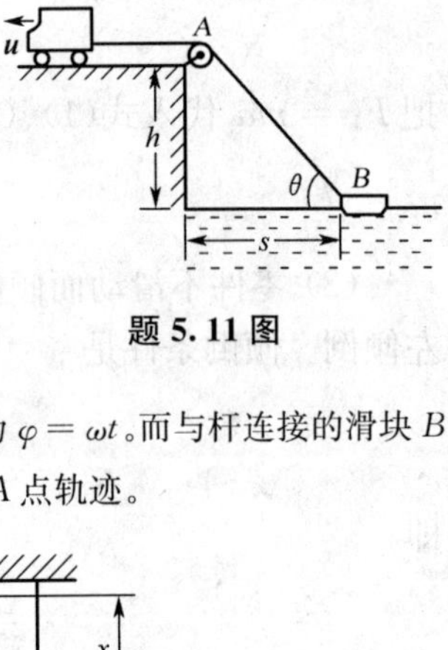

题 5.11 图

5.12 题 5.12 图所示,杆 AB 长 l,以等角速度 ω 绕 B 点转动,其转动方程为 $\varphi=\omega t$。而与杆连接的滑块 B 按规律 $s=a+b\sin\omega t$ 沿水平线做谐振动,其中 a 和 b 均为常数。求 A 点轨迹。

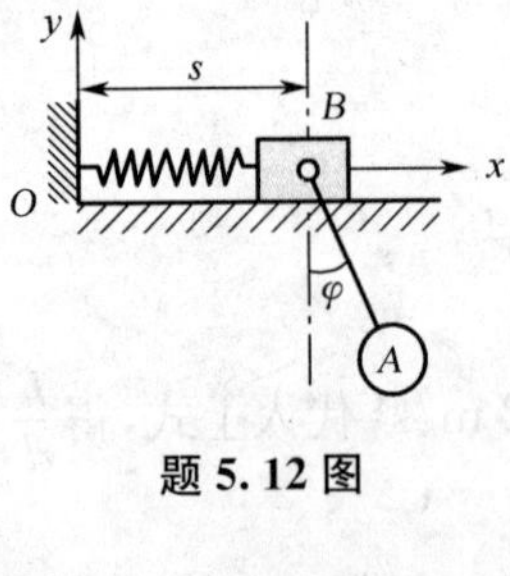

题 5.12 图

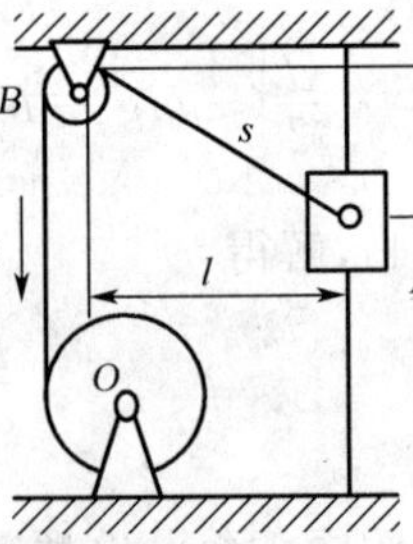

题 5.13 图

5.13 套管 A 由绕过定滑轮 B 的绳索牵引而沿轨道上升,滑轮中心到导轨的距离为 l,如习题图 5.13 所示,设绳索以等速 v_0 拉下,忽略滑轮尺寸。求套管 A 的速度和加速度与距离 x 的关系式。

5.14 小环 M 由做平移的丁字杆 ABC 带动,沿着题 5.14 图所示曲线轨道运动。设杆 ABC 以速度 v(常数)向左运动,曲线方程为 $y^2=2px$。求环 M 的速度和加速度的大小(写成杆的位移 x 的函数形式)。

5.15 如题 5.15 图所示,一直杆以匀角速度 ω_0 绕其固定端 O 转动,沿此杆有一滑块 M 以匀速 v_0 滑动。设运动开始时,杆在水平位置,滑块在 O 点。求滑块的轨迹(极坐标表达)。

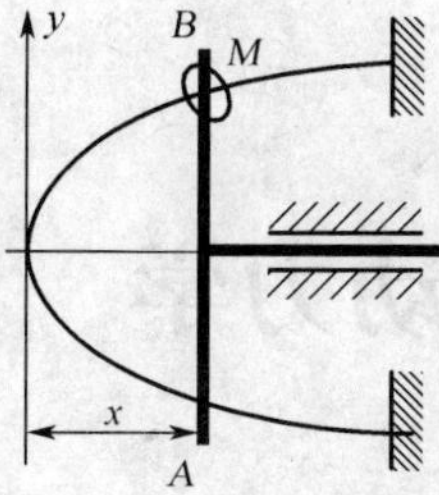

题 5.14 图

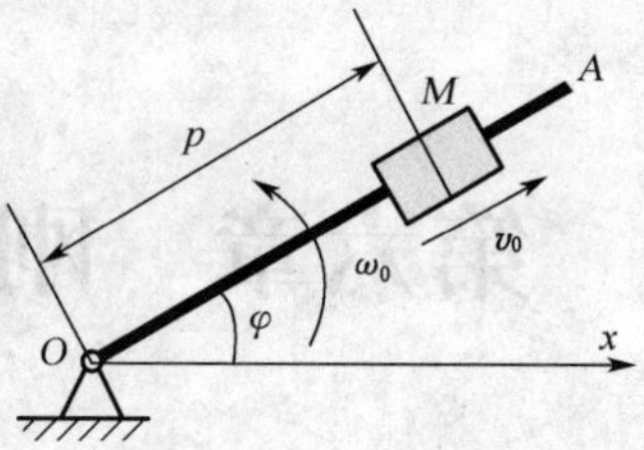

题 5.15 图

5.16 曲柄滑道机械如题 5.16 图所示，已知圆轮半径为 r，对转轴的转动惯量为 J，轮上作用一不变的力偶 M，ABD 滑槽的质量为 m，不计摩擦。求圆轮的转动微分方程。

5.17 如题 5.17 图所示均质细杆弯成的圆环，半径为 r，转轴 O 通过圆心垂直于环面，A 端自由，AD 段为微小缺口，设圆环以匀角速度 ω 绕轴 O 转动，环的线密度为 ρ，不计重力，求任意截面 B 处对 AB 段的约束反力。

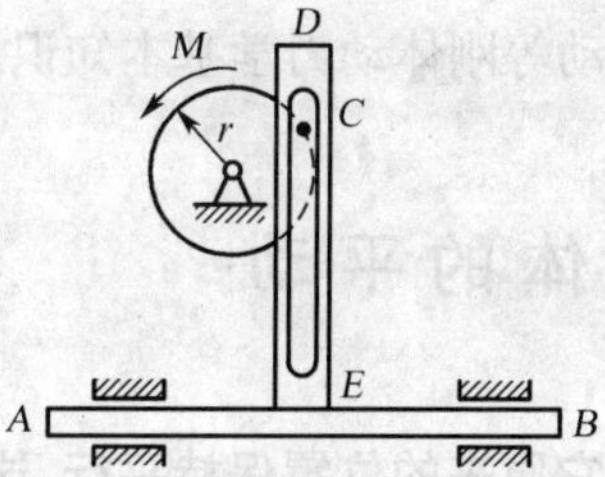

题 5.16 图

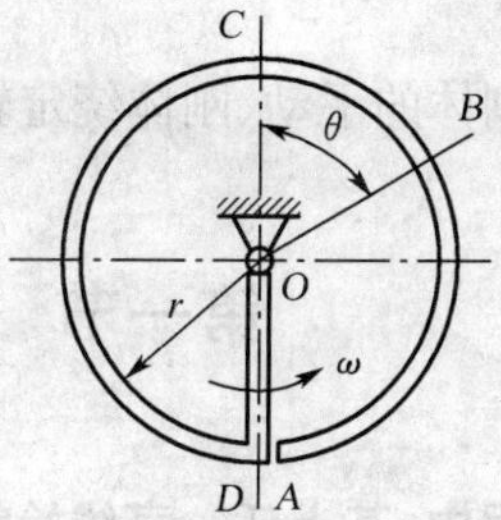

题 5.17 图

5.18 如题 5.18 图所示，质量为 m_1 的物体 A 下落时，带动质量为 m_2 的均质圆盘 B 转动，不计支架和绳子的重量及轴上的摩擦，$BC=a$，盘 B 的半径为 R。求固定端 C 的约束反力。

5.19 如题 5.19 图所示升降重物用的叉车，B 为可动圆滚（滚动支座），叉头 DBC 用铰链 C 与铅直导杆连接。由于液压机构的作用，可使导杆在铅直方向上升或下降，因而可升降重物。已知叉车连同铅直导杆的质量为 1 500 kg，质心在 G_1。叉头与重物的共同质量为 800 kg，质心在 G_2。如果叉头向上加速使得后轮 A 受的约束反力等于零，求这时滚轮 B 的约束反力。

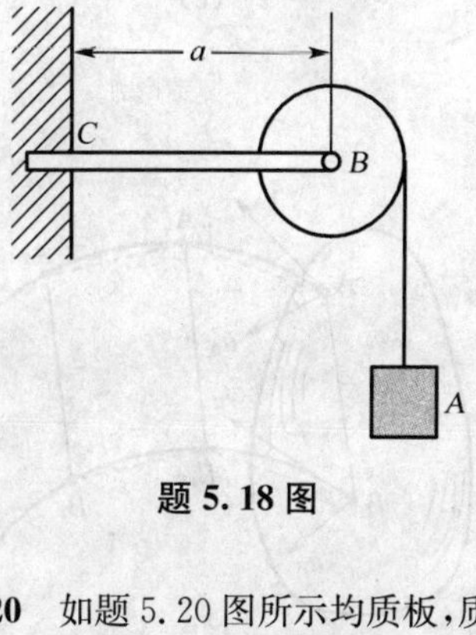

题 5.18 图

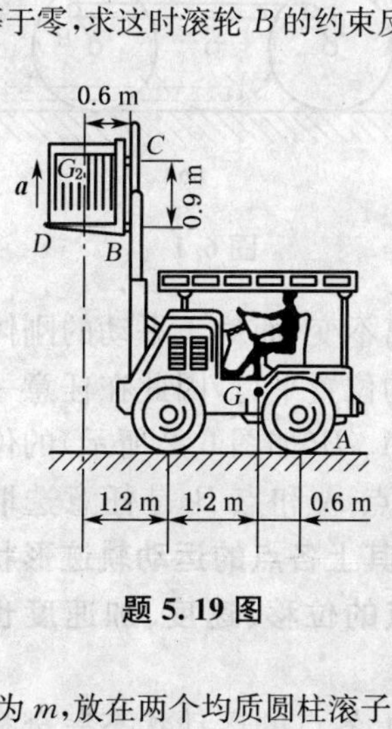

题 5.19 图

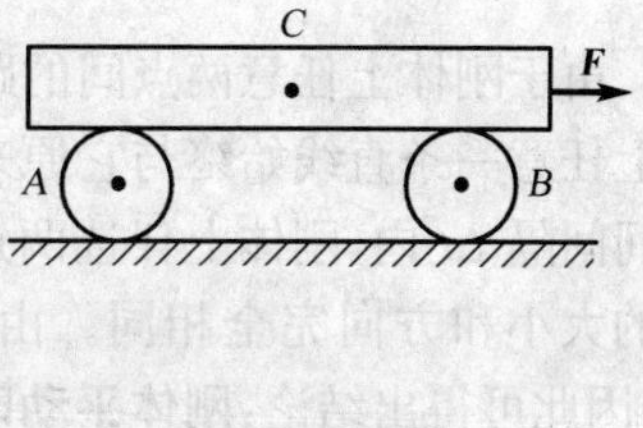

题 5.20 图

5.20 如题 5.20 图所示均质板，质量为 m，放在两个均质圆柱滚子上，滚子质量皆为 $\frac{m}{2}$，其半径均为 r。若在板上作用一水平力 F，并设滚子无滑动，求板的加速度。

第六章　刚体运动力学

第五章所研究的运动物体是建立在一种理想化的模型上，即忽略不计物体的大小和形状，将物体看成仅具有质量和空间位置的质点。然而在很多实际问题中，物体的大小和形状在运动中起着重要的作用，是不能忽略的，例如研究轮盘的转动、星球的自转等。我们把在任何情况下其大小和形状都不发生变化的物体称为刚体。刚体是研究问题中忽略物体形变的“理想模型”，可以将其看做很多质点组成的质点组。当刚体受到外力时，其上各部分相对位置保持不变。

本章主要介绍刚体的平动、刚体绕定轴转动等刚体动力学基本知识。

第一节　刚体的平动

刚体在运动过程中，其上任一直线始终与它原来的位置保持平行，这种运动称为刚体的平行移动，简称平动。在生产中平动的例子很多，例如，直线轨道上车厢的运动，如图 6.1(a)所示；机车车轮连杆的运动，如图 6.1(b)所示；摆式输送机送料槽的运动，如图 6.1(c)所示。

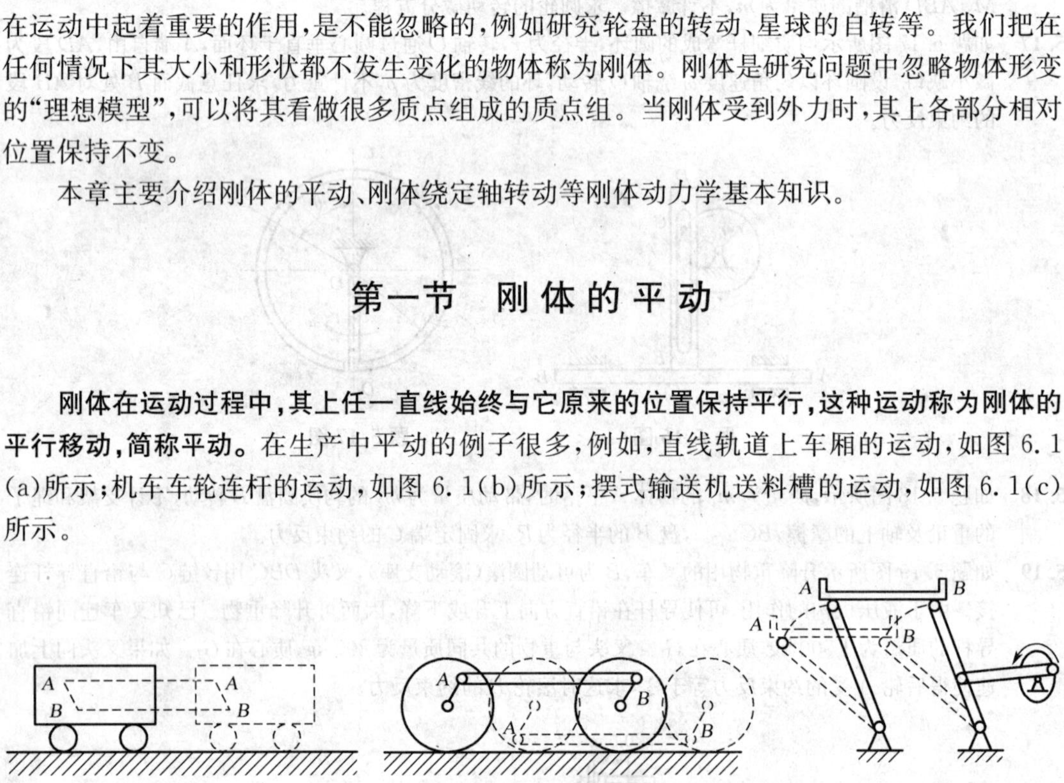

图 6.1

由于刚体上任意两点间的距离不变，而对于平动的刚体其上任意一条直线始终与它原来的位置平行，因此在任意一时间间隔 Δt 内，刚体上任选两点 A、B(如图 6.2 所示)的位移的大小和方向完全相同。由于点 A 和点 B 是任意选取的，因此可得出结论：**刚体平动时，其上各点的运动轨迹形状相同且彼此平行；每一瞬时，各点的位移、速度、加速度也相同。**

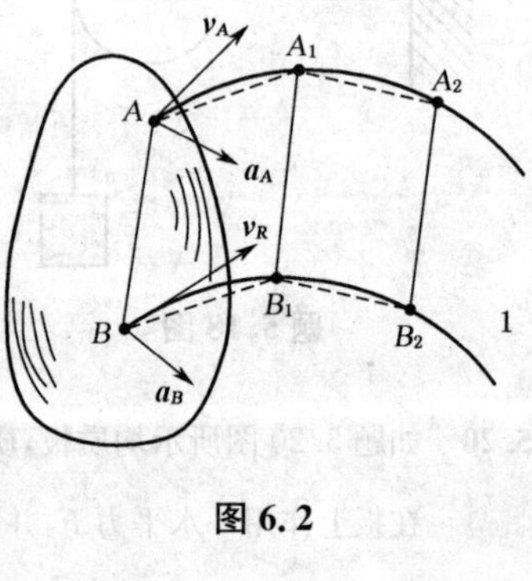

图 6.2

由此可见，刚体做平动时，其上各点的运动状态完全相同，任何一点的运动可代表整个刚体的平动，所以平动时的刚体可作为质点来处理。

例 6-1　荡木用两根等长的绳索平行吊起，如图 6.3 所示。已知 $O_1O_2 = AB$，绳索长 $O_1A = O_2B = l$，摆动规律为 $\varphi = \varphi_0 \sin(\pi t/4)$。试求当 $t = 0$ 和 $t = 2\,\mathrm{s}$ 时，荡木中点 M 的速度和加速度。

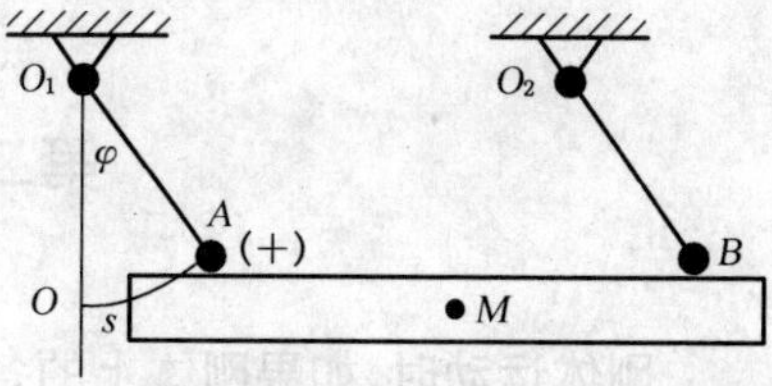

图 6.3

解　根据题意，O_1ABO_2 是一平行四边形，运动中荡木 AB 始终平行于固定不动的连线 O_1O_2，故荡木做平动。由平动刚体的特点知：在同一瞬时，荡木上各点的速度、加速度相等，即有 $v_M = v_A$，$a_M = a_A$，因此欲求点 M 的速度、加速度，只需求出点 A 的速度、加速度即可。

点 A 不仅是荡木上的一点，而且也是摆索 O_1A 上的一个端点。点 A 沿圆心在 O_1、半径为 l 的圆弧运动，规定弧坐标 s 向右为正，则点 A 的运动方程为

$$s = l\varphi = l\varphi_0 \sin\frac{\pi}{4}t$$

得任一瞬时 t，点 A 的速度、加速度为

$$v = \frac{\mathrm{d}s}{\mathrm{d}t} = \frac{\pi l\varphi_0}{4}\cos\frac{\pi}{4}t$$

$$a_\tau = \frac{\mathrm{d}v}{\mathrm{d}t} = -\frac{\pi^2 l\varphi_0}{16}\sin\frac{\pi}{4}t$$

$$a_\mathrm{n} = \frac{v^2}{\rho} = \frac{v^2}{l} = \frac{\pi^2 l\varphi_0^2}{16}\cos^2\frac{\pi}{4}t$$

当 $t = 0$ 时，$\varphi = 0$，摆索 O_1A 位于铅垂位置，此时

$$v_M = v_A = \frac{\pi l\varphi_0}{4}$$

$$a_\tau = 0$$

$$a_\mathrm{n} = \frac{v^2}{\rho} = \frac{v^2}{l} = \frac{\pi^2 l\varphi_0^2}{16}$$

$$a_M = \sqrt{a_\tau^2 + a_\mathrm{n}^2} = \frac{\pi^2 l\varphi_0^2}{16}$$

加速度的方向与 a_n 相同，即铅垂向上。

当 $t = 2\,\mathrm{s}$ 时，$\varphi = \varphi_0$，此时

$$v_M = 0$$

$$a_\tau = -\frac{\pi^2 l\varphi_0}{16}$$

$$a_\mathrm{n} = 0$$

$$a_M = \sqrt{a_\tau^2 + a_\mathrm{n}^2} = \frac{\pi^2 l\varphi_0}{16}$$

加速度的方向与 a_τ 相同，即沿轨迹的切线方向，指向弧坐标的负向。

第二节　刚体绕定轴转动

刚体运动时，如果刚体上的各个质点都绕同一条固定不动的直线做圆周运动，这种运动称为定轴转动。这一直线称为**转轴**，垂直于固定轴的平面称为**转动平面**。

刚体绕定轴转动时，其上各质点的运动状态不完全相同。如图 6.4 所示，P_1、P_2 是刚体上的任意两个质点，都在同一转动平面内绕着定轴做圆周运动。由于运动半径不同，所以在相同的时间里，P_1、P_2 两点运动的路程不相同，同样它们任一瞬时速度、加速度也不相同。所以不能用描述质点的方法描述刚体的转动。由于刚体在运动中任意两点间距离保持不变，各点在相等的时间里绕转轴转过的角度相同。即刚体作为一个整体在做定轴转动时，所有的点对应半径在同一时间内都转过同样大小的角度。这就是刚体转动的基本特征。

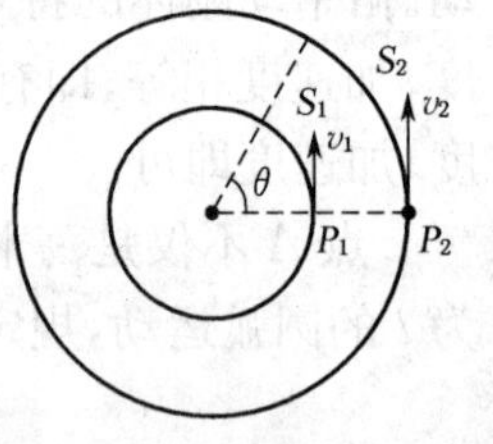

图 6.4

一、转角方程

为确定转动刚体任一瞬时在空间的位置，过 z 轴作一固定平面 Ⅰ 为参考面，再过 z 轴作一动平面 Ⅱ 并固结在转动刚体上，如图 6.5 所示。于是，这两个平面间的夹角 φ，就可以确定定轴转动刚体上任意一瞬时的空间位置，称为**转角**。刚体转动时，φ 角随时间 t 变化，是时间 t 的单值连续函数，可表示为：

$$\varphi = f(t) \tag{6-1}$$

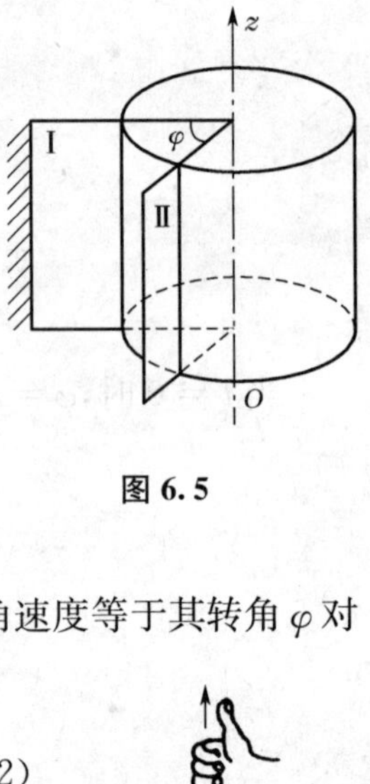

图 6.5

二、角速度

角速度是描述刚体转动快慢和方向的物理量。定轴转动刚体的角速度等于其转角 φ 对时间的一阶导数，用字母 ω 表示，即

$$\omega = \frac{\mathrm{d}\varphi}{\mathrm{d}t} \tag{6-2}$$

角速度 ω 是代数量，其正负表示刚体的转动方向。当 $\omega > 0$ 时，刚体逆时针转动；反之，则顺时针转动。角速度 ω 的单位是 rad/s。

必须指出，为研究刚体的转动，常用矢量表示角速度。角速度矢量 ω 的方向可由右手螺旋法则确定：伸开右手，让拇指和其余四指垂直，沿转动方向弯曲四指，这时拇指所指的方向即为角速度矢量 ω 的方向，如图 6.6 所示。

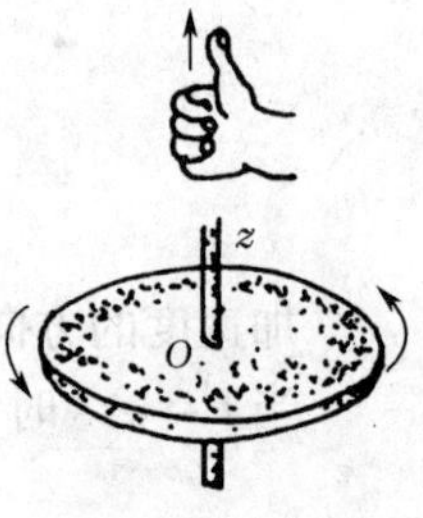

图 6.6

三、角加速度

角加速度 α 是表示角速度 ω 变化的快慢和方向的物理量。定轴转动刚体的角加速度等

于其角速度 ω 对时间的一阶导数，或等于其转角 φ 对时间的二阶导数，即

$$\alpha=\frac{\mathrm{d}\omega}{\mathrm{d}t}=\frac{\mathrm{d}^2\varphi}{\mathrm{d}t^2} \tag{6-3}$$

角加速度 α 是代数量，当 α 与 ω 同号时，表示角速度的绝对值随时间增加而增大，刚体做加速转动，如图 6.7(a)所示；反之，则做减速转动，如图 6.7(b)所示。角加速度 α 的单位是 $\mathrm{rad/s^2}$。

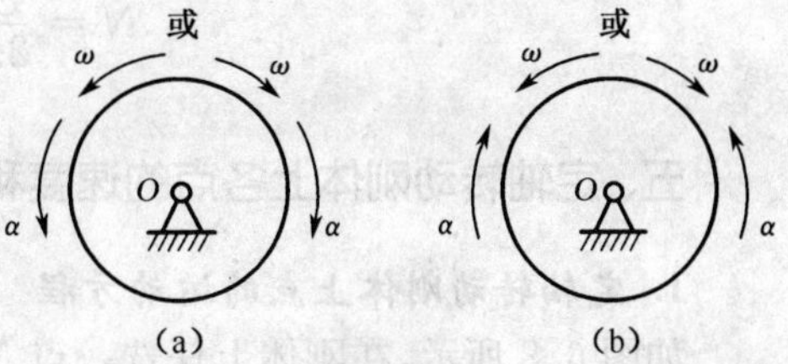

图 6.7

四、刚体绕定轴的两种特殊转动

1. 匀速转动

当刚体做匀速转动时，$\omega=\frac{\mathrm{d}\varphi}{\mathrm{d}t}=$ 常量，设 $t=0$ 时，$\varphi=\varphi_0$，则有匀速转动基本公式：

$$\varphi=\varphi_0+\omega t \tag{6-4}$$

2. 匀变速转动

当刚体做匀变速转动时，$\alpha=\frac{\mathrm{d}\omega}{\mathrm{d}t}=$ 常量，设 $t=0$ 时，$\omega=\omega_0$，$\varphi=\varphi_0$，则有匀变速转动基本公式：

$$\omega=\omega_0+\alpha t \tag{6-5}$$

$$\varphi=\varphi_0+\omega_0 t+\frac{1}{2}\alpha t^2 \tag{6-6}$$

以上两式消去 t 得：

$$\omega^2-\omega_0^2=2\alpha(\varphi-\varphi_0) \tag{6-7}$$

3. 应用举例

例 6-2　已知一飞轮的转速 $n=600\ \mathrm{r/min}$，在制动期间飞轮做匀变速转动，经过 5 s 后停止。试求飞轮的角速度和制动期间转过的圈数。

解　由题意知，飞轮制动期间初角速度为

$$\omega_0=\frac{n\pi}{30}=\frac{600\pi}{30}=20\pi\ \mathrm{rad/s}$$

末角速度 $\omega=0$，$t=5$ s，由式(6-5) 得

$$\alpha=\frac{\omega-\omega_0}{t}=\frac{0-20\pi}{5}=-4\pi\ \mathrm{rad/s^2}$$

设制动开始时初转角 $\varphi_0=0$，则飞轮制动期间的转角为

$$\varphi=\varphi_0+\omega_0 t+\frac{1}{2}\alpha t^2=0+20\pi\times 5+\frac{1}{2}\times(-4\pi)\times 5^2=50\pi\ \mathrm{rad}$$

由此求出飞轮制动期间转过的圈数为

$$N = \frac{\varphi}{2\pi} = \frac{50\pi}{2\pi} = 25\ (\text{r})$$

五、定轴转动刚体上各点的速度和加速度

1. 定轴转动刚体上点的运动方程

如图 6.8 所示，在刚体上任选一点 M，设它到转轴的距离为 R，$t=0$ 时，M 在 M_0 处，$\varphi_0=0$。取 M_0 为弧坐标 s 的原点，以转角增大的方向为 s 的正向，则点 M 的运动方程为

$$s = R\varphi \tag{6-8}$$

2. 定轴转动刚体上点的速度

由式(6-2)可得，点 M 的速度大小为

$$v = \frac{\mathrm{d}s}{\mathrm{d}t} = R\frac{\mathrm{d}\varphi}{\mathrm{d}t} = R\omega \tag{6-9}$$

上式表明，定轴转动刚体上任意一点速度的大小，等于该点的转动半径与刚体角速度的乘积，方向垂直于转动半径，指向与角速度转向一致，如图 6.9 所示。

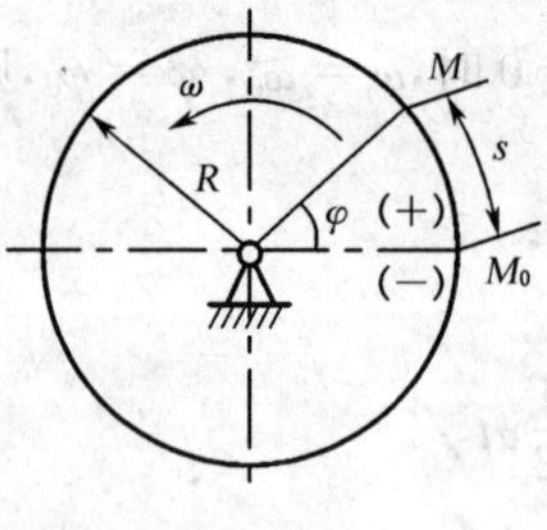

图 6.8

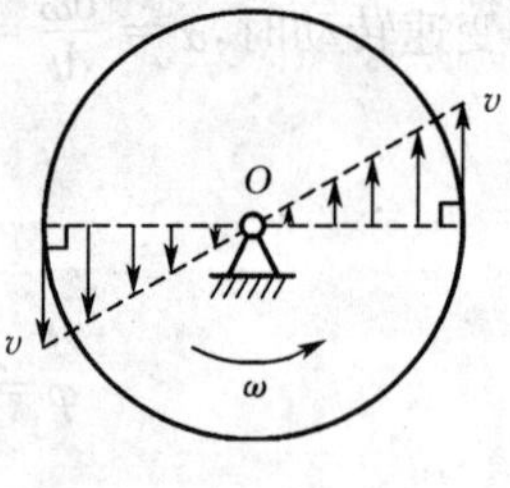

图 6.9

3. 定轴转动刚体上点的加速度

由于转动刚体上任意一点 M 都做圆周运动，因此这一点的加速度包括切向加速度和法向加速度，由式(6-3)和式(6-9)分别得到

$$a_\tau = \frac{\mathrm{d}v}{\mathrm{d}t} = R\frac{\mathrm{d}\omega}{\mathrm{d}t} = R\alpha \tag{6-10}$$

$$a_\mathrm{n} = \frac{v^2}{\rho} = \frac{(R\omega)^2}{R} = R\omega^2 \tag{6-11}$$

以上两式表明：**定轴转动刚体上任意一点的切向加速度的大小等于该点的转动半径与刚体角加速度的乘积，方向与转动半径垂直，指向与角加速度的转向一致；法向加速度的大小等于该点的转动半径与刚体角速度平方的乘积，方向沿转动半径指向转轴，**如图 6.10 所示。

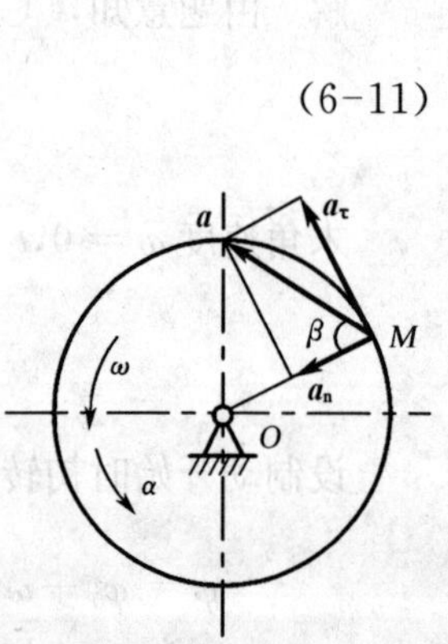

图 6.10

点 M 的全加速度大小为

$$a = \sqrt{a_\tau^2 + a_\mathrm{n}^2} = R\sqrt{\alpha^2 + \omega^4} \tag{6-12}$$

方向

$$\tan\beta = \left|\frac{a_\tau}{a_n}\right| = \frac{|\alpha|}{\omega^2} \tag{6-13}$$

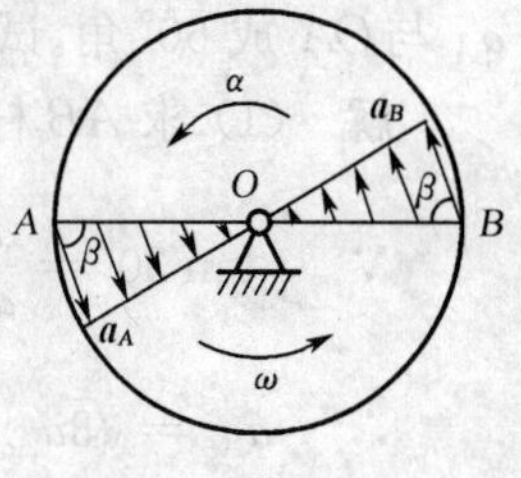

图 6.11

式(6-12)、(6-13)表明：**定轴转动刚体上各点的全加速度的大小与该点到转轴的距离成正比，方向与转动半径成 $\boldsymbol{\beta}$ 角，且各点的 $\boldsymbol{\beta}$ 角均相同。因此，转动刚体上通过且垂直于转轴的直线上各点，在同一瞬时加速度按线性规律分布，与速度分布规律相同**，如图 6.11 所示。

4. 应用举例

例 6-3　起重机鼓轮直径 $d = 200\,\text{mm}$，钢丝绳绕在鼓轮上，一端悬挂重物，如图 6.12 所示。设向上提升重物时鼓轮的转动方程为 $\varphi = 3t^2$。试求起重机启动 3 s 后重物的速度、加速度及在 3 s 内上升的高度。

解　鼓轮的转动方程为 $\varphi = 3t^2$，所以角速度为

$$\omega = \frac{d\varphi}{dt} = 6t\ \text{rad/s}$$

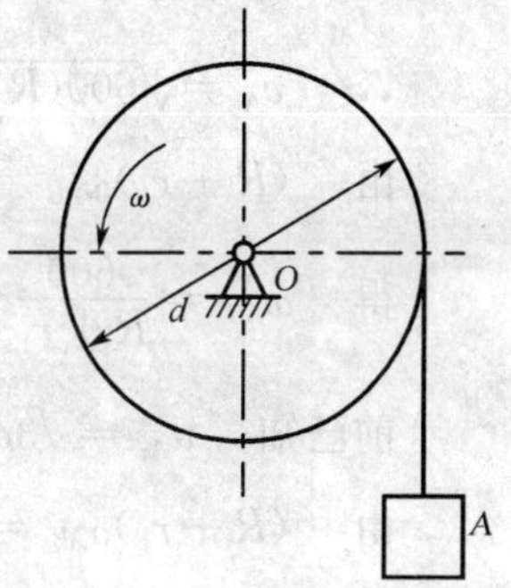

图 6.12

角加速度为

$$\alpha = \frac{d\omega}{dt} = 6\ \text{rad/s}^2$$

当起重机启动 $t = 3$ s 时，鼓轮的角速度、角加速度分别为

$$\omega = 6t = 6 \times 3 = 18\ \text{rad/s}$$

$$\alpha = 6\ \text{rad/s}^2$$

(1) 重物的速度：

因钢丝绳绕在鼓轮上，故重物的速度和鼓轮轮缘上点的速度大小相等。于是，重物上升的速度为

$$v_A = \frac{d}{2}\omega = \frac{0.2}{2} \times 18 = 1.8\ \text{m/s}$$

(2) 重物的加速度：

重物的加速度和轮缘上点的切向加速度大小相等。于是，重物上升的加速度为

$$a_A = a_\tau = \frac{d}{2}\alpha = \frac{0.2}{2} \times 6 = 0.6\ \text{m/s}^2$$

(3) 重物上升的高度：

重物在 3 s 内上升的高度 h 等于轮缘上一点转过的弧长，即

$$h = \frac{d}{2}\varphi = \frac{0.2}{2} \times 3t^2 = 0.1 \times 3 \times 3^2 = 2.7\ \text{m}$$

例 6-4　轮 Ⅰ、Ⅱ 的半径分别为 $r_1 = 150\,\text{mm}$，$r_2 = 200\,\text{mm}$，铰连于杆 AB 两端。两轮在半径 $R = 450\,\text{mm}$ 的曲面上运动，在图 6.13 所示的瞬时，A 点的加速度 $a_A = 1\,200\,\text{mm/s}^2$，

a_A 与 OA 成 $60°$ 角。试求:(1)AB 杆的角速度与角加速度;(2)B 点的加速度。

解 (1) 求 AB 杆的角速度与角加速度

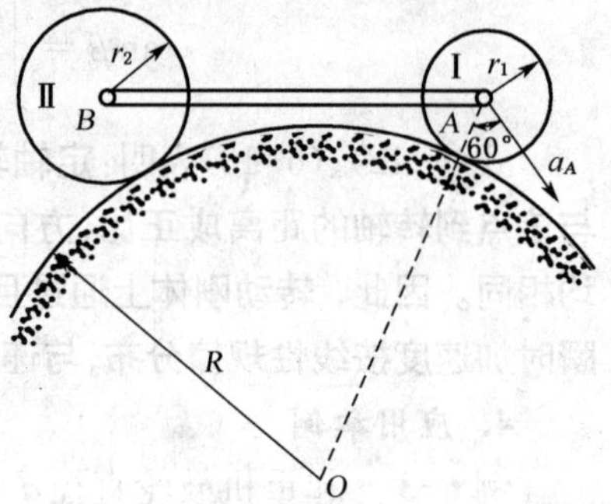

图 6.13

∵ $\tan 30° = \dfrac{a_{An}}{a_{A\tau}} = \dfrac{1}{\sqrt{3}}$

∴ $a_{A\tau} = \sqrt{3}a_{An}$

又 ∵ $a_A = \sqrt{a_{A\tau}^2 + a_{An}^2} = \sqrt{3a_{An}^2 + a_{An}^2} = 2a_{An}$
$= 1\,200\ \text{mm/s}^2$

∴ $a_{An} = 600\ \text{mm/s}^2$

而 $\dfrac{v_A^2}{R + r_1} = a_{An}$

∴ $v_A = \sqrt{600(R + r_1)} = \sqrt{600(450 + 150)} = 600\ \text{mm/s}$

由 $(R + r_1)\omega_{AB} = v_A$

得 $\omega_{AB} = \dfrac{600}{R + r_1} = \dfrac{600}{450 + 150} = 1\ \text{rad/s}$

前已知 $a_{A\tau} = \sqrt{3}a_{An} = 600\sqrt{3}\ \text{mm/s}^2$

由 $(R + r_1)\alpha_{AB} = a_{A\tau}$

得 $\alpha_{AB} = \dfrac{600\sqrt{3}}{R + r_1} = \dfrac{600\sqrt{3}}{450 + 150} = \sqrt{3} \approx 1.732\ \text{rad/s}^2$

(2) 求 B 点的加速度

∵ $a_{B\tau} = (R + r_2)\alpha_{AB} = (450 + 200)\sqrt{3} = 650\sqrt{3}\ \text{mm/s}^2$
$a_{Bn} = (R + r_2)\omega_{AB}^2 = (450 + 200) \times 1^2 = 650\ \text{mm/s}^2$

∴ $a_B = \sqrt{a_{B\tau}^2 + a_{Bn}^2} = \sqrt{(650\sqrt{3})^2 + 650^2} = 2 \times 650 = 1\,300\ \text{mm/s}^2$

第三节　刚体绕定轴转动的动力学基本方程

一、刚体绕定轴转动的动力学基本方程

如图 6.14 所示,一刚体在主动力 $\boldsymbol{F}_1$, $\boldsymbol{F}_2$, …, $\boldsymbol{F}_n$ 和轴承约束反力 $\boldsymbol{F}_{N1}$、$\boldsymbol{F}_{N2}$ 作用下绕 z 轴做定轴转动,某一瞬时其角速度为 ω、角加速度为 α。对于刚体上任一质点 M_i,设其质量为 m_i,其到转轴的距离为 r_i。该质点上的力分为两类:一类是刚体内其他质点对该质点的作用力,称为内力,合力为 $F_i^{(i)}$;另一类是刚体以外其他物体对该质点的作用力,称为外力,合力为 $F_i^{(e)}$。由于该质点绕 z 轴做圆周运动,因这里只研究刚体的转动,故只考虑力矩的作用效应,因此只需对切向投影式进行分析,可列出质点运动微分方程

$$m_i a_i^{\tau} = m_i r_i \alpha = \boldsymbol{F}_i^{(i)} + \boldsymbol{F}_i^{(e)} \quad (6\text{-}14)$$

为了分析力矩的作用效应，将式(6-14)两端同乘以 r_i，得

$$m_i r_i^2 \alpha = r_i \boldsymbol{F}_{i\tau}^{(i)} + r_i \boldsymbol{F}_{i\tau}^{(e)} = M_z(\boldsymbol{F}_i^{(i)}) + M_z(\boldsymbol{F}_i^{(e)}) \quad (6\text{-}15)$$

对于整个刚体，每一个质点均可列出式(6-15)，将式左、右求和，得

$$\sum m_i r_i^2 \alpha = \sum M_z(\boldsymbol{F}_i^{(i)}) + \sum M_z(\boldsymbol{F}_i^{(e)})$$

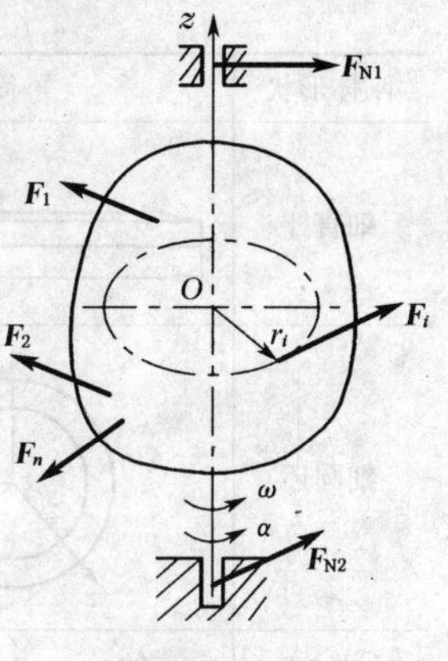

图 6.14

由于刚体的内力总是大小相等、方向相反地成对出现，因此，$\sum M_z(F_i^{(i)}) = 0$；主动力 F_1，F_2，…，F_n 和轴承约束反力 F_{N1}、F_{N2} 都是作用在刚体上的外力，但轴承约束反力 F_{N1}、F_{N2} 对 z 轴的力矩等于零，因而外力对 z 轴的力矩只有主动力对 z 轴的力矩，即

$$\sum M_z(\boldsymbol{F}_i^{(e)}) = \sum M_z(\boldsymbol{F})$$

所以，

$$\left(\sum m_i r_i^2\right)\alpha = \sum M_z(\boldsymbol{F})$$

令 $J_z = \sum m_i r_i^2$，称为刚体对 z 轴的转动惯量，于是有

$$J_z \frac{\mathrm{d}^2\varphi}{\mathrm{d}t^2} = J_z \frac{\mathrm{d}\omega}{\mathrm{d}t} = J_z \alpha = \sum M_z(\boldsymbol{F}) \quad (6\text{-}16)$$

二、转动惯量

1. 转动惯量

从式(6-16)可以看出，在一定外力作用下，**刚体的转动惯量越大，则转动的角加速度越小；转动惯量越小，则转动的角加速度越大**。这就是说，**刚体转动惯量的大小可以反映刚体转动状态改变的难易程度**。因此，转动惯量是度量刚体转动惯性大小的一个物理量。

由前面所述，**刚体绕定轴的转动惯量等于刚体内各质点的质量与质点到转轴的距离平方的乘积的总和**，即

$$J_z = \sum m_i r_i^2 \quad (6\text{-}17)$$

若定轴转动刚体的质量是连续分布的，则转动惯量的计算式可写成定积分形式，即

$$J_z = \int_M r^2 \mathrm{d}m \quad (6\text{-}18)$$

式中，M 表示刚体的总质量，r 表示质量为 $\mathrm{d}m$ 的微元到转轴的距离。在实际应用中，该式常用于质量均匀分布且具有规则形状的刚体，否则采用近似方法或通过实验来测定其转动惯量。

对于形状简单、质量均匀连续分布的物体，可用积分法求得对指定 z 轴的转动惯量。常见的均质物体对指定 z 轴的转动惯量，可通过表 6.1 查得。

表 6.1　几种均质简单物体的转动惯量

刚体形状	简　图	转动惯量 J_z	回转半径 ρ
细直杆	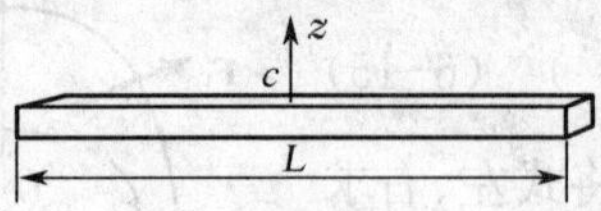	$J_z=\frac{1}{12}ML^2$	$\rho=\frac{L}{2\sqrt{3}}=0.289L$
细圆环	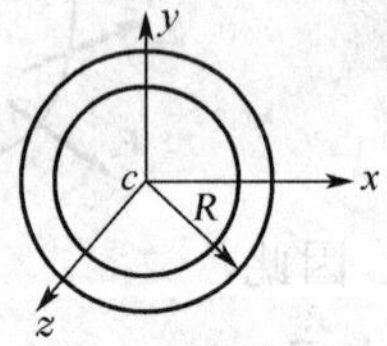	$J_z=MR^2$	$\rho=R$
薄圆盘	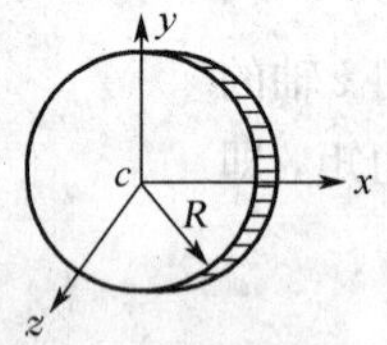	$J_z=\frac{1}{2}MR^2$	$\rho=\frac{R}{\sqrt{2}}=0.707R$
空心圆柱	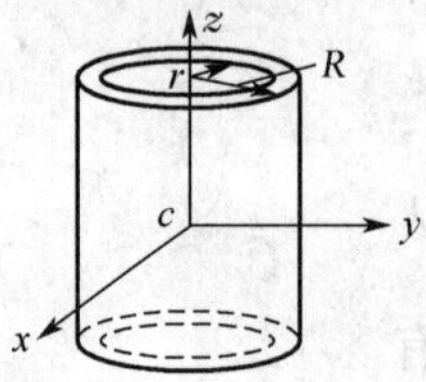	$J_z=\frac{1}{2}M(R^2+r^2)$	$\rho=\sqrt{\frac{R^2+r^2}{2}}=0.707\sqrt{R^2+r^2}$
实心球	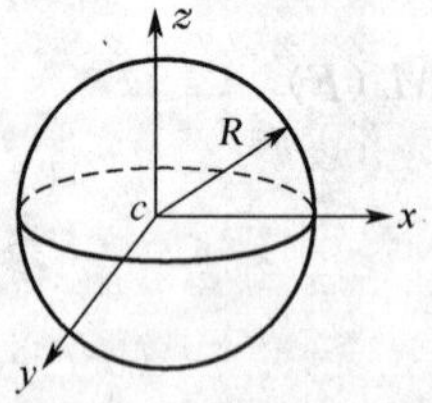	$J_z=\frac{2}{5}MR^2$	$\rho=0.632R$
矩形块	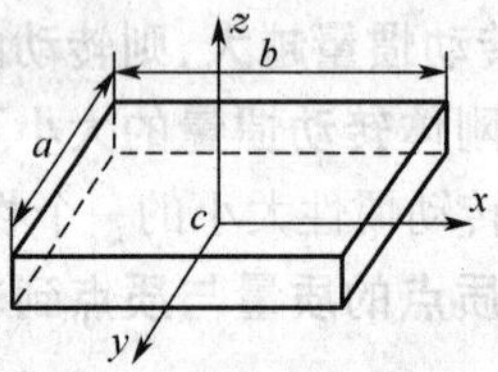	$J_z=\frac{1}{12}M(a^2+b^2)$	$\rho=0.289\sqrt{a^2+b^2}$

2. 回转半径

工程中为表达和计算方便，常用到惯性半径这一概念。设想刚体的全部质量集中在与轴 z 相距为 ρ 的一质点上，则此质点对轴 z 的转动惯量等于原刚体对同一轴的转动惯量。ρ 称为刚体对该轴的**回转(惯性)半径**，于是有

$$J_z=m\rho^2 \tag{6-19}$$

应注意的是：回转半径是一个假想的长度，并不是质心到转轴的半径。

3. 平行轴定理

表 6.1 中给出的转动惯量是刚体对通过质心轴的转动惯量，工程中有些刚体的转轴并

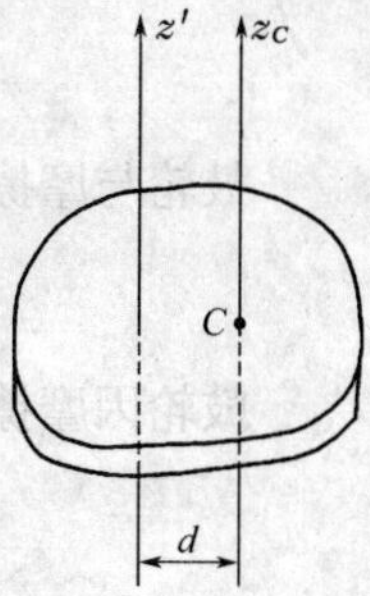

图 6.15

不通过刚体的质心，如偏心凸轮的旋转。要计算刚体对平行于质心轴的轴的转动惯量，就需要用到平行轴定理。如图 6.15 所示，设刚体质量为 m，对质心轴 z_C 的转动惯量为 J_{zC}，则对另一与质心轴 z_C 平行且相距为 d 的轴 z' 的转动惯量 $J_{z'}$ 为

$$J_{z'} = J_{zC} + md^2 \tag{6-20}$$

这就是**平行轴定理**。它表明：**刚体对任意轴的转动惯量，等于刚体对与此轴平行的质心轴的转动惯量，加上刚体质量与此两平行轴间的距离的平方之积。**由该定理知，在一组平行轴中，刚体对于通过其质心的轴的转动惯量为最小。

三、刚体绕定轴转动的动力分析方程及其应用

例 6-5　如图 6.16(a)所示，摩擦制动装置的鼓轮质量为 m，半径为 R，以等角速度 ω_0 旋转。在力 $\boldsymbol{F}$ 的作用下，摩擦块 K 给鼓轮以制动作用。设摩擦块与鼓轮的滑动摩擦系数为 f。试问需要多少时间才能使鼓轮停止转动？（不计摩擦块的厚度）

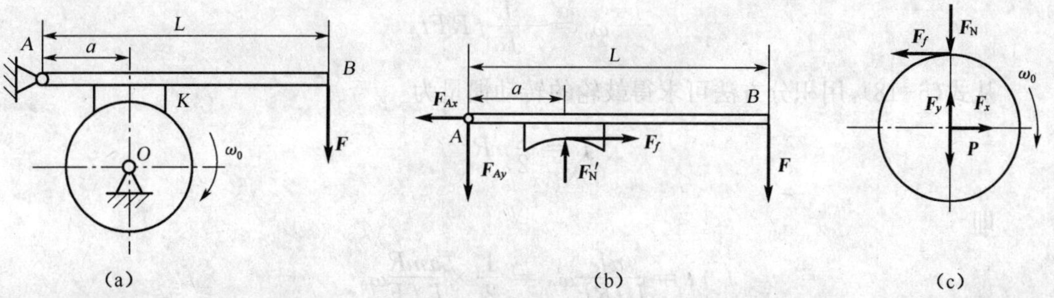

图 6.16

解　(1) 选取研究对象，画受力图。

分别取制动杆 AB 和鼓轮为研究对象，受力情况分别如图 6.16(b)、(c)所示。

(2) 运动分析。

制动杆静止不动，鼓轮绕定轴转动。

(3) 列方程，求未知量。

先讨论制动杆 AB，由于其处于平衡状态，因此有

$$\sum M_A(\boldsymbol{F}) = 0$$

即

$$\sum M_A(\boldsymbol{F}) = F'_N a - FL = 0$$

所以

$$F'_N = \frac{L}{a}F$$

再讨论鼓轮，由于鼓轮绕定轴转动，则有

$$J\frac{d\omega}{dt}=M$$

鼓轮与摩擦块之间的摩擦力为

$$F_f=fF_N$$

鼓轮因摩擦力而所受到的摩擦力矩为

$$M=-F_fR=-\frac{L}{a}fRF$$

所以

$$J\frac{d\omega}{dt}=-\frac{L}{a}fRF$$

将上式两边积分得

$$\int_{\omega_0}^{0}d\omega=\int_0^t-\frac{L}{Ja}fRF\,dt$$

即

$$-\omega_0=-\frac{L}{Ja}fRFt$$

从式(6-18),用积分方法可求得鼓轮的转动惯量为

$$J=\frac{1}{2}mR^2$$

即

$$t=\frac{aJ}{LfRF}\omega_0=\frac{1}{2}\times\frac{amR}{LfF}\omega_0$$

例 6-6 杆 AB 在铅垂方向以恒速向下运动,并由 B 端的小轮带动半径为 R 的圆弧杆 OBC 绕轴 O 转动,如图 6.17 所示。设运动开始时,$\varphi=\pi/4$,试求杆 OC 的转动方程、任一瞬时的角速度以及点 C 的速度。

解 (1) 建立 OBC 杆的转动方程。取点 O 为坐标原点,作铅直向下的 Ox 轴。杆 AB 上点 B 的位置坐标可表示为

$$x_B=OB=2R\cos\varphi$$

将上式对时间求一阶导数,并注意到杆 AB 做平动,有 $\frac{dx_B}{dt}=v$,得

$$v=\frac{dx_B}{dt}=-2R\sin\varphi\frac{d\varphi}{dt} \qquad (1)$$

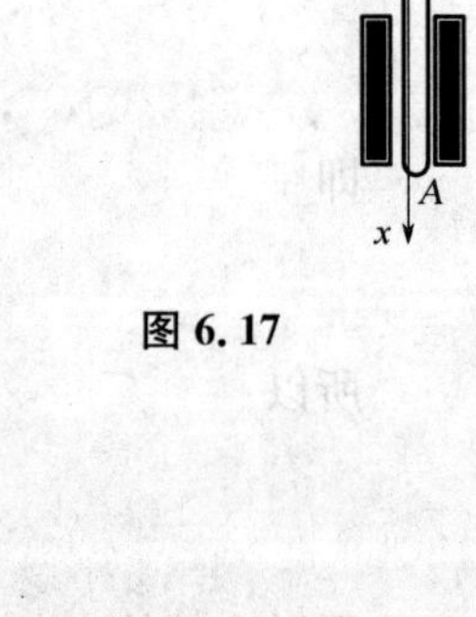

图 6.17

整理后积分,有

$$\int_{\frac{\pi}{4}}^{\varphi}\sin\varphi d\varphi=-\int_0^t\frac{v}{2R}dt$$

得

$$\cos\varphi=\frac{1}{2}\left(\sqrt{2}+\frac{vt}{R}\right) \tag{2}$$

故杆 OC 的转动方程为

$$\varphi=\arccos\left[\frac{1}{2}\left(\sqrt{2}+\frac{vt}{R}\right)\right] \tag{3}$$

(2) 求杆 OC 的角速度

由式(1)得

$$\omega=\frac{\mathrm{d}\varphi}{\mathrm{d}t}=-\frac{v}{2R\sin\varphi} \tag{4}$$

由式(2)得

$$\sin\varphi=\sqrt{1-\cos^2\varphi}=\frac{1}{2}\sqrt{2-2\sqrt{2}\,\frac{vt}{R}-\left(\frac{vt}{R}\right)^2}$$

代入(4)式，最后得任一瞬时 OC 杆的角速度为

$$\omega=-\frac{v}{\sqrt{2R^2-2\sqrt{2}Rvt-(vt)^2}}$$

(3) 求点 C 的速度

$$v_C=OC\omega=2R\omega=-\frac{2Rv}{\sqrt{2R^2-2\sqrt{2}Rvt-(vt)^2}}$$

方向垂直于 OC 连线，指向右下方。

习　题

6.1　试画出题 6.1 图所示构件上标有字母的点的速度方向和加速度方向。

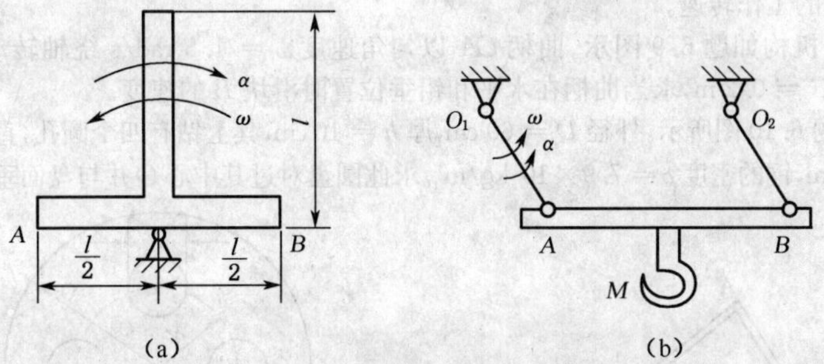

题 6.1 图

6.2　带轮轮缘上一点 A 的速度 $v_A=50\,\mathrm{cm/s}$，和点 A 在同一半径上的点 B 速度 $v_B=10\,\mathrm{cm/s}$，距离 $AB=20\,\mathrm{cm}$，如题 6.2 图所示。求带轮的角速度及其半径。

6.3　在图示的曲柄滑杆机构中，滑杆上设有一圆弧滑道，其半径 $R=100\,\mathrm{mm}$，此圆弧的圆心 O_1 在滑杆 BC

上。曲柄 $OA = 100$ mm，以等角速度 $\omega = 4$ rad/s 绕轴 O 转动。试求滑杆 BC 的运动方程，以及当曲柄与水平线间的夹角 $\varphi = 30°$ 时，滑杆 BC 的速度和加速度。

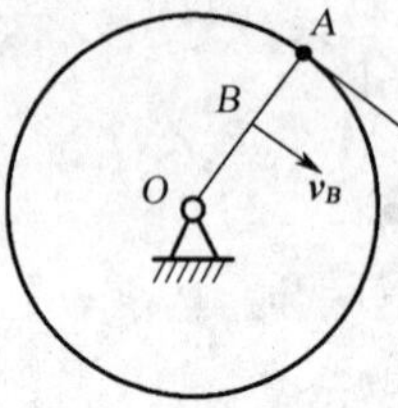

题 6.2 图

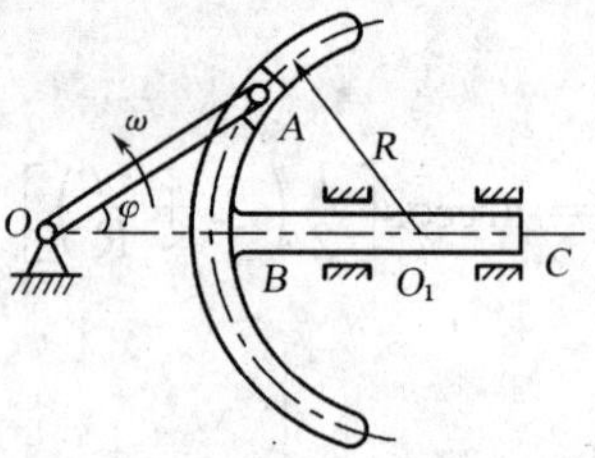

题 6.3 图

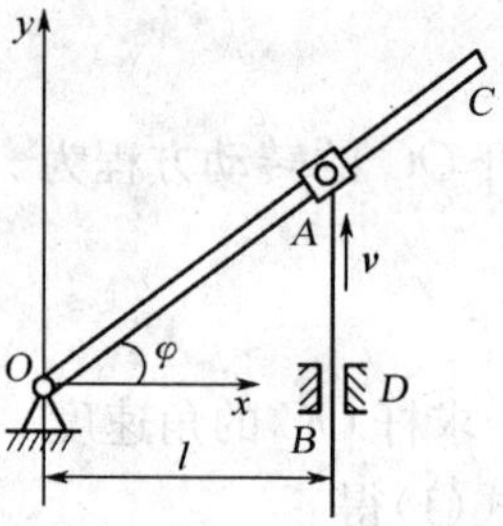

题 6.4 图

6.4 在题 6.4 图示机构中，杆 AB 以匀速 v 上升，带动杆 OC 绕轴 O 转动，已知轴 O 到杆 AB 的距离为 l，机构运动开始时转角 $\varphi = 0°$。试求当 $\varphi = \frac{\pi}{4}$ 时，杆 OC 的角速度和角加速度。

6.5 题 6.5 图示为固连在一起的两滑轮，其半径分别为 $r = 5$ cm，$R = 10$ cm，A、B 两物体与滑轮以绳相连，设物体 A 以运动方程 $s = 80t^2$ 向下运动（s 以 cm 计，t 以 s 计）。试求：(1) 滑轮的转动方程及第2 s 末大滑轮轮缘上一点的速度、加速度；(2) 物体 B 的运动方程。

6.6 椭圆规尺 AB 由曲柄 OC 带动，如题 6.6 图所示，曲柄以匀角速度 $\omega = 2$ rad/s 绕 O 轴转动。已知 $OC = BC = AC = 0.12$ m，求当 $\varphi = 45°$ 时 A 点与 B 点的速度。

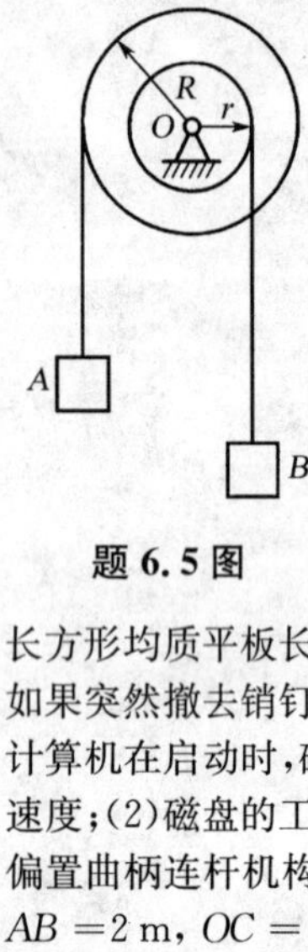

题 6.5 图

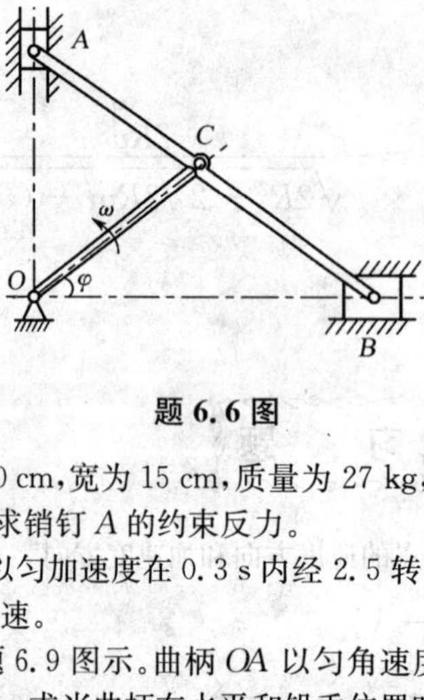

题 6.6 图

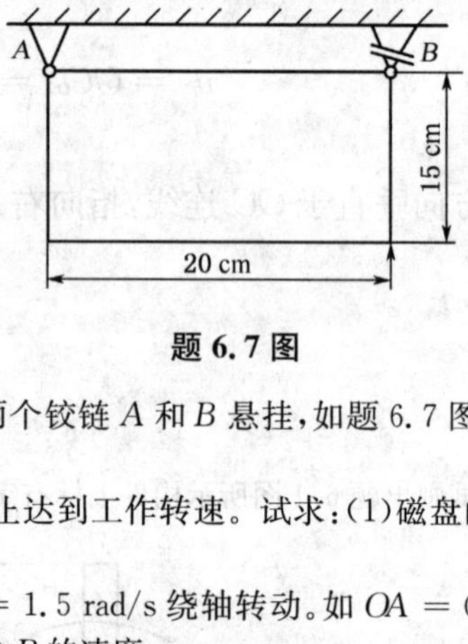

题 6.7 图

6.7 长方形均质平板长为 20 cm，宽为 15 cm，质量为 27 kg，由两个铰链 A 和 B 悬挂，如题 6.7 图所示。如果突然撤去销钉 B，求销钉 A 的约束反力。

6.8 计算机在启动时，磁盘以匀加速度在 0.3 s 内经 2.5 转由静止达到工作转速。试求：(1)磁盘的角加速度；(2)磁盘的工作转速。

6.9 偏置曲柄连杆机构如题 6.9 图示。曲柄 OA 以匀角速度 $\omega = 1.5$ rad/s 绕轴转动。如 $OA = 0.4$ m，$AB = 2$ m，$OC = 0.2$ m，求当曲柄在水平和铅垂位置时滑块 B 的速度。

6.10 均质圆盘如题 6.10 图所示。外径 $D = 60$ cm，厚 $h = 10$ cm，其上钻有四个圆孔，直径均为 $d_1 = 10$ cm，尺寸 $d = 30$ cm，钢的密度 $\rho = 7.9 \times 10^3$ kg/m³。求此圆盘对过其中心 O 并与盘面垂直的轴的转动惯量。

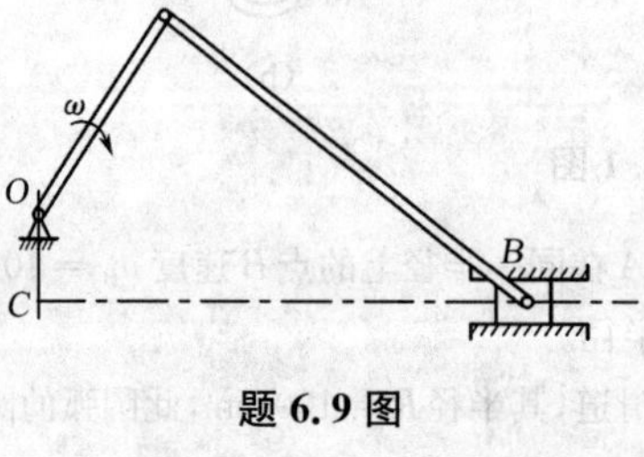

题 6.9 图

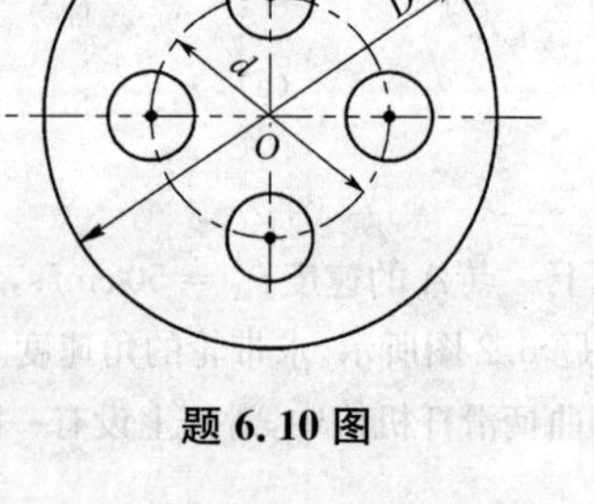

题 6.10 图

6.11 冲击摆由摆杆 OA 及摆锤 B 组成，如图所示。若将 OA 看成质量为 m、长为 l 的均质细直杆；将 B 看成质量为 m^2、半径为 R 的等厚均质圆盘，求整个摆对转轴 O 的转动惯量。

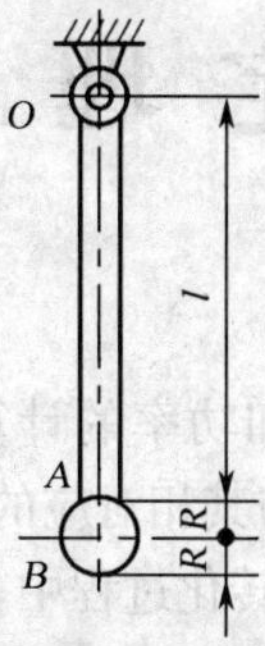

题 6.11 图

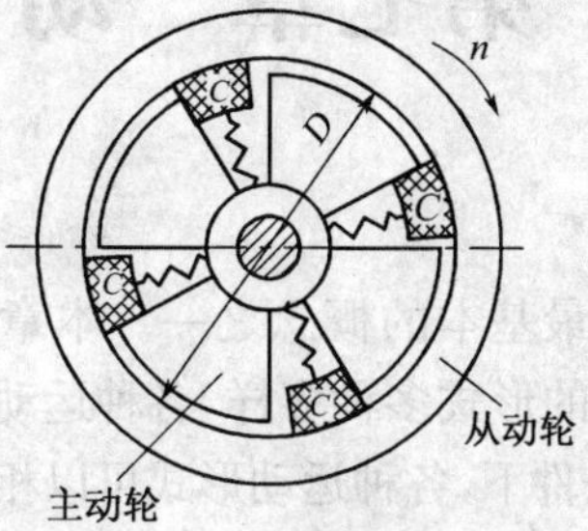

题 6.12 图

6.12 在空气压缩机的惯性离合器中，有四个惯性块 C，每个惯性块由弹簧拉住，但能沿着轮的径向滑动。当惯性块压紧从动轮时，活套在主动轮上的从动轮就被带动。现已知主动轮转速 $n = 960\ \mathrm{r/min}$，每个惯性块 C 的质量为 2 kg，从动轮直径 $D = 0.44\ \mathrm{m}$，惯性块质心到转轴中心的距离（正常运转时）$r_C = 0.19\ \mathrm{m}$，惯性块与从动轮的摩擦系数 $f_s = 0.3$，每根弹簧拉力为 $F = 960\ \mathrm{N}$，如题 6.12 图所示。试求离合器能传递的最大转矩。

6.13 汽车连同货物的质量共为 8 000 kg。在直线道路上以速度 $v = 36\ \mathrm{km/h}$ 行驶，因遇突然情况而紧急制动，做匀减速运动后停止。路面与轮胎间的摩擦系数 $f_s = 0.8$，车的重心在 C 处，$h = 1.2\ \mathrm{m}$，$l_1 = 2.6\ \mathrm{m}$，$l_2 = 1.4\ \mathrm{m}$，如题 6.13 图所示。试求制动后前后轮对地面的压力。

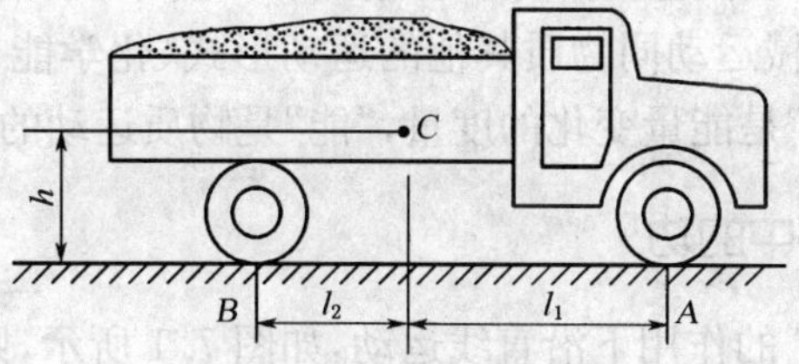

题 6.13 图

6.14 电动绞车装在梁的中点，绞车提起质量为 2 000 kg 的重物 B，以 $1\ \mathrm{m/s^2}$ 的加速度上升。绞车和梁的质量共为 800 kg，其他尺寸如题 6.14 图所示。试求支座 C 与 D 处的约束反力。

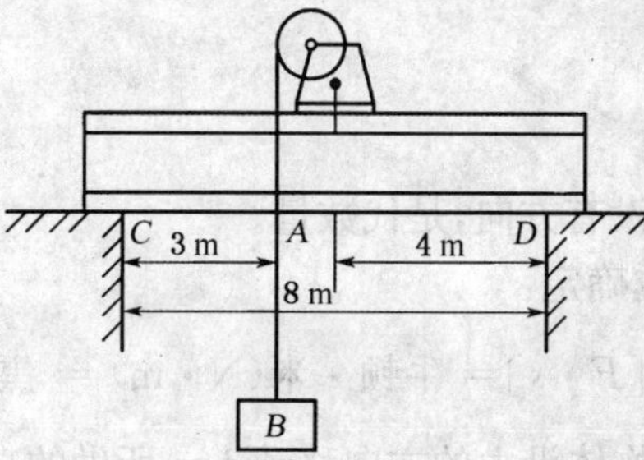

题 6.14 图

第七章　动 能 定 理

能量是物理学中最基本的概念之一。本章将讨论功和功率的计算以及动能定理的应用。自然界物质运动的形式多种多样，各种运动形式都有与其相对应的能量，例如机械能、电能、热能等。在一定条件下，各种运动形式可以相互转化，在转化过程中，一种形式的一定量的运动总是与另一种形式的一定量的运动相当，能量就是对这类运动量进行度量的物理量。动能定理不仅给出了功、功率、动能等具有重要意义的物理量，也揭示出机械运动转化为其他运动形式的规律。另一方面也帮助我们解决动力学两类问题的一种有效与简便的计算方法。

第一节　力 的 功

在力的作用下，质点的速度将会改变。质点速度改变不仅与力的大小有关，而且还与该力作用下质点走过的路程有关。用**功**来表示**力在一段路程中对物体的累积效应**。例如高处落下重物其速度愈来愈大，就是重力作用在下落路程中的累积效应，发生了能量转换。功和能之间的等量关系又把机械运动同物质其他的运动形式（化学能、电能等）联系起来。功与能实际是两个概念，即“功”是能量变化的度量，“能”是物质运动的度量。

一、常力在直线位移中的功

设一质点 M 在常力 F 的作用下沿直线运动，如图 7.1 所示，则此常力 F 在位移方向上的投影与其路程 s 的乘积，称为力 F 在路程 s 上所做的功，以 W 表示，即

$$W = F\cos\alpha \cdot s \tag{7-1}$$

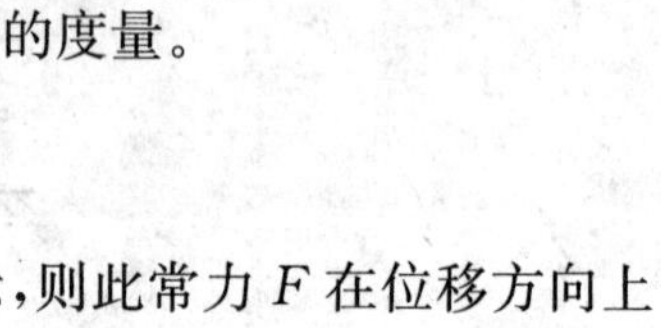

图 7.1

由上式，$\alpha < 90°$，力做正功；

$\alpha > 90°$，力做负功；

$\alpha = 90°$，力不做功。

可见功只有大小、正负而没有方向，是代数量。

功的单位由力与路程单位确定：

$$[W] = [F \cdot s] = \text{牛顿} \cdot \text{米}(\mathrm{N \cdot m}) = \text{焦耳}(\mathrm{J})$$

1 J 的功即用 1 N 的力使物体沿力的方向移动 1 m 所做的功。

二、变力在曲线位移中的功

为了计算变力在有限曲线路径中的功，设物体 M 在变力 F 的作用下，沿曲线 AB 运动，

如图 7.2 所示。将路径 s 分成无限小位移 ds，力在 ds 路程所做的功我们定义为**“元功”**，力 F 可视为常力。即

$$dW = F\cos\alpha \cdot ds$$

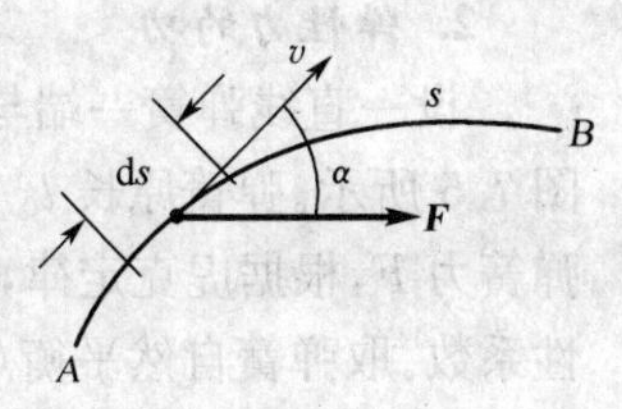

图 7.2

力在 AB 全过程所做功等于所有元功之总和，即

$$W = \int_A^B dW = \int_A^B F\cos\alpha ds \tag{7-2}$$

变力在某一曲线路程上所做功，等于该力在轨迹切线的投影沿这段曲线路程的积分。

三、汇交力系合力的功

设有 n 个力 F_1，F_2，…，F_n 同时作用于一点，如图 7.3 所示，则汇交力系有一合力 $R = \sum_{k=1}^{n} F_k$，而且有 $R\cos\alpha = \sum_{k=1}^{n} F_k\cos\alpha_k$，其中 α_k 为 F_k 与该点速度方向的夹角。根据力的功定义，将 R 代入式(7-2) 得

$$W = \int_A^B dW = \int_A^B R\cos\alpha ds = \int_A^B \sum_{k=1}^{n} F_k \cdot \cos\alpha_k ds$$

$$= \sum_{k=1}^{n} \int_A^B F_k \cdot \cos\alpha_k ds \tag{7-3}$$

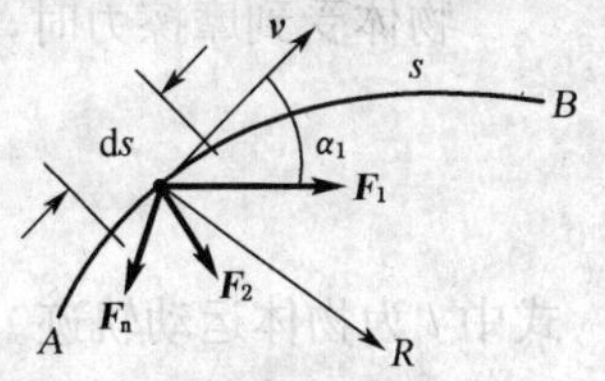

图 7.3

$$W = \sum_{k=1}^{n} W_k$$

上式表明，**汇交力系的合力在有限路径上的功等于力系中各力在此路径上功的代数和。**

四、几种常见力所做功的计算

1. 重力的功

如图 7.4 所示，设物体重为 G，沿轨迹 AB 从 A 位置运动到 B 位置，A、B 位置高度差为 h，求重力的功。取微小段 ds 研究，ds 与重力夹角 α，计算元功：

$$dW = G\cos\alpha \cdot ds$$

$$dh = \cos\alpha \cdot ds \quad 则 \quad dW = G \cdot dh$$

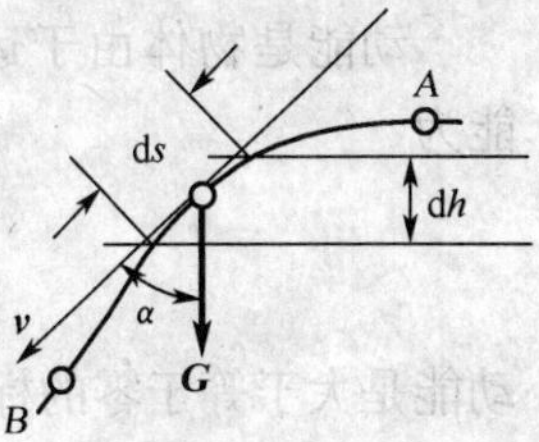

图 7.4

由此重力 G 从位置 A 到 B 过程中所做总功为

$$W = \int_0^h G \cdot dh = Gh$$

A 到 B 重力做正功，反之，B 到 A 重力做负功，上式则可以完整表达为：

$$W = \int_0^h G \cdot dh = \pm Gh \tag{7-4}$$

上式表明**重力的功等于物体重量与重心始末位置高度差的乘积，而与物体运动轨迹无关。**

2. 弹性力的功

设一直线弹簧一端与物体 M 连接，一端固定，如图 7.5 所示。弹簧原长 l_0 处于自然平衡位置，物体受弹簧力 F，根据虎克定律，$F=-kx$，式中 k 为弹簧弹性系数。取弹簧自然平衡点 O 为原点，求物体由 A 到 B 过程弹簧力 F 所做的功。

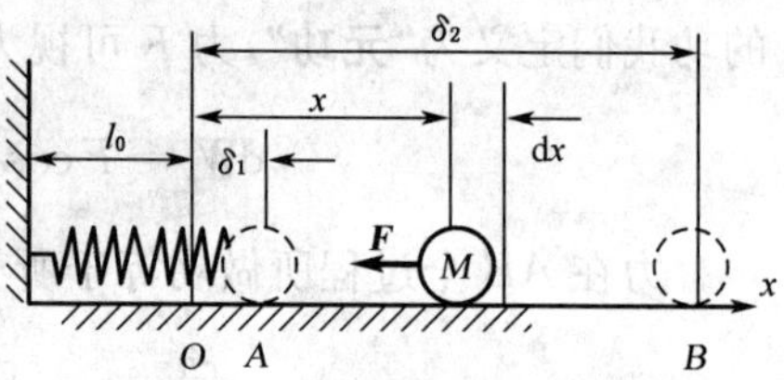

图 7.5

取距原点 O 为 x 处微距 dx，弹性力在微距上的元功为 $dW=-kx\,dx$，物体从 A 至 B 过程弹性力所做功为

$$W=\int_{\delta_1}^{\delta_2}-k\cdot x\mathrm{d}x=\frac{1}{2}k(\delta_1^2-\delta_2^2) \tag{7-5}$$

δ_1、δ_2 分别为弹簧在 A、B 处变形量。

弹性力的功等于弹簧初始与终止位置变形量的平方差与弹性系数乘积的一半。

3. 摩擦力的功

物体受到摩擦力时，由于动摩擦 $F=\mu N$，方向与运动方向相反，故动摩擦力的功为：

$$W=-\int_l \mu N\mathrm{d}l \tag{7-6}$$

式中 l 为物体运动轨迹。

只有动摩擦才做功，静摩擦没有位移，不做功。

第二节 动能 动能定理

一、动能

1. 质点的动能

动能是物体由于运动而具有的做功能力。设质点的质量为 m，速度为 v，则质点的动能为

$$T=\frac{1}{2}mv^2 \tag{7-7}$$

动能是大于等于零的标量。单位为焦耳(J)。

2. 质点系的动能

对于质点系，其动能等于各个质点的动能总和，即

$$T=\sum_{i=1}^{n}\frac{1}{2}m_i v_i^2 \tag{7-8}$$

刚体是由无数质点组成的质点系。刚体做不同运动时，各质点的速度分布不同，刚体的动能应按照刚体的运动形式来计算。

(1) 刚体平动时的动能

平动刚体上各点的速度在同一瞬时相同，均等于质心的速度 v_C，由式(7-8)，得

$$T = \sum_{i=1}^{n} \frac{1}{2} m_i v_i^2 = \frac{1}{2} v_C^2 \sum_{i=1}^{n} m_i = \frac{1}{2} m v_C^2 \tag{7-9}$$

即，平移刚体的动能等于其总质量与质心速度平方乘积的一半。

(2) 刚体定轴转动时的动能

如图 7.6 所示，一绕定轴转动的刚体，ω 为某一瞬时角速度，刚体内任意点的质量为 m_i，距转轴距离为 r_i。

由式(7-8)得

$$T = \sum_{i=1}^{n} \frac{1}{2} m_i v_i^2 = \sum_{i=1}^{n} \frac{1}{2} m_i (\omega r_i)^2 = \frac{1}{2} \omega^2 \sum_{i=1}^{n} m_i r_i^2$$

又 $\sum_{i=1}^{n} m_i r_i^2$ 为刚体对 Oz 轴的转动惯量 J_z，

上式可表达为

$$T = \frac{1}{2} \omega^2 J_z \tag{7-10}$$

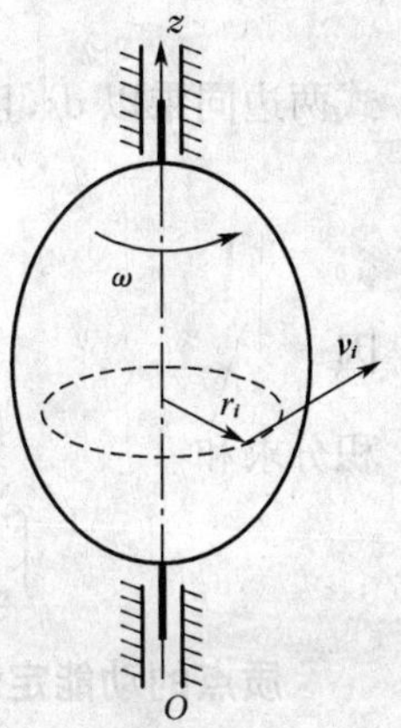

图 7.6

即，刚体定轴转动时的动能等于刚体对转动轴的转动惯量与角速度平方乘积的一半。

(3) 平面运动刚体的动能

刚体做平面运动时，可视为绕瞬心 P 的瞬时转动，确定出刚体瞬时瞬心，如图 7.7 所示。设刚体对瞬心 P 的转动惯量为 J_P，则由式(7-11)可求出平动刚体的动能：

$$T = \frac{1}{2} \omega^2 J_P \tag{7-11}$$

由转动惯量的平行轴定理：若 J_C 为刚体对质心 C 的转动惯量，r_C 为质心到瞬心的距离，则有 $J_P = J_C + m r_C^2$，上式可表达为：

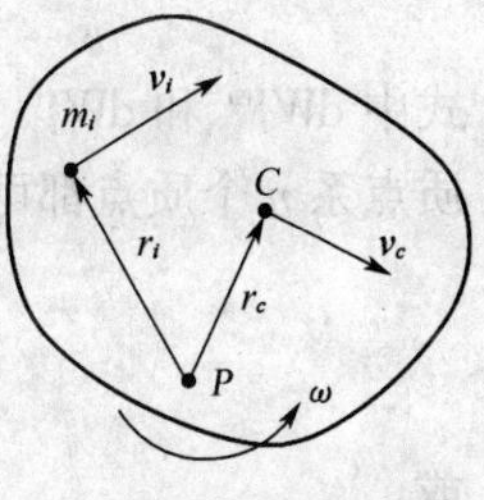

图 7.7

$$T = \frac{1}{2} \omega^2 (J_C + m r_C^2) \quad 且 \ v_C = r_C \omega$$

上式改写为：

$$T = \frac{1}{2} \omega^2 J_C + \frac{1}{2} m v_C^2 \tag{7-12}$$

即，刚体平面运动时的动能等于刚体随质心的平移动能和绕质心的转动动能之和。

二、动能定理

1. 质点动能定理

设质量为 m 的质点 M 在力(合力) F 的作用下沿某曲线运动，如图 7.8 所示。质点由初始位置 A 运动到 B，其速度从 v_1 变为 v_2。

设 A、B 位置弧坐标分别为 s_1 和 s_2，根据质点动力学基本方程有

$$F = ma$$

将 F 投影到切线方向则有：

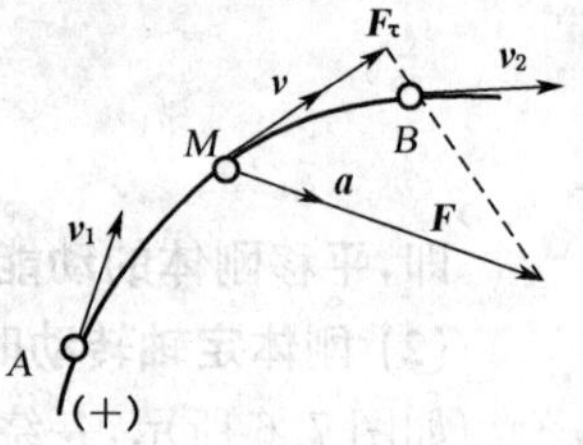

图 7.8

$$m\frac{\mathrm{d}v}{\mathrm{d}t} = F_\tau$$

式两边同乘以 $\mathrm{d}s$，且 $\frac{\mathrm{d}s}{\mathrm{d}t} = v$ 则有

$$mv\mathrm{d}v = F_\tau \cdot \mathrm{d}s$$

因
$$mv\mathrm{d}v = \mathrm{d}\left(\frac{1}{2}mv^2\right) = F_\tau \cdot \mathrm{d}s = \mathrm{d}W,$$

积分求和

$$\int_{v_1}^{v_2}\mathrm{d}\left(\frac{1}{2}mv^2\right) = \int_{s_1}^{s_2}F_\tau \cdot \mathrm{d}s \quad 或 \quad \frac{1}{2}mv_2^2 - \frac{1}{2}mv_1^2 = W \tag{7-13}$$

质点的动能定理——在任一路程中质点动能的变化，等于作用在质点上所有的力在这段路程所做的功。

2. 质点系的动能定理

设有 n 个质点组成的质点系，将作用在该质点系上的力分为内力 $F^{(i)}$ 和外力 $F^{(e)}$。取质点系中任意质量为 m_i 的质点 M_i，速度为 v_i，根据质点的动能定理有

$$\mathrm{d}\left(\frac{1}{2}m_i v_i^2\right) = \mathrm{d}W_i^{(e)} + \mathrm{d}W_i^{(i)}$$

式中 $\mathrm{d}W_i^{(e)}$ 和 $\mathrm{d}W_i^{(i)}$ 中分别表示作用于质点 M_i 上外力合力、内力合力的元功。组成刚体的质点系 n 个质点都可以列出上式，将之相加得

$$\mathrm{d}\sum \frac{1}{2}m_i v_i^2 = \sum \mathrm{d}W_i^{(e)} + \sum \mathrm{d}W_i^{(i)} \tag{7-14}$$

或
$$\mathrm{d}T = \sum \mathrm{d}W_i^{(e)} + \sum \mathrm{d}W_i^{(i)} = \sum \mathrm{d}W_i \tag{7-15}$$

式(7-16)表明：**在任意路程中，质点系动能的改变，等于作用在该质点系上所有外力和内力在同一路程上所做元功之和**。这也是质点系动能定理的微分形式。

三、应用举例

例 7-1 绞车的鼓轮质量为 m_1，半径为 r，视为匀质圆柱，绳索另一端有一个质量为 m_2 的重物。鼓轮在不变转矩 M 的作用下，通过绳索牵引重物沿倾角为 θ 的斜面上升，如图 7.9 所示。设开始时系统静止，不计摩擦力，求当鼓轮转过 φ 角后角速度 ω 和角加速度 α。

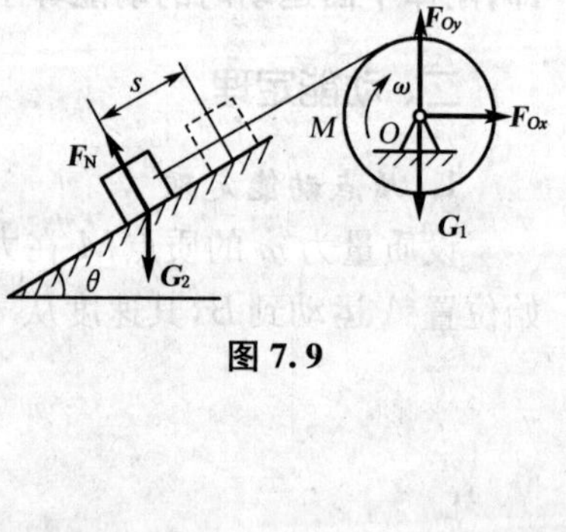

图 7.9

解 取鼓轮和重物为研究对象，以鼓轮从静止开始到转过 φ 角作为研究过程。重物上升一段距离 $s = r\varphi$。初始静

止 $T_0 = 0$，设运动过程中鼓轮角速度 ω，则重物速度 $v_1 = r\omega$，系统动能此时为：

$$T_1 = \frac{1}{2}m_2 v^2 + \frac{1}{2}J_0\omega^2 = \frac{1}{2}m_2 r^2\omega^2 + \frac{1}{2}\left(\frac{1}{2}m_1 r^2\right)\omega^2 = \frac{1}{4}r^2\omega^2(2m_2 + m_1) \tag{a}$$

系统受力如图所示，在过程中各力做功之和：

$$\sum W = M \cdot \varphi - G_2 \cdot s \cdot \sin\theta = (M - m_2 gr\sin\theta)\varphi \tag{b}$$

由质点系动能定理有

$$\frac{1}{4}r^2\omega^2(2m_2 + m_1) - 0 = (M - m_2 gr\sin\theta)\varphi \tag{c}$$

求出

$$\omega = \frac{2}{r}\sqrt{\frac{M - m_2 gr\sin\theta}{2m_2 + m_1}\varphi} \tag{d}$$

求角加速度 α：将式(c)中的 φ 和 ω 作为时间的函数，对时间求导数，得

$$\frac{1}{2}r^2\omega\alpha(2m_2 + m_1) = (M - m_2 gr\sin\theta)\omega$$

消去 ω

$$\alpha = \frac{2(M - m_2 gr\sin\theta)}{(2m_2 + m_1)r^2}$$

第三节　功 率 与 效 率

一、功率

为了表明做功的快慢，了解单位时间力做了多少功，引入功率概念。

定义：**力在单位时间内所作的功，称为功率。**用 P 表示。数学表达式为

$$P = \lim_{\Delta t \to 0}\frac{\Delta W}{\Delta t} = \frac{\boldsymbol{F}\mathrm{d}\boldsymbol{r}}{\mathrm{d}t} = \boldsymbol{F} \cdot \boldsymbol{v} = F_\tau \cdot v \tag{7-16}$$

即功率等于力与速度的标积，或等于力在速度方向的投影与速度大小的乘积。当功率一定时，F_τ 与 v 成反比。例如汽车上坡时，由于需要较大的驱动力，驾驶员选择低速挡，降低汽车速度，以便在功率一定的情况下产生较大的牵引力。

作用在转动刚体上的力的功率为：

$$P = \lim_{\Delta t \to 0}\frac{\Delta W}{\Delta t} = M_z\frac{\mathrm{d}\varphi}{\mathrm{d}t} = M_z\omega \tag{7-17}$$

即作用在转动刚体上的力的功率等于该力对转轴的矩与角速度的乘积。

功率单位瓦特(W)，1 W=1 J/s=1 N・m/s=1 kg・m²/s³。工程中也用马力为功率单位：

$$1\ 马力 \approx 735.5\ \mathrm{W}$$

二、功率方程

取质点系动能定理微分式(7-16)，两端除以 dt，得

$$\frac{\mathrm{d}T}{\mathrm{d}t}=\sum\frac{\mathrm{d}W_i}{\mathrm{d}t}=\sum P_i \tag{7-18}$$

上式称为**功率方程，即质点系动能对时间的一阶导数，等于作用于质点系上所有力的功率之和。**

对机器而言，式(7-19)右端包括输入功率 $P_{输入}$，即作用于机器的主动力的功率；输出功率 $P_{有用}$，即有用功率；损耗功率(如摩擦等)，即 $P_{无用}$。后两者应取负值。则

$$\frac{\mathrm{d}T}{\mathrm{d}t}=P_{输入}-P_{有用}-P_{无用} \tag{7-19}$$

即系统输入功率等于有用功率、无用功率和系统动能变化率的和。

三、机械效率

在工程实际中，把有效功率(包括克服有用阻力的功率和使系统动能改变的功率)与输入功率的比值称为机械效率，用 η 表示，即

$$\eta=\frac{有效功率}{输入功率}$$

机械效率是衡量机器质量的指标之一。

上式中 $$有效功率=P_{有用}+\frac{\mathrm{d}T}{\mathrm{d}t}$$

对于有 n 级传动的系统，如果各级的效率分别为 η_1，η_2，η_3，…，η_n，可以证明如下式：

$$\eta=\eta_1\cdot\eta_2\cdot\cdots\cdot\eta_n \tag{7-20}$$

该系统的总效率等于各级效率的连乘积。

四、应用举例

例 7-2 载重汽车总重 100 kN，在水平路面直线行驶，空气阻力 $F=0.001v^2$(v 以 m/s、F 以 kN 计单位)，其他阻力相当于汽车重的 0.016 倍。设机械的总效率 $\eta=0.85$。求此汽车以 54 km/h 的速度行驶时，发动机应输出的功率。

解 $v=15\ \mathrm{m/s}$，$T=\frac{1}{2}mv^2=$ 常量，故 $\frac{\mathrm{d}T}{\mathrm{d}t}=0$ 由功率方程得：

$$\frac{\mathrm{d}T}{\mathrm{d}t}=P_{输入}-P_{有用}-P_{无用}=0$$

$$P_{有用}=P_{输入}-P_{无用}=0.85P_{输入}$$

$$0.85P_{输入}=Fv=(0.001v^2+0.016\times100)\times10^3v=27.375\times10^3$$

$$P_{输入}=32.2\ \mathrm{kW}$$

习　题

7.1　摩擦力可能做正功吗？举例说明。

7.2　三个质量相同的质点，同时由 A 点以大小相同的初速度 v_0 抛出，但其方向各不相同，如题 7.2 图所示。如果不计空气阻力，这三个质点落到水平面 $H-H$ 时，三者的速度大小是否相等？三者重力做的功是否相等？

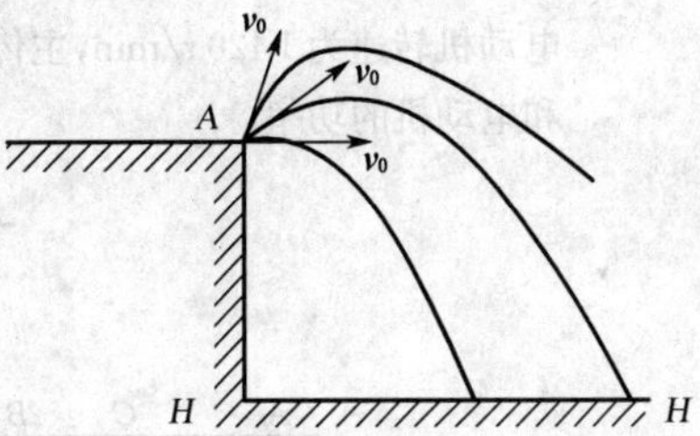

题 7.2 图

7.3　运动员起跑时，什么力使运动员的质心加速运动？什么力使其动能增加？产生加速度的力一定做功吗？

7.4　为什么说没有指明零势能点的势能的数值是没有意义的？

7.5　比较质点的动能与刚体绕定轴转动的动能的计算式，指出它们相似的地方。

7.6　弹簧由其自然位置拉长 10 mm 或压缩 10 mm，弹簧力做功是否相等？拉长 10 mm 和再拉长 10 mm，这两个过程位移相等，弹簧力做功是否相等？

7.7　升降机提升质量为 m 的重物 A 以速度 v_0 下降，如图题 7.7 图所示。若钢绳突然被滑轮卡住，设钢绳的弹性系数为 k，质量不计。求钢绳的最大张力。

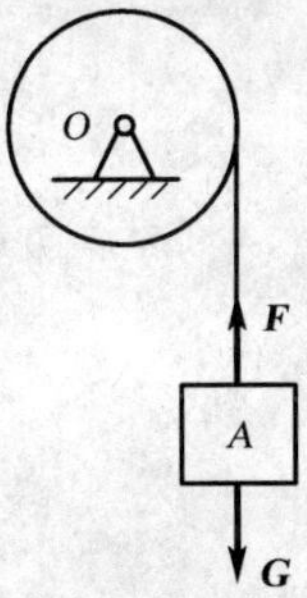

题 7.7 图

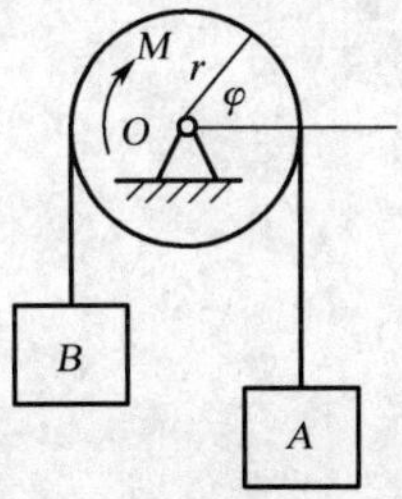

题 7.8 图

7.8　圆盘直径 $r=0.5\,\text{m}$，可绕水平轴 O 转动，如题 7.8 图所示。在绕过圆盘的绳上吊有两物体 A、B，质量分别为 $m_1=3\,\text{kg}$，$m_2=2\,\text{kg}$。绳盘间无相对滑动。在圆盘上作用一力偶矩，按 $M=4\varphi$ 的规律变化(力偶矩单位 N·m　φ 单位以 rad 计)。求由 $\varphi=0$ 到 $\varphi=2\pi$ 时，力偶 M 与物体 A、B 的重力所做的功之总和。

7.9　长为 l、质量为 m 的匀质杆 OA 以球铰链 O 固定，并以角速度 ω 绕铅直线转动，如题 7.9 图所示。若杆与铅直线的交角为 θ，求杆的动能。

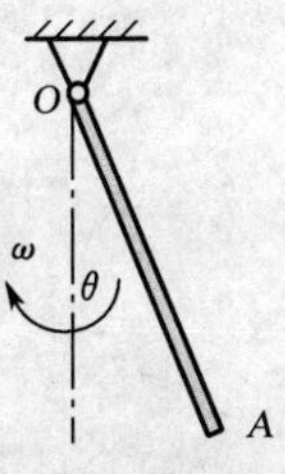

题 7.9 图

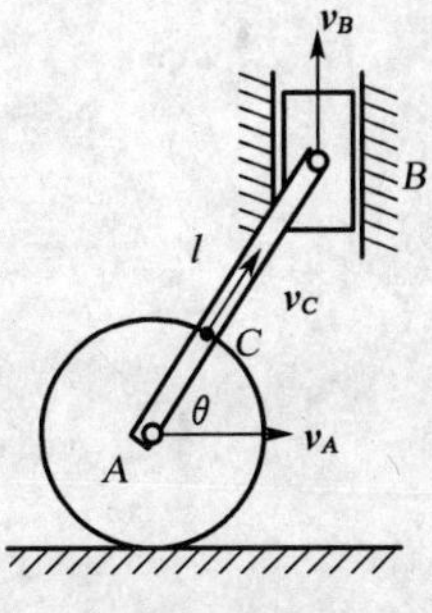

题 7.10 图

7.10　如题 7.10 图所示，匀质杆 AB 长 l，质量 m，两端分别与光滑铅垂槽内的滑块 B 和水平轨道上的匀质

圆柱的质心 A 铰接，滑块质量 m，圆柱 A 质量为 M，半径为 R。运动中 $\theta=\theta(t)$ 试写出 $\theta=45^\circ$ 瞬时的系统动能。

7.11 水平匀质细杆质量为 m，长为 l，C 为杆质心。杆 A 处为光滑铰链支座，B 端为一挂钩，如题 7.11 图所示。如 B 端突然脱落，杆转到铅垂位置时，问 b 值多大能使杆有最大角速度。

7.12 题 7.12 图所示车床切削直径 $D=48\,\text{mm}$ 的工件，主切削力 $F=7.84\,\text{kN}$。若主轴转速 $n=240\,\text{r/min}$，电动机转速为 1 420 r/min，主传动系统的总效率 $\eta=0.75$。求车床主轴、电动机主轴分别所受的力矩和电动机的功率。

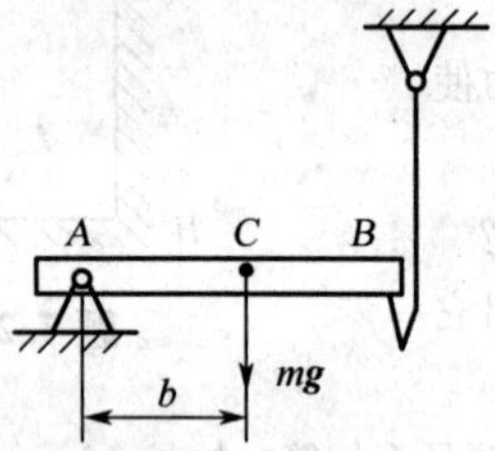

题 7.11 图

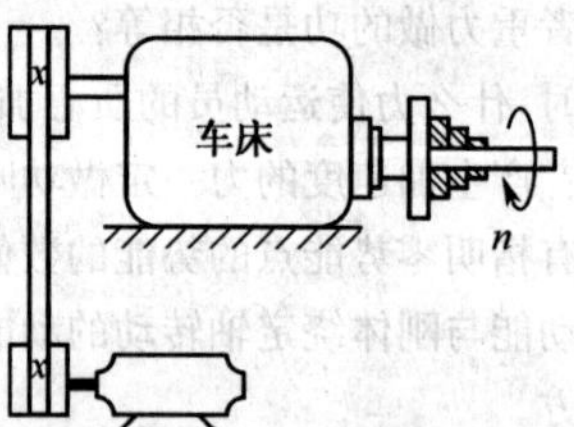

题 7.12 图

第三篇

材 料 力 学

第八章　材料力学基础

第一节　材料力学的任务

材料力学是研究构件承载能力的一门学科。它与工程实际联系非常紧密，它以工程构件或零件为主要研究对象，研究其在载荷作用下的变形及破坏的规律。

工程中经常遇到的各种结构物和机器，都是由若干构件组成的，在载荷作用下，构件都会发生变形。随着载荷的增加，有些构件可能发生突然断裂，有些构件则会发生过大的变形直至破坏，对一些受压的细长杆和薄壁容器，则有可能在压力的作用下突然离开其平衡位置发生失稳破坏。我们把构件丧失正常工作能力的现象称为失效。为了保证构件正常工作，每一构件都要有足够的承受载荷的能力，简称承载能力。

构件的承载能力主要由以下三方面来衡量：

(1) 强度

构件抵抗破坏的能力称为强度。构件必须具有足够的强度，即构件在外力作用下不能断裂或塑性变形。这是保证其正常工作最基本的要求。例如，起吊重物的钢丝绳被拉断，齿轮啮合传动中齿面塑性变形或轮齿折断均属于强度失效。

(2) 刚度

构件抵抗变形的能力称为刚度。构件必须具有足够的刚度，即构件在外力作用下，其弹性变形或位移不超过工程允许的范围。例如，当齿轮轴发生过大的弹性变形时，会影响轮齿的啮合情况，使轮齿局部受力，如图 8.1(a)所示；当车床主轴发生过大变形时，会影响车床的工件的加工精度，如图 8.1(b)所示。这些均属于刚度失效。

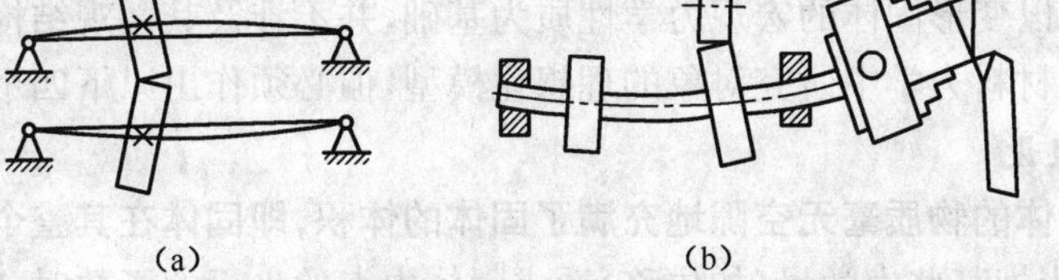

(a)　(b)

图 8.1

(3) 稳定性

构件保持原有平衡形式的能力称为稳定性。对于轴向受压的直杆，如内燃机中的挺杆(如图 8.2(a)所示)、千斤顶中的顶杆(如图 8.2(b)所示)，当压力较小时，受压杆件能保持其直线平衡形式，当承受的压力过大时，受压杆会突然变弯，使压杆由原来的直线平衡形式转变为弯曲平衡形式，从而导致结构丧失承载能力，此称为稳定失效或失稳。对于这类压杆，必须要求它们在工作中始终保持原有的直线平衡形式，即具有足够的稳定性。

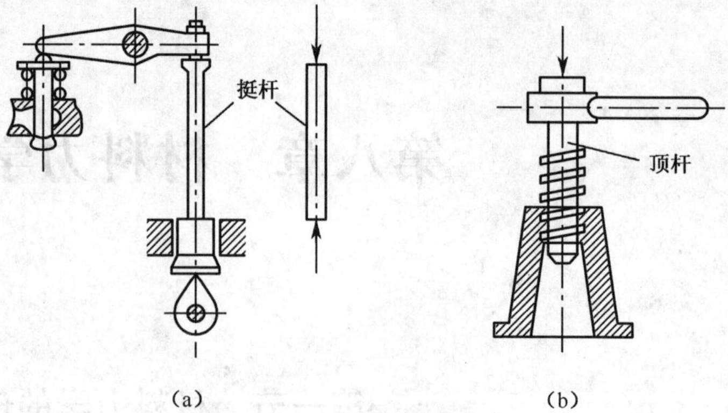

图 8.2

当设计的构件具有足够的强度、刚度和稳定性时，就能保证构件在载荷作用下安全可靠的工作，也就是说，设计满足了安全性的要求。但是合理的设计还要求符合经济节约的原则，尽可能减少材料的消耗，以降低成本，或减轻构件自重。这两个要求是互相矛盾的，前者往往需要加大构件的尺寸，选用好的材料；而后者则要求少用材料或选用价格低的材料。这一矛盾促使了材料力学这门学科的产生和发展。材料力学是一门研究构件强度、刚度和稳定性计算的科学，它为解决以上矛盾提供了理论基础。**材料力学的任务就是：在保证构件既安全适用又经济的前提下，为构件选择合适的材料，确定合理的截面形状和尺寸，提供必要的计算方法和实验技术。**

构件的强度、刚度和稳定性均与材料的力学性能有关，而材料的力学性能只有通过实验才能测定。此外，对于现有理论还不足以解决的某些问题，也需借助实验来解决。因此，**实验研究和理论分析都是完成材料力学任务所必须的重要手段。**

第二节　变形固体的基本假设

工程中的构件均由固体材料(如钢、混凝土等)制成。这些**固体材料在外力作用下会发生变形，称为变形固体。如果变形在外力卸除后消失，则称这种变形为弹性变形；外力卸除后不能消失的变形称为塑性变形。**在材料力学中通常把构件简化为只发生弹性变形的变形固体，即弹性变形体。

材料力学是以变形固体的宏观力学性质为基础，并不涉及其微观结构，所以我们可以取弹性变形体作为材料力学中研究对象的理想化模型，但必须作出以下四个基本假设。

1. 连续性假设

认为组成固体的物质毫无空隙地充满了固体的体积，即固体在其整个体积内是连续的。根据这个假设，当把某些力学量(如位移)看成固体内点的坐标的函数时，对这些量就可以进行以坐标增量为无限小的极限分析，从而有利于建立相应的数学模型。

2. 均匀性假设

认为从物体内任意一点处取出的体积单元，其力学性能都能代表整个物体的力学性能。也就是说，固体内各点的材料性质都是一样的。根据这个假设，从构件内部任何部位切取的微小单元体都与构件具有相同的性质。

3. 各向同性假设

认为在固体的任一点处，沿该点的各个方向都具有相同的材料性质，即材料的性质与方向无关。

实际材料的微观结构在力学性能上往往存在不同程度的差异，不可能是完全连续的、均匀的和各向同性的。但是。当构件的几何尺寸远远大于其组成部分的尺寸时，我们的假设就是可以成立的，金属材料制成的构件，其尺寸要比金属晶粒的尺寸大得多，在宏观上我们也可以把它看成是连续、均匀和各向同性的材料。

4. 小变形假设

假设物体在外力作用下产生的变形与物体本身的几何尺寸相比是很小的。根据这一假定，当考虑变形固体的平衡、运动以及其内部受力和变形等问题时，均可以按构件的原始尺寸和形状进行计算。

第三节　内力　截面法

一、内力的概念

杆件因受外力而变形，其上各点发生相对位移，从而产生相互作用力，此即为内力。我们知道，即使不受外力，物体的各质点之间，依然存在着相互作用的内力，正是这种内力使各质点保持一定的相对位置，使构件具有一定的几何尺寸和形状。**材料力学中的内力是指在外力作用下，杆件内部各部分之间相互作用力的改变量，称为附加内力，简称内力。**对于杆件，最有意义的是横截面上的内力，它的大小及其在杆件内部的分布规律随外力的改变而变化，若内力的变化超过某一限度，则构件将不能正常工作，因而它与构件的承载能力是密切相关的。内力的分析与计算是解决构件强度、刚度和稳定性计算的基础。

二、求内力的方法——截面法

要判断杆件在外力作用下能否正常工作，首先必须求出横截面上的内力。由于内力存在于构件内部，所以材料力学是用截面法来求构件任意横截面上的内力的。**截面法是显示和计算内力的基本方法。**

为了显示内力，可以假想地用一个截面（通常都是横截面）将物体截分为 A、B 两部分，如图 8.3(a)所示。移去一部分（例如 B），保留一部分（例如 A），并将 B 部分对 A 部分的作用用力表示出来，这个力就是 A 部分截面上的分布内力，如图 8.3(b)所示。

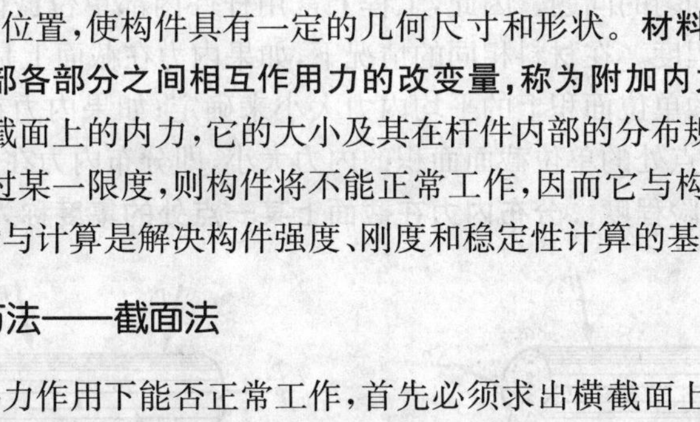

(a)　　(b)

图 8.3

由于对留下部分 A 来讲，截开面上的内力就成为外力(因为这是移去部分对保留部分的作用)，而且留下部分 A 作为研究对象仍处于平衡状态，故可以通过对留下部分 A 建立平衡方程式来计算截开面上的内力。若取 B 为留下部分，则由作用与反作用公理，可知 B 部分在截开面上的内力与 A 部分截开面上的内力等值、反向。所以我们也可从 B 部分上的平衡方程式来确定此内力。

这种假想地用一个截面将物体截分为二，并对截开后的其中一部分建立平衡方程式以确定截面上内力的方法称为截面法。

截面法求内力的过程可归纳如下：

(1) 截开 假想地用一个横截面将物体截分为两部分，并移去其中一部分。

(2) 代替 移去部分对留下部分的作用用内力来代替。

(3) 求平衡 对留下部分建立平衡方程式，通过求解平衡方程式确定未知的内力。

第四节 应力、应变及其互相关系

一、应力的概念

根据截面法所确定的截面上的内力是该截面上分布内力的合力。要判断构件受力后的危险程度，在一般情况下仅凭内力的大小是不够的，因为材料有强弱，杆件有粗细，内力在截面上的分布也有是否均匀的问题。因此，工程上常用杆件内部单位截面面积上的内力来判断杆件受力后的危险程度。在材料相同的情况下，如果内力在截面上是均匀分布的，则其危险程度将由该截面上的单位面积上的平均内力大小来确定；如果内力在截面上的分布是不均匀的，还需确定每一点处的单位截面面积的内力大小，即分布内力在截面上每一点处的集度，才能判断杆件的危险程度。**分布内力在截面上某一点处的集度称为应力。**

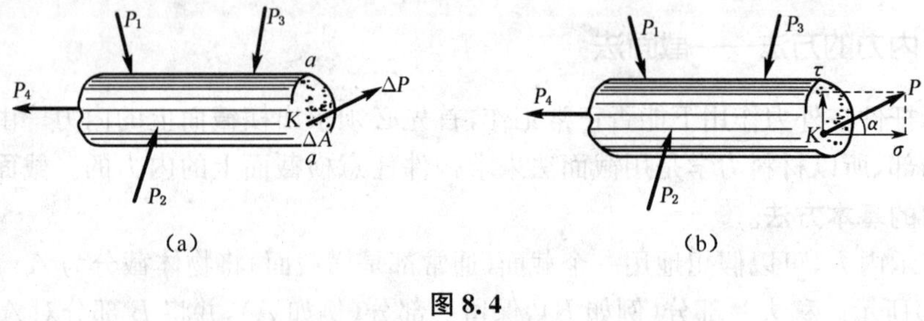

图 8.4

为了确定杆件某一截面 a-a(见图 8.4(a))上任意一点 K 的应力，可在截面上围绕 K 点取一微小面积 ΔA。设 ΔA 面积上分布内力的合力为 ΔP，则比值$\dfrac{\Delta P}{\Delta A}$称为面积 ΔA 上的平均应力。由于在一般情况下分布内力并非均匀分布，故将比值$\dfrac{\Delta P}{\Delta A}$在所取的 ΔA 无限地趋近于零的极限值

$$p=\lim_{\Delta A\to 0}\frac{\Delta P}{\Delta A}=\frac{\mathrm{d}P}{\mathrm{d}A} \tag{8-1}$$

定义为 K 点处的应力，通常又称为 K 点处的总应力，如图 8.4(b)所示。

应力 p 是矢量，通常将它分解为垂直于截面的应力分量 σ 和与截面相切的应力分量 τ，如图 8.4(b)所示。**σ 垂直于截面，称为正应力；τ 与截面相切，称为剪应力。**

应力的量纲为[力]/[长度]^2，国际单位制中，应力的基本单位是牛 / 米^2(N/m^2)，称为帕斯卡，简称帕(Pa)，工程中常用单位为 kPa(千帕)、MPa(兆帕)、GPa(吉帕)。它们的关系为：$1\ Pa = 1\ N/m^2$，$1\ kPa = 10^3\ Pa$，$1\ MPa = 10^6\ Pa$，$1\ GPa = 10^9\ Pa$。

将总应力用正应力和切应力这两个分量来表达是有其物理意义的，因为它们和材料的两类破坏现象：拉伸断裂和剪切错动相对应。所以，在今后的应力分析和强度计算时只按正应力和剪应力分析计算而不是总应力。

二、应变的概念

杆件受到外力作用时，其中任意两点间的距离和任意两直线或两平面间所夹的角度一般都会发生变化，它们反映了杆件的尺寸和几何形状的改变，**距离的改变和角度的改变统称为变形。**对于弹性杆件，这种变形虽然很微小，但对于研究杆件的分布内力在横截面上的分布规律起着决定性的作用。因此我们对杆件变形的研究是材料力学中非常重要的一个方面。

1. 线应变——ε (ε′)

如图 8.5 所示，设杆的原长为 l，横向尺寸为 d。轴向受力后，杆长变为 l_1，横向尺寸变为 d_1，则杆件的

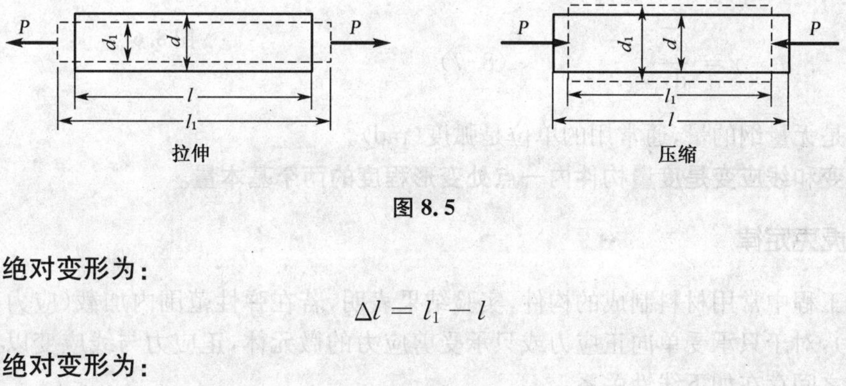

图 8.5

纵向绝对变形为：

$$\Delta l = l_1 - l \tag{8-2}$$

横向绝对变形为：

$$\Delta d = d_1 - d \tag{8-3}$$

上述有关变形的定义只能反映杆件的总变形，称为杆件的纵向和横向绝对变形，它不能说明杆件的变形程度。**为了能反映杆件的变形程度，通常用单位长度上的变形来度量，称为杆件的相对变形，亦称为线应变，即**

纵向线应变：

$$\varepsilon = \frac{\Delta l}{l} = \frac{l_1 - l}{l} \tag{8-4}$$

横向线应变：

$$\varepsilon' = \frac{\Delta d}{d} = \frac{d_1 - d}{d} \tag{8-5}$$

线应变是无量纲的量，通常规定：变形为伸长时取正，缩短时取负。

2. 泊松比——μ

实验结果表明，当正应力不超过某一限度时，其横向线应变 ε' 与纵向线应变 ε 之比的绝对值为一常数。此比值称为材料的横向变形系数，亦称泊松比，用符号 μ 表示，则有

$$\mu = \left|\frac{\varepsilon'}{\varepsilon}\right| \tag{8-6-1}$$

式中 μ 是一个无量纲的量，其数值决定于材料，可由实验确定。由于 ε' 与 ε 的符号恒相反，故上式可写为

$$\varepsilon' = -\mu\varepsilon \tag{8-6-2}$$

此式称为纵横应变关系式。

3. 剪应变——γ

杆件产生剪切变形时，从其受剪部位取出一个微小单元体 $abfe$ 如图 8.6(a)所示，微元体相对的两侧面将发生微小的相对错动。设微元体左侧面不动，其变形后如图 8.6(b)所示。相对错动使原来相互垂直的棱边的夹角改变一个微量，这种**直角的改变量称为剪应变(或角应变)，用符号 γ 表示。**

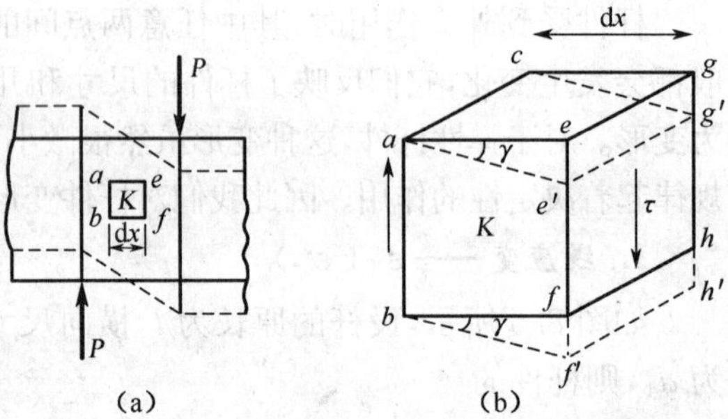

图 8.6

$$\gamma = \frac{\overline{ee'}}{\mathrm{d}x} \tag{8-7}$$

剪应变也是无量纲的量，通常用的单位是弧度(rad)。

剪应变和线应变是度量构件内一点处变形程度的两个基本量。

三、虎克定律

对于工程中常用材料制成的构件，实验结果表明，若在弹性范围内加载(应力不超过某一极限时)，对于只承受单向正应力或只承受剪应力的微元体，正应力与线应变以及剪应力与剪应变之间存在如下线性关系：

$$\sigma = E\varepsilon \tag{8-8}$$

$$\tau = G\gamma \tag{8-9}$$

上述两式统称为虎克定律。式中 E、G 是与材料有关的弹性常数，分别称为材料的弹性模量和剪切弹性模量。

E 和 G 是应力与应变的比值，由于应变是无量纲的量，故 E 和 G 的单位与应力单位相同。

弹性模量 E、剪切弹性模量 G 和泊松比 μ 均为材料的弹性常数，对于各向同性材料，它们不是独立的三个常数，可以证明它们之间存在下列关系：

$$G = \frac{E}{2(1+\mu)} \tag{8-10}$$

由式可知，只要知道这三个弹性常数中的任意两个，另一个就可由上式确定。部分材料

的弹性常数见表 8.1。

表 8.1　常用材料的弹性常数 E、G、μ 值

材料名称	E(GPa)	G(GPa)	μ
碳　钢	190～210	79	0.24～0.33
低合金钢	190～210	79	0.24～0.33
灰口铸铁	78～157	48	0.17～0.27
轧制纯铜	108～130	39～49	0.30～0.38
铝合金	72	27	0.33

四、剪应力互等定律

定律　在两个互相垂直的截面上，剪应力必定同时存在，它们的大小相等，方向是共同指向或共同背离这两个截面的交线。

证明　在平衡的受剪构件中取一微小单元体 $abdc-efhg$，三边的长度为 dx、dy、dz，如图 8.7 所示，由正平行六面体平衡有：

$$\sum m = 0 \quad -\tau \, dy \, dz \, dx + \tau' \, dx \, dy \, dz = 0$$

所以有

$$-\tau + \tau' = 0 \quad \tau = \tau'$$

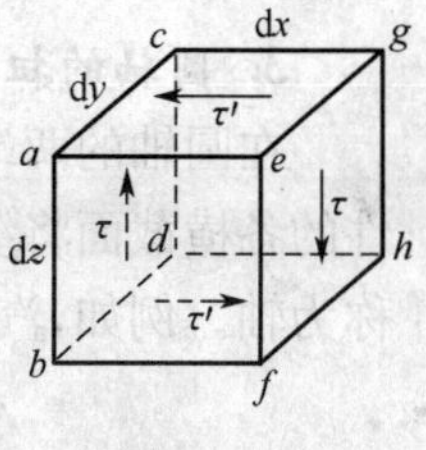

图 8.7

第五节　杆件变形的基本形式

机器或结构物中所采用的构件形状是多种多样的，材料力学主要研究杆件。杆件是指其纵向(长度方向)尺寸远大于横向(垂直于长度方向)尺寸的构件。工程中的传动轴、螺栓、梁和柱等均属于杆件。

杆件有两个主要的几何特征，即轴线和横截面。轴线是各横截面形心的连线，横截面与轴线相互垂直。根据轴线的几何形状，杆件可分为直杆和曲杆；根据横截面的几何形状，杆件可分为等截面杆和变截面杆。材料力学的计算原理，一般是在等截面直杆的基础上建立起来的，但对于曲率很小的曲杆和横截面逐渐变化的变截面杆也可推广应用。

在不同的载荷作用下，杆件变形的形式各异。归纳起来，杆件变形的基本形式有以下四种：

1. 轴向拉伸与压缩

在一对作用线与杆件轴线重合的外力 F 作用下，直杆的主要变形是在轴线方向发生伸长或缩短，这种变形形式称为轴向拉伸与压缩。例如，汽缸的活塞杆(见图 8.8)、起吊重物的绳

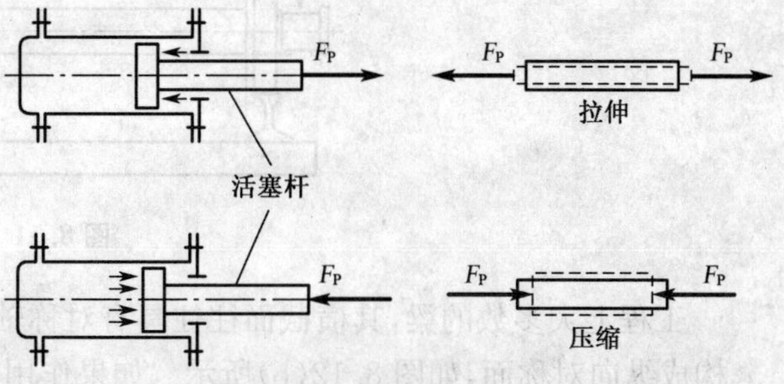

图 8.8

索、千斤顶的顶杆等。

2. 剪切

在一对相距很近的大小相等、方向相反的横向外力 F 作用下，杆件的主要变形是位于两个力作用线之间的横截面沿外力作用方向发生相对错动。这种变形形式称为剪切。它多与其他变形形式共同存在，例如铆钉、销钉、螺栓、键等，如图 8.9 所示为铆钉受剪情况。

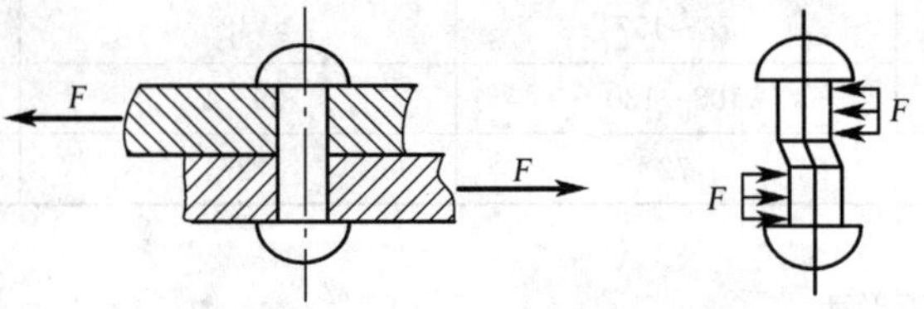

图 8.9

3. 圆轴的扭转

在圆轴的两端受一对大小相等、方向相反且作用平面垂直于杆轴线的外力偶作用时，杆件的各横截面将绕轴线发生相对转动，这种变形称为圆轴的扭转。以扭转变形为主的杆件称为轴。例如，汽车方向盘的转向轴(见图 8.10)、机器中的各种传动轴等。

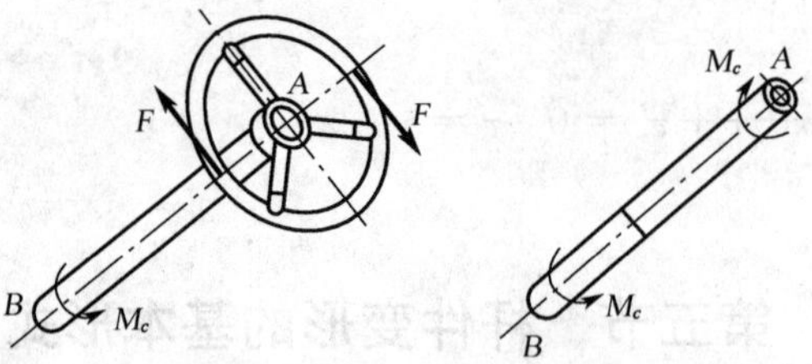

图 8.10

4. 直梁的弯曲

当杆件受到垂直于杆件轴线的横向力或作用面在包含杆轴线的纵向平面内的力偶作用时，杆件的轴线将由直线变为曲线，这种变形形式称为直梁的弯曲。例如车轮的轮轴(见图 8.11)、起重机大梁等的变形都是弯曲变形的实例。通常将只发生弯曲变形(或以弯曲变形为主)的杆件，称为梁。

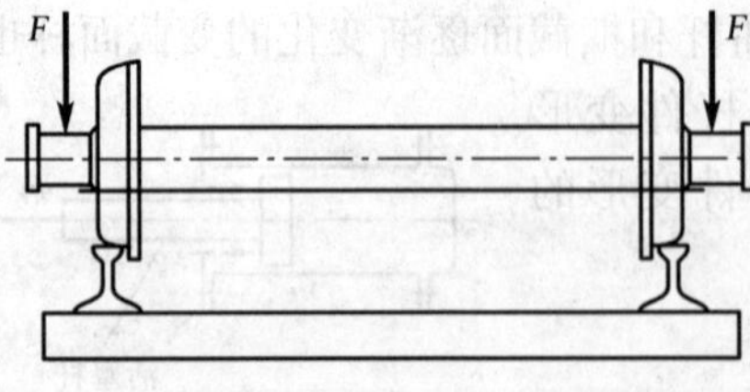

图 8.11

工程上大多数的梁，其横截面往往具有对称轴，如图 8.12(a)所示。对称轴 y 与梁轴线 x 构成纵向对称面，如图 8.12(b)所示。如果作用在梁上的外力都位于同一纵向对称面内，且力的作用线垂直于梁的轴线，则梁的轴线将在纵向对称面内弯成一条平面曲线，这种弯曲称为**平面弯曲**。弯曲问题中最简单、最常见的就是平面弯曲，因此，本书在有关弯曲的问题中，也只研究平面弯曲。

其他复杂的变形可归结为上述基本变形的组合。

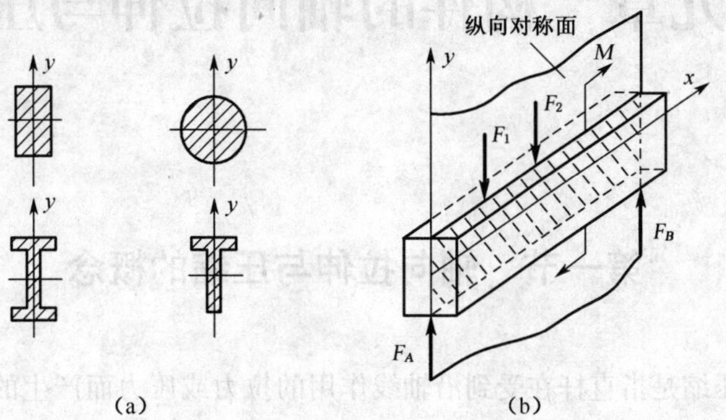

图 8.12

习　题

8.1　构件的承载能力用什么来衡量？

8.2　材料力学的任务是什么？

8.3　只要载荷与梁的轴线垂直，梁就会发生平面弯曲？

8.4　下列材料中，不属于各向同性材料的是________。

(A) 钢材　　(B) 塑料

(C) 浇注很好的混凝土　　(D) 木材

8.5　研究构件或其一部分的平衡时，采用构件变形前的原始尺寸进行计算，这是因为采用了________。

(A) 平面假设　　(B) 均匀连续性假设

(C) 小变形假设　　(D) 各向同性假设

8.6　材料力学中的内力是指________。

(A) 构件内部的力　　(B) 构件内部间固有的相互作用力

(C) 构件内部一部分与另一部分之间的相互作用力

(D) 在外力作用下，构件内部一部分与另一部分之间相互作用力的改变量

8.7　关于应力，下列说法正确的是________。

(A) 应力是杆件单位面积上的外力　　(B) 应力是截面上的内力

(C) 应力是杆件单位面积上的内力　　(D) 应力是截面上的外力

8.8　关于应变，下列说法正确的是________。

(A) 应变是杆件的总变形　　(B) 应变是杆件变形量的反映

(C) 应变是杆件单位长度上的变形　　(D) 应变是杆件应力大小的反映

8.9　以下工程实例中，属于强度问题的是________，属于刚度问题的是________，属于稳定性问题的是________。

(A) 起重钢索被重物拉断　　(B) 车床主轴变形过大

(C) 千斤顶螺杆因压力过大而变弯　　(D) 工作中的空气压缩机的活塞杆，在载荷反复作用下折断

第九章　构件的轴向拉伸与压缩

第一节　轴向拉伸与压缩的概念

轴向拉伸与压缩是指直杆在受到沿轴线作用的拉力或压力而产生的变形，它是四种基本变形中最简单的一种。工程实际中，有很多发生轴向拉伸和压缩变形的杆件，如图 9.1(a)所示的支架中，杆 AB、杆 BC 铰接于 B 点，在 B 铰链处悬吊重为 G 的物体。由静力分析可知杆 AB 是二力杆，受到轴向拉伸；杆 BC 也是二力杆，受到轴向压缩，如图 9.1(b)所示。产生轴向拉伸(压缩)变形的杆，在材料力学中简称为拉(压)杆。

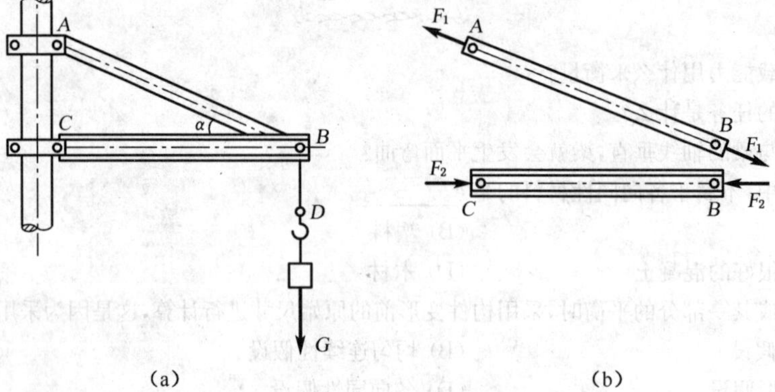

图 9.1

由以上实例可以看出，**杆件产生轴向拉伸与轴向压缩的外力具有以下特点：作用于直杆上的外力(合外力)作用线与杆件的轴线重合；其产生的变形具有的形式是：杆件沿轴线方向产生伸长或缩短的变形**(这种变形形式称为轴向拉伸或压缩)。

第二节　轴向拉伸与压缩时横截面上的内力计算

一、轴力的求解

1. 截面法求轴力

材料力学中均用截面法来显示和计算杆件变形时的内力。现以图 9.2(a)所示的受力杆件为例来分析与计算轴向拉伸(或压缩)时的内力。设杆件在外力 F_1、F_2、F_3 的作用下处于平衡状态。欲求杆件任意截面 m-m 上的内力，运用截面法。假想地用一平面将杆件沿截面 m-m 截开，分为左右两段，如图 9.2(b)、(c)所示，任取其中一段(如左段)为研究对象，并将另一段(右段)对左段的作用用内力来代替，因拉(压)杆的外力均沿杆轴线方向，由其共线力系平衡条件可知，其任一截面分布内力的合力的作用线也必通过杆轴线。这种内力称为轴力，常用符号 F_N(或 N)表示，如图 9.2(b)所示。

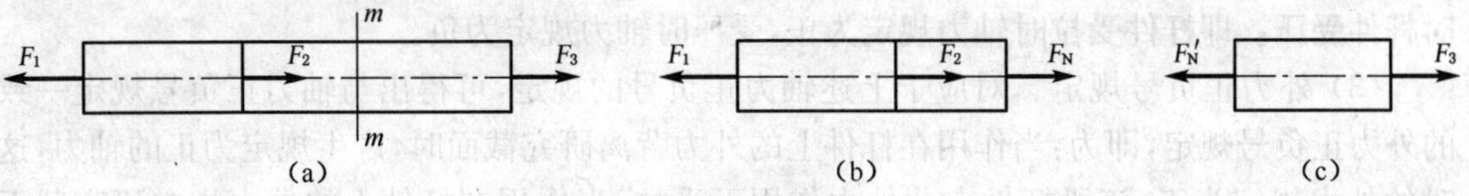

图 9.2

轴力 F_N的大小由平衡条件确定，由左段的平衡，则有：

$\sum F_x = 0$

$$F_N - F_1 + F_2 = 0$$

$$F_N = F_1 - F_2$$

若取右段为研究对象，则由右段的平衡有：

$\sum F_x = 0$

$$F_3 - F'_N = 0$$

$$F'_N = F_3$$

由整体平衡，有：

$\sum F_x = 0$

$$F_2 + F_3 - F_1 = 0$$

$$F_3 = F_1 - F_2$$

故有：

$$F'_N = F_1 - F_2$$

$$F_N = F'_N = F_1 - F_2$$

从中我们得知，无论是取截面左段还是取截面右段，求解内力所得结果是一致的，其值等于截面一侧所有外力的代数和。因此，对同一截面来讲，如果选取不同的研究对象，所求得的内力必然数值相等、方向相反，是作用力与反作用力的关系。

由以上例子我们可进一步确认**截面法求内力的步骤**：

(1) 截开　沿所研究的截面用假想截面把杆件分为两部分，取其中一部分为研究对象。

(2) 代替　以内力 F_N代替去掉部分对保留部分的作用。

(3) 求平衡　研究保留部分的平衡，列平衡方程求出截面上的内力 F_N。

2. 按正负号规定求轴力

根据以上例子，我们总结和规定如下：

(1) 轴力大小的计算　任一截面上的轴力 F_N等于截面一侧杆件上所有外力的代数

和。即：

$$F_N = \sum F \tag{9-1}$$

(2) 轴力正负号规定　为保证无论取左段还是右段为研究对象，所求得的同一横截面上轴力正负号一致，**轴力的正负号规定如下：轴力的方向与所在横截面的外法线方向一致时，轴力为正，这时杆件受拉；轴力的方向与所在横截面的外法线方向相反时，轴力为负，这时杆件受压。**即杆件受拉时轴力规定为正，受压时轴力规定为负。

(3) 外力正负号规定　对应于上述轴力正负号的规定，可得出与轴力正负号规定一致的外力正负号规定，即为：当作用在杆件上的外力背离研究截面时，产生规定为正的轴力，这时的外力规定为正，该段杆件在此外力作用下受拉；当作用在杆件上的外力指向研究截面时，产生规定为负的轴力，这时的外力规定为负，该段杆件在此外力作用下受压。**即使杆件受拉时的外力规定为正，使杆件受压时的外力规定为负。**

由上述规定可归纳出较简便的直接利用外力计算轴力的一般规律，即：**杆件承受轴向拉伸或压缩时，杆件任意截面上的轴力等于截面一侧(左侧或右侧)所有轴向外力的代数和，外力背离截面时取正号，外力指向截面时取负号。**

二、轴力图

当杆件受到两个以上的轴向外力作用时，在杆件不同位置的横截面上的轴力往往不同。轴力 F_N 将是横截面位置坐标 x 的函数，即 $F_N = F_N(x)$。为了形象地表示轴力沿直杆轴线的变化规律，可用平行于杆轴线的坐标 x 表示杆各横截面的位置，用垂直于杆轴线的坐标 F_N 表示相应横截面上的轴力的数值，这样绘出**轴力沿杆轴线截面位置变化的函数图线**，称为轴力图。由轴力图可以确定最大轴力及其所在的截面位置。习惯上将正的轴力画在基线上方，负的轴力画在基线下方，并在图中标注正负号，以示区别。

三、应用举例

例 9-1　如图 9.3(a)所示的等截面直杆，受轴向作用力为 $F_1 = 15$ kN，$F_2 = 10$ kN，试画出杆的轴力图。

解　(1) 外力分析

解除固定端约束，作杆件的受力分析图，如图 9.3(b)所示。由平衡方程得：

$$F_R = 5 \text{ kN}$$

(2) 内力分析

将杆分为 AB、BC 两段。在 AB 段，由截面法求出 1-1 截面上的轴力

$$F_{N1} = -F_R = -5 \text{ kN}$$

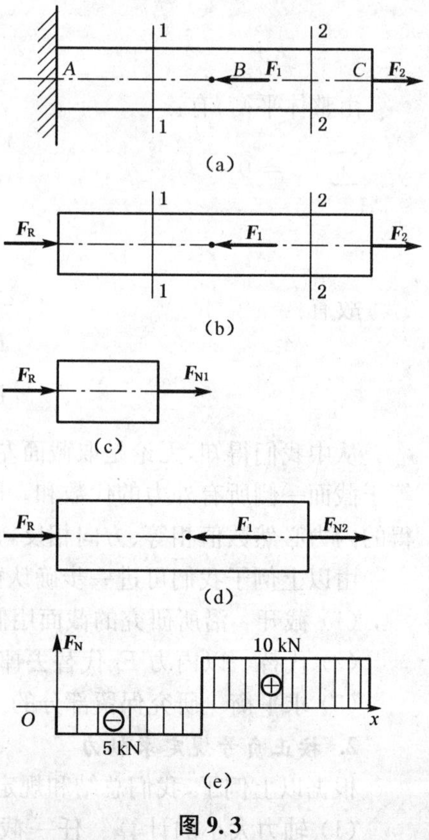

图 9.3

负号表示的实际方向与所设方向相反，所设为正(受拉)，实际为负(受压)。如图 9.3(c)所示。

在 BC 段，由截面法求出 2-2 截面的轴力

$$F_{N2} = -F_R + F_1 = -5 + 15 = 10\ \text{kN}$$

正号表示实际方向即为所设方向，所设方向为正(受拉)，实际亦为受拉。如图 9.3(d)所示。

(3) 画轴力图

轴力图如图 9.3(e)所示。

例 6-2　试求如图 9.4(a)所示变截面杆各截面上的轴力，并作轴力图。

解　(1) 求各段的轴力

杆件上共有四个轴向外力，所以分三段求轴力，如图 9.4(b)所示。由外力符号规定求得各截面上的轴力为：

$$F_{N1} = -20\ \text{kN}$$

$$F_{N2} = 5\ \text{kN}$$

$$F_{N3} = 15\ \text{kN}$$

(2) 作轴力图

如图 9.4(c)所示。

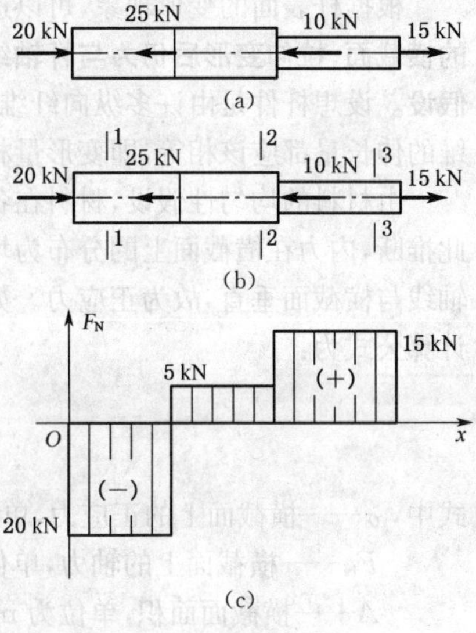

图 9.4

第三节　轴向拉伸与压缩时横截面上的应力

上述用截面法求得的轴力，是横截面上分布内力系的合力。判断一根拉(压)杆的危险程度，在一般情况下仅凭轴力的大小来判断是不够的。经验告诉我们，材料相同，直径不等的两根直杆，在相同的拉力 P 作用下，内力虽然相等，但当拉力 P 增大时，直径小的杆先断。这说明拉杆的受力程度不仅与轴力的大小有关，还与横截面的尺寸有关。横截面直径小的杆件因面积小，截面上各点受力大，故先断。因此，必须用横截面上的应力(单位面积上的内力)来度量杆件的受力程度。

一、轴向拉(压)杆横截面上的应力分析

欲求横截面上的应力，必须知道内力系在横截面上的分布规律。而内力分布与变形情况密切相关，因此我们通过对杆进行轴向拉(压)实验，来观察和分析杆件的变形。

取一等截面直杆，实验前在杆表面画两条与杆轴线垂直的横截面的边界线(ab 和 cd)和两条与杆轴线平行的纵向线 1-1 和 2-2，如图 9.5(a)所示。然后在两端沿轴线方向施加拉力 F，使杆件产生拉伸变形(见图 9.5(b))，由此可以观察到四条线的变化情况。由拉伸变形发现：(1)纵向线 11 和 22 拉伸变形后仍为平行于轴线的直线，只是沿轴线方向发生了伸长变形，且伸长量相同；(2)横向线 ab 和 cd 分别移至 $a'b'$、$c'd'$，但仍垂直于杆轴线。

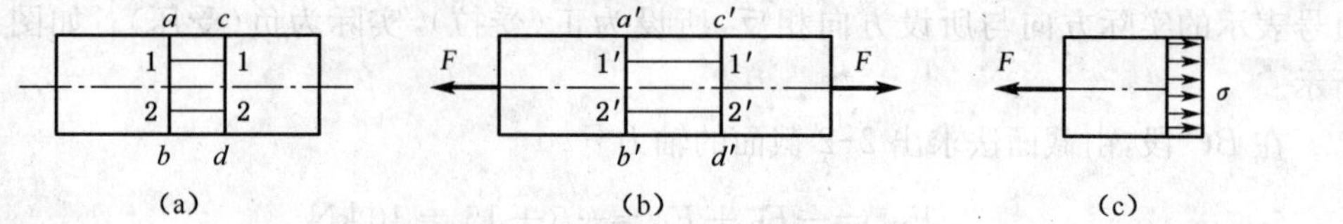

图 9.5

根据杆表面的变形现象，可以进一步推断杆内的变形，并提出如下假设：**变形前为平面的横截面，拉伸变形后仍为与杆轴线垂直的平面，仅是沿轴向发生了平移，此假设称为平面假设。**设想杆件是由许多纵向纤维组成，根据平面假设可知，任意两横截面间的所有纵向纤维的伸长量都应该相等，即变形量相同。

由材料的均匀性假设，材料在各处是均匀的，各纤维只有受力相等，变形才能够相等，由此推断，内力在横截面上的分布为均匀分布。即横截面上各点处的应力大小相等，方向沿杆轴线与横截面垂直，故为正应力。如图 9.5(c)所示，由此得轴向拉压杆横截面上正应力的计算公式为：

$$\sigma = \frac{F_{\mathrm{N}}}{A} \tag{9-2}$$

式中，σ——横截面上的正应力，单位为 MPa；

F_{N}——横截面上的轴力，单位为 N；

A——横截面面积，单位为 mm^2。

正应力 σ 的正负号规定与轴力相同，即拉伸时的正应力为正，压缩时的正应力为负。

二、应用举例

例 9-3 图 9.6(a) 所示结构，试求杆件 AB、CB 的应力。已知 $P = 20$ kN；斜杆 AB 为直径 20 mm 的圆截面杆，水平杆 CB 为 $15 \times 15\ \mathrm{mm}^2$ 的方截面杆。

解 (1) 计算各杆件的轴力。

用截面法取研究对象如图 9.6(b)所示，作受力分析图，F_{N1}，F_{N2} 为 AB 和 BC 杆的内力。建立 xBy 平面直角坐标系，列平衡方程

$$\begin{cases} \sum F_x = 0 \quad F_{\mathrm{N1}} \cos 45^\circ + F_{\mathrm{N2}} = 0 \\ \sum F_y = 0 \quad F_{\mathrm{N1}} \sin 45^\circ - P = 0 \end{cases}$$

$F_{\mathrm{N1}} = 28.3$ kN(拉力)

$F_{\mathrm{N2}} = -20$ kN(压力)

(2) 计算各杆件的应力

$$\sigma_1 = \frac{F_{\mathrm{N1}}}{A_1} = \frac{28.3 \times 10^3}{\frac{\pi}{4} \times 20^2} = 90\ \mathrm{MPa}$$

$$\sigma_2 = \frac{F_{\mathrm{N2}}}{A_2} = \frac{-20 \times 10^3}{15^2} = -89\ \mathrm{MPa}$$

图 9.6

所以，AB 拉杆所受的拉应力为 90 MPa，BC 压杆所受压应力为 89 MPa。

第四节　轴向拉伸与压缩时的变形

一、变形公式

研究杆件变形的主要目的是对杆件进行变形计算和刚度计算和求解静不定问题。

对于受轴向拉伸与压缩的等截面直杆，根据虎克定律 $\sigma = E\varepsilon$，将拉压杆横截面上正应力计算公式 $\sigma = \dfrac{F_N}{A}$ 和线应变计算式 $\varepsilon = \dfrac{\Delta l}{l}$ 带入得到

$$\Delta l = \frac{F_N l}{EA} \tag{9-3}$$

拉伸时 $\Delta l > 0$；压缩时 $\Delta l < 0$。

式(9-3)称为拉(压)杆的虎克定律的数学表达式。它表明在应力不超过某一限度时，杆件的纵向变形与轴力 F_N 及杆件的原长 l 成正比，与弹性模量及横截面的面积成反比。乘积 EA 称为杆件的抗拉压刚度，它反映杆件抵抗拉伸压缩变形能力的大小。

公式的实用条件为：

(1) 杆件的变形应在弹性范围内；

(2) 在长为 l 的杆段内，F_N、E、A 均为常数。

二、应用举例

例 9-4　如图 9.7 所示悬臂杆，已知材料的弹性模量 $E = 206$ GPa，受力 $F_1 = 120$ kN，$F_2 = 80$ kN，$F_3 = 50$ kN，杆各段横截面面积为 $A_{CD} = 350\ \text{mm}^2$，$A_{BC} = A_{AB} = 550\ \text{mm}^2$，试求(1) 杆的纵向变形量；(2)$C$ 截面的位移；(3) 各段的线应变。

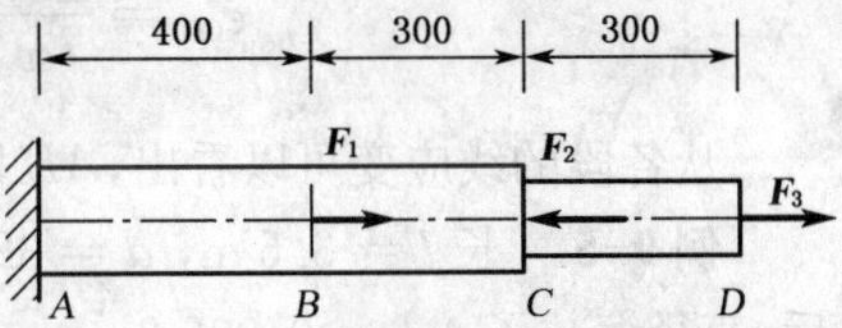

图 9.7

解　(1) 求轴力

用截面法求得 AB 段轴力为

$$F_{NAB} = 90\ \text{kN}$$

BC 段轴力为

$$F_{NBC} = -30\ \text{kN}$$

CD 段轴力为

$$F_{NCD} = 50\ \text{kN}$$

(2) 计算杆纵向总变形量 Δl

由虎克定律，先分别计算 AB 段、BC 段、CD 段的纵向变形量，再求杆的总变形量。

杆各段的变形为：

$$\Delta l_{AB}=\frac{F_{NAB}l_{AB}}{EA_{AB}}=\frac{90\times10^3\times400}{206\times10^3\times550}=0.318\ \text{mm}$$

$$\Delta l_{BC}=\frac{F_{NBC}l_{BC}}{EA_{BC}}=\frac{-30\times10^3\times300}{206\times10^3\times550}=-0.079\ \text{mm}$$

$$\Delta l_{CD}=\frac{F_{NCD}l_{CD}}{EA_{CD}}=\frac{50\times10^3\times300}{206\times10^3\times350}=0.208\ \text{mm}$$

杆件的总变形为：

$$\Delta l=\Delta l_{AB}+\Delta l_{BC}+\Delta l_{CD}=0.318+(-0.079)+0.208=0.447\ \text{mm}$$

正号表示杆件纵向总的变形为伸长变形，杆件纵向总的伸长了 0.447 mm。

(3) 计算截面 C 的位移

该杆件为一端固定一端自由的杆，C 截面的位移也就是 C 截面相对与固定截面 A 的位移，其值为：

$$\Delta l=\Delta l_{AB}+\Delta l_{BC}=0.318+(-0.079)=0.239\ \text{mm}(\rightarrow)$$

所以 C 截面向右移动了 0.239 mm。

(4) 计算各段的线应变

$$\varepsilon_{AB}=\frac{\Delta l_{AB}}{l_{AB}}=\frac{0.318}{400}=7.95\times10^{-4}$$

$$\varepsilon_{BC}=\frac{\Delta l_{BC}}{l_{BC}}=\frac{-0.079}{300}=-2.63\times10^{-4}$$

$$\varepsilon_{CD}=\frac{\Delta l_{CD}}{l_{CD}}=\frac{0.208}{300}=6.933\times10^{-4}$$

从各段的线应变可以看出，AB 段的变形程度最大。

例 9-5 长 $l=3.5$ m，$d=32$ mm 的圆钢杆，在试验机上受到 $F=135\,000$ N 的拉力后，直径缩减了 $\Delta d=0.006\,2$ mm，50 mm 长度内伸长了 $\Delta l=0.04$ mm，求该材料的 E、μ 值。

解 (1)求纵横线应变

由应变公式有

$$\varepsilon=\frac{\Delta l}{l}=\frac{0.04}{50}=8\times10^{-4}$$

$$\varepsilon'=\frac{\Delta d}{d}=-\frac{0.006\,2}{32}=-1.94\times10^{-4}$$

(2) 求泊松比 μ

由泊松比定义有

$$\mu=\left|\frac{\varepsilon'}{\varepsilon}\right|=\frac{1.94\times10^{-4}}{8\times10^{-4}}=0.243$$

(3) 求弹性模量 E

由虎克定律有

$$E=\frac{\sigma}{\varepsilon}=\frac{135\,000}{\frac{\pi}{4}\times 32^2\times 8\times 10^{-4}}=210\ \text{GPa}$$

第五节　轴向拉(压)杆静不定问题的求解

在静力学中已给出了静不定问题的概念，所有静不定结构，都是在静定结构的基础上再加上一个或几个约束，这些约束对于提高结构的承载能力或满足构造及其他工程技术要求是必要的，但对于保证结构的平衡和几何不变性又是多余的，故称为多余约束，存在多余约束的问题称为超静定问题，或静不定问题。

一、求解静不定问题的基本方法

对静不定问题，仅由静力学平衡方程不能求出全部未知的约束反力，必须寻求必要的补充方程。为此，需要分析各构件变形之间的几何关系，建立变形协调方程，进而根据力与变形之间的物理方程(由虎克定律建立起来的方程)，即可找到求解静不定问题的补充方程，再联立静力学的平衡方程即可求出全部的未知力。由此可见，求解静不定问题，需要综合考虑平衡、变形、物理三个方面，找到与未知数数目相等的独立的方程数，求解出全部的未知约束反力。这就是求解静不定问题的基本方法。

现举例说明求解静不定问题的一般过程。

例 9-6　如图 9.8(a)所示横梁 AB，左端铰接于 A，B、C 处与两无重直杆 CD 和 BE 连接，材料弹性模量为 E，面积为 A，载荷为 P，求 CD 和 BE 杆的轴力。

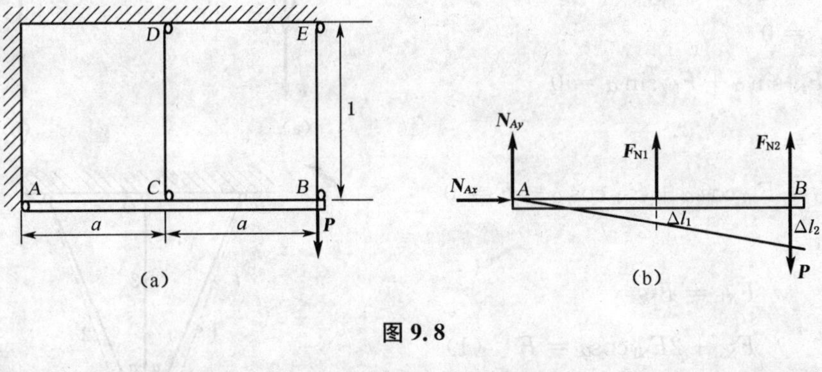

图 9.8

解　要求得 CD、BE 两杆的内力，应取梁 AB 为研究对象，作 AB 梁的受力图，如图 9.8(b)所示，AB 梁在 C、B 两点受的拉力 F_{N1} 和 F_{N2} 与两杆受的拉力是作用力与反作用力关系，求得 F_{N1} 和 F_{N2} 也即求出了 CD、BE 两杆的轴力。

(1) 由静力平衡条件有

$$\sum m_A(F)=0\qquad aF_{N1}+2aF_{N2}-2aP=0$$

$$F_{N1} + 2F_{N2} - 2P = 0 \tag{1}$$

(2) 由变形几何关系有

$$\frac{\Delta l_1}{a} = \frac{\Delta l_2}{2a} \qquad 2\Delta l_1 = \Delta l_2$$

(3) 由物理关系有

$$2\,\frac{F_{N1}\,l}{EA} = \frac{F_{N2}\,l}{EA} \qquad F_{N2} = 2F_{N1} \tag{2}$$

(4) 联立(1)、(2)求解得

$$5F_{N1} = 2P \qquad F_{N1} = \frac{2}{5}P \qquad F_{N2} = \frac{4}{5}P$$

由上题可总结**求超静定问题的解题步骤：**

(1) 作物体受力分析图，列静平衡方程；

(2) 由变形几何条件列变形协调方程；

(3) 由物理关系找出内力之间的关系，即内力补充方程；

(4) 联立静力学方程和补充方程求解未知数。

例 9-7 如图 9.9(a) 所示的静不定结构，已知三根杆材料、横截面尺寸均相同，杆 1 和杆 2 的长度相等，杆 3 的长度为 $l_3 = l_1\cos\alpha$，A 点作用载荷 F，试求各杆受力。

解 在载荷 F 作用下，三杆均受拉伸。以节点 A 为研究对象，画受力图，如图 9.9(b)所示。因有三个未知力 F_{N1}、F_{N2}、F_{N3}，而静力学的平衡方程只有两个，故为一次静不定问题，需建立一个内力补充方程。

(1) 静力平衡关系

$$\sum F_x = 0$$

$$-F_{N1}\sin\alpha + F_{N2}\sin\alpha = 0$$

$$\sum F_y = 0$$

$$F_{N3} + F_{N1}\cos\alpha + F_{N2}\cos\alpha - F = 0$$

由此得

$$F_{N1} = F_{N2}$$

$$F_{N3} + 2F_{N1}\cos\alpha = F \quad (1)$$

(2) 变形协调关系

由于结构和载荷对称，所以杆 1 和杆 2 变形量相等，$\Delta l_1 = \Delta l_2$。小变形条件下，杆 3 的变形与杆 1 和杆 2 有如下变形协调关系，如图 9.9(c) 所示。

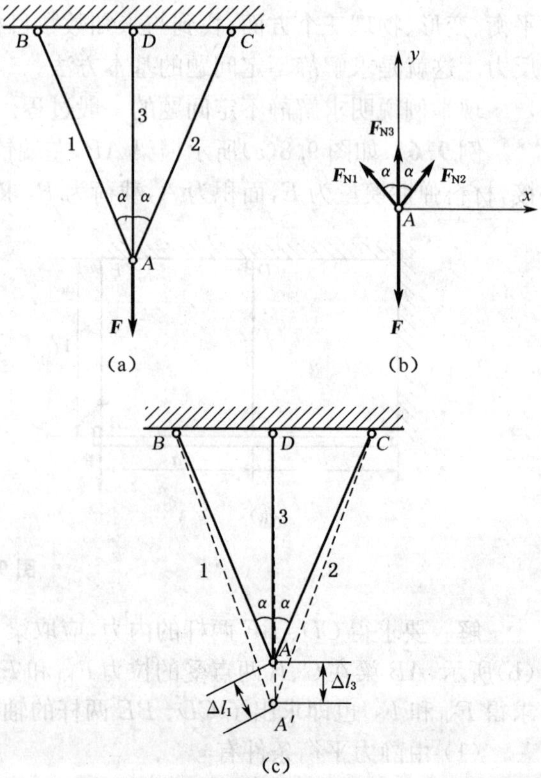

图 9.9

$$\Delta l_1 = \Delta l_2 = \Delta l_3 \cos\alpha$$

(3) 物理关系

根据杆件轴向拉伸的虎克定律 $\Delta l = \dfrac{F_N l}{EA}$，有

$$\Delta l_1 = \frac{F_{N1} l_1}{EA}$$

$$\Delta l_3 = \frac{F_{N3} l_1 \cos\alpha}{EA}$$

将变形协调关系代入物理关系得到补充方程

$$\frac{F_{N1} l_1}{EA} = \frac{F_{N3} l_1 \cos^2\alpha}{EA}$$

即
$$F_{N1} = F_{N3} \cos^2\alpha \qquad (2)$$

(4) 联立(1)、(2)两式求解得

$$F_{N1} = F_{N2} = \frac{F\cos^2\alpha}{1 + 2\cos^3\alpha}, \quad F_{N3} = \frac{F}{1 + 2\cos^3\alpha}$$

二、温度应力

在静定问题中，由于构件能自由变形，由温度变化所引起的构件变形不会在构件中引起应力。对于超静定结构，由于存在多余约束，限制了温度变化引起的构件变形，在构件内将产生应力，这种应力称为温度应力。计算温度应力的方法与超静定问题的解法相似，不同之处在于受载构件的变形包含由温度变化引起的变形和外载荷引起的变形两部分。下面举例说明。

例 9-8　如图 9.10(a) 所示两端固定的杆件，其安装时长度为 l，横截面面积为 A，材料的线膨胀系数为 α（单位为 1/℃），弹性模量为 E。若杆安装时温度为 t_1，使用时温度上升至 t_2（$t_2 > t_1$），试求杆内的温度应力。

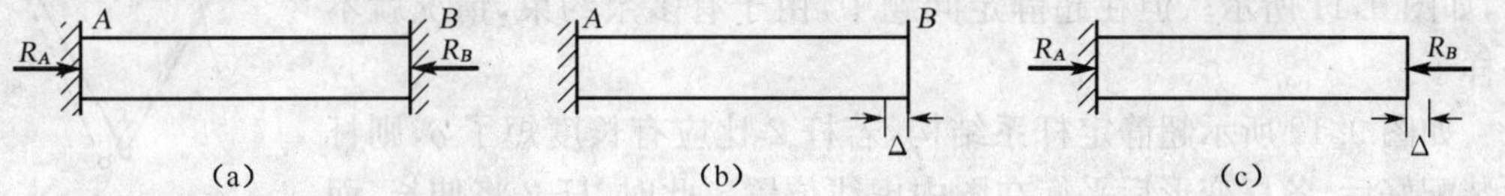

图 9.10

解　(1) 由静力平衡条件：

杆件受力如图 9.10(a)所示，由水平方向外力平衡有

$$R_A - R_B = 0 \qquad R_A = R_B$$

(2) 变形协调关系

如解除 B 端约束，当温度升高 Δt 时，杆伸长了 Δ，如图 9.10(b)所示。由于有约束的作用，杆 AB 在 R_B 作用下的长度缩短了 Δ，如图 9.10(c)所示。可知由于温度升高产生的杆件

伸长量与固定端反力产生的长度缩短量相等。

变形协调关系

$$\Delta l_t = \Delta l_{R_B}$$

(3) 物理关系

由温度升高产生的线膨胀量为

$$\Delta l_t = \alpha l \Delta t$$

由固定端反力产生的缩短量为

$$\Delta l_{R_B} = \frac{R_B l}{EA}$$

补充方程　　　由　　$\Delta l_t = \Delta l_{R_B}$

　　　　　　　得　　$\alpha l \Delta t = \dfrac{R_B l}{EA}$

杆内的温度应力为

$$\sigma = \alpha E \Delta t$$

如温度升高 $\Delta t = 40°$，材料弹性模量 $E = 210$ GPa，线膨胀系数 $\alpha = 125 \times 10^{-7}/℃$，则杆内的温度应力为：

$$\sigma = \alpha E \Delta t = 125 \times 10^{-7} \times 210 \times 10^{3} \times 40 = 100 \text{ MPa}$$

由此可见温度应力不可忽视，温度应力过高会影响结构的承载能力和正常工作，实际中往往要采取措施消除或减少温度应力引起的不良影响。例如，在钢轨之间，桥梁各段接头处留有伸缩缝就是工程中防止温度应力的措施。

三、装配应力

构件在制成后，其尺寸有微小误差是难免的。在静定问题中，这种误差只会使结构物的几何形状有微小的变化，而不会在杆内引起内力，如图 9.11 所示。但在超静定问题中，由于有多余约束，情况就不一样了。

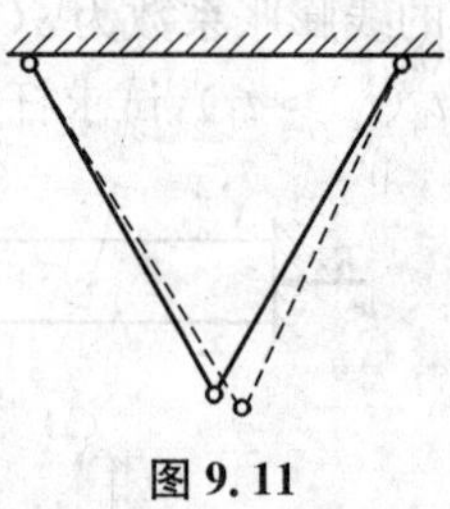

图 9.11

如图 9.12 所示超静定杆系结构，若杆 2 比应有长度短了 δ，则杆系装配好后，各杆变形后平衡在图中虚线位置。此时，杆 2 将伸长，而杆 2 内产生的拉力使杆 1、杆 3 压缩，杆 1、杆 3 内将产生压力。这种由于加工误差而在装配时产生的应力称为装配应力。装配应力是在载荷作用以前已经具有的应力，因而是一种初应力或预应力。

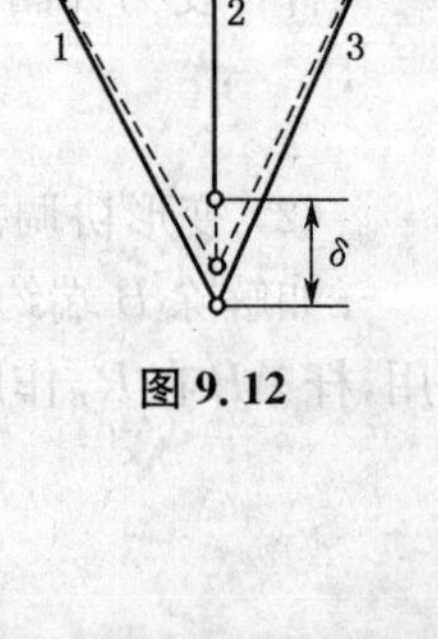

图 9.12

下面列举一个装配应力的例子。

例 9-9　一不计自重的刚梁挂在三根平行的金属杆上，各杆之间的距离为 a，横截面面积均为 A，材料的弹性模量均相同。杆 2 在安装之前长度比设计长度短 $\delta(\delta \ll l)$，如图 9.13(a) 所示。试求各杆的装配应力。

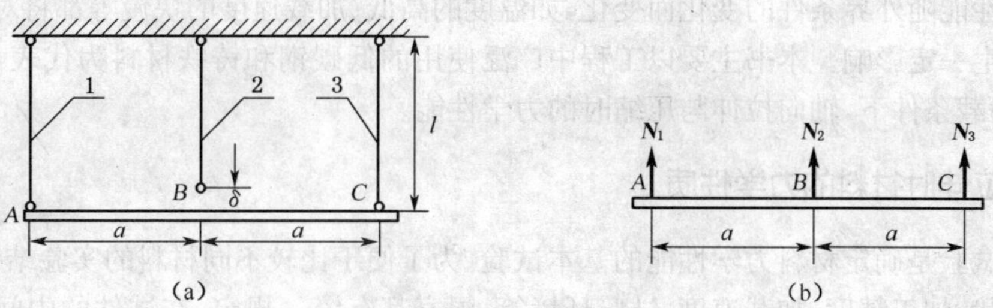

图 9.13

解　(1)静力平衡方程　取 AC 梁为研究对象，作受力分析图，如图 9.13(b)所示，列平衡方程

$$\sum F_y = 0 \qquad N_1 + N_2 + N_3 = 0$$

$$\sum m_B(F) = 0 \qquad N_3 \times a - N_1 \times a = 0$$

$$N_1 = N_3 = -\frac{1}{2} N_2 \tag{1}$$

(2) 变形协调关系　由于杆 1、杆 3 受力相等，所以两杆变形相等，而杆 2 的变形量与杆 1(或杆 3)的变形量之和等于 δ，所以有变形协调方程

$$\Delta l_1 = \Delta l_3 = \delta - \Delta l_2$$

(3) 物理关系　由拉压虎克定律

$$\frac{N_1 l}{EA} = \delta - \frac{N_2 l}{EA}$$

得补充方程

$$N_1 = \delta \frac{EA}{l} - N_2 \tag{2}$$

(4) 联立(1)、(2)求解得

$$N_2 = 2\delta \frac{EA}{l}$$

$$N_1 = N_3 = -\delta \frac{EA}{l}$$

第六节　材料在拉伸与压缩时的力学性能

为了进行构件的强度计算，必须了解材料的力学性质。**所谓材料的力学性质就是材料在受力过程中在强度和变形方面所表现出来的特性，也称为材料的机械性质**，它是杆件强度计算及选用材料的重要依据。在前面的内容中曾遇到一些表征材料力学性能的量，如弹性模量 E、剪切弹性模量 G、泊松比 μ 等，这些都需要通过实验来测定。在处理材料的受力与抗力这对矛盾时，材料的力学性能占有重要地位，是影响构件承载能力的主要因素之一。材

料的力学性能随外界条件的变化而变化，如温度的高低、加载速度的快慢等都将对材料的力学性能产生一定影响。本书主要以工程中广泛使用的低碳钢和铸铁材料为代表，介绍材料在常温、静载条件下，轴向拉伸与压缩时的力学性能。

一、拉伸时材料的力学性质

拉伸试验是确定材料力学性能的基本试验。为了便于比较不同材料的实验结果，对金属试件的形状、加工精度、加载速度、试验环境等，国家都有统一规定。在试件的中间等直部分取长为 l 的一段，如图 9.14 所示，作为试验段，其长度 l 称为原始标距。按规定对于圆截面试件，其原始标距与直径之比 $\frac{l}{d}=10$（或 5）；对于矩形截面试件，其原始标距与横截面面积的平方根之比 $\frac{l}{\sqrt{A}}=11.3$（或 5.65），以保证试件标距内的应力均匀分布和某些性能指标的可比性。

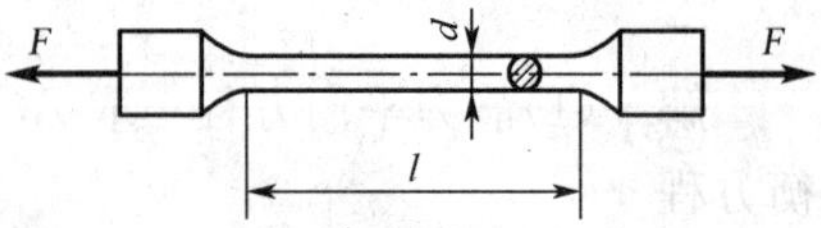

图 9.14

拉伸试验在拉伸材料试验机或万能材料试验机上进行。载荷缓慢增加时，试件产生变形，直到拉断。在试验过程中，试验机上的自动绘图装置将自动绘制载荷 F 与标距伸长量 Δl 的关系曲线，称为拉伸图或 F-Δl 曲线。为了消除试件尺寸的影响，将 F-Δl 曲线的纵坐标 F 和横坐标 Δl 分别除以试件的原始横截面面积 A 和原始标距 l，得到 σ-ε 曲线，称为应力-应变曲线。

（一）低碳钢的拉伸曲线分析

图 9.15(a)为低碳钢的拉伸图，图 9.15(b)为相应的 σ-ε 曲线，下面我们对低碳钢拉伸曲线进行分析。

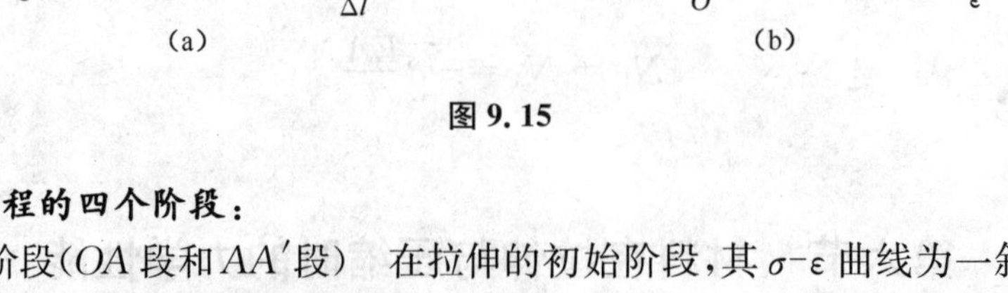

图 9.15

1. 拉伸过程的四个阶段：

(1) 弹性阶段（OA 段和 AA' 段） 在拉伸的初始阶段，其 σ-ε 曲线为一斜直线，**直线段最高点所对应的应力称为比例极限，用 σ_p 表示，在此阶段内，应力与应变成正比，即满足虎克定律**

$$\sigma = E\varepsilon$$

α 越大，直线越陡，弹性模量 E 越大，E 越大说明材料的刚度越大。所以直线的斜率反映了材料抗拉的刚度。

比例极限 σ_p 以后，σ 与 ε 之间的关系不再是线形的了。但卸载后，变形仍可完全消失，即材料的变形完全是弹性的。**A' 点所对应的应力是弹性阶段的最高限，称为弹性极限，用 σ_e 表示。**在 σ-ε 曲线上，实际上 A' 与 A 两点非常接近，故工程上对弹性极限和比例极限不作严格的区分。对于低碳钢材料，它们的数值约为 190～200 MPa。一般说来，弹性范围内的应变是很小的，如低碳钢约为 0.1%。

试件的应力从零增加到弹性极限 σ_e 的过程中，试件只产生弹性变形，在此范围内卸载，变形全部消失，故称为弹性阶段。

(2) 屈服阶段（BC 段）　当应力超过 σ_e 后，σ-ε 曲线上将出现一段沿水平线上、下波动的锯齿形线段 BC，说明应力虽有小的波动，但基本保持不变，而应变显著增加，材料好像一下失去了抵抗变形的能力。**这种应力基本保持不变，而应变显著增加的现象称为材料的屈服。**BC 段所对应的过程称为屈服阶段。**屈服阶段的变形主要是不可恢复的塑性变形。**屈服阶段的最低应力值称为材料的屈服极限，用 σ_s 表示。Q235 钢的屈服极限 $\sigma_s = 235$ MPa。表面磨光的试件屈服时，在试件表面上可看到与轴线大致成 45° 的条纹，如图 9.16(a) 所示，称为滑移线。表明沿最大剪应力面（45° 斜截面），材料晶粒间发生相对滑移，产生了塑性变形。工程上不允许过大的塑性变形，所以**屈服极限 σ_s 是衡量材料强度的重要指标。**

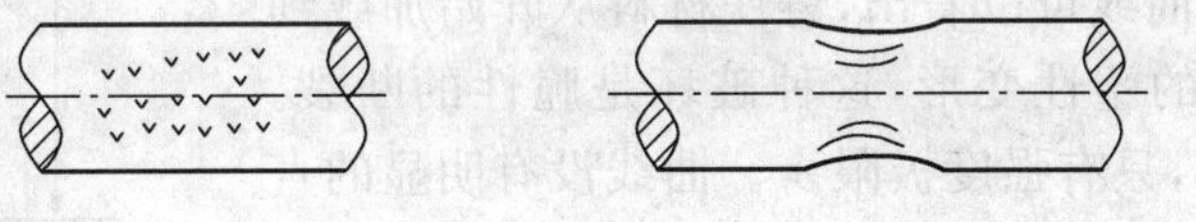

(a)　　　　　　(b)

图 9.16

(3) 强化阶段　屈服阶段之后，图 9.15(b) 中出现向上凸的曲线 CD，这表明若要试件继续变形，必须增加应力，这时材料又恢复了抵抗变形的能力。该现象称为材料的强化。CD 段对应的过程为材料的强化阶段。**曲线最高点 D 所对应的应力值称为强度极限，以 σ_b 表示。它是材料能承受的最大应力。强度极限是衡量材料强度的另一重要指标。**Q235 钢的强度极限 $\sigma_b = 370 \sim 460$ MPa。

(4) 颈缩阶段　当材料达到强度极限后，在试件较薄弱的横截面处发生急剧的局部收缩，出现颈缩现象，如图 9.16(b) 所示。由于在颈缩部分横截面面积急剧减小，试件所受拉力 F 逐渐降低，随后试件被拉断。

这一阶段为颈缩阶段，即 σ-ε 曲线上的 DE 段。

2. 塑性材料的冷作硬化

如果把试件拉伸到强化阶段后某点内卸载，试件并不沿原来的加载路径恢复到原尺寸。例如，如图 9.17 所示，将试件加载到强化阶段 F 点卸载，卸载路径沿平行于 OA 的直线 FG 进行，直到应力为零的 G 点。这说明：**在卸载过程中应力和应变按直线规律变化，这就是卸载定律。**图中 GH 为消失的应变，是弹性应变；OG 代表残留下来的应变，是塑性应变。

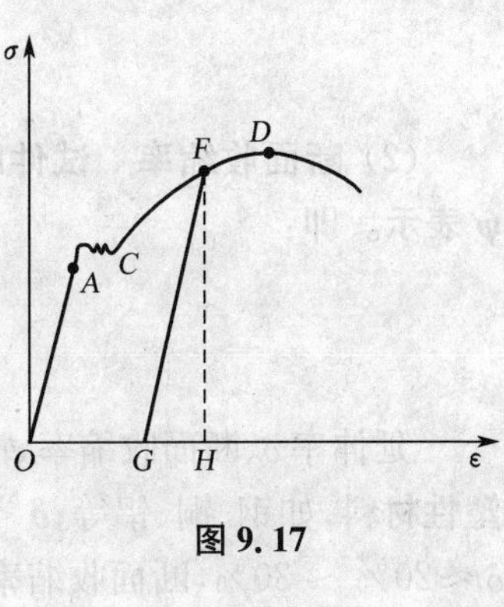

图 9.17

卸载后，如在短期内再加载，则应力和应变关系将沿着

卸载时的直线 GF 上升到 F 点，以后沿原 $\sigma-\varepsilon$ 曲线变化，直至拉断。由此可知，**在超过屈服阶段后卸载后再加载，材料的比例极限 σ_p（弹性极限 σ_e）大大提高，但拉断后材料的塑性应变却大大下降，这一现象称为材料的冷作硬化。**

冷作硬化提高了材料的比例（弹性）极限，同时降低了材料的塑性，也即是说塑性材料在冷作硬化后以降低塑性为代价提高了材料的承载能力。

3. 其他几种材料的拉伸曲线图

图 9.18 给出了其他几种塑性材料如锰钢、硬铝、退火球墨铸铁和 45 号钢拉伸时的 $\sigma-\varepsilon$ 关系曲线。可以看出，前三种材料没有明显的屈服阶段，但破坏前都有明显的塑性变形。

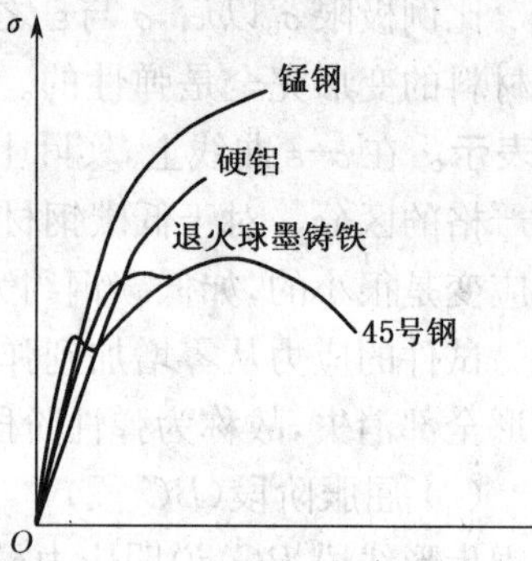

图 9.18

（二）铸铁的拉伸曲线分析

铸铁可作为脆性材料的代表，其 $\sigma-\varepsilon$ 曲线如图 9.19 所示。

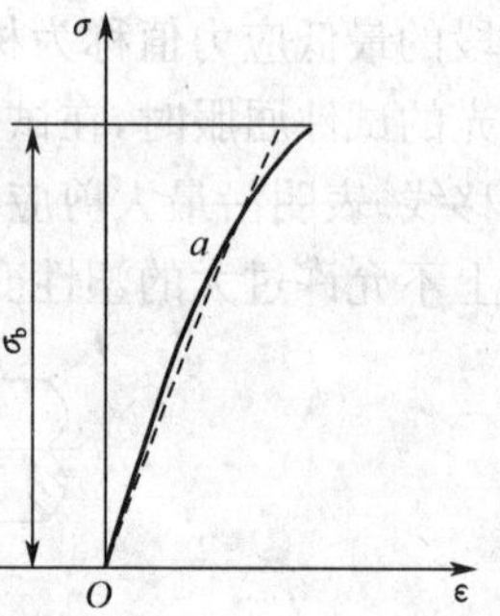

图 9.19

从铸铁的 $\sigma-\varepsilon$ 曲线可以看出，铸铁材料从开始加载到拉断，都没有明显的塑性变形，这种破坏是脆性的断裂。它没有屈服极限 σ_s，只有强度极限 σ_b。曲线没有明显的直线部分，但因直到拉断变形都非常小，因此，一般可近似地将曲线中的绝大部分视为直线，并认为材料在这一范围内虎克定律可以应用。

铸铁材料拉伸时无屈服和颈缩现象，断裂是突然出现的。断口与轴线垂直，塑性变形很小，衡量铸铁强度的唯一指标是强度极限。

（三）材料的塑性指标和强度指标

工程上一般根据静载拉伸试验结果确定材料的塑性指标和强度指标。

1. 塑性指标：延伸率和断面收缩率

试件拉断后，弹性变形消失，残留下的是塑性变形。试件的长由原始长度 l 变为 l_1，断口截面积由 A 变为 A_1。

（1）延伸率　**试件拉断前后长度相对变化的百分率称为延伸率，用符号 $\boldsymbol{\delta}$ 表示。**即：

$$\delta=\frac{l_1-l}{l}\times 100\% \tag{9-4}$$

（2）断面收缩率　**试件断口处横截面面积相对变化的百分率称为断面收缩率，用符号 $\boldsymbol{\psi}$ 表示。**即：

$$\psi=\frac{A-A_1}{A}\times 100\% \tag{9-5}$$

延伸率 δ、断面收缩率 ψ 都是衡量材料塑性性能的指标。**工程上，以 $\boldsymbol{\delta}>5\%$ 的材料称为塑性材料，**如钢、铜、铝等；**$\boldsymbol{\delta}<5\%$ 的材料称为脆性材料，**如铸铁、玻璃等。低碳钢的延伸率 $\delta\approx20\%\sim30\%$，断面收缩率 $\psi\approx60\%\sim70\%$，故低碳钢是很好的塑性材料。铸铁的延伸率

通常只有 0.5% ～ 0.6%，是典型的脆性材料。

需要指出的是，材料的塑性和脆性不是固定不变的。它们随着温度、加载速度、受力状态等条件而变化。例如，常温条件下的某些塑性材料，在低温时会发生脆性断裂。

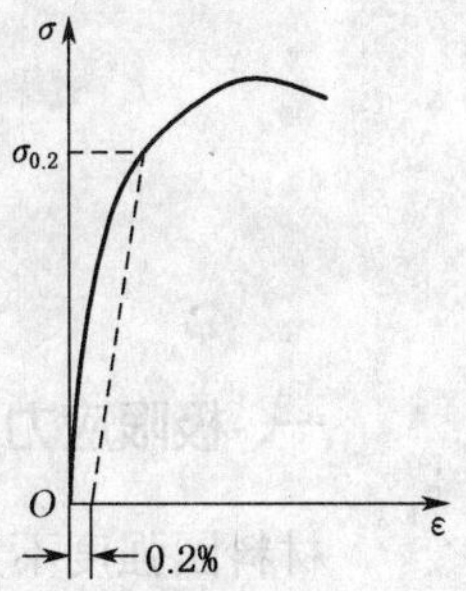

图 9.20

2. 强度指标：屈服极限和强度极限

(1) 对于塑性材料，强度指标为屈服极限 $\boldsymbol{\sigma}_s$ 和强度极限 $\boldsymbol{\sigma}_b$。对于没有明显屈服阶段的塑性材料，则规定以卸载后产生 0.2 %残余应变时所对应的应力作为屈服极限，称为条件屈服极限(或名义屈服极限)，用 $\boldsymbol{\sigma}_{0.2}$ 表示，如图 9.20 所示。

(2) 对于脆性材料，由于拉伸过程中没有明显的塑性变形，材料达到强度极限时，即发生断裂破坏，因而以强度极限 $\boldsymbol{\sigma}_b$ 作为此类材料的强度指标。

二、压缩时材料的力学性能

(一) 塑性材料的压缩试验

材料压缩时的力学性能需要通过压缩试验确定。用低碳钢做成压缩试件，试件呈短圆柱体，高 h 是直径 d 的 2.5～3.5 倍，即 $h=(2.5\sim3.5)d$，以防止试件被压弯。混凝土、石料等制成立方体形的试块。

压缩试验是在万能试验机上进行的，试验时也可画出 $\boldsymbol{\sigma}$-$\boldsymbol{\varepsilon}$ 曲线，低碳钢压缩时的 $\boldsymbol{\sigma}$-$\boldsymbol{\varepsilon}$ 曲线如图 9.21 所示。为了便于比较材料在拉伸和压缩时的力学性质，在图 9.21 中还绘出了低碳钢在拉伸时的 $\boldsymbol{\sigma}$-$\boldsymbol{\varepsilon}$ 曲线(虚线表示)。**与其拉伸时的 $\boldsymbol{\sigma}$-$\boldsymbol{\varepsilon}$ 曲线相比，压缩时的应力应变曲线在弹性阶段和屈服阶段是基本重合的。这说明压缩时的比例极限 $\boldsymbol{\sigma}_p$、弹性极限 $\boldsymbol{\sigma}_e$、弹性模量 E 以及屈服极限 $\boldsymbol{\sigma}_s$ 与拉伸时基本相同。**屈服阶段后，在强化阶段试件会越压越扁，被压成鼓形，横截面面积越来越大，因此压缩时试件不会发生断裂，不存在强度极限。根据上述情况，**对于像低碳钢一类的塑性材料，力学性能通常均由拉伸试验确定，一般不作压缩试验。**

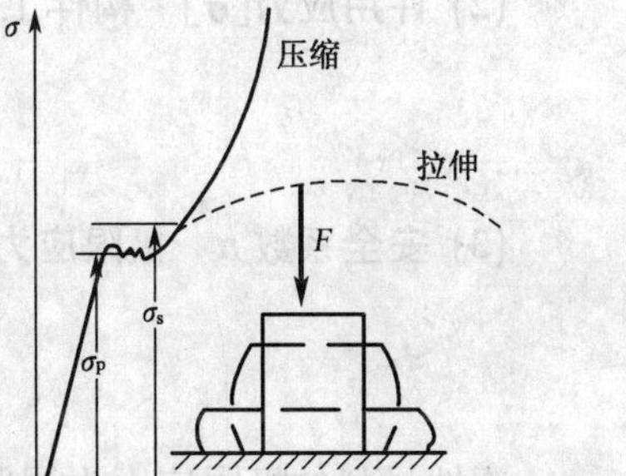

图 9.21

(二) 脆性材料的压缩试验

脆性材料以铸铁为例，其压缩时的 σ-ε 曲线如图 9.22 所示，与拉伸时的 σ-ε 曲线(虚线)相比，压缩时的 σ-ε 曲线也无明显直线部分和屈服阶段。说明压缩时在应力很小的条件下也是近似符合虎克定律的，且不存在屈服极限。但压缩强度极限比拉伸强度极限要高出 4～5 倍，塑性变形比拉伸时明显增加。此外，其破坏断面与轴线大致成 45°倾角，这说明发生的是剪应力破坏，材料是被剪断的。其他脆性材料如硅石、水泥等，其抗压能力也显著高于抗拉能力，因此工程上常用脆性材料作承压构件。例如建筑物的基础、机器底座、机床床身等。

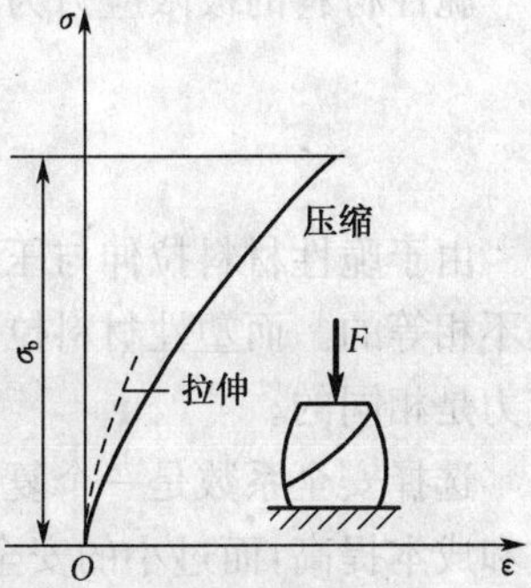

图 9.22

第七节　轴向拉伸与压缩时的强度计算

一、极限应力、许用应力和安全系数

材料因强度不足而失效的应力称为极限应力，用σ^0表示。通过对材料力学性能的研究得知：对于塑性材料，当应力达到屈服极限σ_s（或$\sigma_{0.2}$）时，构件已产生明显的塑性变形而失效，所以工程上常以屈服极限作为塑性材料的极限应力，即$\sigma^0=\sigma_s$。对于脆性材料，在无显著塑性变形的情况下，应力达到强度极限时即突然断裂，断裂时的强度极限是脆性材料破坏的唯一标志，因此，工程上以强度极限作为脆性材料的极限应力，即$\sigma^0=\sigma_b$。

(1) 极限应力$\boldsymbol{\sigma^0}$　材料破坏时的应力，用$\boldsymbol{\sigma^0}$表示。

塑性材料：$\boldsymbol{\sigma^0=\sigma_s(\sigma_{0.2})}$

脆性材料：$\boldsymbol{\sigma^0=\sigma_b}$

由于工程构件的受载难以精确估计，以及材质的不均匀性、计算方法的近似性和腐蚀与磨损等诸多因素的影响，为了保证构件能安全可靠的工作，因此需有一定的强度储备，构件中实际产生的应力必须低于材料的极限应力。将极限应力除以大于1的系数n，作为材料的许用应力，用符号$[\sigma]$表示。

(2) 许用应力$[\boldsymbol{\sigma}]$　构件工作时允许产生的最大工作应力。

$$[\sigma]=\frac{\sigma^0}{n} \tag{9-6}$$

(3) 安全系数$\boldsymbol{n}$　极限应力$\boldsymbol{\sigma^0}$与许用应力$[\boldsymbol{\sigma}]$的比值。它是一个大于1的系数。

$$n=\frac{\sigma^0}{[\sigma]} \tag{9-7}$$

塑性材料的极限应力为屈服极限σ_s，安全系数为n_s，所以塑性材料的许用应力为：

$$[\sigma]=\frac{\sigma_s}{n_s} \tag{9-8}$$

脆性材料的极限应力为强度极限σ_b，安全系数为n_b，则脆性材料的许用应力为：

$$[\sigma]=\frac{\sigma_b}{n_b} \tag{9-9}$$

由于脆性材料拉伸与压缩时的强度极限不同，所以其拉伸许用应力与压缩许用应力值是不相等的。而塑性材料拉伸与压缩时的屈服极限是一样的，所以其拉伸与压缩时的许用应力是相同的。

选择安全系数是一个复杂而重要的问题。过大的安全系数将造成材料的浪费、结构笨重和成本提高，而过小的安全系数会使构件的安全得不到保证，甚至造成事故。确定安全系数时应全面权衡安全与经济两方面的要求。

影响安全系数的主要因素：(1)构件材料的不均匀性及不可避免的缺陷；(2)载荷和应力

计算的精确程度；(3)构件的加工工艺和工作条件，及其构件的重要性等。

安全系数通常由国家有关部门规定，其值可从有关工程手册和设计规范中查找。在一般机械设计中，**对于塑性材料，一般取 $n_s = 1.5 \sim 2.5$，对于脆性材料，一般取 $n_b = 3.0 \sim 5.0$。**

二、轴向拉伸与压缩时的强度计算

杆件中最大应力所在的截面称为危险截面。**为了保证拉压杆具有足够的强度，必须使杆的最大工作应力小于或等于材料在拉伸(压缩)时的许用应力[σ]，即：**

$$\sigma_{max} = \left(\frac{F_N}{A}\right)_{max} \leqslant [\sigma] \tag{9-10}$$

该式称为拉(压)杆的强度条件，式中 F_N、A 分别为危险截面的轴力和横截面面积。运用强度条件，可以解决下列三种强度计算问题：

(1) 强度校核

在杆件的材料、尺寸及所受载荷已知的情况下，可根据式(9-10)检查杆件的强度是否足够，若式(9-10)成立，则强度足够，否则强度不够。

(2) 设计截面尺寸

在杆件所受载荷及许用应力已知的情况下，可根据式(9-10)确定截面尺寸。此时公式(9-10)可改写为

$$A \geqslant \frac{F_N}{[\sigma]} \tag{9-11}$$

(3) 确定许可载荷

在杆件的截面尺寸和材料的许用应力已知的情况下，确定杆件所能承受的最大轴力。此时公式(9-10)可改写为

$$F_N \leqslant A \cdot [\sigma] \tag{9-12}$$

然后再运用静力学平衡方程，根据轴力 F_N 确定结构所能承受的载荷。

在强度校核计算中，可能出现最大应力稍大于许用应力的情形，设计规范规定，只要不超过5%，是允许的。

三、应用举例

例 9-10　如图 9.23 所示的吊环螺钉 M12，其内径为 $d = 10$ mm，吊重 $P = 6$ kN，其材料的许用应力 $[\sigma] = 80$ MPa，试校核此螺钉的强度。

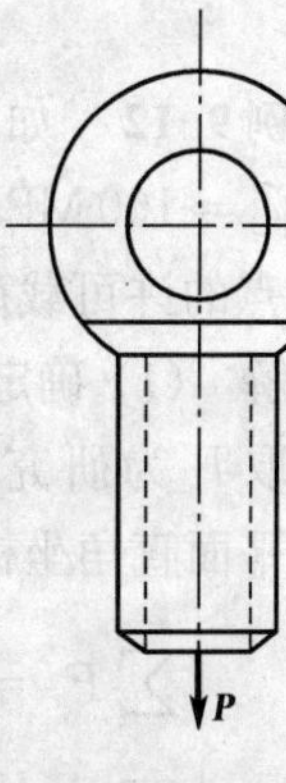

图 9.23

解　(1) 求吊环螺钉部分所受的轴力为

$$F_N = P = 6\ \text{kN}$$

(2) 螺纹内径最小截面积

$$A_{min} = \frac{\pi}{4}d^2 = \frac{\pi}{4} \times 10^2 = 78.5\ \text{mm}^2$$

(3) 校核吊钩螺纹部分的强度

$$\sigma_{\max} = \frac{F}{A} = \frac{6 \times 10^3}{78.5} = 76.4\ \text{MPa} < 80\ \text{MPa}$$

所以吊环螺钉的强度满足。

例 9-11　如图 9.24(a) 所示铸铁支架，B 点受载荷 $F = 50$ kN，铸铁许用拉应力 $[\sigma_1] = 30$ MPa，许用压应力 $[\sigma_y] = 90$ MPa。求杆 AB 和 BC 应有的横截面面积。

解　(1) 求 AB、BC 杆内力 F_{NAB}、F_{NBC}

取铰链 B 为研究对象，作受力分析图，如图 9.24(b)所示。建立 xBy 平面直角坐标系，列平衡方程有：

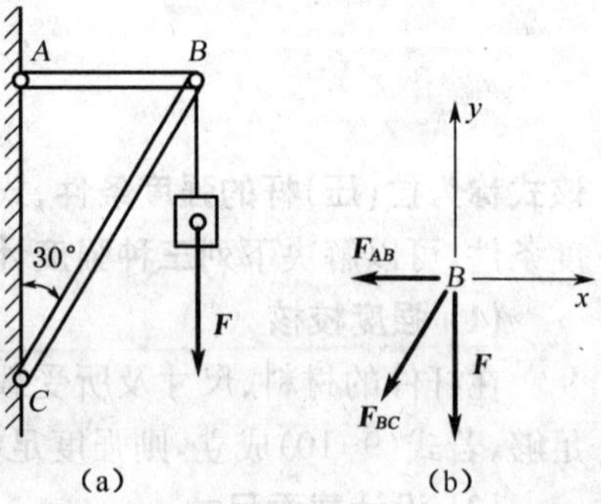

图 9.24

$$\sum F_y = 0$$

$$-F_{BC} \times \cos 30^\circ - F = 0$$

$$F_{BC} = -\frac{50 \times 2\sqrt{3}}{3} = -57.7\ \text{kN}$$

$$\sum F_x = 0$$

$$-F_{AB} - F_{BC} \sin 30^\circ = 0$$

$$F_{AB} = \frac{1}{2} F_{BC} = 28.85\ \text{kN}$$

由作用与反作用定律知 AB、BC 杆受力为 $F'_{AB} = 28.85$ kN，$F'_{BC} = -57.7$ kN，则有 AB、BC 杆的内力为：$F_{NAB} = 28.85$ kN，$F_{NBC} = -57.7$ kN。

(2) 根据强度条件求 AB、BC 截面面积 A_{AB}、A_{BC}

由 AB 杆的强度条件有 AB 杆横截面面积为：

$$A_{AB} \geqslant \frac{F_{NAB}}{[\sigma_1]} = \frac{28.85 \times 1\,000}{30} = 962\ \text{mm}^2$$

由 BC 杆的强度条件有 BC 杆横截面面积有：

$$A_{BC} \geqslant \frac{F_{NBC}}{[\sigma_y]} = \frac{57.7 \times 1\,000}{90} = 641\ \text{mm}^2$$

例 9-12　如图 9.25(a) 所示，AB 与 BC 杆材料的许用应力分别为 $[\sigma_1] = 100$ MPa，$[\sigma_2] = 160$ MPa，两杆截面面积均为 $A = 2\ \text{cm}^2$。求 B 点的许可载荷 $[P]$。

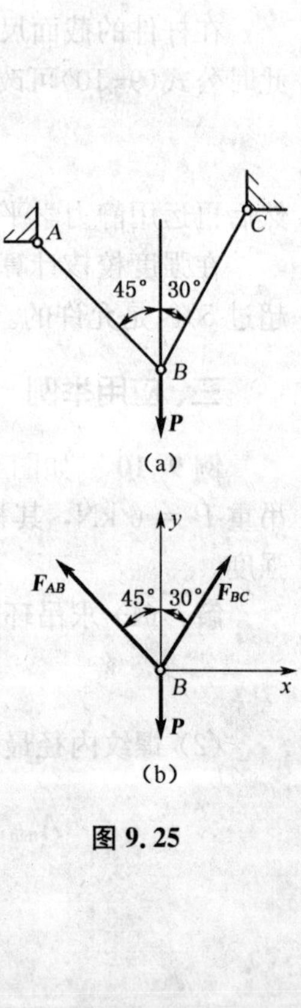

图 9.25

解　(1) 确定 AB、BC 杆内力 F_{NAB}、F_{NBC}

取 B 为研究对象，作受力分析图，如图 9.25(b)所示。建立 xBy 平面直角坐标系下的平衡方程

$$\begin{cases} \sum F_x = 0 & -F_{AB} \sin 45^\circ + F_{BC} \sin 30^\circ = 0 \\ \sum F_y = 0 & F_{AB} \cos 45^\circ + F_{BC} \cos 30^\circ - P = 0 \end{cases}$$

解得：　　　　　$F_{AB} = 0.518P$，$F_{BC} = 0.732P$

AB、BC 两杆内力与 P 的关系为

$$F_{NAB} = 0.518P,\ F_{NBC} = 0.732P$$

(2) 求 AB、BC 杆的许可内力$[F_{NAB}]$和$[F_{NBC}]$

由强度条件得：

$$\sigma = \frac{F_N}{A} \leqslant [\sigma]$$

$$[F_{NAB}] \leqslant 100 \times 200 = 20\ \text{kN}$$

$$[F_{NBC}] \leqslant 160 \times 200 = 32\ \text{kN}$$

(3) 确定许可载荷

由内力与载荷之间的关系有

AB 杆：　　$0.518[P] \leqslant 20\ \text{kN}$　　$[P] \leqslant 38.6\ \text{kN}$

BC 杆：　　$0.732[P] \leqslant 32\ \text{kN}$　　$[P] \leqslant 43.7\ \text{kN}$

故结构许可载荷为：

$$[P] = 38.6\ \text{kN}$$

习　题

9.1　拉伸或压缩杆如题 9.1 图所示。试用截面法求各杆指定截面的轴力，并画出轴力图。

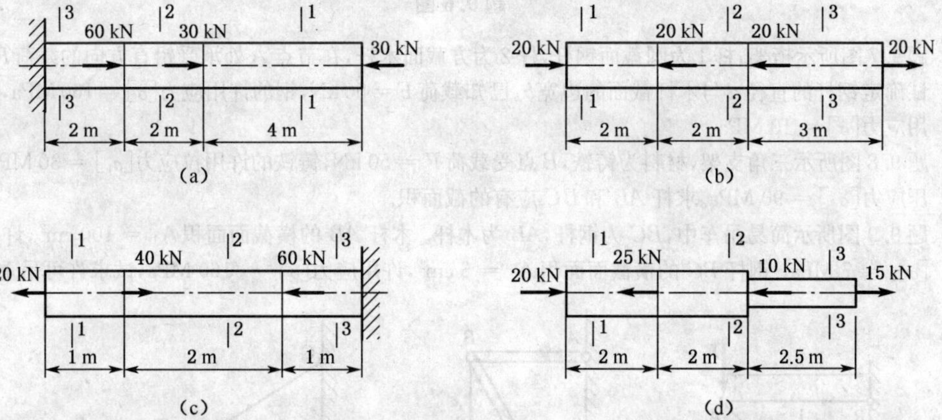

题 9.1 图

9.2　题 9.2 图所示插销拉杆，插销孔处横截面尺寸 $b = 50$ mm，$h = 20$ mm，$H = 60$ mm，$F = 80$ kN，试求拉杆的最大应力。

9.3　杆件如题 9.3 图所示，已知较细段 $A_1 = 200\ \text{mm}^2$，较粗段 $A_2 = 300\ \text{mm}^2$，$E = 200$ GPa，$L = 100$ mm，求各段截面的应力和杆件的总变形。

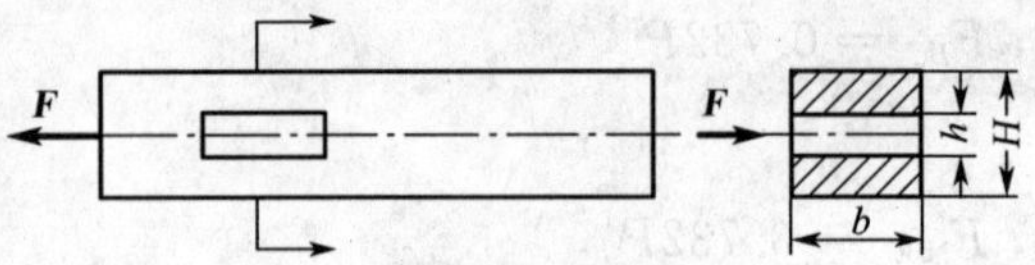

题 9.2 图

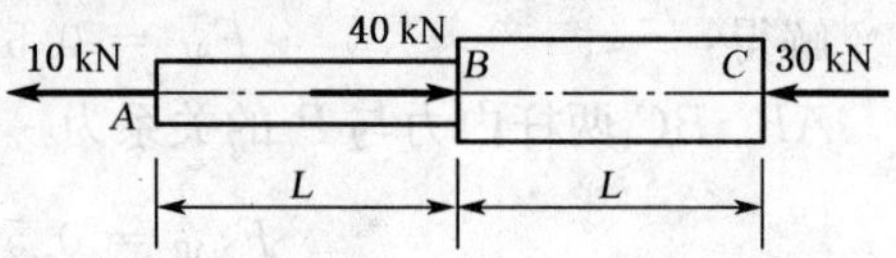

题 9.3 图

9.4 变截面悬臂杆受力如题 9.4 图所示，计算轴向总伸长。材料的弹性模量 $E = 200\ \text{GPa}$。

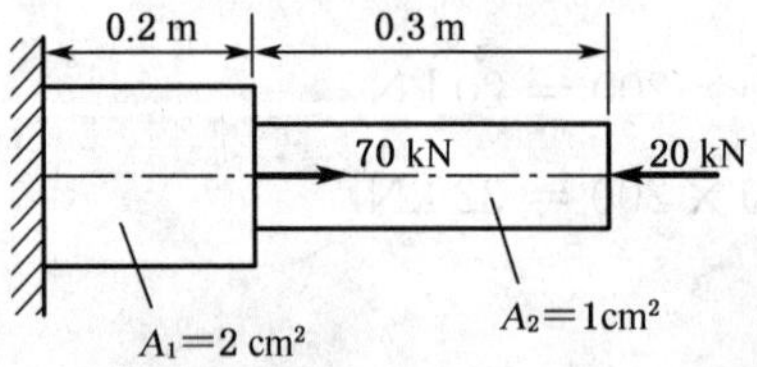

题 9.4 图

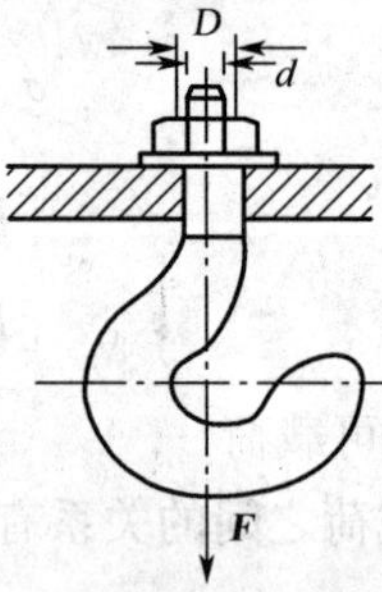

题 9.5 图

9.5 起重吊钩如题 9.5 图所示，吊钩螺栓螺纹内径 $d = 55\ \text{mm}$，外径 $D = 63.5\ \text{mm}$。材料的许用应力 $[\sigma] = 80\ \text{MPa}$，载荷 $F = 170\ \text{kN}$，试校核吊钩螺纹部分的强度。

9.6 气动夹具如题 9.6 图所示。已知气缸内径 $D = 140\ \text{mm}$，缸内气压 $p = 0.6\ \text{MPa}$，活塞杆材料 $[\sigma] = 80\ \text{MPa}$，试设计活塞杆直径 d。

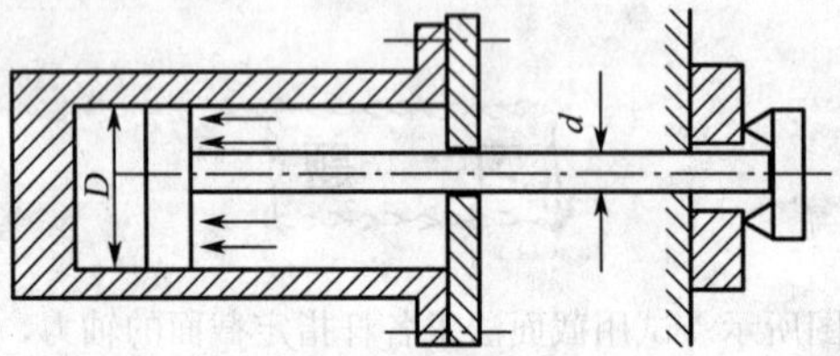

题 9.6 图

9.7 题 9.7 图所示桁架，杆 1 为圆截面钢杆，杆 2 为方截面木杆，在节点 A 处承受铅直方向的载荷 F 作用，试确定钢杆的直径 d 与木杆截面的边宽 b。已知载荷 $F = 50\ \text{kN}$，钢的许用应力 $[\sigma] = 160\ \text{MPa}$，木的许用应力 $[\sigma] = 10\ \text{MPa}$。

9.8 题 9.8 图所示三角支架，材料为铸铁，B 点受载荷 $F = 50\ \text{kN}$，铸铁的许用拉应力 $[\sigma_l] = 30\ \text{MPa}$，许用压应力 $[\sigma_y] = 90\ \text{MPa}$。求杆 AB 和 BC 应有的截面积。

9.9 题 9.9 图所示简易吊车中，BC 为钢杆，AB 为木杆。木杆 AB 的横截面面积 $A_1 = 100\ \text{cm}^2$，许用应力 $[\sigma]_1 = 7\ \text{MPa}$；钢杆 BC 的横截面面积 $A_2 = 6\ \text{cm}^2$，许用应力 $[\sigma]_2 = 160\ \text{MPa}$，试求许可吊重 P。

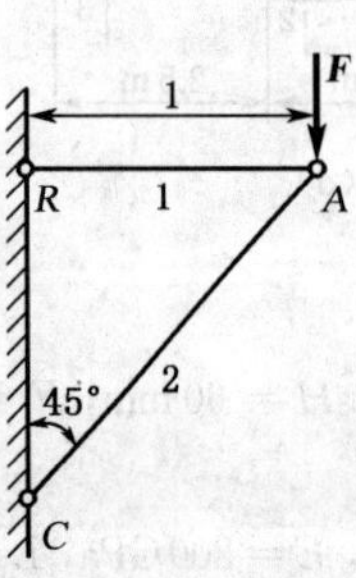

题 9.7 图

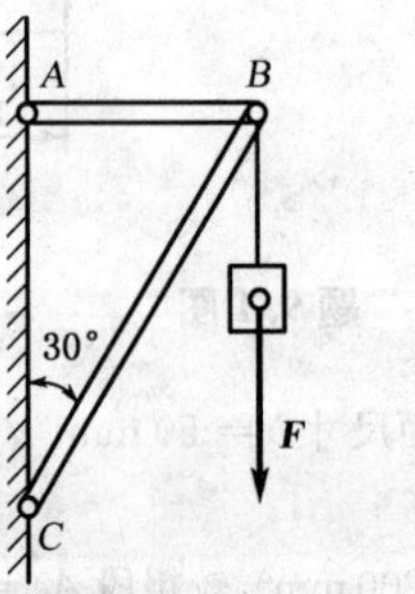

题 9.8 图

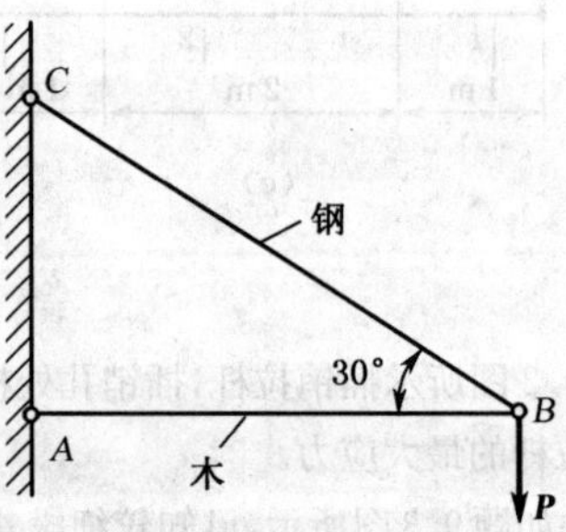

题 9.9 图

9.10　题 9.10 图所示起重机，钢绳 AB 的截面积 $A = 500\ \text{mm}^2$，许用应力 $[\sigma] = 40\ \text{MPa}$，求起重载荷 P。

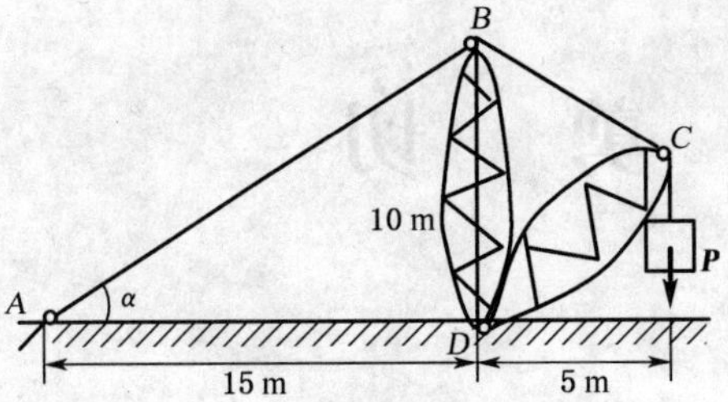

题 9.10 图

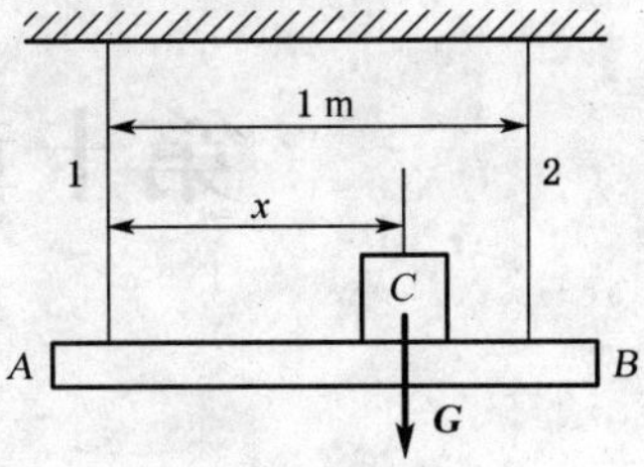

题 9.11 图

9.11　题 9.11 图所示一自重不计的 AB 杆，用铝杆 1 和铜杆 2 悬挂，已知铝的破坏应力为 180 MPa，铜的破坏应力为 120 MPa，铝杆与铜杆的横截面面积之比为 1∶2，问重物 C 应置于 AB 梁上何处，才能使两杆的实际安全系数相等。

9.12　题 9.12 图所示钢板宽 $b = 100\ \text{mm}$，厚 $t = 12\ \text{mm}$，上有 4 个铆钉孔，钉孔直径 $d = 17\ \text{mm}$，设轴向力 $F = 100\ \text{kN}$，每个孔承受的力为 $F/4$，若取安全系数 $n = 2$，试校核钢板的强度。

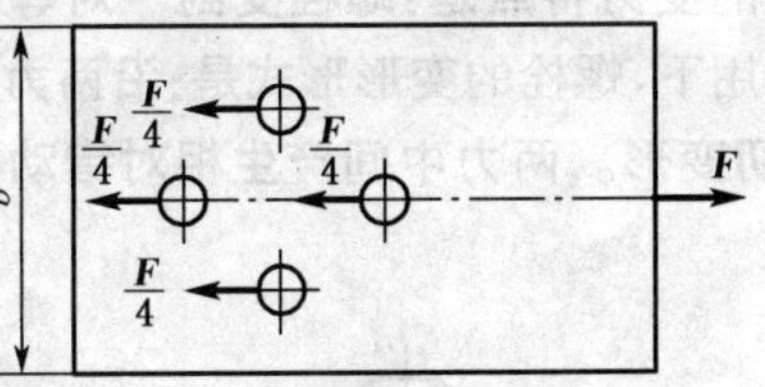

题 9.12 图

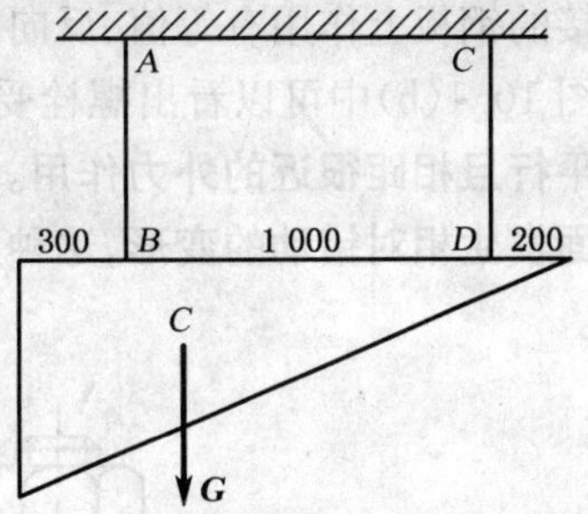

题 9.13 图

9.13　题 9.13 图所示直角三角形钢板，长 $l = 1.5\ \text{m}$，用等长的钢丝 AB 和 CD 悬挂，欲使钢丝伸长后钢板只有移动而无转动，问钢丝 AB 的直径应为 CD 直径的几倍。

第十章　剪　切

第一节　剪切与挤压的概念

一、剪切的概念

工程实际中，常需要用连接件将构件彼此相连。如图 10.1(a)所示螺栓连接两块钢板，在被连接的钢板上作用有等值、反向的力 F，此时螺栓所受的变形形式叫剪切。

从图 10.1(b)中可以看出螺栓受剪切变形时的**受力特点是：螺栓受到一对等值、反向、作用线平行且相距很近的外力作用**。在此外力作用下，螺栓的**变形形式是：沿两力作用线中间的截面发生相对错动的变形，这种变形称为剪切变形。两力中间产生相对错动的面称为剪切面。**

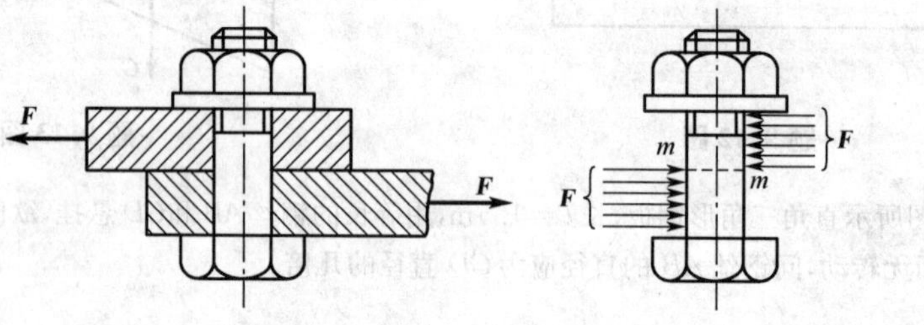

(a)　　　　(b)

图 10.1

同一个连接件上，受剪切变形后只有一个剪切面的称为单剪，如图 10.1 所示的螺栓。同一个连接件上，受剪切变形后有两个剪切面的称为双剪，如图 10.2 所示螺栓连接中的螺栓。

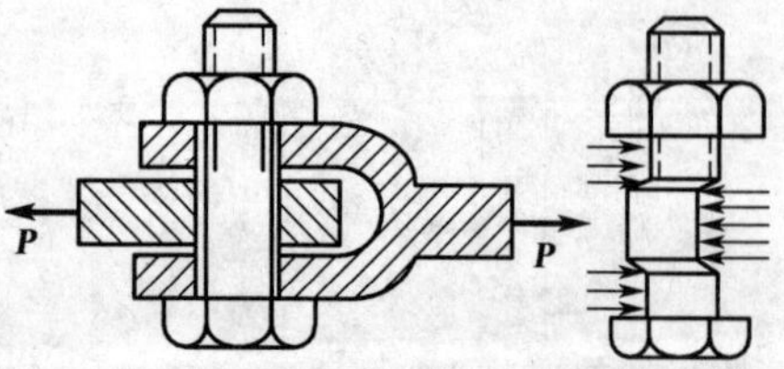

图 10.2

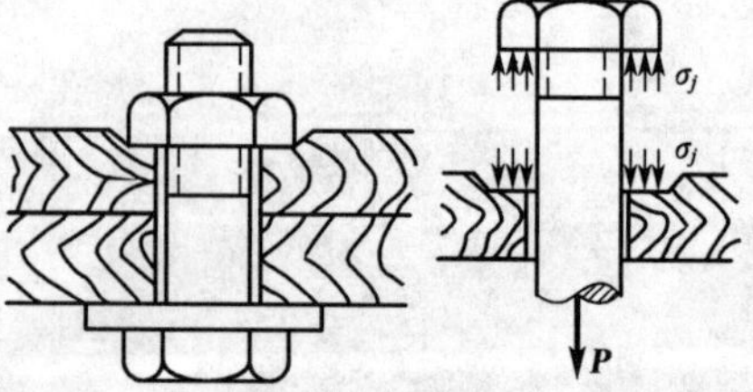

图 10.3

二、挤压的概念

构件在受到剪切的同时，往往还伴随着挤压作用。例如，螺栓受剪切的同时，螺栓和板的孔壁之间还相互压紧，如图 10.1(a)所示，上钢板孔右侧与螺栓上部右侧，下钢板孔左侧与螺栓下部左侧相互压紧，这种**在接触面上相互压紧的现象叫挤压**。图 10.3 为木材与螺母之间的挤压情况。挤压力过大，挤压接触面会出现局部塑性变形甚至压陷的破坏现象，这种破坏叫挤压破坏。构件上受挤压作用的面叫挤压面，挤压面一般垂直于外力作用线。挤压与杆件的轴向压缩有本质的区别，挤压发生在杆件的局部表面，而压缩发生在受压的整个杆段。

第二节　剪切与挤压的实用计算

一、剪切的实用计算

下面以螺栓连接为例，说明剪切强度的实用计算方法。

1. 剪应力 τ 的计算式

分析受剪切时剪切面上的内力，仍用截面法，如图 10.4 所示。假设将螺栓沿 $m-m$ 截面截开，如图 10.4(c)所示。任取一部分(下面部分)为研究对象。为了与外力 P 平衡，在剪切面上须加上一个与 P 力大小相等，方向相反的内力，此内力平行于横截面，称为剪力，用符号 Q 表示。剪力是剪切面上分布内力的合力。根据平衡条件，可求得剪力的大小为：

$$Q = P \tag{10-1}$$

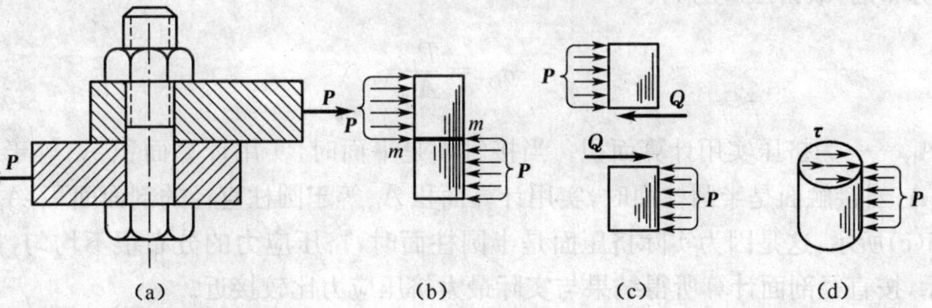

图 10.4

与剪力相对应的应力称为剪应力，用符号 τ 表示，如图 10.4(d)所示。剪应力在剪切面上的分布情况是很复杂的，很难做出精确的理论分析。因此，工程上为简便实用，通常采用以实验、经验为基础而建立起来的实用计算方法。该方法假设剪切面上的剪应力 τ 是均匀分布的，所以剪切面上的剪应力计算公式为：

$$\tau = \frac{Q}{A} \tag{10-2}$$

式中 A 为剪切面的面积。

2. 剪切强度条件

为了保证构件在工作时不被剪断,必须使构件剪切面上的剪应力不超过材料的许用剪应力。所以剪切强度条件为:剪切面上剪应力不允许超过材料的许用剪应力。即:

$$\tau=\frac{Q}{A}\leqslant[\tau] \tag{10-3}$$

式中,$[\tau]$材料的许用剪应力,其大小等于材料的极限剪应力除以安全系数。

极限剪应力是由连接件实物或试件(模拟受剪构件)进行剪切破坏试验,得到破坏时的剪力值,再由式(10-2)算得。

许用剪应力$[\tau]$可从有关手册中查得,也可按下列近似经验公式确定:

塑性材料 $[\tau]=(0.6\sim0.8)[\sigma]^{+}$

脆性材料 $[\tau]=(0.8\sim1.0)[\sigma]^{+}$

式中:$[\sigma]^{+}$——材料的许用拉应力。

与轴向拉伸或压缩相同,应用剪切强度条件也可解决工程上剪切变形的三类强度计算问题。

二、挤压的实用计算

1. 挤压应力 σ_{jy} 的计算

仍以螺栓连接为例。螺栓与被连接的钢板在一个半圆柱面上互相接触,产生挤压,互相接触的面称为挤压面,挤压面上的力称为挤压力,用符号 P_{jy} 表示,如图 10.5(a)所示。由挤压力引起的应力称为挤压应力,用符号 σ_{jy} 表示,如图 10.5(b)所示。挤压应力在接触面上的分布是很复杂的,因此和剪切一样,工程上仍采用实用计算法,假设挤压力在挤压计算面上是均匀分布的,故挤压应力为:

$$\sigma_{jy}=\frac{P_{jy}}{A_{jy}} \tag{10-4}$$

式中:A_{jy}——为挤压实用计算面积。当接触面是平面时,实用计算面积 A_{jy} 等于实际接触面面积 A;当接触面是半圆柱面时,实用计算面积 A_{jy} 等于圆柱直径的剖面面积,$A_{jy}=dh$,如图 10.5(c)所示,这是因为实际挤压面是半圆柱面时,挤压应力的分布很不均匀,如图 10.5(b)所示,按直径剖面计算所得结果与实际最大挤压应力比较接近。

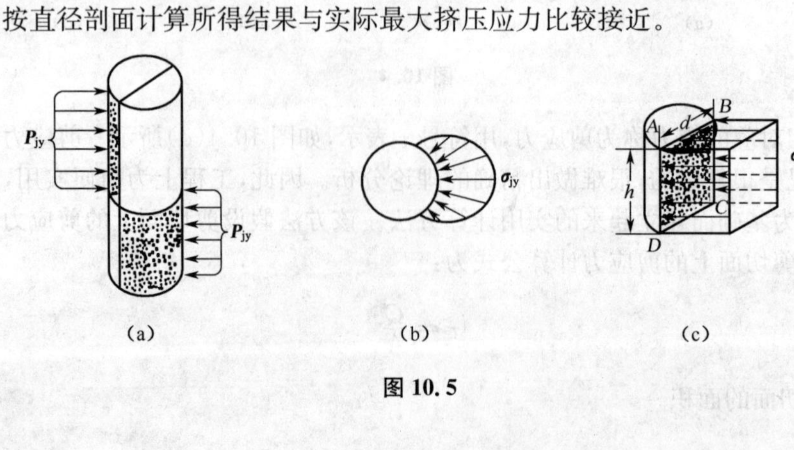

图 10.5

2. 挤压强度条件

为了保证构件在工作时不发生挤压破坏，必须使构件满足工作时的挤压应力不超过材料的许用挤压应力。

所以挤压强度条件为：构件工作时的挤压应力不超过材料的许用挤压应力。即：

$$\sigma_{jy} = \frac{P_{jy}}{A_{jy}} \leqslant [\sigma_{jy}] \tag{10-5}$$

式中：$[\sigma_{jy}]$——材料的许用挤压应力；

$[\sigma_{jy}]$可从有关设计手册中查得，也可按如下公式近似地确定：

塑性材料　　$[\sigma_{jy}] = (1.7 \sim 2.0)[\sigma]^{+}$

脆性材料　　$[\sigma_{jy}] = (0.9 \sim 1.5)[\sigma]^{+}$

式中：$[\sigma]^{+}$——材料的许用拉应力。

应该注意，如果互相挤压的材料不同，则应按许用挤压应力较小的材料进行强度计算。

三、应用举例

例 10-1　木榫接头如图 10.6(a)、(b) 所示，已知 $a = b = 120$ mm，$h = 70$ mm，$c = 45$ mm，$P = 40$ kN，试求接头的剪应力和挤压应力。

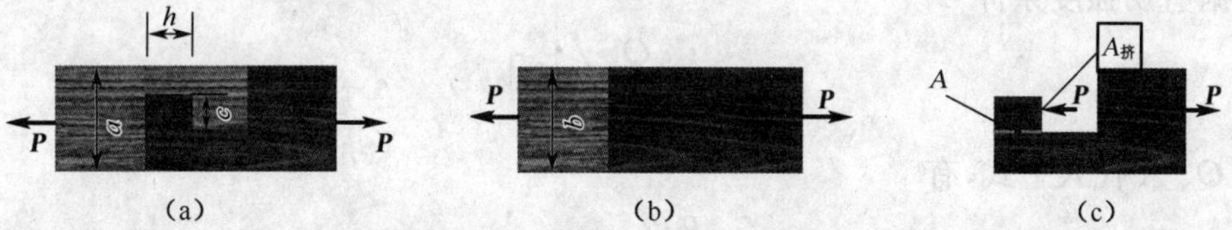

图 10.6

解　(1) 求挤压力和剪力

取木榫接头的一半为研究对象，作受力分析如图 10.6(c)所示，挤压面上的挤压力和剪切面上的剪力为：

$$P_{jy} = Q = P = 40\ \text{kN}$$

(2) 剪应力和挤压应力

剪应力为：

$$\tau = \frac{Q}{A} = \frac{P}{bh} = \frac{40\,000}{120 \times 70} = 4.76\ \text{MPa}$$

挤压应力为：

$$\sigma_{jy} = \frac{P_{jy}}{A} = \frac{P}{bc} = \frac{40\,000}{120 \times 45} = 7.4\ \text{MPa}$$

例 10-2　拖车挂钩用销钉连接，如图 10.7(a) 所示。已知挂钩部分的钢板厚度 $\delta_1 = 30$ mm，$\delta_2 = 20$ mm，销钉与钢板的材料相同，许用剪应力$[\tau] = 60$ MPa，许用挤压应力$[\sigma_{jy}] = 180$ MPa，拖车的拉力 $F = 100$ kN，试确定销钉的直径。

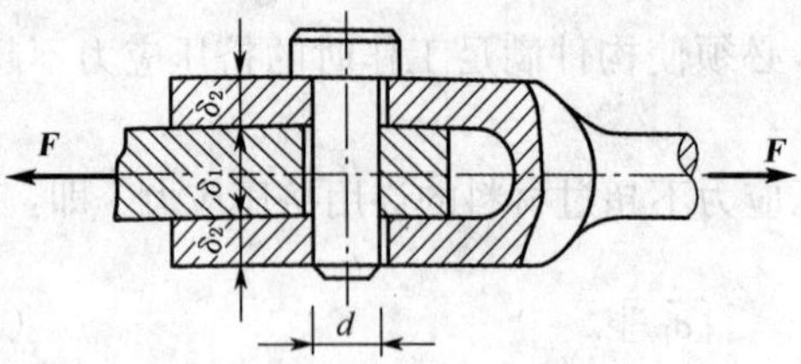

(a)

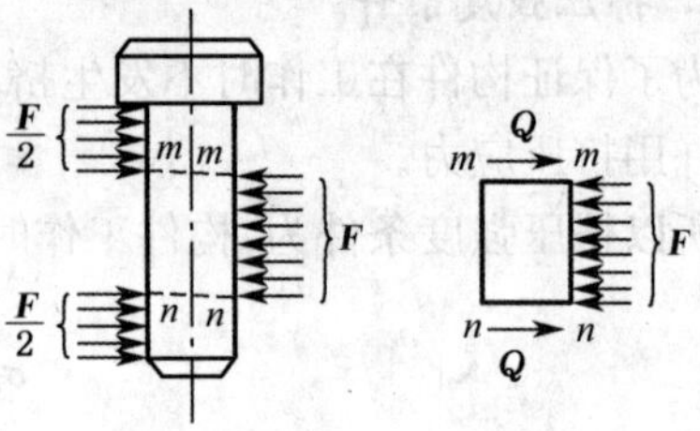

(b)

图 10.7

解 （1）按销钉的剪切强度计算直径

取销钉为研究对象，其受力分析如图 10.7(b)所示。销钉有两个剪切面 $m-m$ 和 $n-n$，由平衡方程求得每个剪切面上的剪力为：

$$Q=\frac{F}{2}$$

剪切面面积

$$A=\frac{\pi d^2}{4}$$

根据剪切强度条件

$$\tau=\frac{Q}{A}\leqslant[\tau]$$

将 Q、A 代入上式，有

$$\frac{F/2}{\pi d^2/4}\leqslant[\tau]$$

得销钉的直径为：

$$d\geqslant\sqrt{\frac{2F}{\pi[\tau]}}=\sqrt{\frac{2\times100\times10^3}{3.14\times60}}=32.6\ \text{mm}$$

选取销钉的直径为 $d=35$ mm。

（2）校核销钉的挤压强度

销钉中段受到的挤压力为 F，上下段受到的挤压力之和也为 F，但因 $\delta_1<2\delta_2$，故只需对中段进行强度校核。

$$\sigma_{jy}=\frac{P_{jy}}{A_{jy}}=\frac{F}{\delta_1 d}=\frac{100\times10^3}{30\times35}=95.2\ \text{MPa}<[\sigma_{jy}]=180\ \text{MPa}$$

所以销钉的直径取 35 mm 是安全可靠的。

例 10-3 如图 10.8(a)、(b) 所示齿轮与轴通过 B 型普通平键连接。已知轴径 $d=70$ mm，键的尺寸为 $b\times h\times l=20\ \text{mm}\times12\ \text{mm}\times100\ \text{mm}$，如图 10.8(c) 所示，传递转矩 $T=2\ \text{kN}\cdot\text{m}$，键的许用剪应力 $[\tau]=60$ MPa，许用挤压应力 $[\sigma_{jy}]=100$ MPa，试校核此键的连接强度。

解 （1）校核键连接的剪切强度

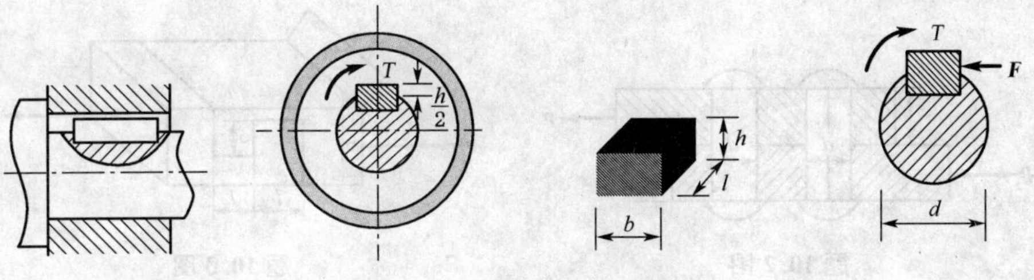

图 10.8

取键和轴为研究对象作受力分析图，如图 10.8(d)所示，由力矩平衡有

$$F=\frac{T}{d/2}=57\ 142.86\ \mathrm{N}$$

作用在键剪切面上的剪力为：

$$Q=F=57\ 142.86\ \mathrm{N}$$

计算剪应力，校核强度

$$\tau=\frac{Q}{A}=\frac{57\ 142.86}{b\times l}=\frac{57\ 142.86}{20\times 100}=28.57\ \mathrm{MPa}\leqslant[\tau]$$

所以剪切强度足够。

(2) 校核键连接的挤压强度

挤压面上的挤压力为：

$$P_{\mathrm{jy}}=F=57\ 142.86\ \mathrm{N}$$

计算挤压应力校核挤压强度

$$\sigma_{\mathrm{jy}}=\frac{P_{\mathrm{jy}}}{A_{\mathrm{jy}}}=\frac{P_{\mathrm{jy}}}{\frac{h}{2}\times l}=\frac{57\ 142.86}{6\times 100}=95.24\ \mathrm{MPa}<[\sigma_{\mathrm{jy}}]$$

所以挤压强度足够。

所以此键的连接强度足够。

习　题

10.1 宽度为 b，高度为 H 的两矩形木杆互相连接如题 10.1 图所示，则剪切面的面积为 $A=$______挤压面的面积为 $A_{\mathrm{jy}}=$______，受拉的最小面积为 $A=$______。($H=3t$)

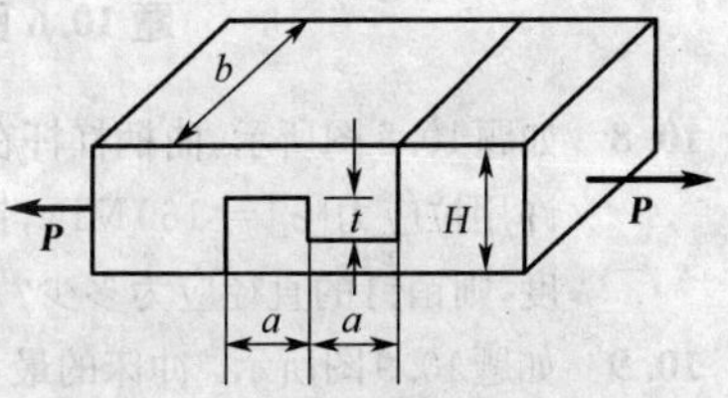

题 10.1 图

10.2 题 10.2 图所示钉结构，在外力作用下可能产生的破坏方式有______、______、______。

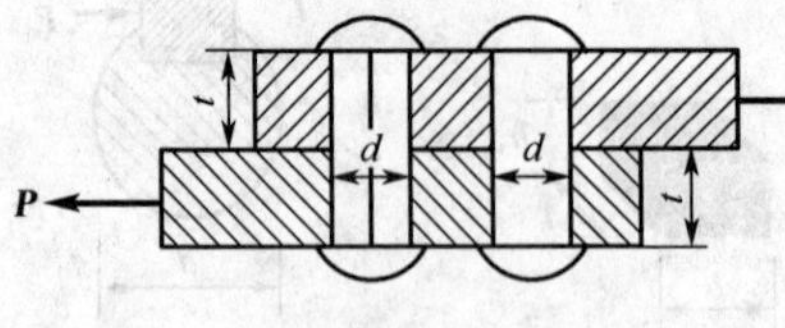

题 10.2 图

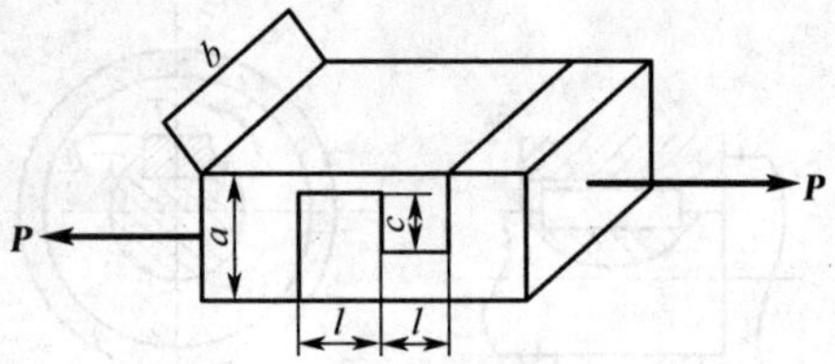

题 10.3 图

10.3 题 10.3 图所示为一榫头结构，当 P 力作用时，已知 b、c、a、l，接头的剪应力 $\tau=$________，挤压应力 $\sigma=$________。

10.4 题 10.4 图所示的螺栓受拉力 F 作用，已知材料的许用剪应力 $[\tau]$ 和许用拉应力 $[\sigma]$ 之间的关系有 $[\tau]=0.75[\sigma]$。试求螺栓直径 d 与螺栓头高度 h 的合理比值。

10.5 题 10.5 图所示的铆钉连接中，已知拉力 $F=20\ \text{kN}$，板的厚度为 $\delta=20\ \text{mm}$，铆钉的直径 $d=12\ \text{mm}$。铆钉材料的许用剪应力 $[\tau]=80\ \text{MPa}$，许用挤压应力 $[\sigma_{jy}]=200\ \text{MPa}$。试校核此铆钉连接的强度。

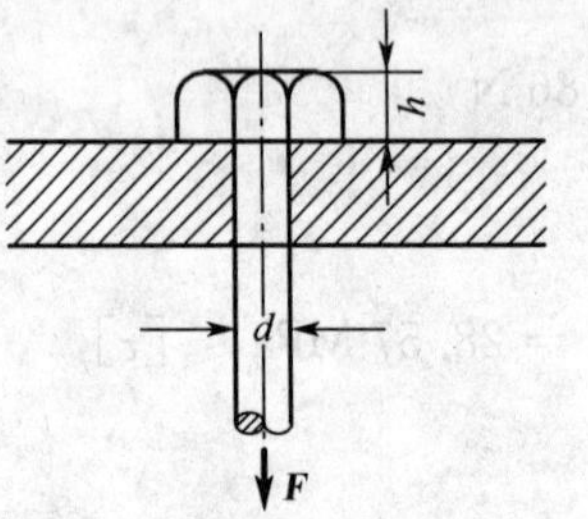

题 10.4 图

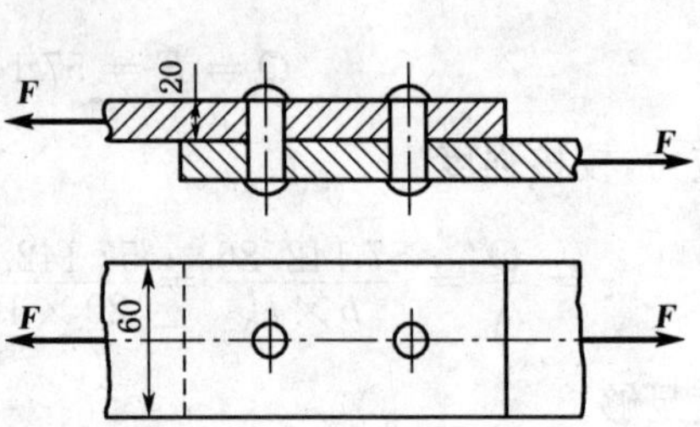

题 10.5 图

10.6 题 10.6 图所示的螺栓连接中，已知拉力 $P=200\ \text{kN}$，中间板的厚度 $\delta=20\ \text{mm}$，螺栓材料的许用剪应力 $[\tau]=80\ \text{MPa}$，试求螺栓的直径 d。若其许用挤压应力 $[\sigma_{jy}]=200\ \text{MPa}$，则螺栓直径 d 又应为多少？

10.7 如题 10.7 图所示，在直径 $d=30\ \text{mm}$ 的轴上安装着一个手柄。杆与轴之间有一个键 K，键长 $l=36\ \text{mm}$，截面为正方形，边长 $a=8\ \text{mm}$。如该平键的平均剪应力不得超过 56 MPa，求距轴心 750 mm 处所加的力 P 最大为多少？

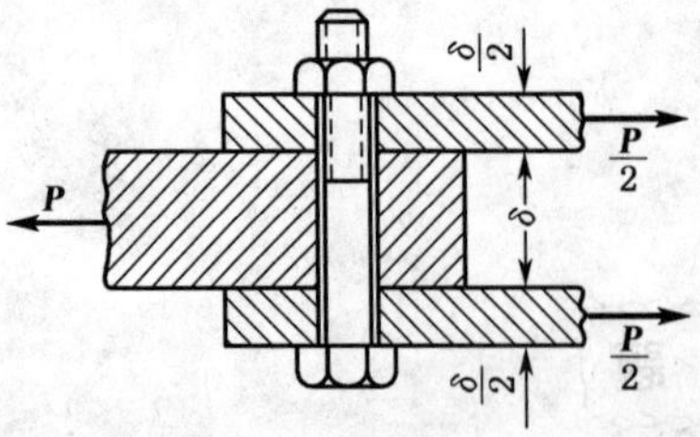

题 10.6 图

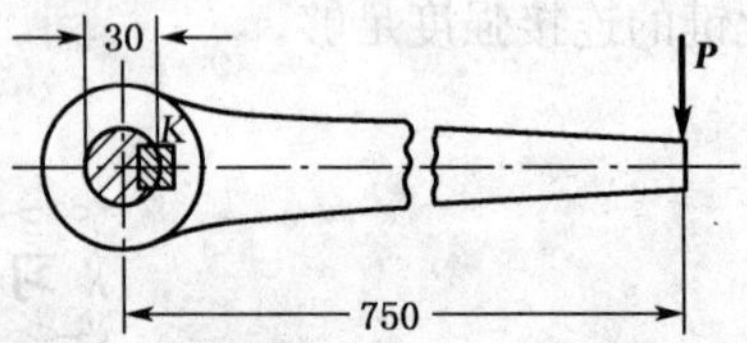

题 10.7 图

10.8 如题 10.8 图所示，曲柄杠杆在铅直力 P 和水平力 Q 作用下保持平衡。拉杆 CD 的直径 $d=30\ \text{mm}$，其许用拉应力 $[\sigma]=160\ \text{MPa}$，销钉 B 的许用剪应力 $[\tau]=80\ \text{MPa}$，如欲使销钉的强度不低于拉杆的强度，则销钉的直径应为多少？

10.9 如题 10.9 图所示，冲床的最大冲力为 400 kN，冲头材料的许用应力 $[\sigma]=440\ \text{MPa}$，被冲剪钢板的剪切强度极限为 $\tau_b=360\ \text{MPa}$，求在最大冲力作用下所能冲剪的圆孔最小直径 d 和钢板的最大厚度 δ。

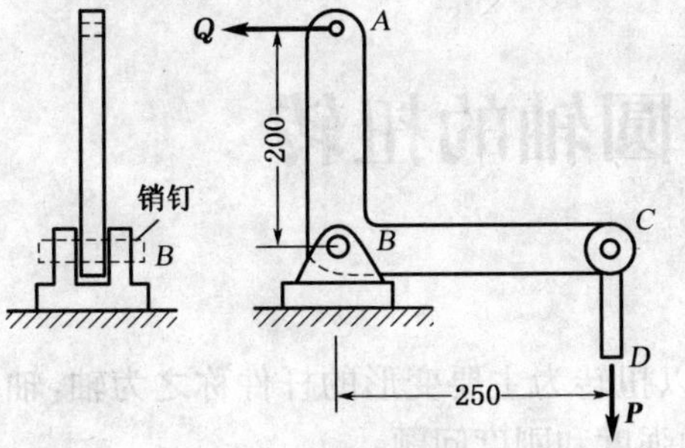

题 10.8 图

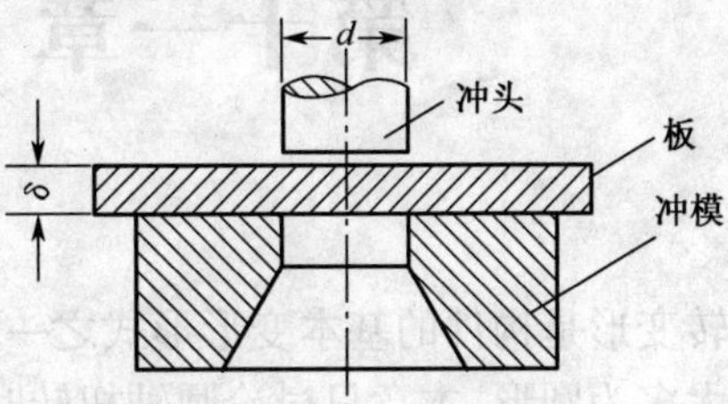

题 10.9 图

10.10 车床的传动光杆装有安全销联轴器，如题 10.10 图所示。当超过一定载荷时，安全销即被剪断。已知安全销的直径为 6 mm，剪切强度极限 $\tau_b = 370$ MPa，求安全销联轴器所能传递的力偶矩 M。

10.11 如题 10.11 图所示，一夹钳欲剪断 3 mm 的钢丝。若钢丝的剪切强度极限 $\tau_b = 100$ MPa，试问需多大的力 F 才能剪断该钢丝？若销钉 B 的直径为 8 mm，试求销钉内的剪应力。

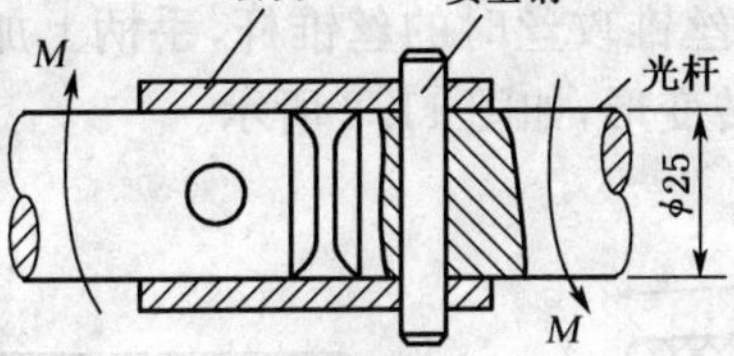

题 10.10 图

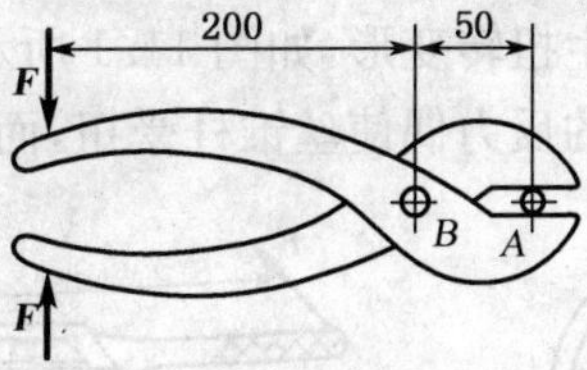

题 10.11 图

第十一章　圆轴的扭转

扭转变形是构件的基本变形形式之一。以扭转为主要变形的杆件称之为轴，轴的横截面形状大多为圆形，本章只讨论圆轴扭转时的强度和刚度问题。

第一节　圆轴扭转的概念

在日常生活及工程实践中，我们经常会遇到很多发生扭转变形的杆件。例如，汽车驾驶员通过方向盘把力偶作用于汽车操纵杆的上端，其下端受到来自转向器的阻力偶作用，使汽车操纵杆发生扭转变形，如图 11.1 所示。再如丝锥攻丝时的丝锥杆，手柄上加的主动力偶和工件产生的反力偶使丝锥杆受扭，而产生扭转变形，如图 11.2 所示。

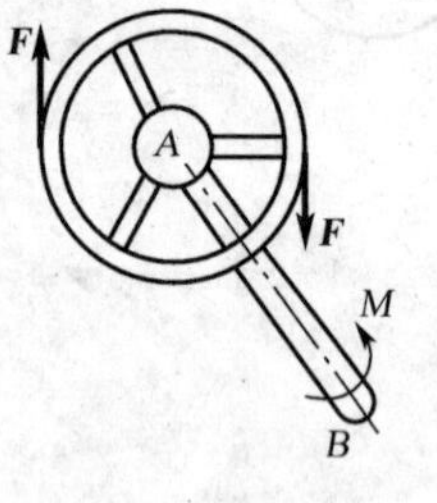

图 11.1

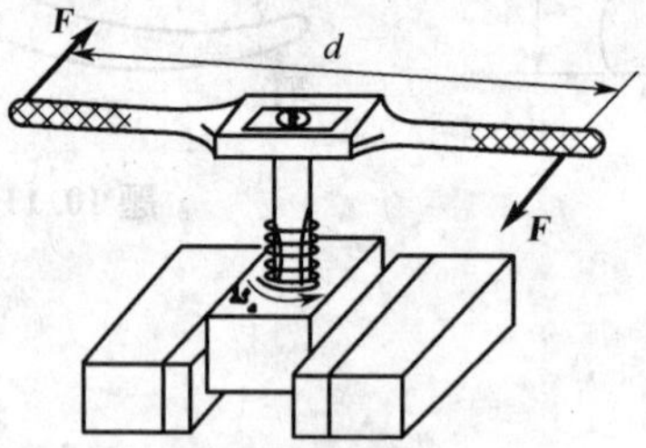

图 11.2

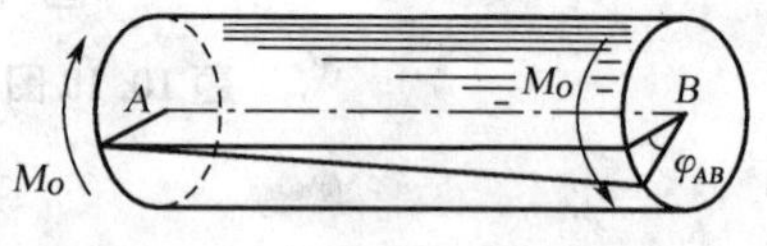

图 11.3

从以上两例可以看出，构件产生**扭转变形时的受力特点是：构件两端受到大小相等、转向相反垂直于杆轴线的两个力偶作用**，如图 11.3 所示。在这样的一对力偶作用下**杆件的变形特点是：各横截面绕轴线产生相对转动，任意两横截面间有相对的角位移，该角位移称为扭转角，用符号 φ 表示。**图 11.3 中的 φ_{AB} 就是截面 B 相对于截面 A 的扭转角。

第二节　圆轴扭转时横截面上的内力

研究圆轴的扭转同研究轴向拉伸（或压缩）和剪切等问题一样，首先计算作用于轴上的外力，然后再分析横截面上的内力。

一、扭转时外力偶矩的计算

在工程中，作用于圆轴上的外力偶矩一般不是直接给出的，通常给出的是圆轴所传递的功率和轴的转速。我们可以利用功率、转速和力偶矩三者之间的计算公式，根据已知的功率和转速，计算出作用在轴上的外力偶矩。功率、转速和外力偶矩三者之间的关系为：

$$M = 9\,549\,\frac{P}{n} \tag{11-1}$$

式中：M——作用于轴上的外力偶矩，单位：N·m；

P——轴所传递的功率，单位：kW；

n——轴的转速，单位：r/min。

说明：轴上输入力偶矩是主动力偶矩，其转向与轴的转向相同；轴上输出力偶矩是阻力偶矩，其转向与轴的转向相反。

二、圆轴扭转时横截面上的内力——扭矩

1. 截面法求横截面上的扭矩

圆轴在外力偶矩的作用下，截面上将产生内力，为了求出此内力仍用截面法。

如图 11.4(a)所示传动轴，在三个外力偶 M_1、M_2、M_3 作用下处于平衡状态，求 m-m 截面上的内力。

要计算截面 m-m 上的内力，可用一假想的截面沿 m-m 截面截开，任取一部分(如取截面左段)为研究对象，去掉另一部分(如截面右段)，研究保留部分的平衡。由平衡知，要使保留部分平衡，其截开的截面上必有一与外力偶矩 M 方向相反的内力偶矩，此内力偶矩称为扭矩，用符号 T(或 M_n)表示，T 的单位为 N·m，如图 11.4(b)所示。它的大小用静力学的平衡方程式 $\sum m = 0$ 求得。

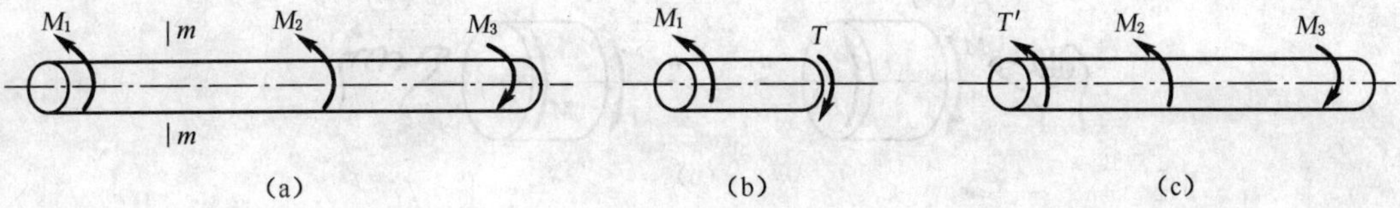

图 11.4

由 $$\sum m = 0$$

得： $$M_1 - T = 0 \quad T = M_1$$

若取 m-m 横截面的右端为研究对象，画受力图，如图 11.4(c)所示。可求得 m-m 横截面上的扭矩 T'。列右段平衡方程

由 $\sum m = 0$ 得：

$$T' + M_2 - M_3 = 0 \quad T' = M_3 - M_2$$

取整个圆轴为研究对象，列其平衡方程有：

$$\sum m = 0 \quad M_1 - M_3 + M_2 = 0 \quad M_1 = M_3 - M_2$$

所以有 $$T = T'$$

由此看出，无论是取截面左段还是截面右段所求的横截面上的扭矩值是一样的。

由上面的计算可知，**某截面上的扭矩，等于截面一侧所有外力矩的代数和。**

为了使截面两侧求出的扭矩具有相同的正负号，**对扭矩的正负作如下规定：右手四指的**

转向表示扭矩的转向，大拇指的指向与截面外法线方向一致时，扭矩规定为正，如图11.5(a)所示；**反之，扭矩为负**，如图 11.5(b)所示。

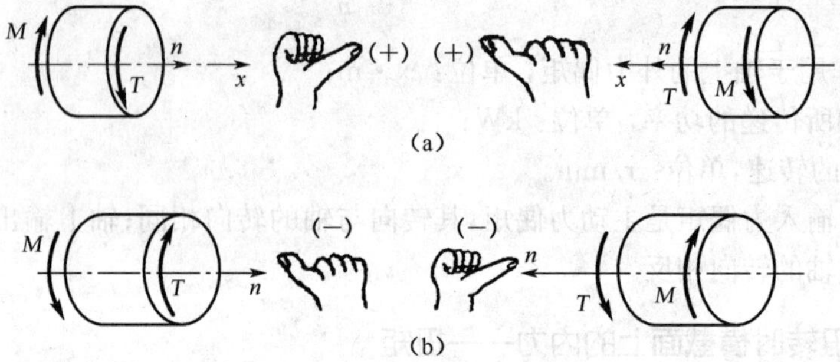

图 11.5

扭矩的正、负取决于外力偶矩的方向。**对应于扭矩的正负规定，外力偶矩正负规定应为：右手四指表示外力偶矩的转向，大拇指的指向与截面外法线方向相反时，将产生正的扭矩，这时的外力偶矩规定为正**，如图 11.6(a)所示；反之，外力偶矩为负，如图 11.6(b)所示。

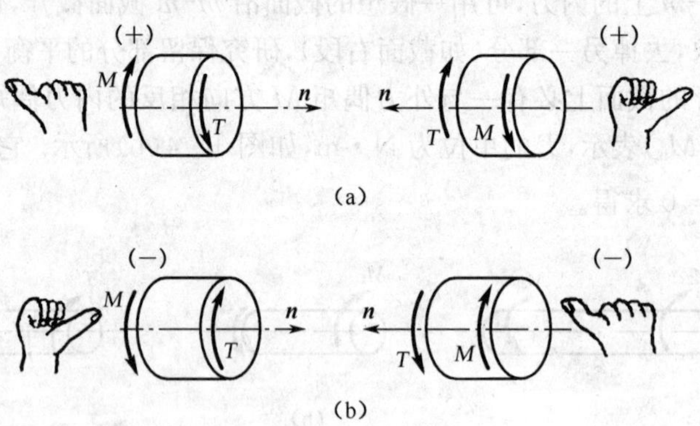

图 11.6

2. 扭矩图

通常，受扭圆轴各横截面上的扭矩可能是不同的，扭矩 T 是横截面位置坐标 x 的函数，即

$$T = T(x) \tag{11-2}$$

若以与轴线平行的 Ox 轴表示横截面的位置，以垂直于 Ox 轴的 OT 轴表示横截面上的扭矩，则由函数 $T = T(x)$ 绘制出的曲线，即扭矩随截面位置变化的曲线，称为扭矩图。

三、应用举例

例 11-1 已知某传动轴传递的功率为 15 kW，转速为 200 r/min，试计算此传动轴传递的外力偶矩及横截面上的扭矩。

解 (1)计算外力偶矩由公式(8.1)计算得

$$M = 9\,549 \times \frac{15}{200} = 716.175\ \text{N} \cdot \text{m}$$

(2) 计算扭矩

$$T = M = 716.175\ \text{N}\cdot\text{m}$$

例 11-2　图 11.7(a)所示为一传动轴，已知 $n = 200$ r/min，轮 A 为主动轮，输入功率 $P_A = 60$ kW，从动轮的输出功率分别为 $P_B = 20$ kW，$P_C = 15$ kW，$P_D = 25$ kW。(1) 计算各段扭矩；(2) 画该轴扭矩图；(3) 若将轮 A 和 C 对调，分析对轴受力是否有利。

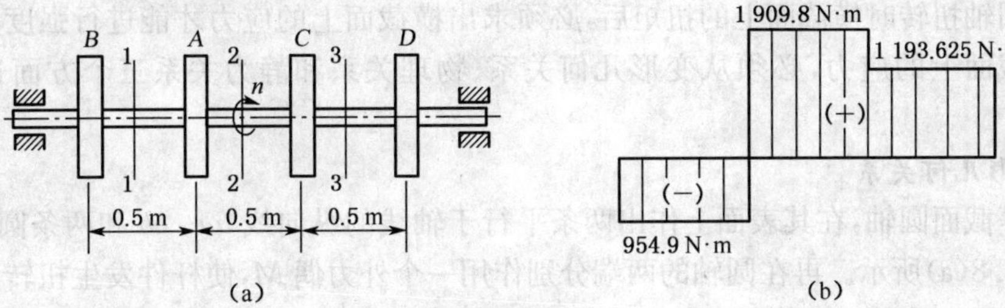

图 11.7

解　(1) 计算外力偶矩 M

$$M_A = 9\,549 \times \frac{60}{200} = 2\,864.7\ \text{N}\cdot\text{m}$$

$$M_B = 9\,549 \times \frac{20}{200} = 954.9\ \text{N}\cdot\text{m}$$

$$M_C = 9\,549 \times \frac{15}{200} = 716.175\ \text{N}\cdot\text{m}$$

$$M_D = 9\,549 \times \frac{25}{200} = 1\,193.625\ \text{N}\cdot\text{m}$$

(2) 计算各截面上的扭矩 T

取截面 1-1、2-2、3-3，如图 11.7(a)所示。轴的转向与主动力偶矩的转向是一致的，所以各截面上的扭矩为：

$$T_1 = -M_B = -954.9\ \text{N}\cdot\text{m}$$

$$T_2 = M_A - M_B = 2\,864.7 - 954.9 = 1\,909.8\ \text{N}\cdot\text{m}$$

$$T_3 = M_D = 1\,193.625\ \text{N}\cdot\text{m}$$

(3) 绘制扭矩图

根据各段扭矩作扭矩图，如图 11.7(b)所示。

(4) 若将轮 A 和 C 对调，重新计算各段扭矩，有

$$T_1 = -M_B = -954.9\ \text{N}\cdot\text{m}$$

$$T_2 = -M_B - M_C = -954.9 - 716.175 = -1\,671.075\ \text{N}\cdot\text{m}$$

$$T_3 = -M_B + M_A - M_C = -1\,671.075 + 2\,864.7 = 1\,193.625\ \text{N}\cdot\text{m}$$

最大扭矩由 1 909.8 N·m 降至 1 671.075 N·m，调换后对轴受力有利。

第三节 圆轴扭转时横截面上的应力与变形

一、圆轴扭转时横截面上的应力

求出圆轴扭转时横截面上的扭矩后，必须求出横截面上的应力才能进行强度计算。为了求出横截面上的应力，必须从变形几何关系、物理关系和静力关系三个方面进行分析研究。

1. 变形几何关系

取一等截面圆轴，在其表面上作出两条平行于轴线的纵向线 aa、bb 和两条圆周线 11、22，如图 11.8(a)所示。再在圆轴的两端分别作用一个外力偶 M，使杆件发生扭转变形。由图 11.8(b)可以看到以下变形现象：各圆周线的形状、大小、间距保持不变，只绕轴线作相对转动；各纵向线倾斜了一个相同的角度 γ，由圆周线与纵向线组成的原矩形变成了平行四边形。

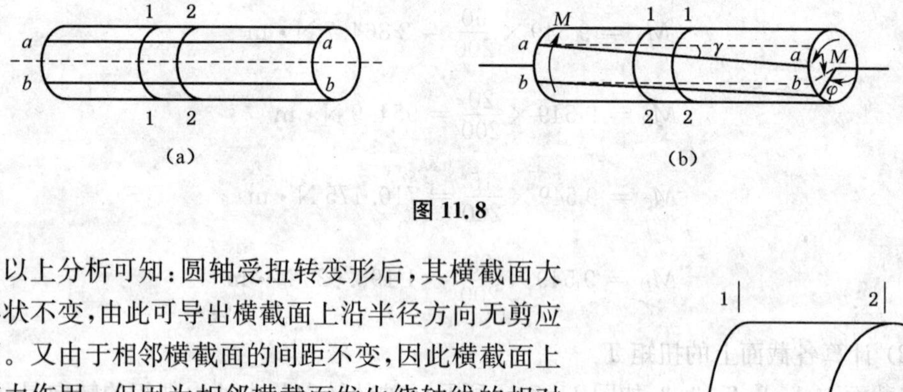

图 11.8

由以上分析可知：圆轴受扭转变形后，其横截面大小和形状不变，由此可导出横截面上沿半径方向无剪应力作用。又由于相邻横截面的间距不变，因此横截面上无正应力作用。但因为相邻横截面发生绕轴线的相对转动，所以横截面上必然有垂直于半径方向的剪应力。剪应力用符号 τ 表示。在受扭圆轴上取一微段 $\mathrm{d}x$，放大后如图 11.9 所示，右截面相对于左截面转过了一个角度 $\mathrm{d}\varphi$，半径由 O_2B 转至 O_2C 位置，纵向线 AB 倾斜 γ 角度达到 AC 位置。

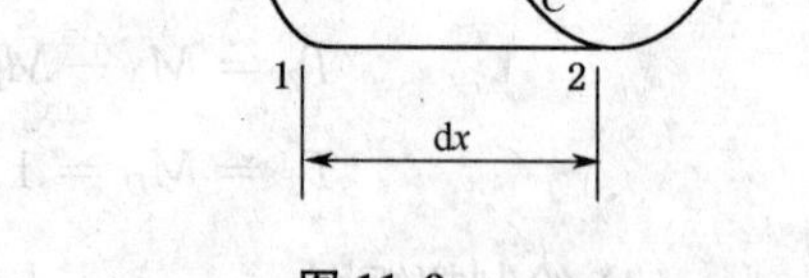

图 11.9

由图中几何关系可得，A 点的剪应变为：

$$\gamma \approx \tan\gamma \approx \frac{\widehat{BC}}{\mathrm{d}x} = R\,\frac{\mathrm{d}\varphi}{\mathrm{d}x}$$

那么，距轴线为 ρ 的内层圆柱上任意一点的剪应变为：

$$\gamma_\rho = \frac{\mathrm{d}\varphi}{\mathrm{d}x}\,\rho \tag{11-3}$$

对于给定的横截面，$\mathrm{d}\varphi/\mathrm{d}x$ 为常量。故由(11-3)式可知，横截面上任意一点的剪应变与

该点到圆心的距离 ρ 成正比。

2. 物理关系

由剪切虎克律可得 $\tau_\rho = G\gamma_\rho$，即

$$\tau_\rho = G\rho \frac{d\varphi}{dx} \tag{11-4}$$

式中，G 为材料的剪切弹性模量，其数值可由实验测得，常用单位为 GPa。τ_ρ 为截面上离轴心距离为 ρ 的各处剪应力。

式(11-4)表明：横截面上任意一点的剪应力与该点到轴心的距离成正比，其方向与半径垂直。

由公式可得，实心圆轴和空心圆轴横截面上的剪应力分布可用图 11.10 表示。

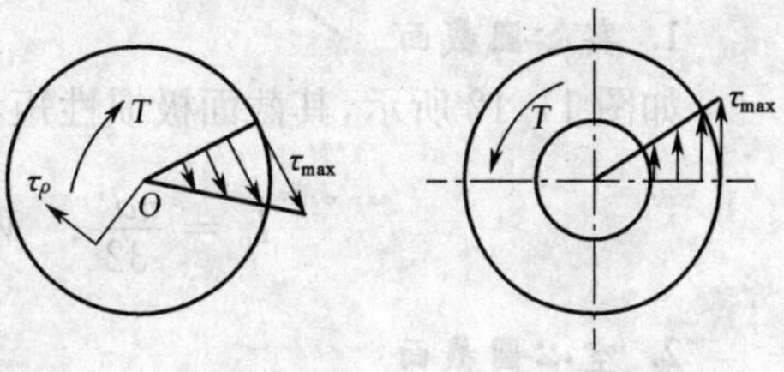

图 11.10

3. 静力关系

在横截面上距圆心为 ρ 处取一微小面积 dA，如图 11.11 所示，其上微小内力 $\tau_\rho dA$ 对圆心的矩为 $\tau_\rho dA \cdot \rho$，横截面上所有微小面积上的微小内力对圆心的矩的和为 $\int_A \rho\tau_\rho dA$。

由静力学的合力矩定理有：合力对某点之矩等于分力对同一点之矩的代数和，则有

$$T = \int_A \rho\tau_\rho dA \tag{11-5}$$

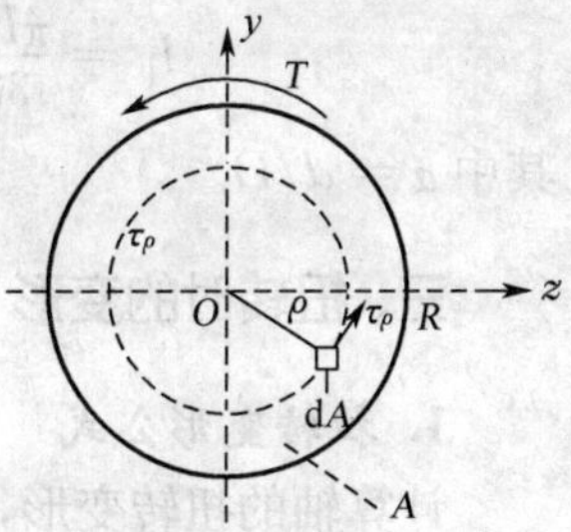

图 11.11

将式(11-4)代入式(11-5)，得：

$$T = \int_A \rho G\rho \frac{d\varphi}{dx} dA = G\frac{d\varphi}{dx}\int_A \rho^2 dA = G\frac{d\varphi}{dx} I_p \tag{11-6}$$

式中，$I_p = \int_A \rho^2 dA$ 为横截面对 O 点的极惯性矩。

将式(11-6)代入式(11-4)横截面上任意一点剪应力的计算公式为：

$$\tau_\rho = \frac{T\rho}{I_p} \tag{11-7}$$

式中，T 为横截面上的扭矩，ρ 为该点到圆心的距离，I_p 为横截面对圆心 O 的极惯性矩。

由上式可知：在圆轴横截面上，当 $\rho = 0$ 时，$\tau = 0$；当 $\rho = R$ 时，即圆轴横截面边缘上点的剪应力为最大值 τ_{max}，且剪应力沿半径方向呈线性增长。其最大剪应力 τ_{max} 为：

$$\tau_{max} = \frac{TR}{I_p}$$

令

$$W_n = \frac{I_p}{R}$$

则

$$\tau_{max} = \frac{T}{W_n} \tag{11-8}$$

式中 W_n 为抗扭截面系数，单位为 m^3、mm^3。

二、I_p、W_n 的计算

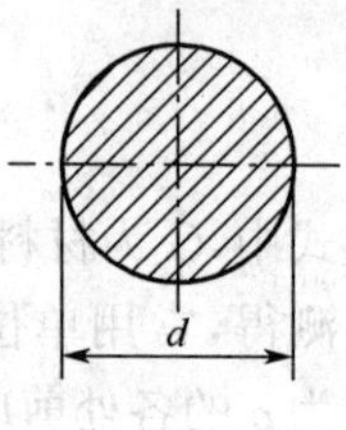

图 11.12

1. 实心圆截面

如图 11.12 所示，其截面极惯性矩和其抗扭截面系数为：

$$I_p = \frac{\pi d^4}{32}, \quad W_n = \frac{\pi d^3}{16} \tag{11-9}$$

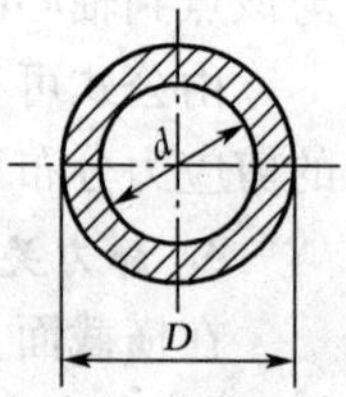

图 11.13

2. 空心圆截面

外径为 D，内径为 d，如图 11.13 所示，其截面极惯性矩和其抗扭截面系数为：

$$I_p = \frac{\pi D^4}{32}(1-\alpha^4), \quad W_n = \frac{\pi D^3}{16}(1-\alpha^4) \tag{11-10}$$

其中 $\alpha = d/D$。

三、扭转时的变形

1. 扭转变形公式

计算轴的扭转变形，即计算轴上两截面间的相对扭转角 φ，由式(11-6)可得：

$$\frac{d\varphi}{dx} = \frac{T}{GI_p}$$

$$d\varphi = \frac{T}{GI_p}dx$$

l 长度上，如果 T、G、I_p是常数，则 l 长度上的扭转角为：

$$\varphi = \frac{Tl}{GI_p} \tag{11-11}$$

φ 的单位是弧度。

用度来表示的扭转角公式为：

$$\varphi = \frac{Tl}{GI_p} \times \frac{180°}{\pi} \tag{11-12}$$

式中，GI_p 越大，在相同的扭矩作用下扭转角 φ 越小，所以，它反映圆轴抵抗扭转变形的能力，故 GI_p 称为抗扭刚度。

对于直径变化的圆轴(阶梯轴)，或者扭矩分段变化的等截面圆轴，必须分段计算相对扭转角，然后计算代数和。

2. 单位扭转角

为了消除长度的影响，工程上采用单位长度上的扭转角 θ 来反映圆轴的扭转变形的程

度。即：

$$\theta = \frac{\varphi}{l} = \frac{T}{GI_{\mathrm{p}}} \quad (\text{单位是 rad/m}) \tag{11-13}$$

或

$$\theta = \frac{T}{GI_{\mathrm{p}}} \times \frac{180^{\circ}}{\pi} \quad (\text{单位为 }^{\circ}/\text{m}) \tag{11-14}$$

四、应用举例

例 11-3　一轴 AB 的传递功率为 $P = 7.5\ \mathrm{kW}$，转速 $n = 360\ \mathrm{r/min}$，轴的 AC 段为实心圆截面，CB 段为空心圆截面，如图 11.14 所示。又知 CB 段外径 $D = 30\ \mathrm{mm}$，内径 $d = 20\ \mathrm{mm}$。试计算 AC 段横截面边缘处的剪应力以及 CB 段横截面外边缘和内边缘处的剪应力。

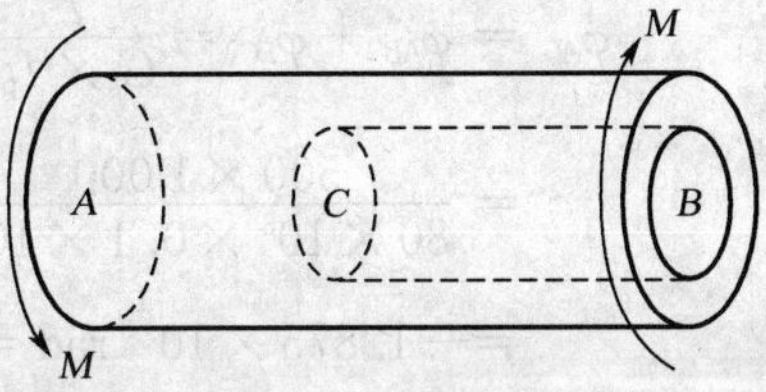

图 11.14

解　(1) 计算扭矩 T

由式(11-1)，可得轴上的外力偶矩为：

$$M = 9\,549 \times \frac{P}{n} = 9\,549 \times \frac{7.5}{360} = 199\ \mathrm{N \cdot m}$$

由计算扭矩的规律可知，AC 和 CB 段横截面上的扭矩都为 $T_{AC} = T_{CB} = -199\ \mathrm{N \cdot m}$

(2) 计算截面极惯性矩

由计算极惯性矩的公式可算得 AC 和 CB 段横截面的极惯性矩为：

AC 段　　$I_{\mathrm{p1}} = \dfrac{\pi D^4}{32} = 0.1 \times D^4 = 0.1 \times 30^4 = 8 \times 10^4\ \mathrm{mm^4}$

CB 段　　$I_{\mathrm{p2}} = \dfrac{\pi D^4}{32}(1-\alpha^4) = 0.1 \times D^4(1-\alpha^4)$

$$= 0.1 \times 30^4\left(1-\left(\frac{2}{3}\right)^4\right) = 6.5 \times 10^4\ \mathrm{mm^4}$$

(3) 计算应力

$$\tau_{AC}^{\text{外}} = \frac{T}{I_{\mathrm{p1}}} \times \frac{D}{2} = \frac{199 \times 10^3}{8 \times 10^4} \times \frac{30}{2} = 37.3\ \mathrm{MPa}$$

$$\tau_{CB}^{\text{内}} = \frac{T}{I_{\mathrm{p2}}} \times \frac{d}{2} = \frac{199 \times 10^3}{6.5 \times 10^4} \times \frac{20}{2} = 30.6\ \mathrm{MPa}$$

$$\tau_{CB}^{\text{外}} = \frac{T}{I_{\mathrm{p2}}} \times \frac{D}{2} = \frac{199 \times 10^3}{6.5 \times 10^4} \times \frac{30}{2} = 45.9\ \mathrm{MPa}$$

例 11-4　一受扭圆轴如图 11.15(a) 所示，已知：$d = 100\ \mathrm{mm}$，$l = 500\ \mathrm{mm}$，$M_1 = 7\,000\ \mathrm{N \cdot m}$，$M_2 = 5\,000\ \mathrm{N \cdot m}$，$G = 80\ \mathrm{GPa}$。(1)作扭矩图；(2)求轴的最大剪应力，并指出其所在位置；(3)求截面 C 相对于截面 A 的扭转角。

解　(1) 绘制扭矩图

先求 1-1、2-2 截面上的扭矩

$$T_1 = -M_2 = -5\,000\ \text{N}\cdot\text{m}$$

$$T_2 = M_1 - M_2 = 2\,000\ \text{N}\cdot\text{m}$$

作扭矩图,如图 11.15(b)所示。

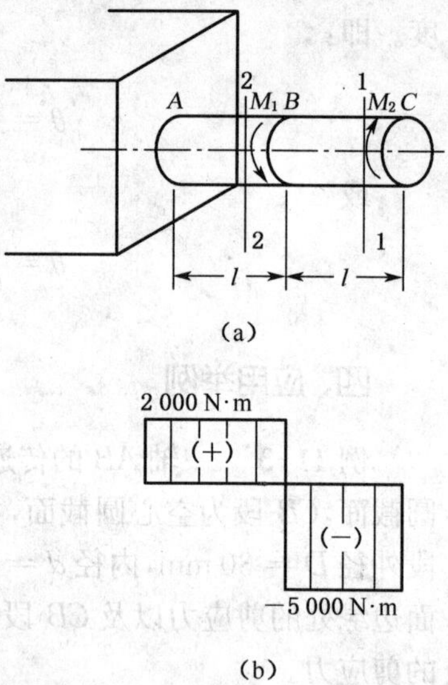

图 11.15

(2) 求最大剪应力

1-1 截面最外边缘处的剪应力最大,其值为

$$\tau_{\max} = \frac{T_1}{W_n} = \frac{5\,000\times 10^3}{0.2\times 100^3} = 25\ \text{MPa}$$

(3) 求 AC 截面的扭转角

$$\varphi_{AC} = \varphi_{AB} + \varphi_{BC} = \frac{l}{G\times I_p}(T_1 + T_2)$$

$$= \frac{500\times 1\,000}{80\times 10^3\times 0.1\times 10^8}(-5\,000 + 2\,000)$$

$$= -1.875\times 10^{-3}\ \text{rad} = -0.107\,5^\circ$$

第四节 圆轴扭转时的强度与刚度计算

一、强度计算

1. 强度条件

为了保证圆轴安全正常的工作,则要求圆轴危险截面上的最大剪应力小于或等于材料的许用剪应力,则强度条件为:

$$\tau_{\max} = \frac{T_{\max}}{W_n} \leqslant [\tau] \tag{11-15}$$

与轴向拉伸(或压缩)和剪切一样,应用强度条件可以求解三类强度问题。

2. 应用举例

例 11-5 一阶梯圆轴如图 11.16(a)所示,轴上受到外力偶矩 $M_1 = 6\ \text{kN}\cdot\text{m}$, $M_2 = 4\ \text{kN}\cdot\text{m}$, $M_3 = 2\ \text{kN}\cdot\text{m}$,轴材料的许用剪应力$[\tau] = 60\ \text{MPa}$,试校核此轴的强度。

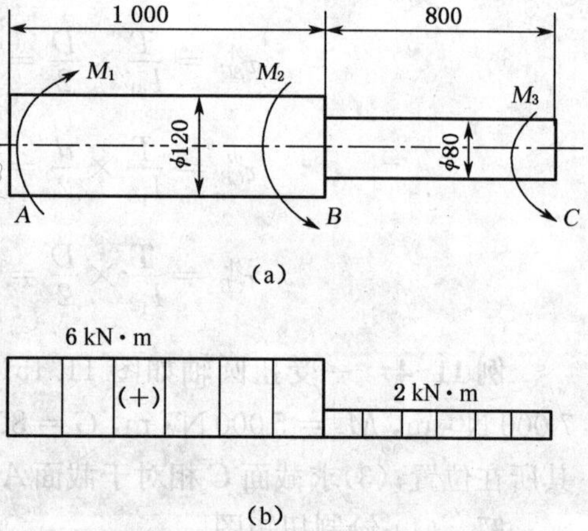

图 11.16

解 (1) 绘制扭矩图,如图 11.16(b)所示

(2) 校核 AB 段的强度

$$\tau_{\max} = \frac{6\,000\times 10^3}{\dfrac{\pi\times 120^3}{16}} = 17.69\ \text{MPa} < [\tau]$$

则 AB 段强度足够。

(3) 校核 BC 段的强度

$$\tau_{max}=\frac{2\,000\times10^3}{\frac{\pi\times80^3}{16}}=19.90\ \text{MPa}<[\tau]$$

则 BC 段强度足够。

例 11-6　某机器传动轴由 45 钢制成，已知材料的许用剪应力 $[\tau]=60\ \text{MPa}$，轴传递的功率 $P=16\ \text{kW}$，转速 $n=100\ \text{r/min}$，试确定其直径 d。

解　(1) 计算外力偶矩和扭矩

$$T=M=9\,549\times\frac{P}{n}=9\,549\times\frac{16}{100}=1\,527.84\ \text{N}\cdot\text{m}$$

(2) 计算轴的直径

由强度计算公式

$$\tau_{max}=\frac{T_{max}}{W_n}\leqslant[\tau]$$

得：

$$\tau_{max}=\frac{T}{\frac{\pi d^3}{16}}\leqslant[\tau]$$

$$d\geqslant\sqrt[3]{\frac{16T}{\pi[\tau]}}=\sqrt[3]{\frac{16\times1\,527.84\times10^3}{3.14\times60}}=50.60\ \text{mm}$$

例 11-7　如图 11.17 所示的联轴器中，轴材料的许用剪应力 $[\tau]=40\ \text{MPa}$，轴的直径 $d=30\ \text{mm}$。套筒材料的许用剪应力 $[\tau]=20\ \text{MPa}$，套筒外径 $D=40\ \text{mm}$。试求此装置的许可扭矩。

解　(1) 按轴的扭转强度求许可扭矩

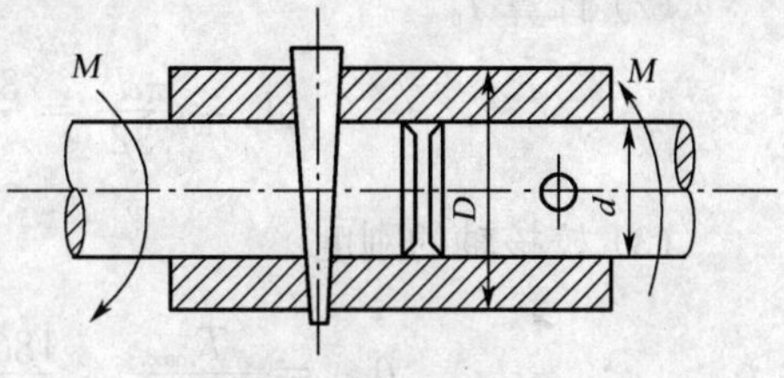

图 11.17

$$W_n=\frac{\pi D^3}{16}=\frac{\pi\times30^3}{16}=5\,298.75\ \text{mm}^3$$

$$\tau=\frac{T_{max}}{W_n}\leqslant[\tau]\quad T_{max}\leqslant W_n[\tau]$$

$$M_{max}=T_{max}=W_n\times[\tau]=5\,298.75\times40$$

$$=211\,950\ \text{N}\cdot\text{mm}$$

$$=211.95\ \text{N}\cdot\text{m}$$

(2) 按套筒的扭转强度求许可载荷

$$W_n=\frac{\pi D^3}{16}(1-\alpha^4)=\frac{\pi\times40^3}{16}\left[1-\left(\frac{30}{40}\right)^4\right]=8\,586\ \text{mm}^3$$

$$\tau=\frac{T_{max}}{W_n}\leqslant[\tau]\quad T_{max}\leqslant W_n\times[\tau]$$

$$M_{max}=T_{max}=W_n\times[\tau]=8\,586\times20=171\,720\ \text{N}\cdot\text{mm}=171.72\ \text{N}\cdot\text{m}$$

取两者之中的较小值，此装置的许可扭矩为 171.72 N·m。

二、刚度计算

1. 刚度条件

圆轴扭转时除了要满足强度条件外，还要求不产生过大的扭转变形，工程上通常要求轴的最大扭转角 θ 小于等于许用扭转角$[\theta]$。其刚度计算公式为：

$$\theta_{\max}=\frac{\varphi}{l}=\frac{T_{\max}}{GI_{\mathrm{p}}}\cdot\frac{180^\circ}{\pi}\leqslant[\theta] \tag{11-15}$$

上式就是圆轴扭转时的刚度条件。式中 $T_{\max}$ 和 I_{p} 分别是危险截面上的扭矩和截面极惯性矩。

式中 θ 的单位为°/m，许用扭转角$[\theta]$的数值可从有关手册中查得。一般情况下，可参照下列标准。

精密机器的轴：　$[\theta]=(0.25\sim0.50)$　(°/m)；

一般传动轴：　$[\theta]=(0.50\sim1.00)$　(°/m)；

要求不高的轴：　$[\theta]=(1.00\sim2.5)$　(°/m)。

2. 应用举例

例 11-8　汽车传动轴输入的力偶矩 $M=1.5\ \mathrm{kN\cdot m}$，直径 $d=75\ \mathrm{mm}$，轴的许用扭转角$[\theta]=0.5$ °/m，材料的剪切弹性模量 $G=80\ \mathrm{GPa}$，试校核此传动轴的刚度。

解　(1) 计算扭矩

$$T=M=1.5\ \mathrm{kN\cdot m}$$

此传动轴横截面上的扭矩为 $T=M=1.5\ \mathrm{kN\cdot m}$

(2) 计算 I_{p}

$$I_{\mathrm{p}}=\frac{\pi d^4}{32}=\frac{3.14\times75^4}{32}=3.1\times10^6\ \mathrm{mm}^4$$

(3) 校核轴的刚度

$$\theta_{\max}=\frac{T_{\max}}{G\times I_{\mathrm{p}}}\times\frac{180^\circ}{\pi}=\frac{1.5\times10^6\times10^3}{80\times10^3\times3.1\times10^6}\times\frac{180^\circ}{3.14}$$
$$=0.347\ ^\circ/\mathrm{m}<[\theta]$$

故此传动轴刚度足够。

例 11-9　汽车传动轴 AB 由 45 号无缝钢管制成，外径 $D=90\ \mathrm{mm}$，内径 $d=85\ \mathrm{mm}$，许用剪应力$[\tau]=60\ \mathrm{MPa}$，许用扭转角$[\theta]=1.0$ °/m，工作时最大力偶矩 $M=1\,500\ \mathrm{N\cdot m}$，剪切弹性模量 $G=80\ \mathrm{GPa}$。(1)试校核此轴的强度和刚度；(2)若将 AB 轴改为实心轴，试求其直径；(3)比较空心轴和实心轴的重量。

解　(1) 校核轴的强度和刚度

① 强度校核　传动轴上各截面的扭矩均为 $T=M=1\,500\ \mathrm{N\cdot m}$

传动轴的抗扭截面模量为

$$W_n = 0.2D^3(1-\alpha^4) = \left\{0.2\times 90^3\left[1-\left(\frac{85}{90}\right)^4\right]\right\} = 29\,800\ \text{mm}^3$$

传动轴横截面上的最大剪应力为

$$\tau_{max} = \frac{T}{W_n} = \left(\frac{1\,500\times 10^3}{29\,800}\right) = 50.3\ \text{MPa} < [\tau]$$

传动轴满足强度要求。

② 刚度校核　传动轴的极惯性矩为

$$I_p = 0.1\times D^4(1-\alpha^4) = 0.1\times 90^4[1-(85/90)^4] = 1.34\times 10^6\ \text{mm}^4$$

最大扭转角为

$$\theta_{max} = \frac{T}{GI_p}\times\frac{180^\circ}{\pi} = \frac{1\,500\times 10^3\times 180^\circ\times 10^3}{80\times 10^3\times 1.34\times 10^6\times 3.14} = 0.8\ ^\circ/\text{m} < [\theta]$$

传动轴满足刚度要求。

(2) 计算实心轴直径

① 按强度条件设计(设实心轴直径为 D_1)。若实心轴与空心轴强度相等，当材料相同时，它们的抗扭截面模量应相等，即：

$$W_n = \frac{\pi\times D_1^3}{16} = \frac{\pi\times D^3(1-\alpha^4)}{16}$$

由此得：

$$D_1 = D\times\sqrt[3]{(1-\alpha^4)} = 90\times\sqrt[3]{1-\left(\frac{85}{90}\right)^4} = 53\ \text{mm}$$

② 按刚度条件设计(设实心轴直径为 D_2)。若它们的抗扭刚度相同，当材料相同时，它们的极惯性矩相等，即：

$$I_p = \frac{\pi\times D_2^4}{32} = \frac{\pi\times D^4(1-\alpha^4)}{32}$$

由此得：

$$D_2 = D\times\sqrt[4]{1-\alpha^4} = 90\times\sqrt[4]{1-\left(\frac{85}{90}\right)^4} = 61\ \text{mm}$$

为了同时满足强度和刚度条件，实心轴的最小直径应取 $D_2=61$ mm。

(3) 比较两者材料消耗

当两轴材料、长度相同，它们的重量之比等于横截面面积之比。设 A_1、A_2 分别为空心轴和实心轴的面积，则有

$$\frac{A_1}{A_2} = \frac{\pi\times(D^2-d^2)/4}{\pi\times D_2^2/4} = \frac{(90^2-85^2)}{61^2} = 0.235 = 23.5\%$$

计算结果表明，在扭转强度或刚度相同的情况下，空心轴的重量轻，节省材料的效果比较明显。这是由于空心轴将截面中心的材料移向外缘，使极惯性矩和抗扭截面模量增大，从而提高了轴的强度和刚度。可见，空心轴的材料利用率得到提高。但是也应该注意空心轴

的壁厚不能太薄，否则管子在受扭时易产生皱折现象，从而降低抗扭能力。同时还要考虑到空心轴加工工艺比较复杂因而价格相对较贵。

习　题

11.1　试作题 11.1 图所示各杆的扭矩图，并确定最大扭矩 $|T|_{\max}$。

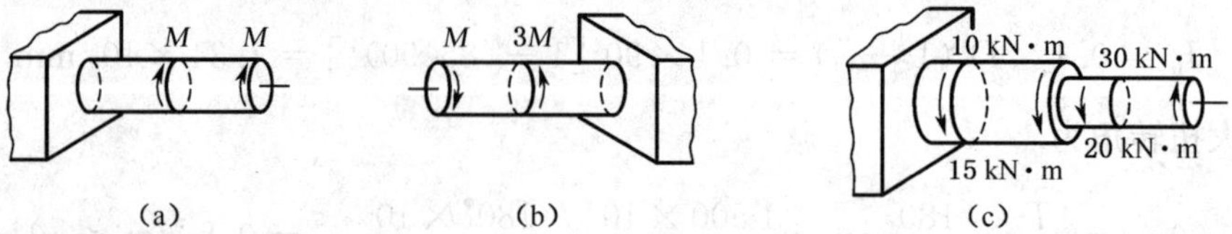

题 11.1 图

11.2　传动轴转速 $n = 250$ r/min，主动轮 B 输入功率 $P_B = 7$ kW，从动轮 A、C、D 输出功率分别为 $P_A = 3$ kW，$P_C = 2.5$ kW，$P_D = 1.5$ kW，如题 11.2 图所示。试画出该轴的扭矩图。

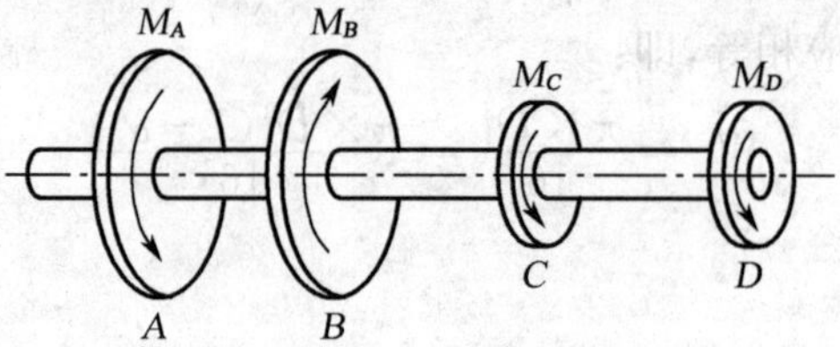

题 11.2 图

11.3　传动轴如题 11.3 图所示，已知轴的直径 $d = 40$ mm，试计算：

(1) 轴的最大剪应力；

(2) 截面 1-1 的最大剪应力及半径为 15 mm 圆周处的剪应力；

(3) 画出危险截面半径线 OA 上的应力分布图。

题 11.3 图

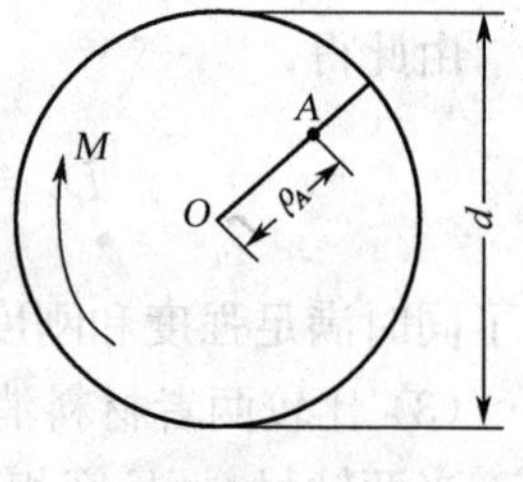

题 11.4 图

11.4　题 11.4 图所示一传动轴的横截面，直径 $d = 50$ mm，受到扭矩 $T = 2\,150$ N · m 的作用，试求在距离轴心 10 mm A 处的剪应力、剪应变及其截面上的最大剪应力、剪应变。

11.5　有一轴直径 $d = 50$ mm，长 $l = 2.5$ m，剪切弹性模量 $G = 80$ GPa，在力偶矩 $M = 200$ N · m 的作用下发生扭转变形，试求轴两端面间的扭转角。

11.6　某传动轴的直径 $D = 450$ mm，转速 $n = 120$ r/min，传递的功率为 18 kW，轴的许用剪应力 $[\tau] = 60$ MPa，试求轴能传递的最大功率。

11.7　一空心圆轴，外径 $D = 40\ \text{mm}$，内径 $d = 20\ \text{mm}$，轴上受力偶矩 $M = 300\ \text{N} \cdot \text{m}$，材料的许用剪应力 $[\tau] = 60\ \text{MPa}$，试校核此轴的强度。

11.8　某实心圆轴转速 $n = 960\ \text{r/min}$，传递功率 $P = 5.5\ \text{kW}$，材料许用剪应力 $[\tau] = 40\ \text{MPa}$，试按强度条件设计轴的直径。若材料的许用扭转角 $[\theta] = 0.5\ ^\circ/\text{m}$。试按刚度条件设计轴的直径。

11.9　题11.9图所示阶梯形圆轴，已知直径分别为 $d_1 = 40\ \text{mm}$，$d_2 = 70\ \text{mm}$，轴上装有三个皮带轮。轮3输入功率为 $P_3 = 30\ \text{kW}$，轮1输出功率为 $P_1 = 13\ \text{kW}$，轴做匀速转动，转速 $n = 200\ \text{r/min}$，材料的许用剪应力 $[\tau] = 60\ \text{MPa}$，剪切弹性模量 $G = 80\ \text{GPa}$，许用扭转角 $[\theta] = 2\ ^\circ/\text{m}$。试画出轴的扭矩图，并校核轴的强度和刚度。

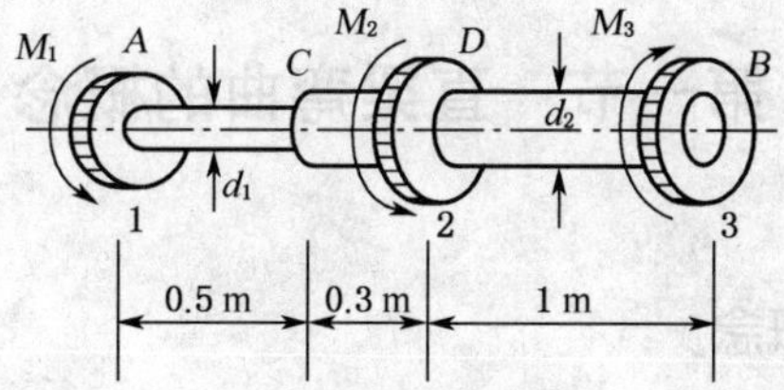

题 11.9 图

第十二章 直梁的弯曲

第一节 直梁弯曲的概念

一、弯曲变形的基本概念

两人用木棍抬重物时，木棍将发生弯曲变形；人扛重物越过壕沟上的跳板时，跳板将发生弯曲变形。图 12.1(a)所示为一传动轴，齿轮受径向力作用使轴发生弯曲变形。图 12.1(b)所示的一简支梁，在均布载荷作用下也会发生弯曲变形。这些都是我们所熟悉的弯曲变形现象。

从以上实例我们不难看出，受弯曲变形的物体，其受力特点是：**外力和外力偶都垂直于杆件的轴线；变形特点是：构件的轴线由直线变成一条曲线。**以弯曲变形为主的构件习惯上称为梁。

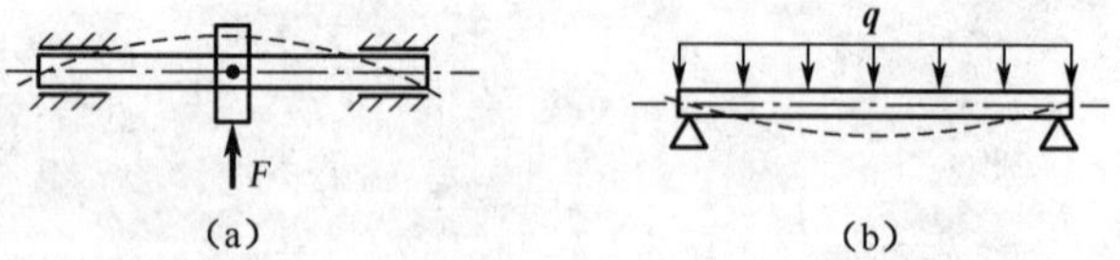

图 12.1

工程实际中常用直梁的横截面形状主要有圆形、矩形、T 字形和工字形等，如图 12.2 所示。

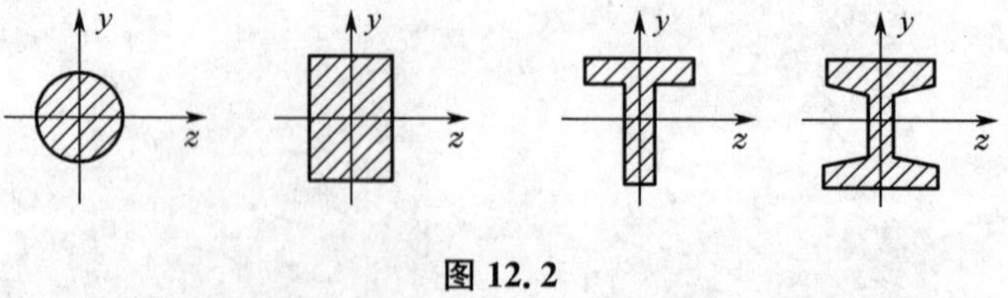

图 12.2

以上横截面一般都有一个或几个对称轴，梁的轴线和截面纵向对称轴组成的平面称为纵向对称平面，如图 12.3 所示。

若作用在梁上的所有外力都在梁的纵向对称平面内，这时梁的轴线被弯曲成纵向对称平面内的光滑的平面曲线。这种弯曲变形称为平面弯曲。

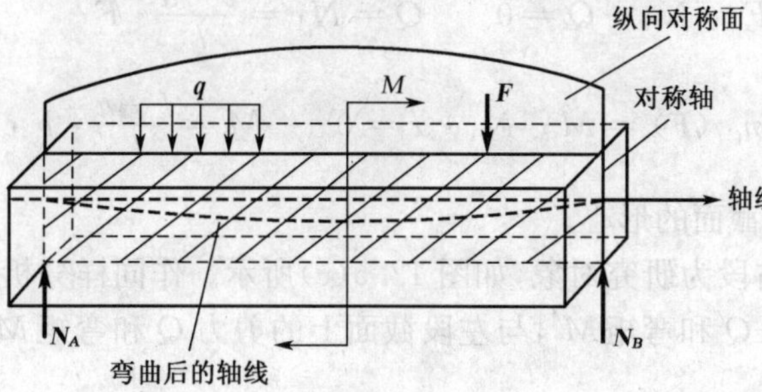

图 12.3

二、梁的类型

工程实际中，梁的结构繁简不一。为便于分析计算，通常对梁进行简化。根据支座对梁的约束的不同情况，简单的梁有三种类型，其简图如图 12.4 所示。

(1) **简支梁**　梁的一端为固定铰链支座，另一端为活动铰链支座，如图 12.4(a)所示。

(2) **悬臂梁**　梁的一端为固定端支座，另一端为自由端，如图 12.4(b)所示。

(3) **外伸梁**　梁的一端或两端伸在支座之外的简支梁，如图 12.4(c)所示。

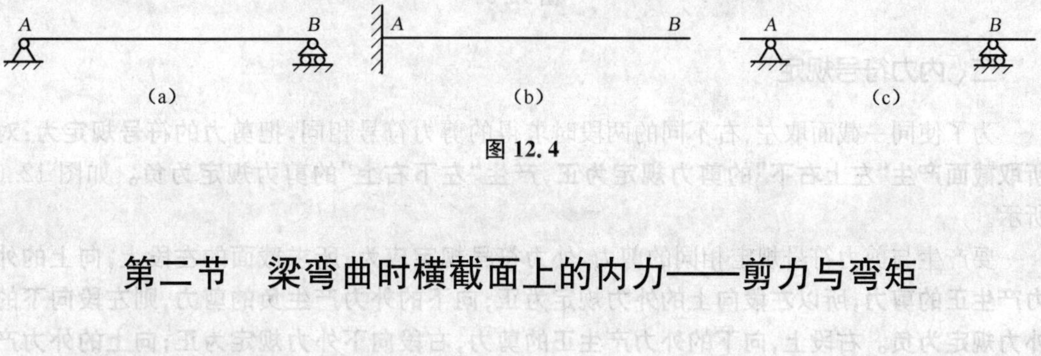

图 12.4

第二节　梁弯曲时横截面上的内力——剪力与弯矩

一、截面法求内力

本章和前面几章一样，仍然用截面法来求横截面上的内力，进而求出应力，最后建立强度条件。

如图 12.5 所示简支梁，梁上作用一集中载荷 F，现欲求 m-m 截面上的内力。

首先，利用静力平衡条件求出 A、B 的支座反力 N_A 与 N_B 为：

$$N_A = \frac{l-a}{l} \cdot F \qquad N_B = \frac{a}{l} \cdot F$$

其次，假想地用一截面将梁沿 m-m 截面截开，取左段进行分析，如图 12.5(b)所示。

为了达到平衡，在 m-m 截面上必须作用一个与 N_A 等值、反向的力 Q。N_A 与 Q 构成力偶，又有让梁顺时针转动的趋势。为了达到转动平衡，截面上必须作用有一个反力偶 M。图 12.5(b)中使梁的横截面发生错动的内力 Q 称为剪力；使梁的轴线发生弯曲的内力偶矩 M 称为弯矩。其大小可以由平衡条件求出，即：

$$\sum F = N_A - Q = 0 \qquad Q = N_A = \frac{l-a}{l} \cdot F$$

$$\sum m_{C_1}(\boldsymbol{F}) = M - N_A \cdot x = 0 \qquad M = \frac{l-a}{l} \cdot F \cdot x$$

式中，C_1 为左段 m-m 截面的形心。

若取 m-m 截面右段为研究对象，如图 12.5(c)所示。作同样分析后，可求得与左段截面上等值、反向的剪力 Q' 和弯矩 M'，与左段截面上的剪力 Q 和弯矩 M 互为作用与反作用的关系。

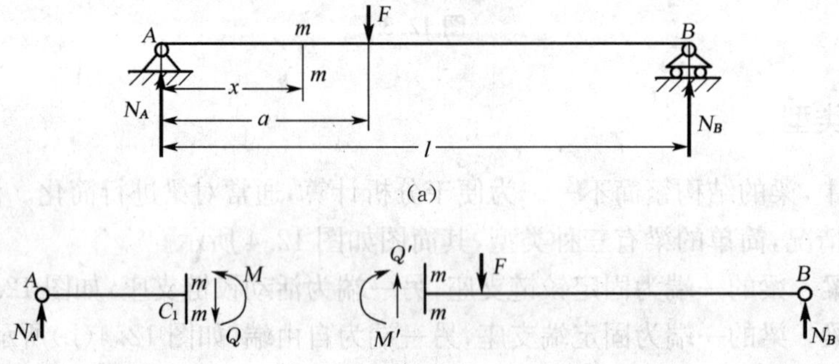

图 12.5

二、内力符号规定

为了使同一截面取左、右不同的两段时求得的剪力符号相同，把剪力的符号规定为：**对所取截面产生“左上右下”的剪力规定为正，产生“左下右上”的剪力规定为负**。如图 12.6 所示。

要产生与剪力符号规定相同的剪力，**外力符号规定应为：所求截面的左段上，向上的外力产生正的剪力，所以左段向上的外力规定为正；向下的外力产生负的剪力，则左段向下的外力规定为负。右段上，向下的外力产生正的剪力，右段向下外力规定为正；向上的外力产生负的剪力，右段向上的外力规定为负**，如图 12.6 所示。

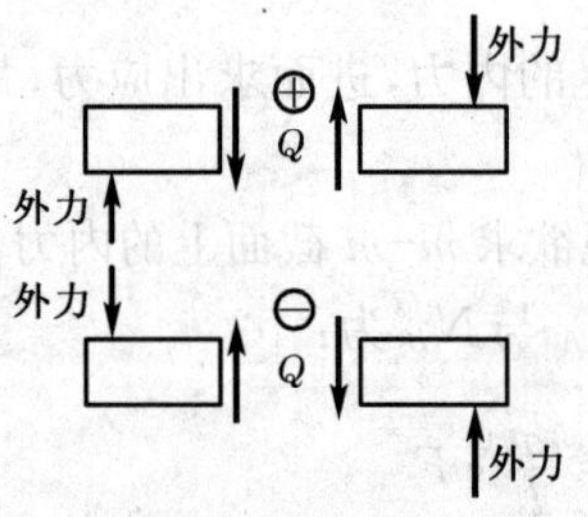

图 12.6

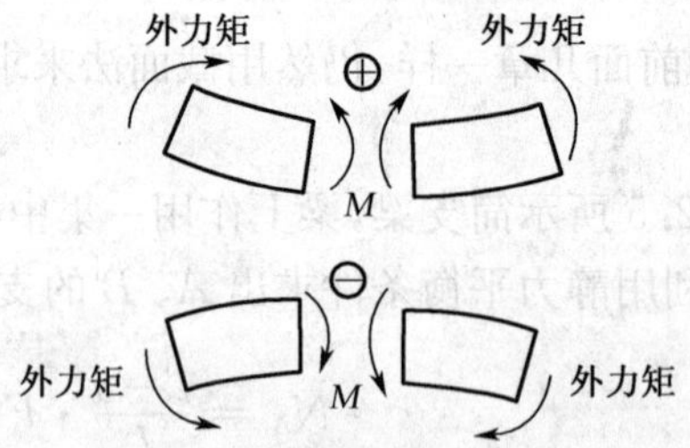

图 12.7

弯矩符号的规定为：外力使所取梁段弯曲呈上凹下凸时截面内的弯矩规定为正，呈上凸下凹时的弯矩规定为负。即对所取截面有：左顺右逆的弯矩规定为正，左逆右顺的弯矩规定为负，如图 12.7 所示。

要产生与弯矩符号规定相同的弯矩，**外力和外力偶符号规定应为：所有使梁产生上凹下**

凸弯曲变形的外力和外力偶规定为正；所有使梁产生上凸下凹的弯曲变形的外力和外力偶规定为负。即所取梁段对截面形心有：左顺右逆的外力、外力矩产生规定为正的弯矩，则为正；左逆右顺的外力、外力矩产生规定为负的弯矩，则为负，如图 12.7 所示。

三、应用举例

下面举两例来熟悉剪力、弯矩的求解。

例 12-1　悬臂梁受力如图 12.8(a)所示，求 1-1 截面上的剪力和弯矩。

解　(1) 用截面法求 1-1 截面上的内力

用假想的截面沿 1-1 截面截开，保留左段，作左段的受力图，如图 12.8(b)所示。

列保留部分的平衡方程式，有：

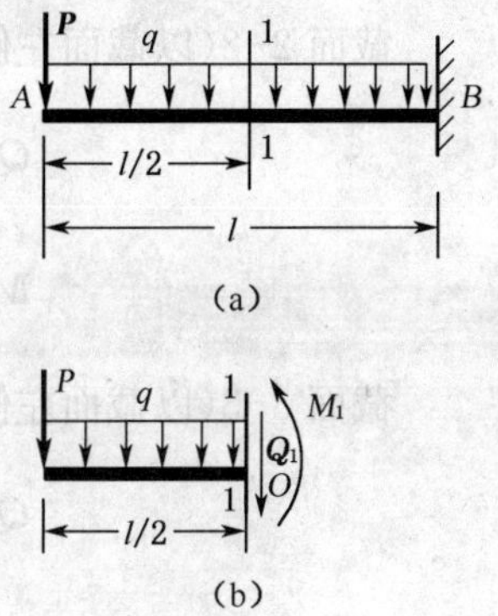

图 12.8

$\sum F_y = 0$

$$-P-\frac{1}{2}ql-Q_1=0$$

$$Q_1=-P-\frac{1}{2}ql$$

$\sum M_O(\boldsymbol{F})=0$

$$P\times\frac{l}{2}+\left(\frac{1}{2}ql\right)\times\frac{l}{4}+M_1=0$$

$$M_1=-\frac{1}{2}Pl-\frac{1}{8}ql^2$$

求得的 Q_1、M_1 均为负值，说明内力实际方向与假设方向相反。

(2) 用符号规定直接求 1-1 截面上的内力

$$Q_1=-P-\frac{1}{2}ql$$

$$M_1=-\frac{1}{2}Pl-\frac{1}{8}ql^2$$

两种方法求得的内力值完全一样，但用符号规定求解简便得多。

例 12-2　外伸梁 AB 上的载荷如图 12.9 所示。已知均布载荷 q、集中力偶 $M=qa^2$，图中截面 2-2 与 3-3 都无限接近于截面 C；截面 4-4 与 5-5 也无限接近于截面 A，距离 $\Delta\to 0$。试求图示各指定截面的剪力和弯矩。

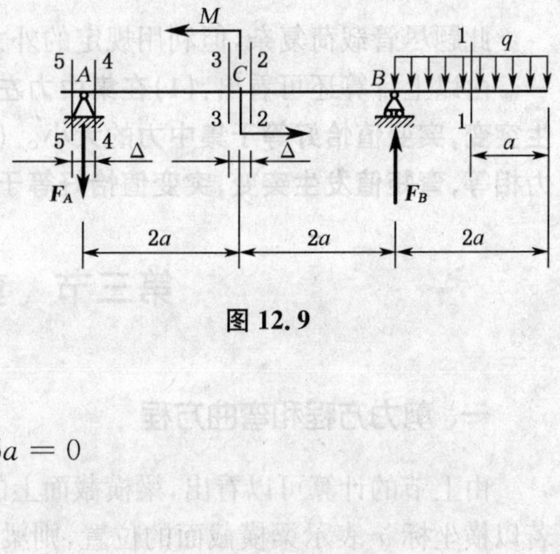

图 12.9

解　(1) 计算梁的支座反力。

取梁整体为研究对象，作受力分析图，列平衡方程有：

$\sum M_A(\boldsymbol{F})=0$

$$F_B\times 4a+M-q\times 2a\times 5a=0$$

$$F_B=\frac{9}{4}qa$$

$\sum M_B(F)=0$,

$$F_A\times 4a+M-q\times 2a\times a=0$$

$$F_A=\frac{1}{4}qa$$

(2) 按剪刀 Q、弯矩 M 的计算规律求各指定截面的剪力和弯矩。

截面 1-1(以截面右侧的外力计算):

$$Q_1=qa$$

$$M_1=-qa\times\frac{a}{2}=-\frac{1}{2}qa^2$$

截面 2-2(以截面左侧外力计算):

$$Q_2=-F_A=-\frac{1}{4}qa$$

$$M_2=-F_A\times 2a-M=-\frac{1}{4}qa\times 2a-qa^2=-\frac{3}{2}qa^2$$

截面 3-3(以截面左侧外力计算):

$$Q_3=-F_A=-\frac{1}{4}qa$$

$$M_3=-F_A\times 2a=-\frac{1}{4}qa\times 2a=-\frac{1}{2}qa^2$$

截面 4-4(以截面左侧外力计算):

$$Q_4=-F_A=-\frac{1}{4}qa$$

$$M_4=0$$

截面 5-5(以截面左侧外力计算):

$$Q_5=0$$

$$M_5=0$$

此题尽管载荷复杂,但利用规定的外力符号求截面上的内力,还是非常迅速方便。

由以上计算还可看出:**(1)在集中力左右两侧无限接近的横截面上,弯矩相同,剪力值发生突变,突变值恰好等于集中力的大小。(2)在集中力偶左右两侧无限接近的横截面上,剪力相等,弯矩值发生突变,突变值恰好等于集中力偶的大小。**

第三节　剪力图与弯矩图

一、剪力方程和弯曲方程

由上节的计算可以看出,梁横截面上的剪力和弯矩是随截面位置的变化而发生变化的。若以横坐标 x 表示梁横截面的位置,则梁在各横截面上的剪力 Q 和弯矩 M 可以写成 x 的函数：

$$Q = Q(x) \tag{12-1}$$

$$M = M(x) \tag{12-2}$$

以上两式分别称为剪力方程和弯矩方程。

二、剪力图、弯矩图

为了直观地反映梁上各横截面上的剪力和弯矩的大小及变化规律，根据剪力方程和弯矩方程，用横坐标 x 表示梁的横截面的位置，纵坐标分别表示剪力 Q 和弯矩 M 的大小，将剪力与弯矩沿截面位置的变化用图线表示出来得到剪力图和弯矩图。

剪力图上任一点的纵坐标代表与此点相对应的梁在该横截面上的剪力值。弯矩图上任一点的纵坐标代表与此点相对应的梁在该横截面上的弯矩值。作图时，一般把正的剪力和正的弯矩画在基线(x)轴上侧，负的剪力和负的弯矩画在基线(x)轴下侧。

三、应用举例

下面通过典型例子，说明剪力图和弯矩图的画法。

例 12-3　如图 12.10(a)所示，简支梁 AB 受集中载荷 $F=12\,\text{kN}$，试画出其剪力图和弯矩图。

解　(1) 求 A、B 的支座反力 N_A 和 N_B

$$\sum m_B(F) = -N_A \times 3 + F \times 1 = 0$$

$$N_A = \frac{1}{3}F = 4\,\text{kN}$$

$$\sum F_y = N_A + N_B - F = 0$$

$$N_B = F - N_A = 8\,\text{kN}$$

(2) 列剪力方程与弯矩方程

对 AC 段　取距 A 端为 x_1 的截面左段，画出受力图，如图 12.10(b)所示。列平衡方程：

$$\sum F_y = Q_1 - N_A = 0$$

$$Q_1 = N_A = 4\,\text{kN}$$

$$\sum m_{C_1}(F) = M_1 - N_A \cdot x_1 = 0$$

$$M_1 = 4x_1 \quad (0 \leqslant x_1 \leqslant 2)$$

对 CB 段　取距 A 端为 x_2 的截面左段，画出受力图，如图 12.10(c)所示。列平衡方程：

$$\sum F_y = Q_2 + F - N_A = 0$$

$$Q_2 = N_A - F = 4 - 12 = -8\,\text{kN}$$

$$\sum m_{C_2}(F) = M_2 + F \times (x_2 - 2) - N_A \times x_2 = 0$$

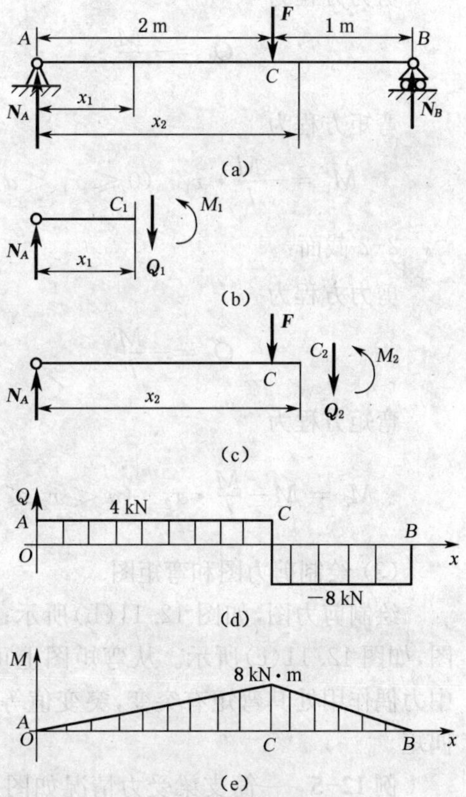

图 12.10

$M_2 = 24 - 8x_2 \quad (2 \leqslant x_2 \leqslant 3)$

(3) 绘制剪力图和弯矩图

根据梁的各段上的剪力方程和弯矩方程，绘出剪力图，如图 12.10(d)所示；绘出弯矩图，如图 12.10(e)所示。

从剪力图上可以看出，在集中力 F 作用处，剪力图上会发生突变，突变值等于集中力 F 的大小。由剪力图和弯矩图可看出，集中力 F 作用的 C 截面，剪力和弯矩值都达到最大值。

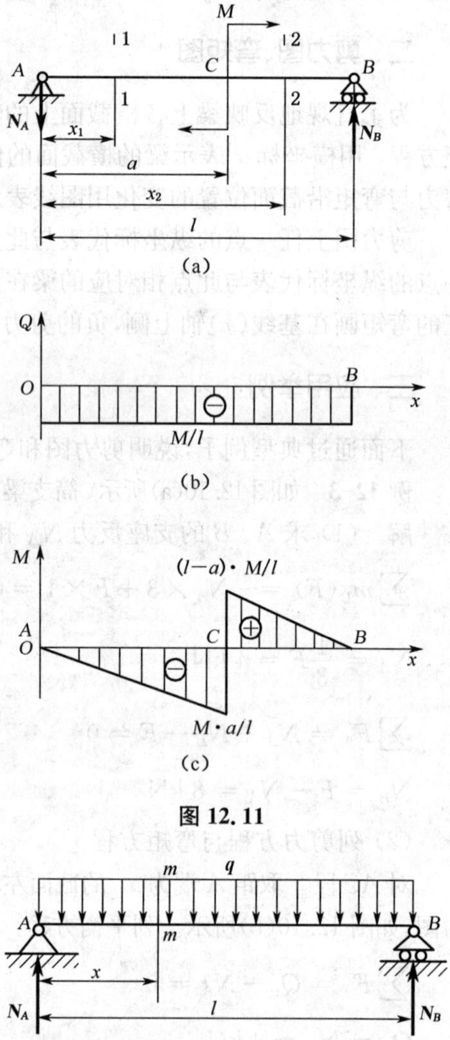

图 12.11

例 12-4 如图 12.11(a)所示，简支梁 AB 上作用一集中力偶 M，试绘出梁 AB 的剪力图和弯矩图。

解 (1) 求 AB 的支座反力 N_A 和 N_B

由力偶系平衡可得

$$\sum M = N_B \cdot l - M = 0$$

$$N_A = N_B = \frac{M}{l}$$

(2) 列剪力方程和弯矩方程

1-1 截面：

剪力方程为

$$Q_1 = -\frac{M}{l}$$

弯矩方程为

$$M_1 = -\frac{M}{l} \cdot x_1 \quad (0 \leqslant x_1 < a)$$

2-2 截面：

剪力方程为

$$Q_2 = -\frac{M}{l}$$

弯矩方程为

$$M_2 = M - \frac{M}{l} \cdot x_2 \quad (a < x_2 \leqslant l)$$

(3) 绘制剪力图和弯矩图

绘制剪力图，如图 12.11(b)所示；绘制弯矩图，如图 12.11(c)所示。从弯矩图上可看出，集中力偶作用处其弯矩有突变，突变值等于集中力偶矩。

例 12-5 一简支梁受力情况如图 12.12(a)所示，试作出梁的剪力图和弯矩图。

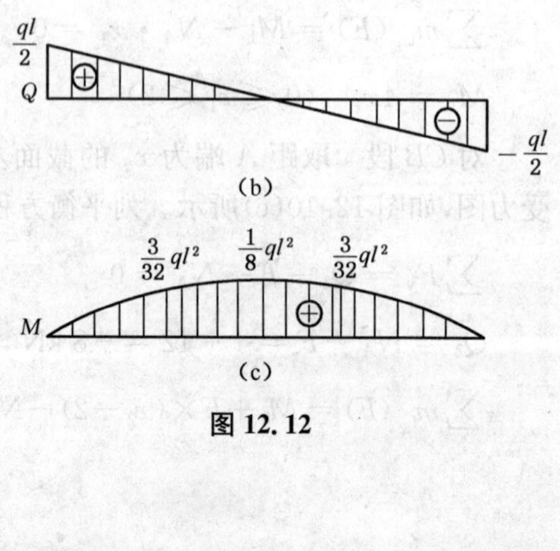

图 12.12

解　(1) 求支座反力 N_A 和 N_B　由力系平衡可得

$$N_A = N_B = \frac{ql}{2}$$

(2) 列剪力方程和弯矩方程　设截面 m-m 与 A 端之间的距离为 x，取 m-m 截面的左段为研究对象，有剪力方程为：

$$Q = \frac{ql}{2} - qx \quad (0 < x < l)$$

弯矩方程为：

$$M = \frac{ql}{2}x - \frac{qx^2}{2} \quad (0 \leqslant x \leqslant l)$$

(3) 绘制剪力图和弯矩图　根据剪力方程、弯矩方程求剪力、弯矩值。

x	0	$\frac{l}{4}$	$\frac{l}{2}$	$\frac{3l}{4}$	l
Q	$\frac{ql}{2}$	$\frac{ql}{4}$	0	$\frac{-ql}{4}$	$-\frac{ql}{2}$
M	0	$\frac{3}{32}ql^2$	$\frac{1}{8}ql^2$	$\frac{3}{32}ql^2$	0

绘制剪力图和弯矩图如图 12.12(b)、(c)所示。

由剪力图和弯矩图知剪力为零的中间截面上弯矩值最大。

四、载荷、剪力、弯矩对应关系分析

由以上例题可归纳出载荷、剪力和弯矩之间的对应关系，总结归纳于表 12.1。

表 12.1　载荷、剪力、弯矩之间对应关系

Q、M 形式 / 载荷种类	剪力方程	剪力图	弯矩方程	弯矩图
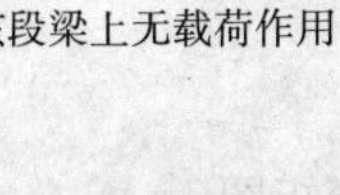 该段梁上无载荷作用	该段剪力方程为常数方程 $Q = C$	剪力图为水平直线 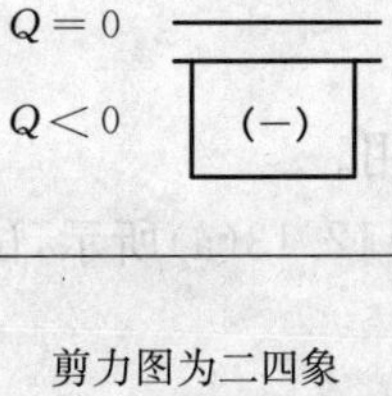	弯矩方程为直线方程 $M = Qx + b$ (Q 为常数)	弯矩图为斜直线 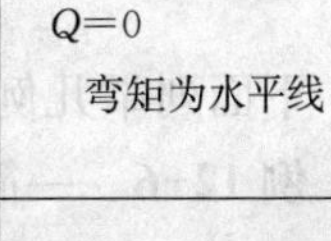 弯矩为水平线
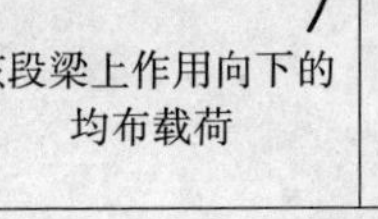 该段梁上作用向下的均布载荷	该段剪力方程为斜向下的直线方程 $Q = -qx + b$ $(q > 0)$	剪力图为二四象限斜直线	该段弯矩方程为开口向下的抛物线方程 $M = -cx^2 + nx + m$ $(c > 0)$	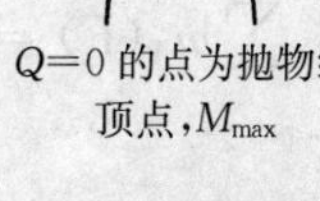 $Q=0$ 的点为抛物线顶点，M_{max}

续表 12.1

Q、M形式 / 载荷种类	剪力方程	剪力图	弯矩方程	弯矩图
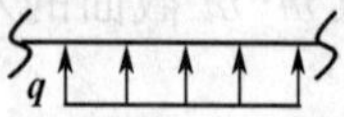 该段梁上作用向上的均布载荷	该段剪力方程为斜向上的直线方程 $Q=qx+b$ $(q>0)$	剪力图为一三象限斜直线 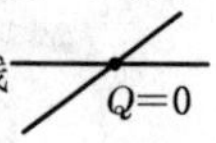	该段弯矩方程为开口向上的抛物线方程 $M=cx^2+nx+m$ $(c>0)$	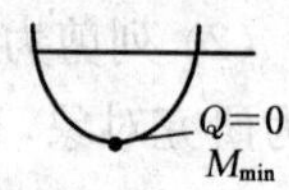 $Q=0$ 的点为抛物线顶点,$M_{\min}$
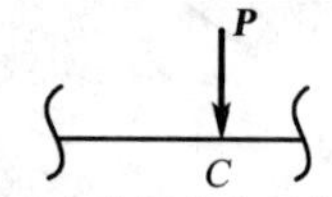 C 点作用有向下的集中载荷	C 点截面左到右剪力方程减 P $Q^{右}=Q^{左}-P$	C 点截面左到右剪力图向下突变 P 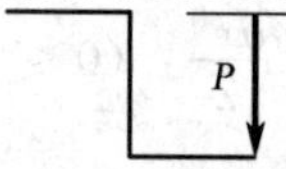	过 C 点后弯矩方程中 x 前面系数值减少 P $M=M(x)-P(x-a)$	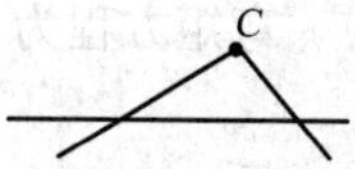 过 C 点后 M 图斜率下降 P,上部有折点
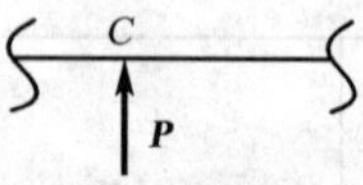 C 点作用向上的集中载荷	C 点截面左到右剪力方程加 P $Q^{右}=Q^{左}+P$	C 点截面左到右剪力图向上突变 P 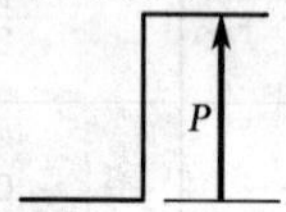	过 C 点后弯矩方程中 x 前面系数值增加 P $M=M(x)+P(x-a)$	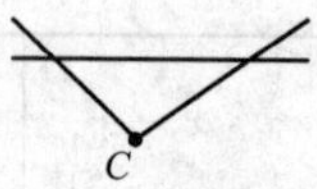 过 C 点后 M 图斜率上升,下部有折点
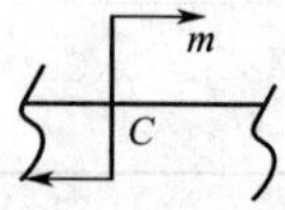 梁上 C 点作用顺时针力偶	C 点左右截面剪力方程不变 $Q_C^{右}=Q_C^{左}=Q$	剪力图不变	弯矩方程左到右加集中力偶 m $M_C^{右}=M_C^{左}+m$	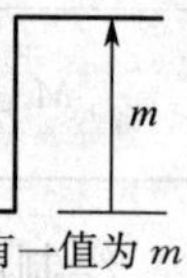 弯矩图有一值为 m 向上突变
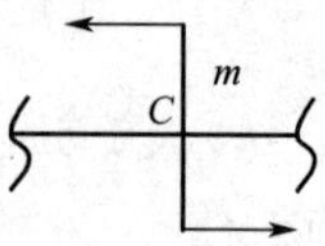 梁上 C 点作用逆时针力偶	C 点左右截面剪力方程不变 $Q_C^{右}=Q_C^{左}=Q$	剪力图不变	弯矩方程左到右减集中力偶 m $M_C^{右}=M_C^{左}-m$	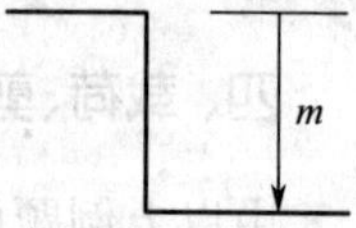 弯矩图有一值为 m 向下突变

上表一共总结了梁上可能出现的七种载荷情况下对应的剪力方程、弯矩方程及剪力图、弯矩图的形式。利用上述结论,可以不用列剪力方程和弯矩方程,而简捷地画出剪力图和弯矩图,其方法是:以梁上的界点将梁分为若干段,再由剪力、弯矩的规律求出各段界点处的内力值,最后根据上面归纳出的剪力图、弯矩图与载荷图的对应关系画出相应各段的内力图。

五、应用举例

下面列举几例说明方法的具体应用。

例 12-6 一简支梁受力情况如图 12.13(a)所示,试作梁的剪力图和弯矩图。

解 (1) 求 A、D 支座反力

对全梁列平衡方程

$\sum m_A(F)=0$

$$R_D(2a+BC)-Pa-P(a+BC)=0 \quad R_D=P$$

$\sum F_y = 0$

$$R_A + R_D - P - P = 0 \quad R_A = P$$

(2) 分段

全梁共分三段：AB、BC、CD

(3) 确定各界点的内力值

$$Q_A^{右} = P \quad M_A = 0$$

$$Q_B^{右} = 0 \quad M_B = Pa$$

$$Q_C^{右} = -P \quad M_C = Pa$$

$$Q_D^{右} = 0 \quad M_D = 0$$

(4) 作剪力图、弯矩图

根据载荷图和剪力图可知：A 点作用向上的集中力 P，剪力向上 P，值为正；A 点弯矩值为零。AB 段梁上无载荷作用，剪力为 P，剪力图为基线上的水平线；弯矩为一三象限斜直线，B 点弯矩值为 Pa。B 点作用向下的集中力 P，B 点剪力向下突变 P，到零；B 点弯矩斜率下降 P，值不变。BC 段梁上无载荷，剪力为零，剪力图为与基线重合的水平直线；弯矩为常数 Pa，弯矩图为值为 Pa 的水平直线。C 点作用向下的集中力 P，剪力下降 P，到 $-P$；弯矩斜率下降 P，值不变。CD 段无载荷作用，剪力图为值为 $-P$ 的水平直线，弯矩图为二四象限的斜直线，D 点弯矩为零。D 点支座作用向上的集中力 P，剪力向上突变 P，到零，剪力图封闭；D 点弯矩为零，弯矩图封闭。

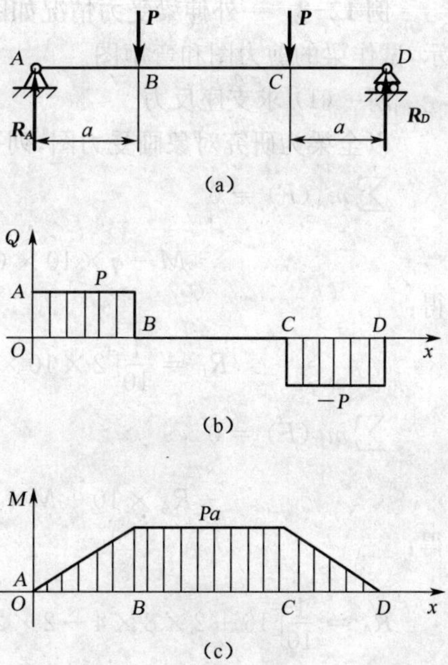

图 12.13

作出的剪力图、弯矩图如图 12.13(b)(c)所示。

从作图的步骤可以看出，界点值不用全部单独求出，在作图的过程中根据情况逐渐求解。以下的例题进一步简化求解过程。

例 12-7　作图 12.14(a)所示悬臂梁 ABC 的剪力图和弯矩图。

解　(1)求支座反力 R_A，作用力偶 m_A

$\sum F_y = 0$

$$R_A - F = 0 \quad R_A = F$$

$\sum m_A(F) = 0$

$$m_A + M - F \times 2l = 0 \quad m_A = Fl$$

(2) 根据对应关系作剪力图和弯矩图

A 点,作用向上集中力 F,剪力图向上突变 F;作用逆时针力偶 Fl,弯矩图向下突变 Fl。AB 段,梁上无载荷作用,剪力不变,剪力图为值为 F 的水平直线;弯矩图是斜率为正的直线,B 点左侧弯矩为零。B 点,作用逆时针力偶 Fl,剪力图不变;弯矩图向下突变 Fl。BC 段,梁上无载荷,剪力仍为 F 的水平线;弯矩为斜率为正的直线,C 点的弯矩值为零。C 点,作用向下的集中力 F,剪力向下突变 F,到零,剪力图封闭,作剪力图如图 12.14(b)所示;C 点弯矩为零,弯矩图封闭,作弯矩图如图 12.14(c)所示。

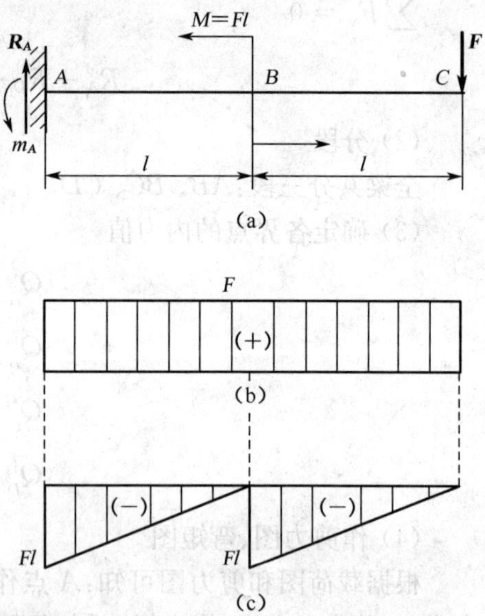

图 12.14

例 12-8 一外伸梁受力情况如图 12.15(a)所示,试作梁的剪力图和弯矩图。

解 (1) 求支座反力

以全梁为研究对象画受力图,列平衡方程

$\sum m_A(F) = 0$

$$M - q\times10\times(5+2) - P\times12 + R_B\times10 = 0$$

得:

$$R_B = \frac{1}{10}[2\times10\times(5+2)+2\times12-16] = 14.8\ \mathrm{kN}$$

$\sum m_B(F) = 0$

$$-R_A\times10 + M + q\times8\times4 - q\times2\times1 - P\times2 = 0$$

得:

$$R_A = \frac{1}{10}[16+2\times8\times4-2\times2-2\times2] = 7.2\ \mathrm{kN}$$

(2) 画剪力图

A 点有一向上集中力 $R_A = 7.2$ kN,故剪力图在此向上突变 7.2 kN,AC 段上无载荷故剪力图为水平直线;CB 段受向下均布载荷作用,剪力图为一斜向下的直线,B 点左侧剪力值为 −8.8 kN 可作出此斜线;B 点有一向上集中力 $R_B = 14.8$ kN,故剪力图在此向上突变 14.8 kN,所以 B 点右侧剪力为 $14.8-8.8=6$ kN,BD 段仍受向下均载作用,所以剪力图仍是一斜向下的直线,D 点左侧剪力值为 2 kN;D 点作用向下 2 kN 的集中力,所以剪力图在

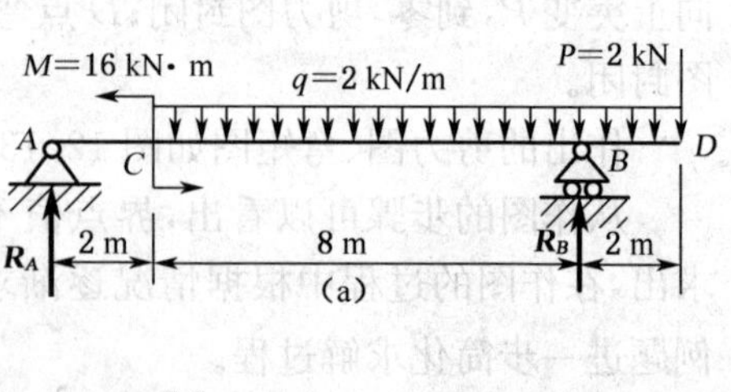

图 12.15

此向下突变 2 kN 到零，剪力图封闭。根据各界点值和曲线规律作出整个梁的剪力图如图 12.15(b) 所示。

(3) 画弯矩图

AC 段上剪力图为一剪力大于零的水平线，弯矩图即为一斜向上的直线，由 $M_A^{右}=0$，$M_C^{左}=14.4\ \text{kN}\cdot\text{m}$，画出该段弯矩图；C 点有一左逆外力偶矩，此点弯矩向下突变 16 kN·m 到 −1.6 kN·m，CB 段受向下均载作用，剪力图为一斜向下的直线，弯矩图即为一开口向下的抛物线，抛物线的顶点在剪力为零的点上，由该段剪力方程 $Q=R_A-q(x-2)=7.2-2(x-2)=0$ 得 $x=5.6\ \text{m}$。即 $x=5.6\ \text{m}$ 处剪力为零，弯矩达到抛物线曲线的顶点。则此处弯矩由该段的弯矩方程为：$M=R_A\cdot x-M-q(x-2)\times\frac{(x-2)}{2}$，将 $x=5.6\ \text{m}$ 代入弯矩方程，求得弯矩值为 $M=11.4\ \text{kN}\cdot\text{m}$，$x=10\ \text{m}$ 代入求得 B 点弯矩值 $M=-8\ \text{kN}\cdot\text{m}$，画出该抛物线即得该段弯矩图。BD 段受向下的均布载荷作用，该段剪力为正，弯矩就为开口向下的抛物线的左段部分，根据 BD 段载荷和剪力图可画出该段弯矩图，D 点弯矩值为零，弯矩图封闭。整个梁的弯矩图如图 12.15(c) 所示。

第四节　梁弯曲时横截面上的正应力

一、纯弯曲与横力弯曲的概念

求得梁的横截面上的剪力和弯矩后，还不能解决梁的强度问题，必须进一步了解横截面上各点应力分布的规律。前面曾经指出，剪力是与横截面相切的内力系的合力；而弯矩是与横截面垂直的分布内力系的合力偶矩。因此，梁截面上有剪力时就必然有剪应力；而梁截面上有弯矩时就必然有正应力。本章只讨论与弯矩 M 相对应的正应力。横截面上只有正应力而无剪应力的梁，称为纯弯曲梁，如图 12.16 简支梁 BC 段即为纯弯曲梁段。

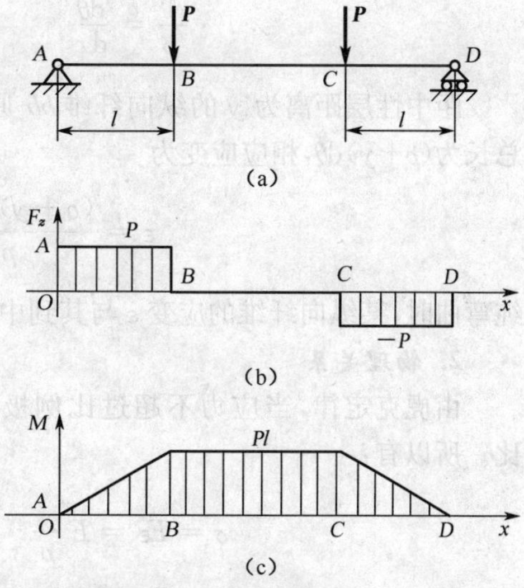

图 12.16

二、纯弯曲梁横截面上正应力公式

(一) 纯弯曲变形现象与假设

分析纯弯曲梁的变形，必须从弯曲实验开始。实验时在杆件的表面上作两条和横截面垂直的纵向线 aa、bb 以及和轴线垂直的两条横向线 11、22，如图 12.17(a)所示。然后使杆件发生纯弯曲变形，变形后 11 和 22 仍为直线，仍然与已经变为弧线的 aa 和 bb 垂直，只是相对的转了一个角度，如图 12.17(b)所示。根据这种感性认识做如下假设：**变形前为平面的横截面在弯曲变形后仍保持为平面，并且仍然垂直于变形后梁的轴线，只是绕截面内的某一轴旋转**

了一个角度。这就是弯曲时的平面假设。

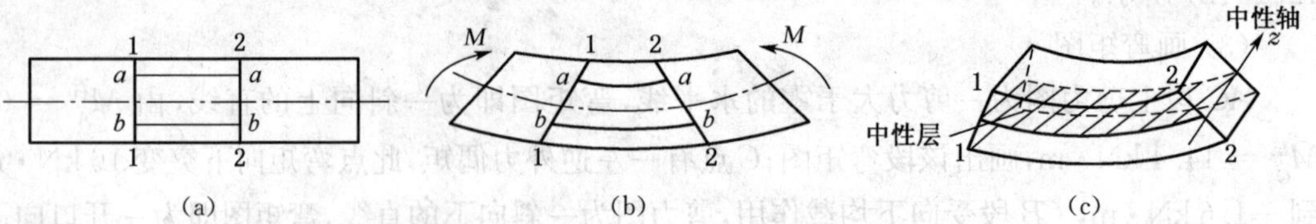

图 12.17

若将 11 和 22 所夹部分取出，如图 12.17(c)所示。其中每条和轴线平行的线段，我们称之为纤维。显然上部纤维缩短，下部纤维伸长，根据变形的连续性，它们之间必有一层纵向纤维既不伸长又不缩短，这一层称为中性层。中性层与横截面的交线称为中性轴。中性层将横截面分为受拉区和受压区，在受拉区或受压区内，纵向纤维的变形与到中性轴的距离成正比，这表明纵向纤维所受的力与到中性轴的距离成正比。由于每根纵向纤维可以代表横截面上的一点，因此横截面上任意一点的正应力与该点到中性轴的距离成正比。

(二) 正应力公式推导

下面从三个方面来讨论和研究横截面上的正应力计算式。

1. 变形几何关系

由图 12.18 可看出，梁变形后，包含直线 11 和 22 的两个横截面，在弧线 aa(或弧线 bb)的曲率中心处相交，令 $\mathrm{d}\theta$ 为此二平面的夹角，以 ρ 为梁中性层的曲率半径，此两截面相距为 $\mathrm{d}x$，则梁中性层的曲率为

$$\frac{1}{\rho}=\frac{\mathrm{d}\theta}{\mathrm{d}x}$$

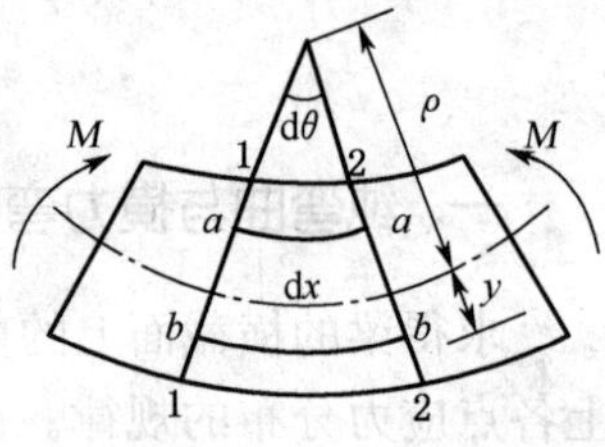

图 12.18

距中性层距离为 y 的纵向纤维 bb 原长 $\mathrm{d}x=\rho\mathrm{d}\theta$，伸长后总长为$(\rho+y)\mathrm{d}\theta$，相应应变为

$$\varepsilon=\frac{(\rho+y)\mathrm{d}\theta-\rho\mathrm{d}\theta}{\rho\mathrm{d}\theta}=\frac{y\mathrm{d}\theta}{\rho\mathrm{d}\theta}=\frac{y}{\rho} \tag{12-3}$$

纯弯曲时，某纵向纤维的应变 ε 与其到中性面的距离 y 成正比。

2. 物理关系

由虎克定律，当应力不超过比例极限时，应力应变成正比。所以有：

$$\sigma=E\varepsilon=E\frac{y}{\rho} \tag{12-4}$$

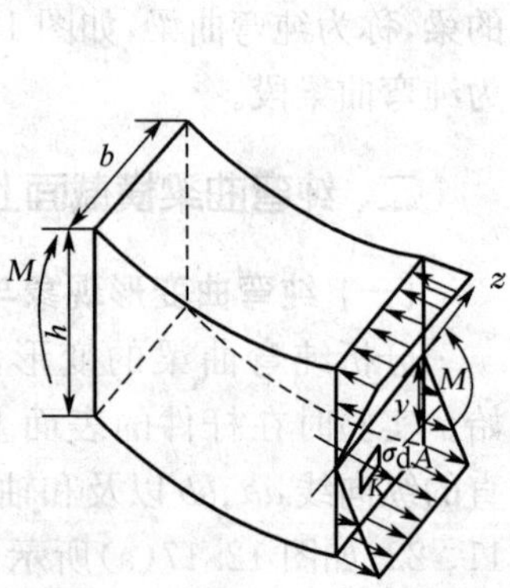

图 12.19

横截面上任意一点的正应力与该点到中性轴的距离成正比，距中性轴等距离的各点正应力相等，而中性轴上各点正应力为零。横截面上应力分布如图 12.19 所示。

3. 静力关系

如图 12.19 所示的截面上，在 K 点附近取微面积元 $\mathrm{d}A$，z 为中性轴，y 为 K 到 z 的距

离，σdA 为 dA 上的法向内力，截面上各处的法向内力构成空间平行力系，应用平衡条件：

$$\sum F_x = 0 \quad \int_A \sigma \mathrm{d}A = 0$$

$$\int_A \sigma \mathrm{d}A = \int_A \frac{E \cdot y}{\rho} \mathrm{d}A = \frac{E}{\rho} \int_A y \mathrm{d}A = 0$$

即：

$$\int_A y \mathrm{d}A = 0$$

令 $S_z = \int_A y \mathrm{d}A$

$$S_z = \int_A y \mathrm{d}A = y_C \cdot A = 0$$

所以有 $y_C = 0$。

$y_C = 0$，这说明横截面形心在 z 轴上，即中性轴必通过横截面的形心。这样就确定了中性轴的位置。

再由：
$$\sum m_z(F) = 0 \quad M_{外} = \int_A \sigma y \mathrm{d}A = M$$

$$M = \int_A \frac{E}{\rho} y^2 \mathrm{d}A = \frac{E}{\rho} \int_A y^2 \mathrm{d}A$$

令：
$$I_z = \int_A y^2 \mathrm{d}A$$

则：
$$\frac{1}{\rho} = \frac{M}{EI_z} \tag{12-5}$$

将式(12-5)代入式(12-4)中，得正应力的计算公式为：

$$\sigma = E\frac{y}{\rho} = Ey\frac{M}{EI_z} = \frac{My}{I_z} \tag{12-6}$$

式中：M——截面上的弯矩，y——点到中性轴的距离，I_z——横截面对中性轴的惯性矩。

4. 纯弯曲梁最大正应力计算公式

离中性轴最远的梁上、下边缘处正应力最大，其值为

$$\sigma_{\max} = \frac{My_{\max}}{I_z} \tag{12-7}$$

令：
$$W_z = \frac{I_z}{y_{\max}}$$

$$\sigma_{\max} = \frac{M}{W_z}$$

W_z 称为截面对中性轴 z 的抗弯截面系数，单位 m^3 或 mm^3。

(三) 几种常见简单截面形状的惯性矩 I_z 和抗弯截面系数 W_z 的值

矩形截面(如图 12.20(a)所示)：

$$I_z=\frac{bh^3}{12}\quad W_z=\frac{I_z}{y_{\max}}=\frac{\frac{bh^3}{12}}{\frac{h}{2}}=\frac{bh^2}{6} \tag{12-8}$$

圆形截面(如图 12.20(b)所示):

$$I_z=\frac{\pi d^4}{64}\quad W_z=\frac{\pi d^3}{32} \tag{12-9}$$

圆环形截面(如图 12.20(c)所示):

$$I_z=\frac{\pi D^4}{64}(1-\alpha^4)\quad W_z=\frac{\pi D^3}{32}(1-\alpha^4)\quad \alpha=\frac{d}{D} \tag{12-10}$$

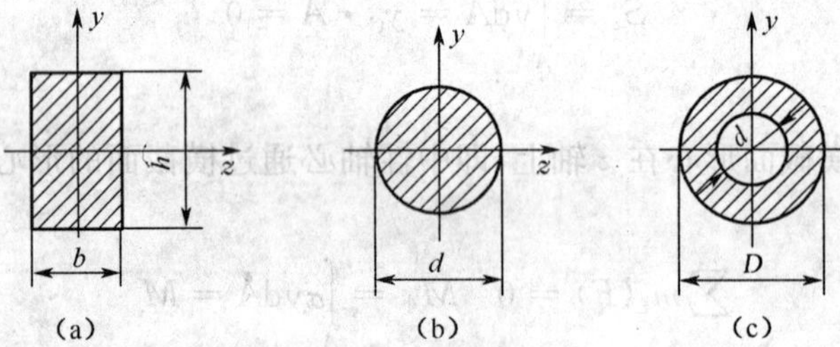

图 12.20

第五节　梁弯曲时的强度计算

一、弯曲正应力强度条件

对于等截面梁，最大正应力产生在最大弯矩作用的截面上，此截面称为危险截面。危险截面的上、下边缘正应力最大。正应力最大的点称为危险截面上的危险点。按弯曲正应力建立的强度条件为:梁的最大弯曲正应力小于或等于材料的许用应力，即

$$\sigma_{\max}=\frac{M_{\max}}{W_z}\leqslant[\sigma] \tag{12-11}$$

对于一般材料其抗拉强度与抗压强度相等时，$[\sigma]$采用材料的许用拉(压)应力。当材料的抗拉强度与抗压强度不相同，或横截面相对中性轴不对称时，应分别校核抗拉强度和抗压强度。

实际工程中，运用强度条件可以进行三方面计算:校核弯曲强度、求许可载荷和设计截面尺寸。

二、应用举例

例 12-8　图 12.21(a)、(b)马蹄形梁，受力与约束如图所示。试作出此梁的剪力和弯矩图，并计算 B 截面的最大拉应力和最大压应力。已知 $y_1=80\text{ mm}$，$y_2=120\text{ mm}$，$I_z=4\times10^6\text{ mm}^4$。

解　(1) 作梁的剪力图和弯矩图

运用静力学平衡方程可以求出 A、B 支座的约束反力为

$$R_A = 3\ \text{kN}，\quad R_B = 7\ \text{kN}$$

作梁的剪力图和弯矩图，分别为图 12.21(c)和图 12.21(d)。

(2) 求 B 截面上的最大拉压应力

根据弯矩图可知，B 截面上的弯矩为 $-4\ \text{kN}\cdot\text{m}$。

B 截面上的最大拉应力为：

$$\sigma_{l\max} = \frac{M_B y_1}{I_z} = \frac{4\ 000\ 000 \times 80}{4 \times 10^6} = 80\ \text{MPa}$$

B 截面上的最大压应力为

$$\sigma_{\max} = \frac{M_B y_2}{W_z} = \frac{4\ 000\ 000 \times 120}{4 \times 10^6} = 120\ \text{MPa}$$

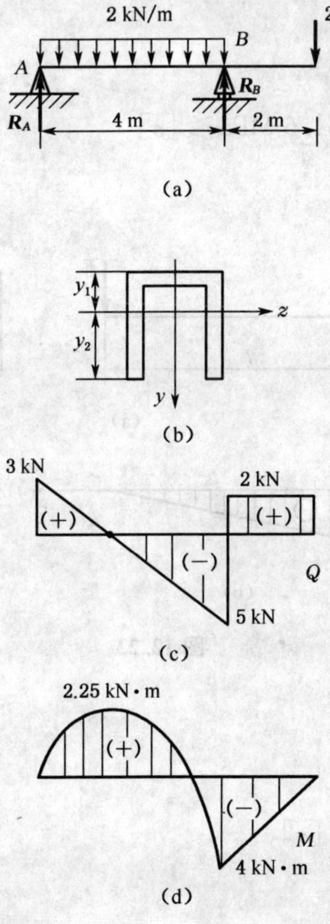

图 12.21

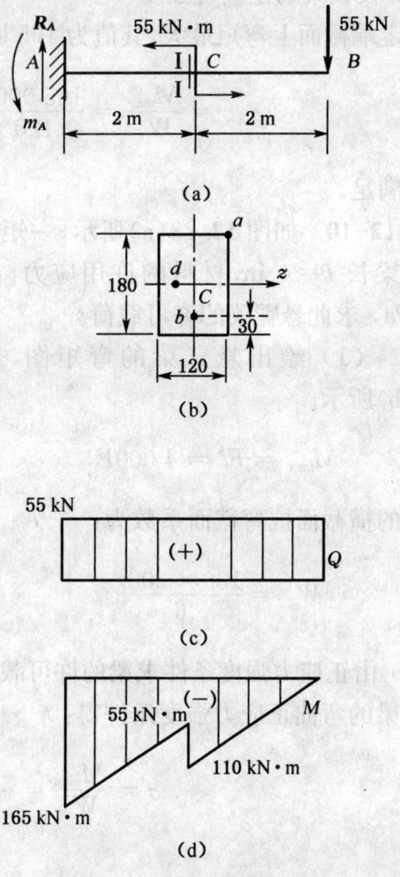

图 12.22

例 12-9　矩形截面梁的载荷和约束如图 12.22(a)所示，试画出梁的剪力图和弯矩图，并求出Ⅰ-Ⅰ截面上 a、b、d 三点(如图 12.22(b))的弯曲正应力。若材料的许用正应力 $[\sigma] = 160\ \text{MPa}$，校核梁的强度。

解 (1) 作悬臂梁的剪力图和弯矩图

运用静力学平衡方程可求得固定端的约束反力及约束反力偶 m_A 为：

$$R_A = 55\ \text{kN} \quad m_A = 165\ \text{kN} \cdot \text{m}$$

作剪力图和弯矩图,分别为图 12.22(c)和图 12.22(d)。

(2) 求 C 截面左侧 a、b、d 三点的弯曲正应力

C 截面左侧的弯矩为 $-55\ \text{kN} \cdot \text{m}$

$$\sigma_a = \frac{M_C}{W_z} = \frac{55\,000\,000 \times 6}{120 \times 180^2} = 84.9\ \text{MPa}$$

$$\sigma_b = \frac{-55\,000\,000 \times 60 \times 12}{120 \times 180^3} = -56.6\ \text{MPa}$$

$$\sigma_d = 0$$

(3) 校核梁的正应力强度

固定端截面上弯矩最大,其值为 165 kN・m

$$\sigma_{\max} = \frac{M_{\max}}{W_z} = \frac{165\,000\,000 \times 6}{120 \times 180^2} = 254.6\ \text{MPa} \geqslant [\sigma]$$

强度不满足。

例 12-10 如图 12.23(a)所示,一矩形截面悬臂梁长 $l = 4$ m,材料的许用应力 $[\sigma] = 150$ MPa,求此悬臂梁的许可载荷。

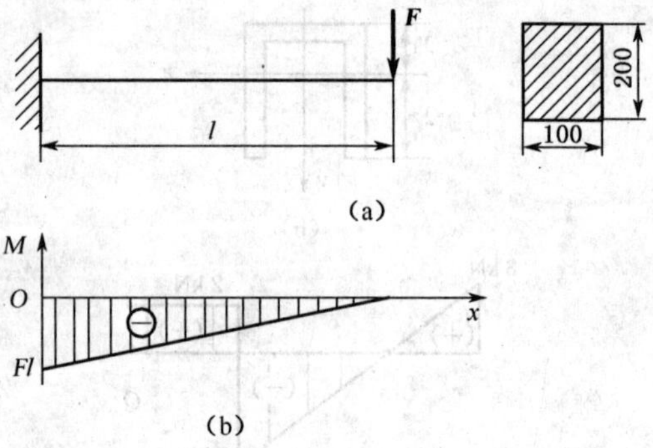

图 12.23

解 (1) 绘出悬臂梁的弯矩图,如图 12.23(b)所示。

$$M_{\max} = Fl = 4\,000F$$

梁的横截面抗弯截面系数为：

$$W_z = \frac{100 \times 200^2}{6}$$

(2) 由正应力强度条件求梁的许可载荷

由梁的弯曲正应力强度条件得：

$$\sigma = \frac{M_{\max}}{W_z} = \frac{4\,000F}{\dfrac{100 \times 200^2}{6}} \leqslant [\sigma]$$

$$F \leqslant \frac{100 \times 200^3}{6 \times 4\,000} \times 150 = 25\,000\ \text{N}$$

因此,悬臂梁的许可载荷为 $F = 25$ kN。

第六节　提高梁抗弯能力的措施

由于梁的承载能力主要取决于正应力，所以从正应力角度来分析提高梁抗弯能力的措施。

一、选择合理的截面形状

从梁的正应力强度条件可知，梁的抗弯截面系数 W_z 愈大，横截面上的最大正应力就愈小，即梁的抗弯能力就大；W_z 一方面与截面的尺寸有关，同时还与截面的形状（材料的分布情况）有关，梁的横截面面积 A 愈大，W_z 愈大，但消耗的材料也多，因此梁的合理截面应该是：用最小的横截面面积 A 得到最大的抗弯截面系数。若用比值 $\frac{W_z}{A}$ 来衡量截面的经济程度，则该比值愈大，截面就愈经济合理。

由表 12.2 中数据可见，矩形优于圆形，而工字形又优于矩形。这是因为离中性轴愈远，正应力愈大。所以应使大部分材料分布在离中性轴较远处，材料才能充分发挥作用，而工字形则符合这个原则。矩形截面竖搁比横搁合理，也是这个道理。

表 12.2　圆形、矩形和工字形截面的 W_z/A 值

截面形状	要求的 W_z	所需尺寸	截面面积	比值 W_z/A
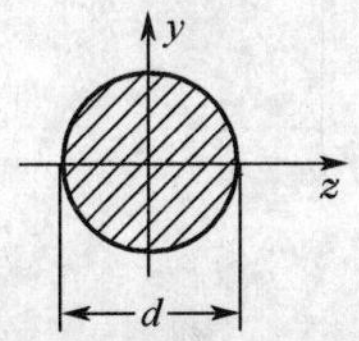	$250\times10^3\ \text{mm}^3$	$d=137$ mm	$148\times10^2\ \text{mm}^2$	1.69
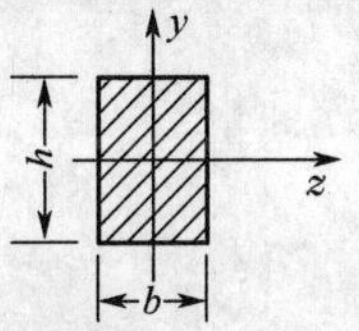	$250\times10^3\ \text{mm}^3$	$b=72$ mm $h=144$ mm	$104\times10^2\ \text{mm}^2$	2.4
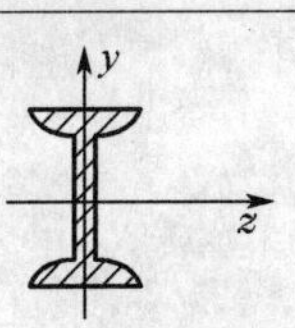	$250\times10^3\ \text{mm}^3$	206 号工字钢	$39.01\times10^2\ \text{mm}^2$	6.33

对于脆性材料，由于其许用压应力高于许用拉应力，故常采用非对称形状的截面，如 T 形截面（见图 12.24），使其满足如下关系

$$\frac{\sigma_y}{\sigma_1}=\frac{y_2}{y_1}$$

这样能使危险截面上受压与受拉两侧同时达到许用应力，从而使材料得到充分利用。

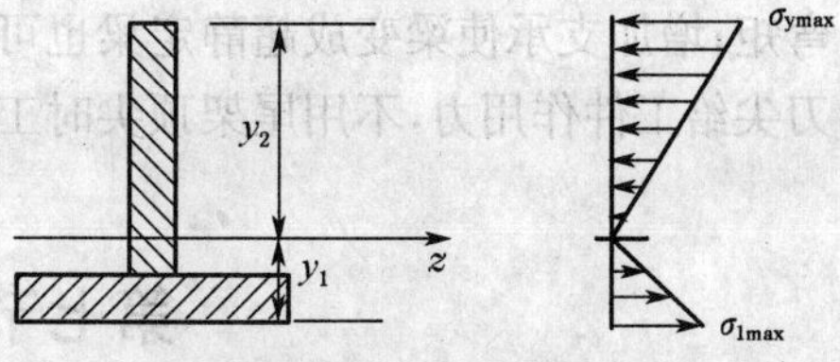

图 12.24

二、采用变截面梁

等截面梁的截面面积是根据危险截面承受的最大弯矩来设计的。由于其他截面的弯矩都比危险截面小，所以对非危险截面来说，强度都有富裕。若按各截面的弯矩来设计梁的截面尺寸，即梁的截面尺寸沿梁长度是变化的，这样的梁即是变截面梁。如图 12.25(a)、(b)即是变截面梁的实例。变截面梁可以节省一部分材料。

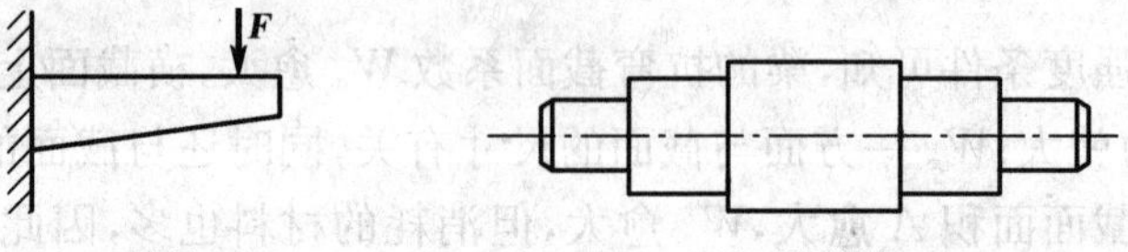

图 12.25

三、合理配置载荷

从正应力的强度条件可知，减少弯矩也可以节约材料。怎样减少弯矩呢？如图 12.26(a)中，梁最大弯矩产生在中间截面，其值为$\frac{Pl}{4}$，如果将梁改成图 12.26(b)的受力方式，这时最大弯矩为$\frac{Pl}{8}$，显然最大弯矩大大地减小了。所以在条件许可的情况下，可以通过使载荷靠近支座，或使载荷由集中变成分散的方法，来提高梁的承载能力。

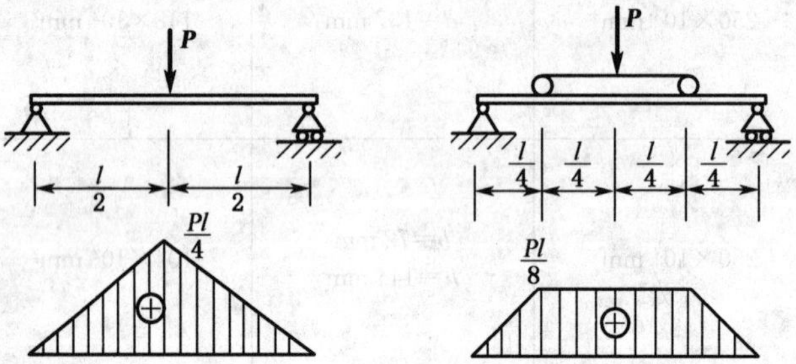

图 12.26

四、减小跨度或增加支承

梁的变形与梁的跨度的高次方成正比，减小跨度能够有效地提高梁的抗弯刚度并减少弯矩；增加支承使梁变成超静定梁也可以提高梁的抗弯刚度。如车床上车削工件时，由于车刀尖给工件作用力，不用尾架顶尖时工件易变形。使用顶尖后，变形可以减小。

第七节 梁的变形

梁除了满足强度条件外，还要满足刚度条件，才能安全正常工作。如齿轮轴变形过大，会使齿轮不正常啮合，工作时产生振动和噪音；起重机横梁的变形（如图 12.27(a)所示）如过大，会使电葫芦移动困难；机械加工中刀杆或工件的变形（如图 12.27(b)所示）会产生较大的制造误差。因此，研究梁的弯曲变形是十分必要的。

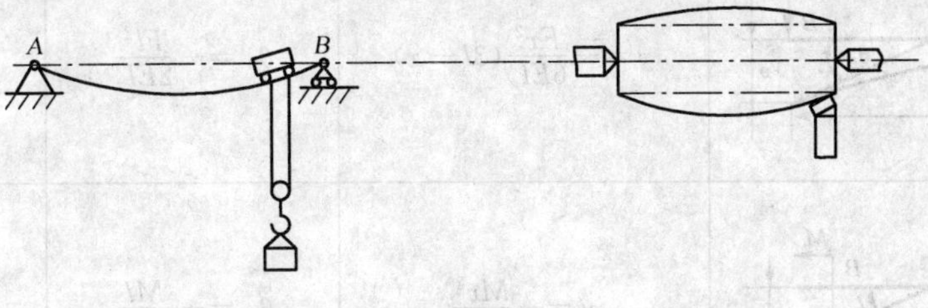

图 12.27

一、挠度与转角

度量梁弯曲变形的两个基本量是挠度和转角。研究表明，对于较长的弯曲梁，其产生弯曲变形的主要因素是弯矩，而剪力的影响一般可以忽略不计。以悬臂梁为例，变形前梁的轴线为直线 AB，m-m 截面是梁的某一横截面，如图 12.28 所示。变形后直线 AB 变为光滑的连续曲线 AB_1，m-m 截面转到了 m'-m' 的位置。轴线 AB 上各点在 y 方向产生了位移，该位移称为挠度，用 y 表示，图中的 CC_1 即为 C 点的挠度。一般规定向上的挠度为正，向下的挠度为负。挠度的单位为 mm。在弯曲变形过程中，梁的横截面绕中性轴相对于原来位置转过的角度称为该截面的转角。转角用 θ 表示，图中的 θ 即为 m-m 截面的转角。转角的单位是弧度(rad)。一般规定逆时针的转角为正，顺时针的转角为负。可以看出，转角的大小与曲线 AB_1 上 C_1 点的切线与 x 轴的夹角相等。

图 12.28 中的曲线 AB_1 表示了全梁各截面的挠度值，故称之为挠曲线。挠曲线是梁截面位置 x 的函数，记作

$$y = f(x) \qquad (12\text{-}12)$$

上式称为挠曲线方程。

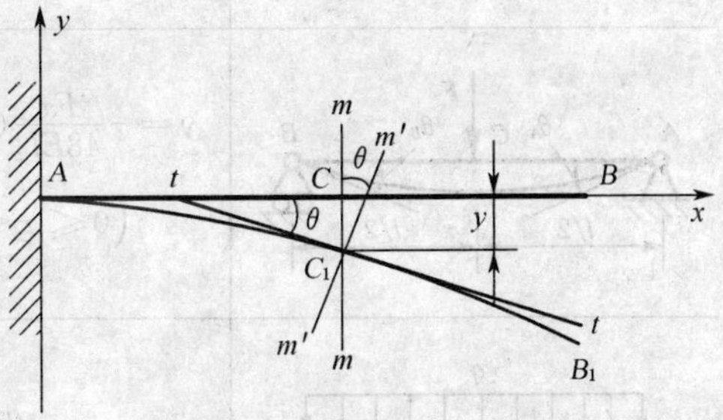

图 12.28

二、用查表法和叠加法求梁的变形

挠度和转角都是载荷的一次函数，梁上同时受到几个载荷作用时，由某一载荷作用引起梁的变形不受其他载荷作用的影响，故梁的变形满足线性叠加原理。可以分别计算出单个载荷作用下梁的挠度和转角，再将它们求代数和，得到所有载荷同时作用时梁的总变形。

工程中将梁在简单载荷作用下的弯曲变形列成表，通过查表确定梁变形值的方法称为查表法。如果梁同时受到几种载荷联合作用而发生变形时，可先从表中查出在各种载荷单独作用下的弯矩，然后将它们相加求出梁的实际弯曲变形。这种方法称为叠加法。

梁在简单载荷作用下的弯曲变形见表 12.3。

表 12.3　几种常见梁在简单载荷作用下的变形

梁的简图	挠曲线方程	端截面转角	最大挠度
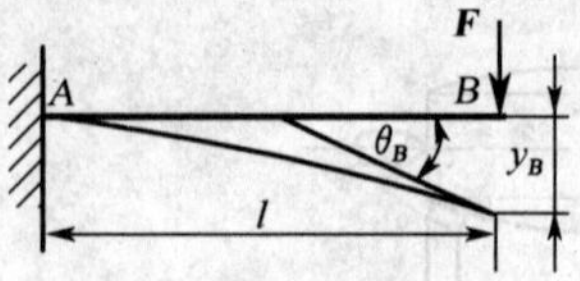	$y=-\frac{Fx^2}{6EI_z}(3l-x)$	$\theta_B=-\frac{Fl^2}{2EI_z}$	$y_B=-\frac{Fl^3}{3EI_z}$
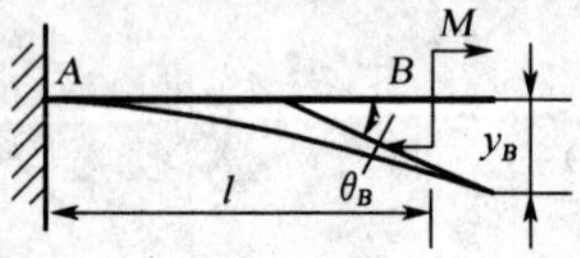	$y=-\frac{Mx^2}{2EI_z}$	$\theta_B=-\frac{Ml}{2EI_z}$	$y_B=-\frac{Ml^2}{2EI_z}$
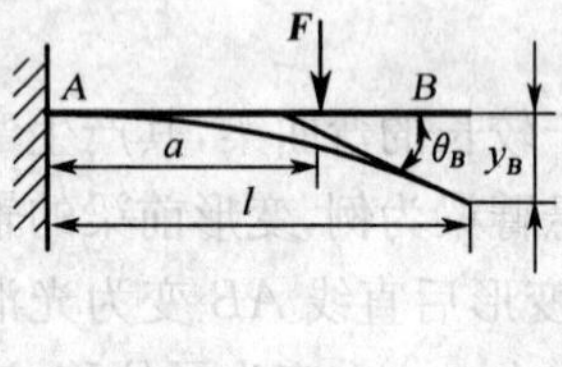	$y=-\frac{Fx^2}{6EI_z}(3a-x)$ $(0\leqslant x\leqslant a)$ $y=-\frac{Fa^2}{6EI_z}(3x-a)$ $(a\leqslant x\leqslant l)$	$\theta_B=-\frac{Fa^2}{2EI_z}$	$y_B=-\frac{Fa^2}{6EI_z}(3l-a)$
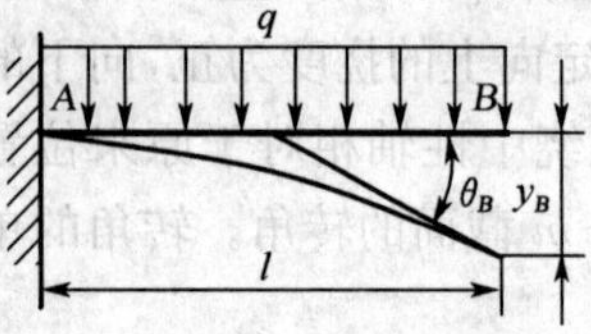	$y=-\frac{qx^2}{24EI_z}(x^2-$ $4lx+6l^2)$	$\theta_B=-\frac{ql^3}{6EI_z}$	$y_B=-\frac{ql^4}{8EI_z}$
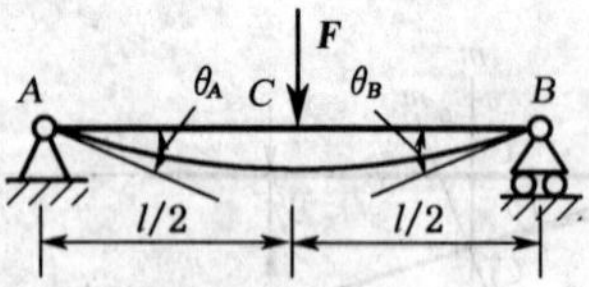	$y=-\frac{Fx}{48EI_z}(3l^2-4x^2)$ $\left(0\leqslant x\leqslant \frac{l}{2}\right)$	$\theta_A=-\theta_B=-\frac{Fl^2}{16EI_z}$	$y_{\max}=-\frac{Fl^3}{48EI_z}$
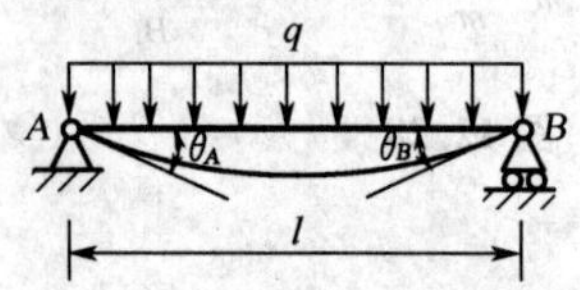	$y=-\frac{qx}{24EI_z}(l^3-$ $2lx^2+x^3)$	$\theta_A=-\theta_B=-\frac{ql^3}{24EI_z}$	$y_{\max}=-\frac{5ql^4}{384EI_z}$
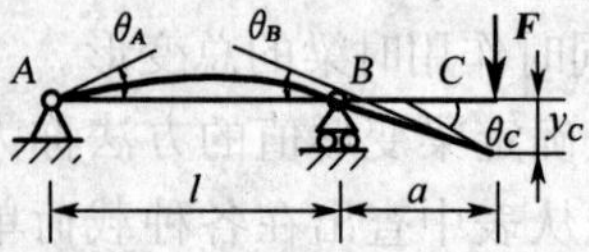	$y=\frac{Fax}{6EI_zl}(l^2-x^2)$ $(0\leqslant x\leqslant l)$ $y=-\frac{F(x-l)}{6EI_zl}\{a(3x-l)$ $-(x-l)^2\}$ $(l\leqslant x\leqslant l+a)$	$\theta_A=-\frac{1}{2}\theta_B=\frac{Fal}{6EI_z}$ $\theta_C=-\frac{Fa}{6EI_z}(2l+3a)$	$y_C=-\frac{Fa^2}{3EI_z}(l+a)$

三、刚度条件

计算梁的变形，主要目的在于进行刚度计算。所谓梁要满足刚度要求，就是指梁在外力作用下，应保证最大挠度小于许用挠度，最大转角小于许用转角。即

$$y_{\max} \leqslant [y] \tag{12-13}$$

$$\theta_{\max} \leqslant [\theta] \tag{12-14}$$

式中：$[y]$为弯曲梁的许用挠度，$[\theta]$为弯曲梁的许用转角，其值根据工作要求或参照有关工程实际手册确定。

四、应用举例

例 12-11　行车大梁用 NO. 45a 工字钢，跨度 $l = 9$ m，电动葫芦重 5 kN，最大起重量 55 kN，许用挠度 $[y] = l/500$，校核行车大梁的刚度。

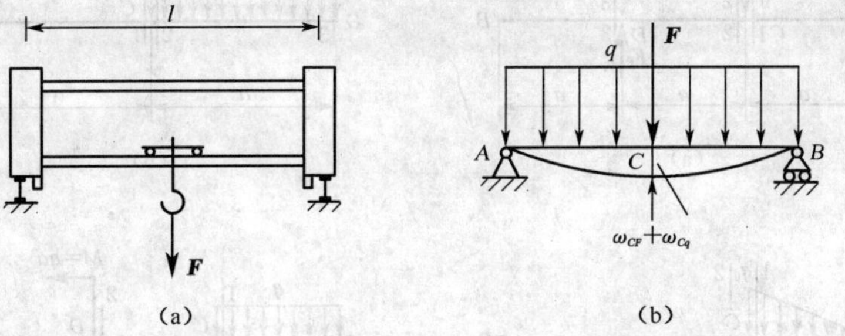

图 12.29

解　将行车简化后受力情况如图 12.29(b)。梁自重看成均布载荷，当电动葫芦处于梁的中央时，梁的变形最大。

(1) 用叠加法求挠度。

查手册：NO. 45a 工字钢 $q = 788$ N/m，$I_z = 32\,240$ cm^4，$E = 200$ GPa。

梁需要承受的最大载荷 $F = 5 + 55 = 60$ kN

查表 12.3 可得，在力 F 作用下产生的挠度为

$$y_{CF} = \frac{Fl^3}{48EI_z}$$

$$y_{CF} = \frac{60 \times 10^3 \times 9^3}{48 \times 200 \times 10^9 \times 32\,240 \times 10^{-8}} = 0.014 \text{ m}$$

在均布载荷 q 作用下产生的挠度为：

$$y_{Cq} = \frac{5ql^4}{384EI_z}$$

$$y_{Cq} = \frac{5 \times 788 \times 9^4}{384 \times 200 \times 10^9 \times 32\,240 \times 10^{-8}} = 0.001 \text{ m}$$

梁的最大变形：$y_{C\max} = y_{CF} + y_{Cq} = 0.015$ m

（2）校核梁的刚度

梁的许用挠度：

$$[y]=\frac{l}{500}=\frac{9}{500}=0.018\ \text{m}$$

则

$$y_{C\max}<[y]$$

所以梁的刚度足够。

习　题

12.1　试求题 12.1 图所示各梁中截面 1-1、2-2、3-3 上的剪力和弯矩，这些截面无限接近截面 C 或截面 D。设 F_P、q、a 为已知。

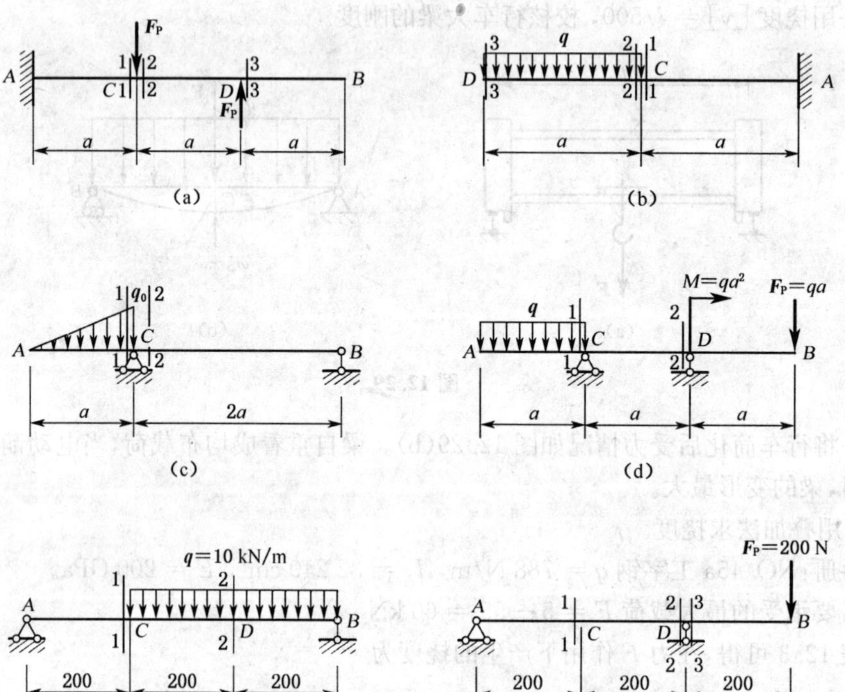

题 12.1 图

12.2　试列出题 12.2 图所示各梁的剪力方程和弯矩方程，并作剪力图和弯矩图。

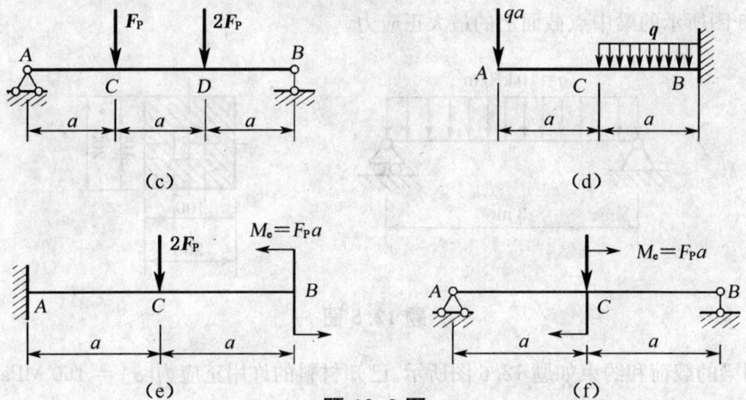

题 12.2 图

12.3　试用简易法作题 12.3 图所示各梁的剪力图和和弯矩图，并求 M_{max} 值。

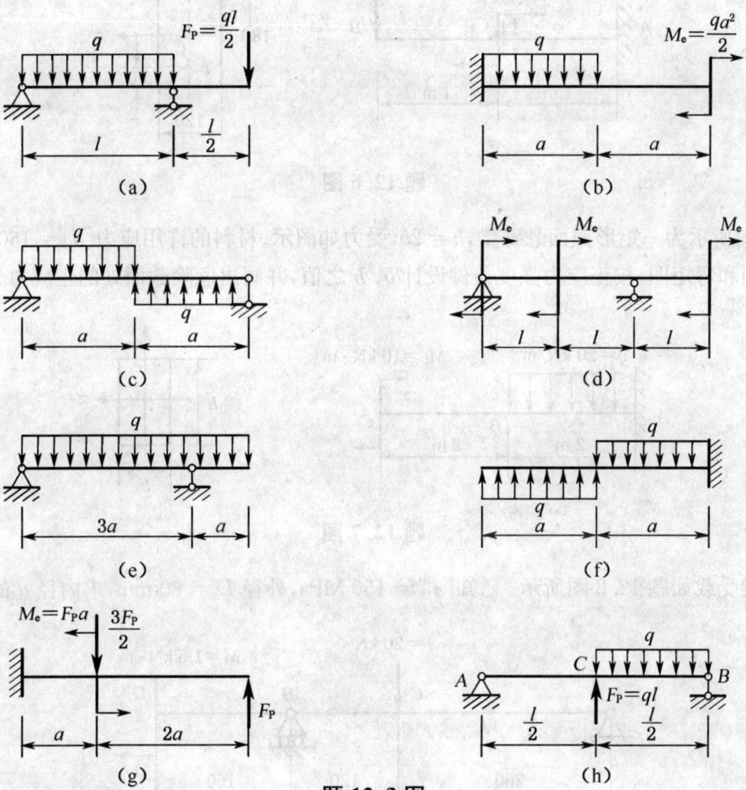

题 12.3 图

12.4　求题 12.4 图所示的 A 截面上 a、b 点的正应力。

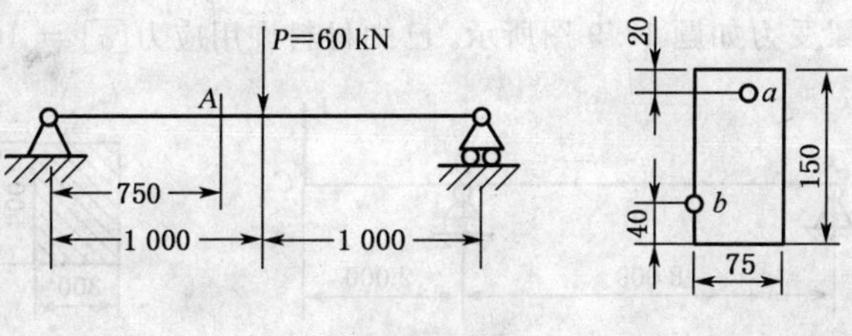

题 12.4 图

12.5 求题12.5图所示的梁中点截面上的最大正应力。

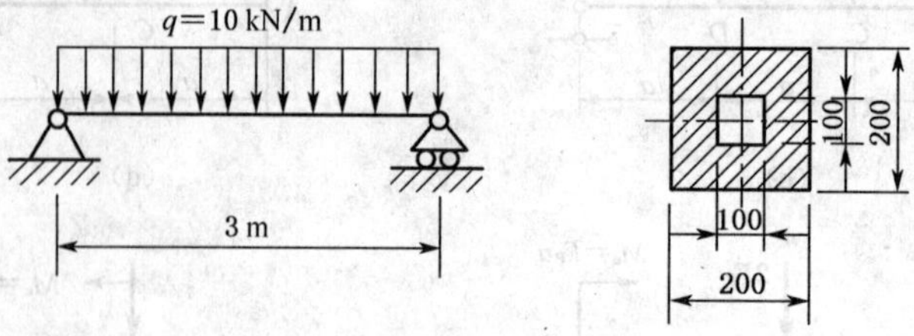

题 12.5 图

12.6 矩形截面梁的载荷和约束如题12.6图所示。已知材料的许用正应力$[\sigma]=160$ MPa，试画出梁的剪力图和弯矩图，求出Ⅰ-Ⅰ截面上a、b两点的弯曲正应力，并校核梁的正应力强度。

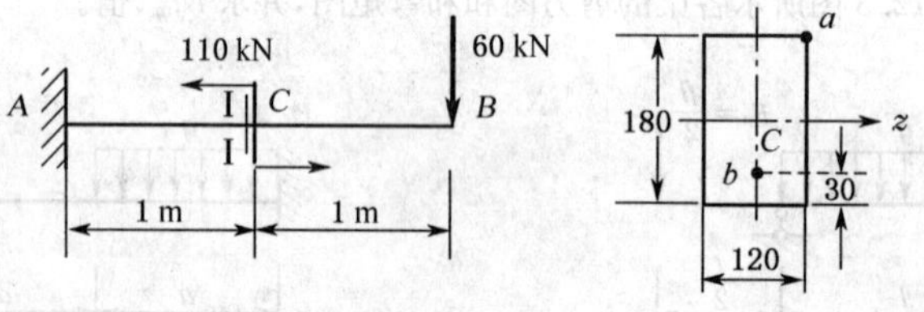

题 12.6 图

12.7 题12.7图所示为一矩形截面悬臂梁，$h=2b$，受力如图示。材料的许用应力$[\sigma]=160$ MPa，试画出梁的剪力图和弯矩图，按正应力强度条件设计b、h之值，并画出危险截面处的正应力分布图。

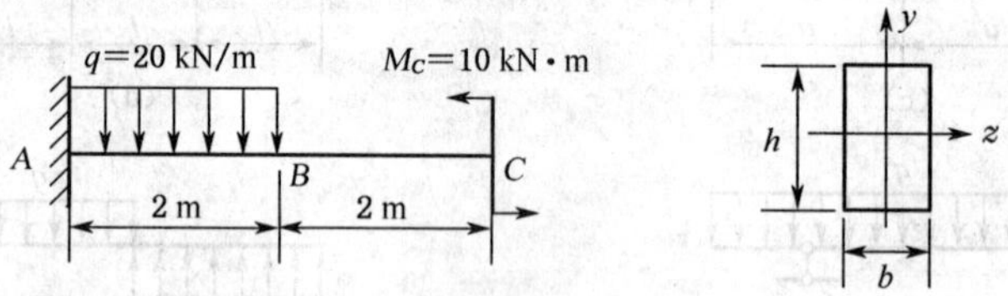

题 12.7 图

12.8 空心管梁受载如题12.8图所示。已知$[\sigma]=150$ MPa，外径$D=80$ mm，求内径d的最大值。

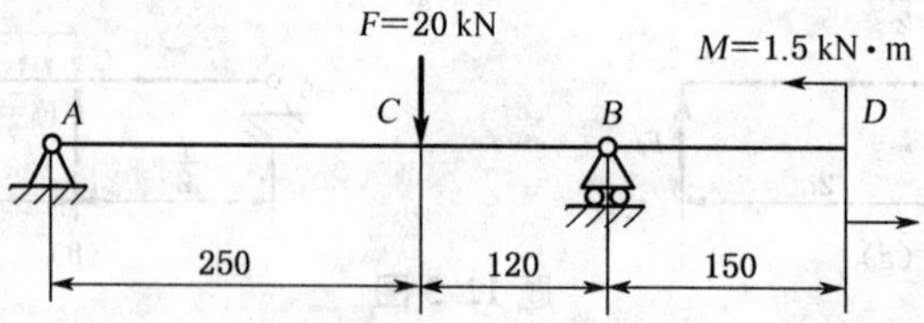

题 12.8 图

12.9 一矩形截面外伸梁受力如题12.9图所示。已知材料许用应力$[\sigma]=160$ MPa，求最大许可载荷F_{max}。

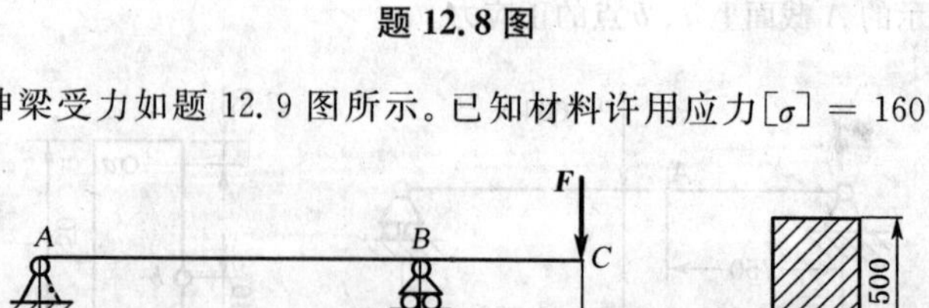

题 12.9 图

12.10　吊车大梁受力如题12.10图所示。已知材料为20a号工字钢，$W_z = 237\ cm^3$，梁长$l = 5\ m$，许用应力$[\sigma] = 160\ MPa$，试确定梁的最大起重量P。

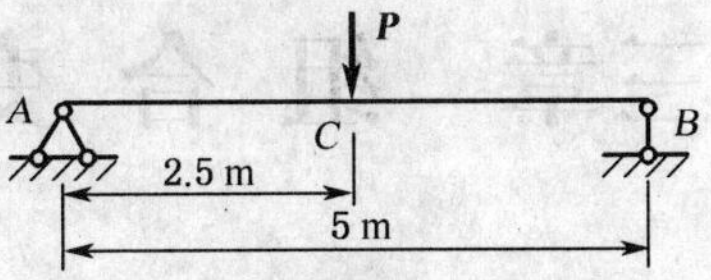

题12.10图

12.11　一矩形截面梁受力如题12.11图所示。已知$P = 2\ kN$，横截面的高宽比为3；材料为松木，其材料的许用应力$[\sigma] = 8\ MPa$，试选择截面尺寸b和h。

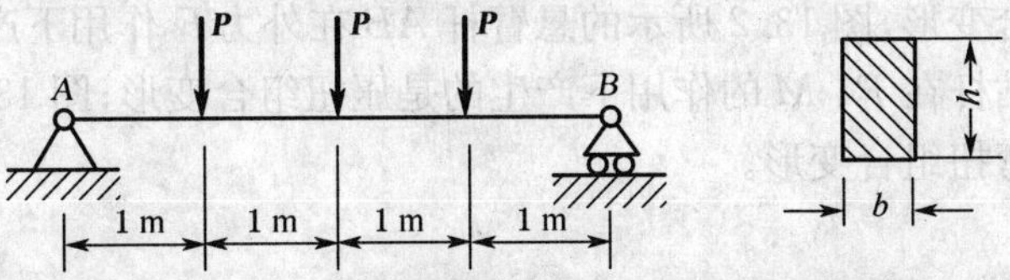

题12.11图

12.12　受均布载荷作用的外伸梁如题12.12图所示。已知$q=12\ kN/m$，材料的许用应力$[\sigma]=160\ MPa$，试选择此梁工字钢梁的型号。

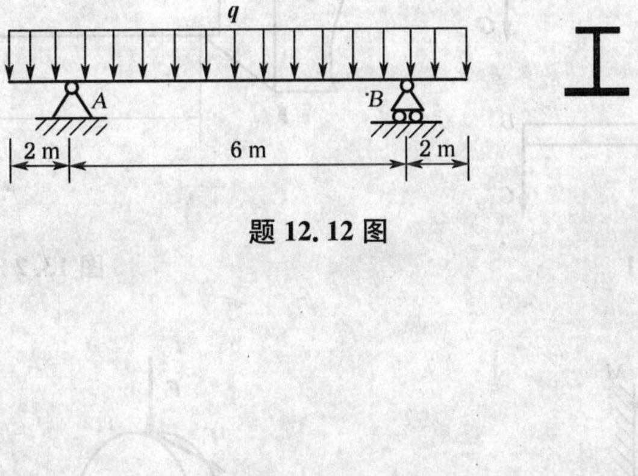

题12.12图

第十三章　组 合 变 形

以上几章,我们所研究的构件在外力作用下只发生一种基本变形。而工程上大多数构件的受力情况较为复杂,它们的变形往往是两种或两种以上的基本变形的组合。同时产生两种或两种以上基本变形的复杂变形称为组合变形。如图 13.1 所示的 AB 梁在外力作用下产生的是压弯组合变形,图 13.2 所示的悬臂杆 AB 在外力 F 作用下产生的是拉弯组合变形;图 13.3 所示的钻杆在 P、M 的作用下产生的是压扭组合变形;图 13.4 所示的转轴在外力作用下产生的是弯扭组合变形。

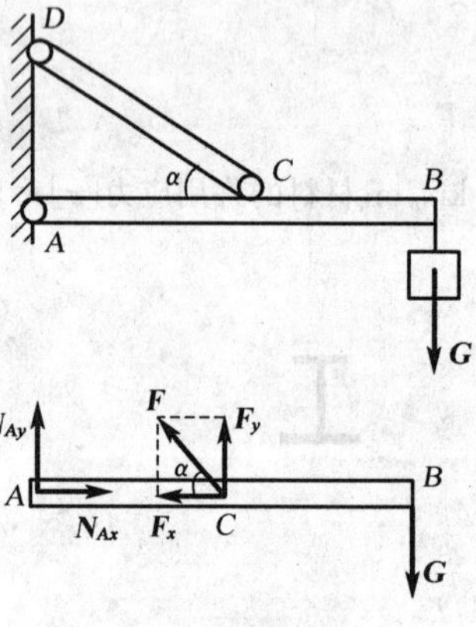

图 13.1

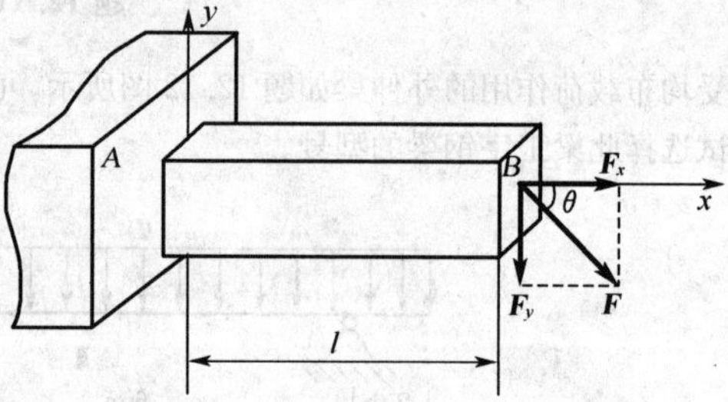

图 13.2

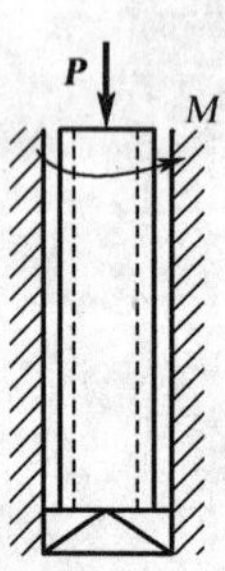

图 13.3

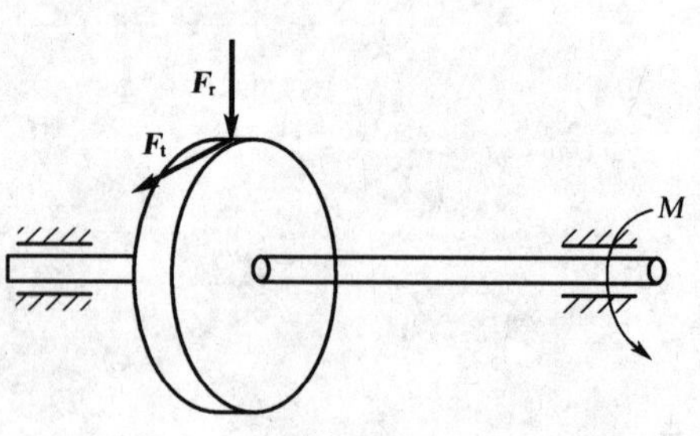

图 13.4

本章主要讨论工程上常用的两种组合变形:轴向拉伸(或压缩)与弯曲的组合变形以及弯曲与扭转的组合变形。

第一节　拉伸(压缩)与弯曲组合变形的强度计算

解决组合变形强度计算的基本方法是叠加法。即在不改变杆件内力和变形的前提下,将杆件所受外力简化为只产生几种基本变形的组合，分别计算每一种基本变形所引起的应力，把所得结果叠加起来，然后分析危险面上危险点的应力状态，建立强度设计准则。

一、拉(压)与弯曲组合变形分析

下面就拉伸与弯曲的组合变形杆件来分析拉弯组合变形应力与强度的计算问题。

一矩形截面杆一端固定一端自由，自由端受集中力 P 的作用，P 与 x 轴成 ψ 角，如图 13.5(a)所示。

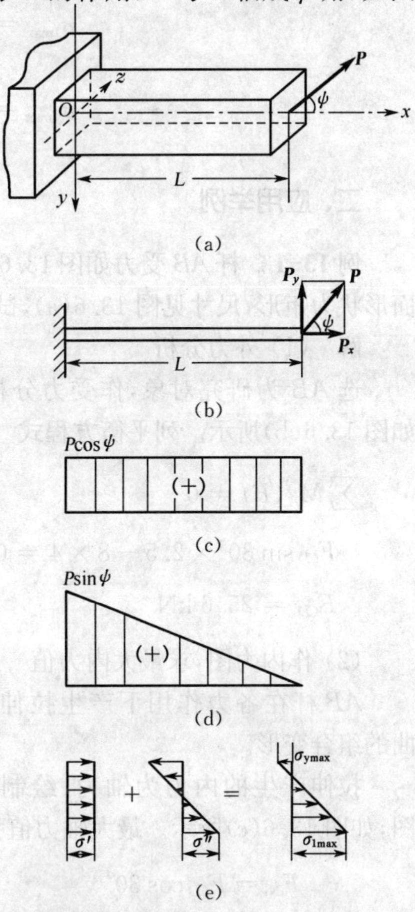

图 13.5

1. 外力分析

分解 P 力得两个分力 P_x 和 P_y，如图 13.5(b)所示，其大小为：

$$P_x = P\cos\psi \quad P_y = P\sin\psi$$

2. 内力分析

P_x产生轴向拉伸，得内力(轴力)图如图 13.5(c)所示；P_y产生 Oxy 平面弯曲，得内力(弯矩)图如图 13.5(d)所示，所以是拉弯组合变形。由内力图可知，各横截面上轴力一样，但固定端截面上弯矩最大，故固定端截面为危险截面。

3. 应力分析

危险截面上的正应力由两部分组成，由轴力产生的正应力 σ' 和由弯矩产生的正应力 σ''，其在横截面上的分布如图 13.5(e)所示。

由 P_x引起的拉伸正应力为：

$$\sigma' = \frac{F_N}{A} = \frac{P_x}{A} = \frac{P\cos\psi}{A}$$

由 P_y引起的弯曲最大正应力为：

$$\sigma'' = \pm\frac{M_{max}}{W_z} = + \frac{Pl\sin\psi}{W_z}$$

由于 σ' 和 σ'' 均平行与轴线，所以都为正应力，截面上各点的应力是拉伸与弯矩引起的正应力的代数和。从图 13.5(e)中可以看出，危险截面上危险点是在离中性轴最远的两侧边缘处，其最大正应力为

$$\begin{aligned} \sigma_{1max} &= \sigma' + \sigma'' = \frac{F_N}{A} + \frac{M_{max}}{W_z} \\ \sigma_{ymax} &= \sigma' - \sigma'' = \frac{F_N}{A} - \frac{M_{max}}{W_z} \end{aligned} \tag{13-1}$$

4. 强度条件

根据危险截面危险点正应力公式，故拉伸与弯曲组合变形的强度条件为：

$$\sigma_{l\max}=\frac{F_N}{A}+\frac{M_{\max}}{W_z}\leqslant[\sigma_l]$$

$$\sigma_{y\max}=\frac{F_N}{A}-\frac{M_{\max}}{W_z}\leqslant[\sigma_y] \tag{13-2}$$

同理可得压弯组合变形的强度条件为：

$$\sigma_{l\max}=\left|-\frac{F_N}{A}+\frac{M_{\max}}{W_z}\right|\leqslant[\sigma_l]$$

$$\sigma_{y\max}=\left|-\frac{F_N}{A}-\frac{M_{\max}}{W_z}\right|\leqslant[\sigma_y] \tag{13-3}$$

二、应用举例

例 13-1 杆 AB 受力如图 13.6(a) 所示，$F=8\text{ kN}$，材料许用应力 $[\sigma]=100\text{ MPa}$，横截面形状为矩形，尺寸见图 13.6(a)，试校 AB 杆的强度。

解 (1) 外力分析

选 AB 为研究对象，作受力分析图，如图 13.6(b)所示。列平衡方程式

$$\sum M_A(F)=0$$

$$F_{CD}\sin 30^\circ\times 2.5-8\times 4=0$$

$$F_{CD}=25.6\text{ kN}$$

(2) 作内力图，求最大内力值

AB 杆在各力作用下产生拉伸与弯曲的组合变形。

拉伸产生的内力为轴力，绘制轴力图，如图 13.6(c)所示。最大轴力值为：

$$F_N=F_{CD}\cos 30^\circ$$
$$=25.6\times\cos 30^\circ$$
$$=22.2\text{ kN}$$

弯曲产生的内力只算弯矩，绘制弯矩图，如图 13.6(d)所示。最大弯矩值为：

$$M_{\max}=-F\times 1.5$$
$$=-8\times 1.5$$
$$=-12\text{ kN}\cdot\text{m}$$

(3) 强度校核

危险点在 C 截面的上边缘，其最大拉

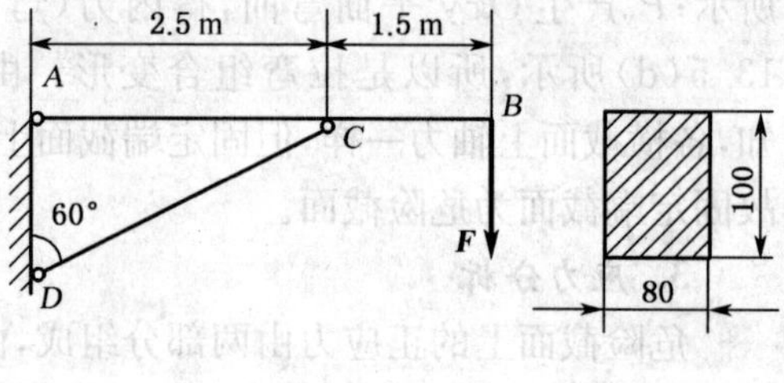

(a)

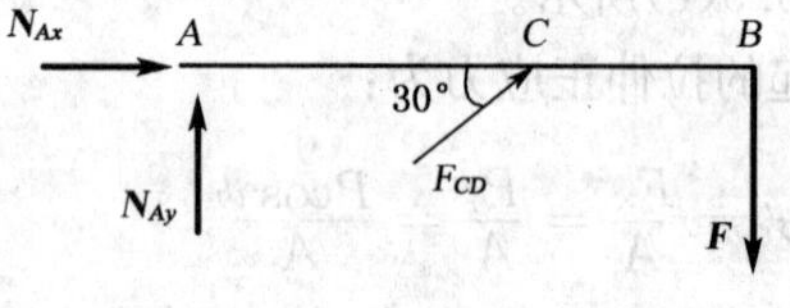

(b)

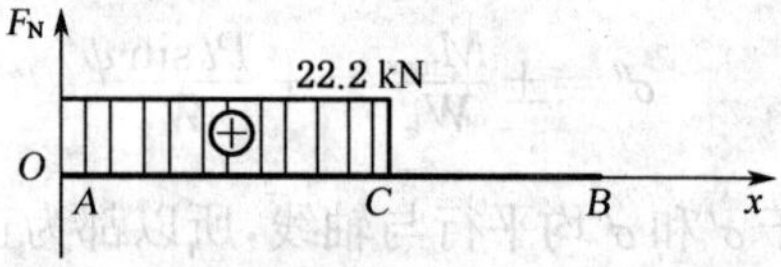

(c)

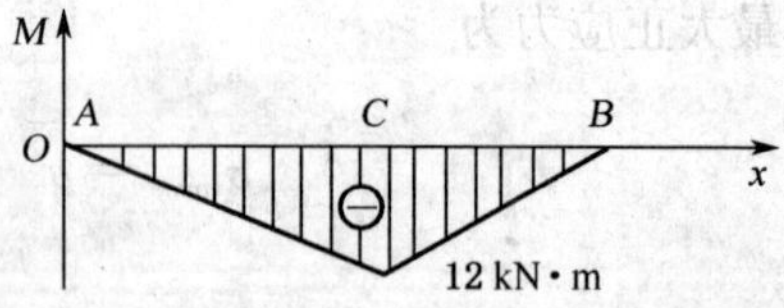

(d)

图 13.6

应力为：

$$\sigma_{\max} = \frac{F_N}{A} + \frac{M_{\max}}{W_z} = \frac{22.2\times10^3}{80\times100} + \frac{12\times10^6}{\frac{80\times100^2}{6}} = 2.8 + 90 = 92.8\ \text{MPa} < [\sigma]$$

所以 AB 梁的强度足够。

例 13-2　一倾斜的矩形截面梁在中点 C 处有铅直力 $P=25$ kN 作用，如图 13.7 所示，试求梁的最大压应力。

解　(1) 外力分析

将 P 力沿杆件方向和与杆件垂直方向分解，得分力为：

$$P_y = P\cos 30^\circ \quad P_x = P\sin 30^\circ$$

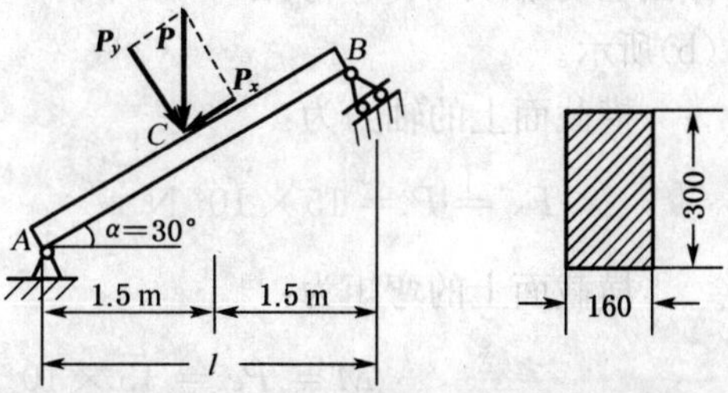

图 13.7

$P_y = P\cos 30^\circ$ 使梁产生平面弯曲变形，$P_x = P\sin 30^\circ$ 使梁下半部分产生压缩变形。

(2) 内力分析

$P_y = P\cos 30^\circ$ 引起的最大弯矩在梁中点 C 的截面上，其值为：

$$M_{\max} = \frac{P\cos 30^\circ \times \frac{l}{\cos 30^\circ}}{4} = \frac{Pl}{4} = \frac{25\times10^3\times3\times10^3}{4}$$

$$= 18.75\times10^6\ \text{N}\cdot\text{mm}$$

$P_x = P\sin 30^\circ$ 引起梁 AC 段产生的轴力为：

$$F_N = P\sin 30^\circ = 12.5\ \text{kN}$$

(3) 应力分析

由 $P_y = P\cos 30^\circ$ 引起的最大弯曲应力为：

$$\sigma = \pm\frac{M_{\max}}{W_z} = \pm\frac{18.75\times10^6}{\frac{160\times300^2}{6}} = \pm 7.81\ \text{MPa}$$

由 $F_N = P\sin 30^\circ$ 引起的梁 AC 段各截面上的压应力为：

$$\sigma = -\frac{F_N}{A} = -\frac{12.5\times10^3}{48\times10^3} = -0.26\ \text{MPa}$$

(4) 求最大压应力

最大压应力发生在 C 点稍偏左截面的上边缘，其值为：

$$\sigma_{y\max} = |-7.81 - 0.26| = 8.07\ \text{MPa}$$

例 13-3　如图 13.8(a) 所示钻床，在钻孔时受到压力 $P=15$ kN 作用，已知偏心距 $e=0.4$ m，铸铁立柱的许用拉应力 $[\sigma_l] = 35$ MPa，许用压应力 $[\sigma_y] = 120$ MPa，求立柱所需的直径。

解 (1) 外力分析

将 P 力平移到立柱轴线上需附加一个力偶 Pe，P 使物体产生轴向拉伸，Pe 使物体产生平面弯曲，立柱的变形为弯曲与拉伸的组合变形。

(2) 内力分析

为了平衡截面一侧的外力，截开的横截面上有轴力 F_N 和弯矩 M，如图 13.8(b)所示。

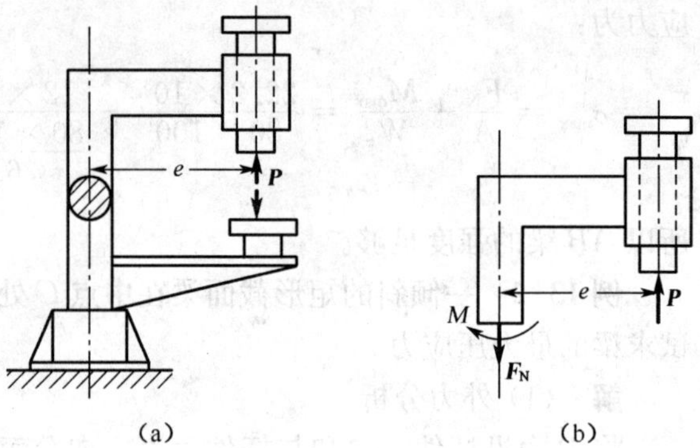

图 13.8

横截面上的轴力为：

$$F_N = P = 15 \times 10^3 \text{ N}$$

横截面上的弯矩为：

$$M = Pe = 15 \times 10^3 \times 0.4 \times 10^3 = 6 \times 10^6 \text{ N} \cdot \text{mm}$$

(3) 应力分析

由轴向拉力产生的均匀拉应力，其值为：

$$\sigma = \frac{P}{A} = \frac{15 \times 10^3}{\frac{\pi d^2}{4}} = \frac{6 \times 10^4}{\pi d^2}$$

由弯矩使横截面上产生的弯曲正应力，最大值为：

$$\sigma_{\max} = \pm \frac{M}{W_z} = \pm \frac{Pe}{\frac{\pi \times d^3}{32}} = \pm \frac{32Pe}{\pi d^3}$$

立柱右侧边缘点总应力为拉应力，其值为：

$$\sigma_{右} = \frac{F_N}{A} + \frac{Pe}{W_z} = \frac{4P}{\pi d^2} + \frac{32Pe}{\pi d^3}$$

立柱左侧边缘点总应力为：

$$\sigma_{左} = \frac{F_N}{A} - \frac{Pe}{W_z} = \frac{4P}{\pi d^2} - \frac{32Pe}{\pi d^3}$$

拉压由计算结果定。

(4) 强度计算

由于铸铁抗拉能力差，最大拉应力为立柱右侧边缘，对受拉的右侧进行强度计算

$$\sigma_{右} = \frac{F_N}{A} + \frac{Pe}{W_z} = \frac{4P}{\pi d^2} + \frac{32Pe}{\pi d^3} \leqslant [\sigma_1]$$

先按弯曲强度条件求出立柱的一个近似直径，然后将直径稍稍增大，再带入偏心拉伸强度条件中进行校核，用试凑法最后求出满足的直径。

按弯曲强度条件求出立柱的一个近似直径

$$\sigma_{右} = \frac{Pe}{W_z} = \frac{32Pe}{\pi d^3} \leqslant 35 \quad d \geqslant \sqrt[3]{\frac{32 \times 6 \times 10^6}{3.14 \times 35}} = 120\ \text{mm}$$

取 $d = 125$ mm 代入偏心拉伸的强度条件中校核

$$\sigma_{右} = \frac{F_N}{A} + \frac{Pe}{W_z} = \frac{4P}{\pi d^2} + \frac{32Pe}{\pi d^3} = \frac{6 \times 10^4}{3.14 \times 125^2} + \frac{32 \times 6 \times 10^6}{3.14 \times 125^3}$$

$$= 32.5\ \text{MPa} < 35\ \text{MPa}$$

强度条件满足，最后选用立柱的直径 $d = 125$ mm。

第二节　弯曲与扭转组合变形的强度计算

工程机械中的轴类构件，工作时大多会发生弯曲与扭转的组合变形，如图 13.4 所示的转轴。轴上齿轮在受到圆周力 $\boldsymbol{F}_t$ 作用产生扭转变形；受到径向力 $\boldsymbol{F}_r$ 作用产生弯曲变形，所以圆轴发生的变形是弯扭组合变形。

一、弯扭组合变形分析

下面对弯扭组合变形的内力、应力及其强度条件进行研究分析。

1. 内力分析

如图 13.9(a)所示，折杆 ABC 在 A 点作用一力 F，将力 F 平移到 CB 段的 B 点，得力 $\boldsymbol{F}$ 和力偶 T。力 $\boldsymbol{F}$ 使 BC 段产生弯曲变形，力偶 T 使 BC 段产生扭转变形，所以 BC 段产生的是弯曲与扭转的组合变形，如图 13.9(b)所示。作弯矩图如图 13.9(c)所示，作扭矩图如图 13.9(d)所示。

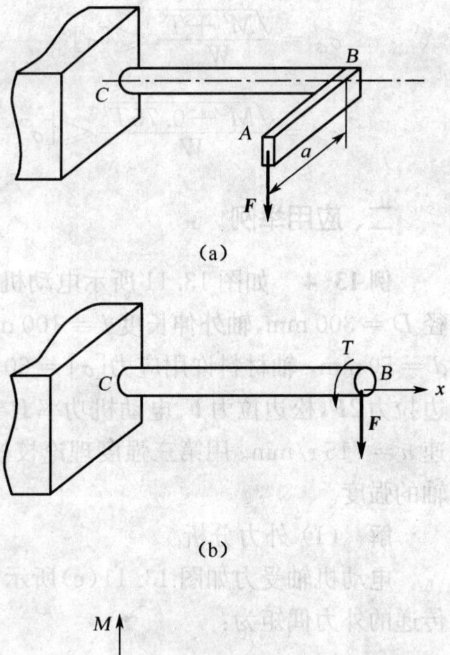

图 13.9

2. 应力分析

从上面分析可知，固定端弯矩最大，弯矩 M 产生正应力 σ 垂直横截面，上、下边缘正应力最大；扭矩 T 产生剪应力 τ 平行横截面，边缘剪应力最大。应力分布如图 13.10 所示。C 截面上正上方和正下方两点应力达到最大值，是危险点。

3. 强度计算

由于在弯曲与扭转组合变形中，构件横截面上的剪应力和正应力分别作用在两个互相垂直的平面内，不能采用简单应力线形叠加的方法，而要采用第三强度理论或第四强度理论进行计算。其强度计算公式如下：

运用第三强度理论的计算公式为：

$$\sigma_{r3}=\sqrt{\sigma^2+4\tau^2}\leqslant[\sigma] \qquad (13\text{-}4)$$

运用第四强度理论的计算公式为：

$$\sigma_{r4}=\sqrt{\sigma^2+3\tau^2}\leqslant[\sigma] \qquad (13\text{-}5)$$

对于塑性材料圆截面杆：

$$\sigma=\frac{M}{W_z} \quad \tau=\frac{T}{W_n}$$

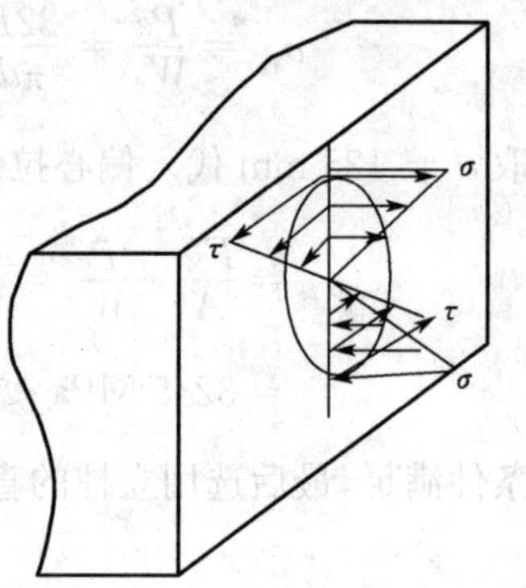

图 13.10

再将 $W_n=2W_z$ 代入以上两式，得第三、第四强度理论下圆轴弯扭组合时的强度计算公式为：

$$\sigma_{r3}=\frac{\sqrt{M^2+T^2}}{W_z}\leqslant[\sigma] \qquad (13\text{-}6)$$

$$\sigma_{r4}=\frac{\sqrt{M^2+0.75T^2}}{W_z}\leqslant[\sigma] \qquad (13\text{-}7)$$

二、应用举例

例 13-4 如图 13.11 所示电动机轴，带轮直径 $D=300\text{ mm}$，轴外伸长度 $l=100\text{ mm}$，轴直径 $d=50\text{ mm}$，轴材料许用应力 $[\sigma]=60\text{ MPa}$。带紧边拉力 $2\boldsymbol{F}$，松边拉力 $\boldsymbol{F}$。电动机功率 $P=9\text{ kW}$，转速 $n=715\text{ r/min}$。用第三强度理论校核此电动机轴的强度。

解 (1) 外力分析

电动机轴受力如图 13.11(c)所示，电动机轴传递的外力偶矩为：

$$M=9\,549\frac{P}{n}=120.2\text{ N}\cdot\text{m}$$

求带拉力：

$$\because\ 2F\times\frac{D}{2}-F\times\frac{D}{2}=M$$

$$\therefore\ F=\frac{2M}{D}=\frac{2\times120.2}{300}\times10^3=800\text{ N}$$

力 F 使轴弯曲，M 使轴扭转，此电动机轴是弯扭组合变形。

(2) 内力分析

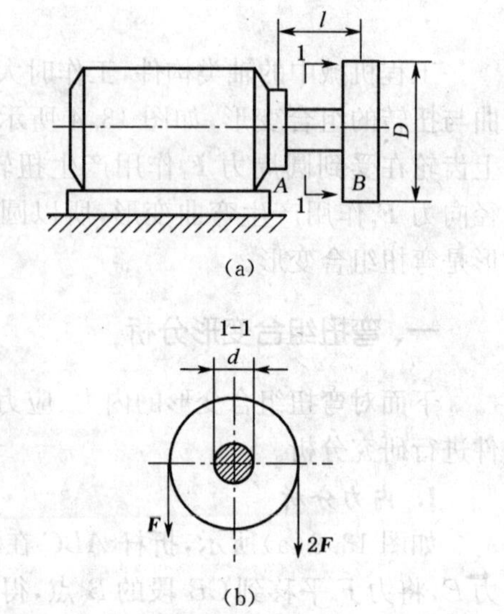

图 13.11

转轴横截面上的扭矩为：

$$T = M = 120.2\ \text{N}\cdot\text{m}$$

作扭矩图，如图 13.11(d)所示。

作弯矩图，如图 13.11(e)所示。最大弯矩为：

$$M_{\max} = -3F \times l = -3 \times 800 \times 0.1 = -240\ \text{N}\cdot\text{m}$$

(3) 强度校核

危险面为轴的最左端，按第三强度理论校核：

$$\sigma_{r3} = \frac{\sqrt{M^2 + T^2}}{W_z} = \frac{\sqrt{(-240\,000)^2 + 120\,200^2}}{\dfrac{\pi \times 50^3}{32}} = 21.88\ \text{MPa} < [\sigma]$$

所以电动机轴的强度足够。

习　题

13.1 在题 13.1 图所示构件中，图(a)中杆件 AB 段产生(　　)变形，BC 段产生(　　)变形，CD 段产生(　　)变形；图(b)中杆件 AB 段产生(　　)变形，BC 段产生(　　)变形，CD 段产生(　　)变形；图(c)中力 F 作用于 DC 段的 D 端，故杆件 AB 段产生(　　)变形，BC 段产生(　　)变形，CD 段产生(　　)变形。

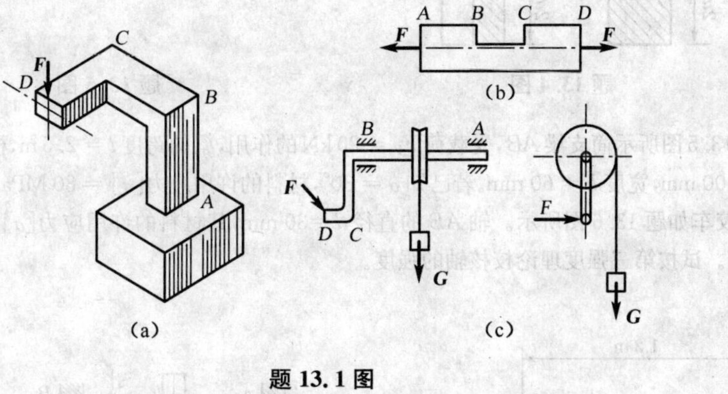

题 13.1 图

13.2 材料为铸铁的压力机机身受力情况如题 13.2 图所示，从强度方面考虑，其横截面 m-m 应采用图(　　)所示的截面较为合理。

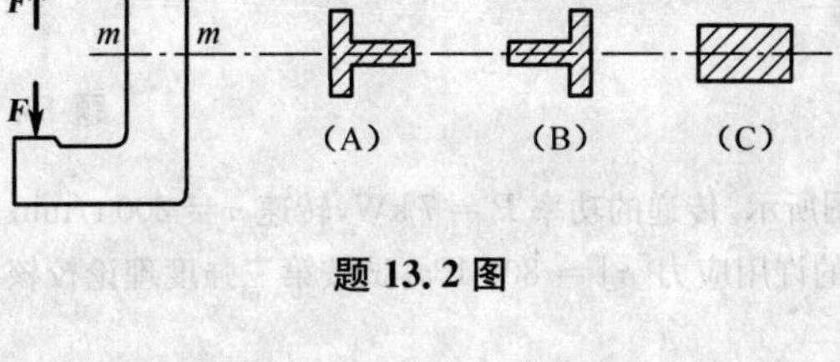

题 13.2 图

13.3 如题 13.3 图所示偏心受拉杆，偏心矩 $e=\dfrac{h}{6}$ 时，横截面上正应力的分布规律是(　　)。

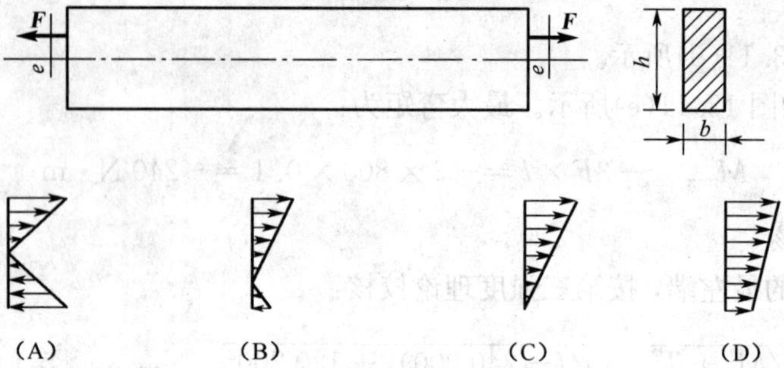

题 13.3 图

13.4 如题 13.4 图所示杆件，若在正方形截面短柱的中间开一切槽，其横截面面积为原面积的一半。问最大压应力增大多少倍？

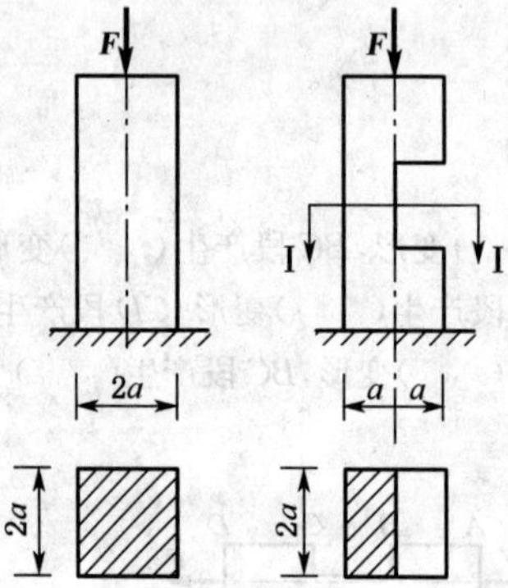

题 13.4 图

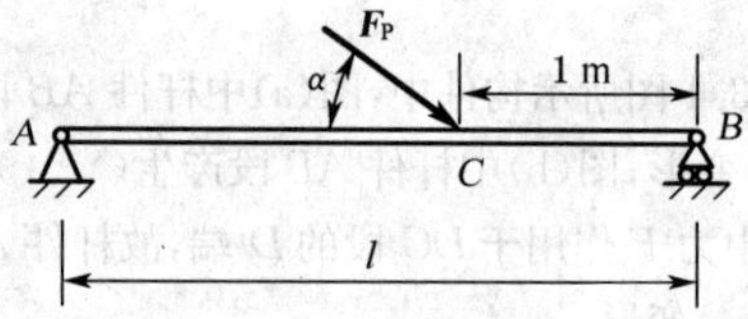

题 13.5 图

13.5 如题 13.5 图所示简支梁 AB，受载荷 $F_P=20\,\text{kN}$ 的作用，梁的跨度 $l=2.5\,\text{m}$，横截面为矩形，其高度 $h=100\,\text{mm}$，宽度 $b=60\,\text{mm}$。若已知 $\alpha=30°$，材料的许用应力$[\sigma]=80\,\text{MPa}$，试校核此梁的强度。

13.6 手摇绞车如题 13.6 图所示。轴 AB 的直径 $d=30\,\text{mm}$，其材料的许用应力$[\sigma]=80\,\text{MPa}$，载荷 $F_P=800\,\text{N}$。试按第三强度理论校核轴的强度。

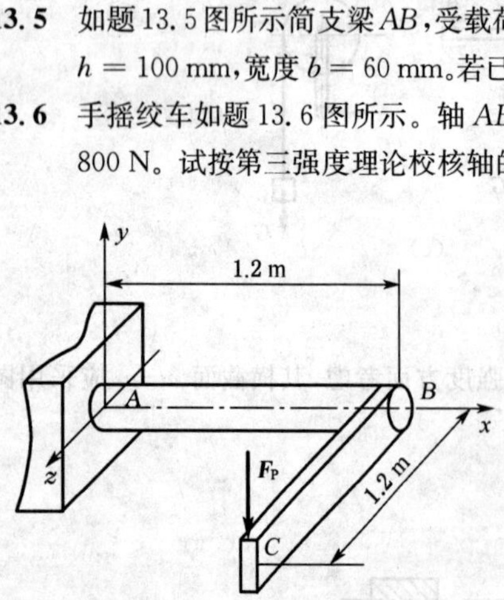

题 13.6 图

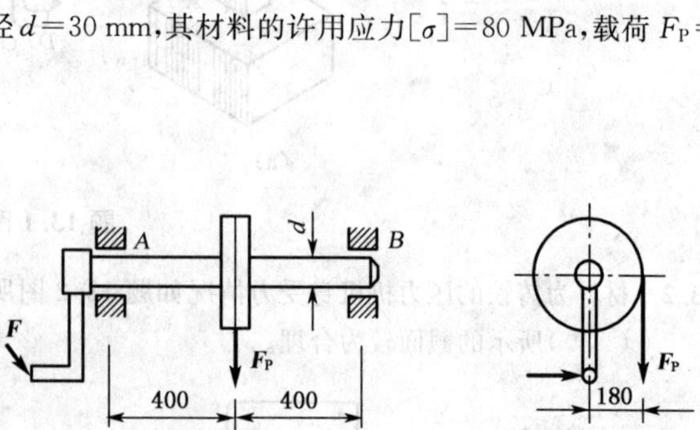

题 13.7 图

13.7 手摇绞车如题 13.7 图所示。传递的功率 $P=7\,\text{kW}$，转速 $n=200\,\text{r/min}$。齿轮压力角 $\alpha=20°$，轴的直径 $d=50\,\text{mm}$。若轴的许用应力$[\sigma]=80\,\text{MPa}$。试按第三强度理论校核该轴的强度。

第十四章　压杆的稳定

第一节　压杆稳定的概念

在前面讨论压杆的强度问题时，认为只要满足直杆受压时的强度条件，就能保证压杆的正常工作。实践表明这个结论只适用于短粗压杆。而细长压杆在轴向压力作用下，其破坏的形式与强度问题截然不同。

为了研究细长压杆的稳定问题，可做如下实验：如图 14.1(a)所示为一细长直杆，下端固定，上端自由，在自由端加轴向力 F，当 F 不大时，压杆将保持直线平衡状态，当给一个微小的横向干扰力时，直杆只发生微小的弯曲，干扰力消除后，杆经过几次摆动后仍恢复到原来直线平衡的位置，压杆处于**稳定的平衡状态**(见图 14.1(b))。当轴向力 F 逐渐增大，杆件将由原来稳定的平衡状态过渡到**不稳定的平衡状态**(见图 14.1(c))。显然，在过渡过程中存在**临界状态**。临界状态所对应的轴向压力称为**临界压力**或**临界载荷**，记为 F_{lj}。当轴向力 F 大于临界力 F_{lj}时，只要有一点轻微的干扰，杆件就会在微弯的基础上继续弯曲，甚至破坏(见图 14.1(d))。这时压杆处于不稳定状态。这种**丧失原有的平衡形式的现象称为失稳**。

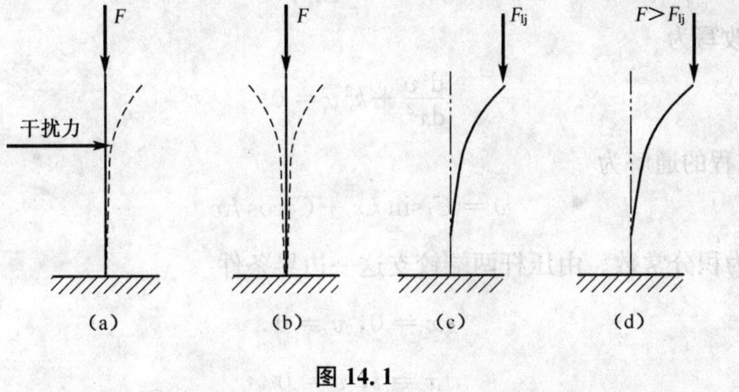

图 14.1

工程结构中压杆如果失稳，往往会引起严重的事故。压杆的失稳破坏是突发性的，必须防范在先。

稳定性问题不仅在压杆中存在，在其他的一些构件，尤其是一些薄壁构件中也存在，本章只介绍压杆的稳定性。

第二节　细长压杆的临界力

一、两端铰支压杆的临界力

图 14.2 为一两端为铰支的细长压杆，现推导其临界力公式。

选取坐标系如图 14.2(a)所示，假想沿任意截面将压杆截开，保留部分如图 14.2(b)所示。由保留部分的平衡得

$$M(x)=-F_{lj}v \quad \text{(a)}$$

在式(a)中，轴向压力 F_{lj} 取绝对值。这样，在图示的坐标系中弯矩 M 与挠度 v 的符号总相反，故式(a)中加了一个负号。当杆内应力不超过材料比例极限时，根据挠曲线近似微分方程有

$$\frac{d^2v}{dx^2}=\frac{M(x)}{EI}=-\frac{F_{lj}v}{EI} \quad \text{(b)}$$

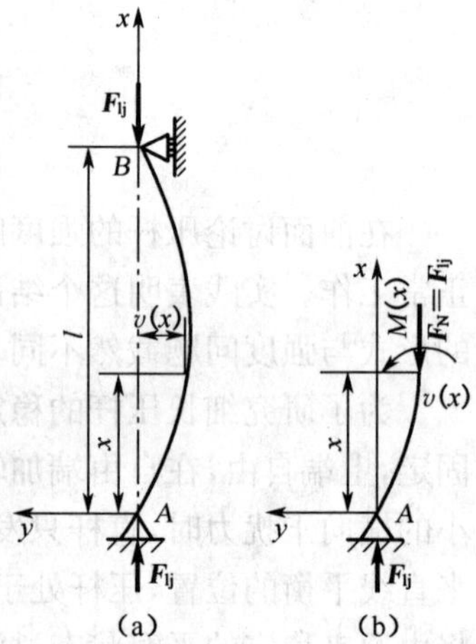

图 14.2

由于两端是球铰支座，它对端截面在任何方向的转角都没有限制。因而，杆件的微小弯曲变形一定发生于抗弯能力最弱的纵向平面内，所以上式中的 I 应该是横截面的最小惯性矩。令

$$k^2=\frac{F_{lj}}{EI} \quad \text{(c)}$$

式(b)可改写为

$$\frac{d^2v}{dx^2}+k^2v=0 \quad \text{(d)}$$

此微分方程的通解为

$$v=C_1\sin kx+C_2\cos kx \quad \text{(e)}$$

式中 C_1、C_2 为积分常数。由压杆两端铰支这一边界条件

$$x=0,\ v=0 \quad \text{(f)}$$

$$x=l,\ v=0 \quad \text{(g)}$$

将式(f) 代入式(e)，得 $C_2=0$，于是

$$v=C_1\sin kx \quad \text{(h)}$$

式(g)代入式(h)，有

$$C_1\sin kl=0 \quad \text{(i)}$$

在式(i) 中，积分常数 C_1 不能等于零，否则将有 $v\equiv 0$，这意味着压杆处于直线平衡状态，与事先假设压杆处于微弯状态相矛盾，所以只能有

$$\sin kl = 0 \tag{j}$$

由式(j) 解得 $kl = n\pi(n = 0, 1, 2, \cdots)$

$$k = \frac{n\pi}{l} \tag{k}$$

则

$$k^2 = \frac{n^2\pi^2}{l^2} = \frac{F_{lj}}{EI}$$

或

$$F_{lj} = \frac{n^2\pi^2 EI}{l^2} \quad (n = 0, 1, 2, \cdots) \tag{l}$$

因为 n 可取 0，1，2，… 中任一个整数，所以式(l) 表明，使压杆保持曲线形态平衡的压力，在理论上是多值的。而这些压力中，使压杆保持微小弯曲的最小压力，才是临界力。取 $n = 0$，没有意义，只能取 $n = 1$。于是得两端铰支细长压杆临界力公式

$$F_{lj} = \frac{\pi^2 EI}{l^2} \tag{14-1}$$

式(14-1)是由瑞士科学家欧拉(L. Euler)于 1774 年首先推导出的，故称为**欧拉公式**。

二、其他支承情况下压杆的临界力

当压杆两端的支承情况不同时，其临界力也不相同，但临界力的计算公式相似。对于各种不同支承情况，临界力公式统一写成如下形式：

$$F_{lj} = \frac{\pi^2 EI}{(\mu l)^2} \tag{14-2}$$

这是欧拉公式的普遍形式。式中，μ 是与压杆两端的支承情况有关的系数，称为**长度系数**。不同支承情况下的 μ 值列于表 14.1 中。μl 称为**相当长度**。

表 14.1　不同支承情况下的长度系数

杆端约束情况	两端铰支	一端固定 一端自由	两端固定	一端固定 一端铰支
挠曲线形状	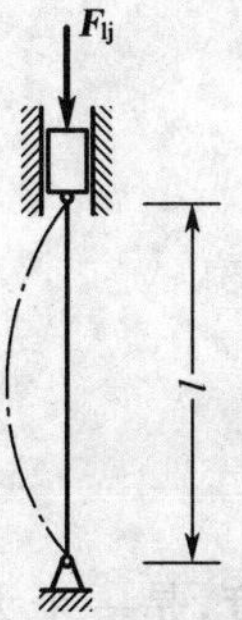	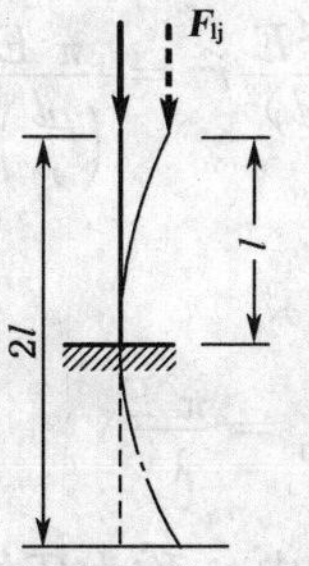	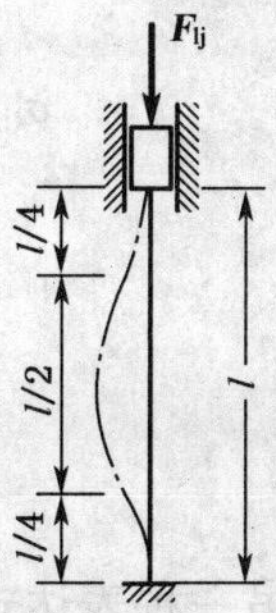	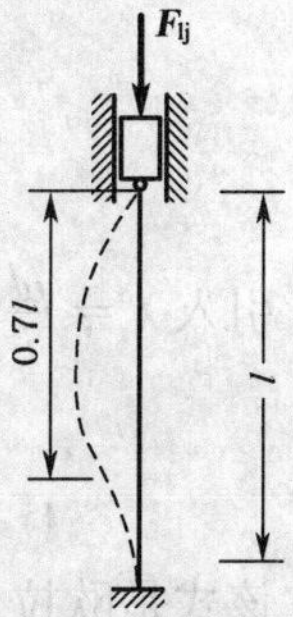
μ	1	2	0.5	0.7

三、应用举例

例 14-1 如图 14.3 所示压杆由 14 号工字钢制成，其上端自由，下端固定。已知钢材的弹性模量 $E = 210\ \text{GPa}$，屈服极限 $\sigma_s = 240\ \text{MPa}$，杆长 $l = 3 \times 10^3\ \text{mm}$，试求该杆的临界力 F_{lj}。

解 计算临界力。对 14 号工字钢，查型钢表得

$$I_z = 712 \times 10^4\ \text{mm}^4$$

$$I_y = 64.4 \times 10^4\ \text{mm}^4$$

$$A = 21.5 \times 10^2\ \text{mm}^2$$

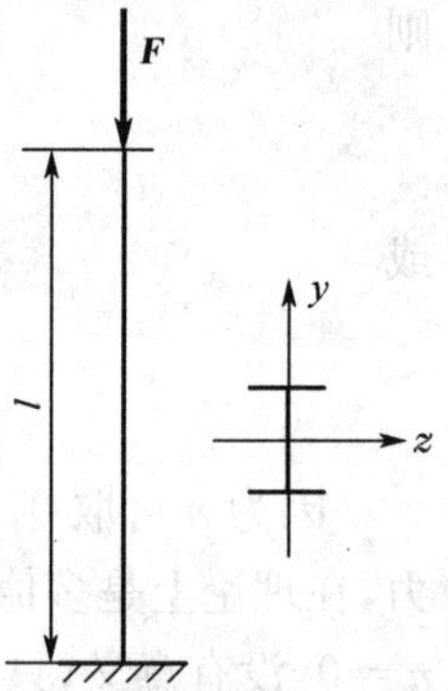

图 14.3

压杆应在刚度较小的平面内失稳，故取

$$I_{min} = I_y = 64.4 \times 10^4\ \text{mm}^4$$

由表 14.1 查得 $\mu=2$。将有关数据代入式(14-2)，即得该杆的临界力

$$F_{lj} = \frac{\pi^2 EI}{(\mu l)^2} = \frac{\pi^2 \times 210 \times 10^9 \times 64.4 \times 10^{-8}}{(2 \times 3)^2} \approx 37.1\ \text{kN}$$

第三节 压杆的临界应力

一、压杆的临界应力与柔度

压杆在临界荷载的作用下保持直线平衡状态时，其横截面上的平均应力称为**压杆的临界应力**，用 σ_{lj} 表示：

$$\sigma_{lj} = \frac{F_{lj}}{A} = \frac{\pi EI_{min}}{A(\mu l)^2}$$

I_{min} 和 A 与截面的尺寸和形状有关，用惯性半径

$$i = \sqrt{\frac{I_{min}}{A}}$$

表示，其单位为 cm 或 mm。则：

$$\sigma_{lj} = \frac{\pi^2 E}{(\mu l)^2} i^2 = \frac{\pi^2 E}{\left(\frac{\mu l}{i}\right)^2}$$

引入 $\lambda = \frac{\mu l}{i}$，得到

$$\sigma_{lj} = \frac{\pi^2 E}{\lambda^2} \tag{14-3}$$

该式是欧拉公式的另一种表达式。式中，λ 称为**压杆的柔度**，是一个无量纲的量。它集中反映了压杆的长度(l)、横截面尺寸(i)和杆端约束情况(μ)等因素对临界应力的综合影响，因而是稳定计算中的一个重要参数。由式(14-3)可见，λ 愈大，即杆愈细长，则临界应

力愈小，压杆愈容易失稳；反之，λ 愈小，压杆就愈不易失稳。

二、欧拉公式的适用范围

在推导欧拉公式时，曾使用了弯曲时挠曲线近似微分方程式$\frac{d^2v}{dx^2}=\frac{M(x)}{EI}$，而这个方程是建立在材料服从虎克定律基础上的。所以要求压杆的应力不超过材料的比例极限：

$$\sigma_{lj}=\frac{\pi^2E}{\lambda^2}\leqslant\sigma_p \quad \text{或} \quad \lambda\geqslant\pi\sqrt{\frac{E}{\sigma_p}}$$

令

$$\lambda_p=\pi\sqrt{\frac{E}{\sigma_p}}$$

则欧拉公式的适用范围为

$$\lambda\geqslant\lambda_p$$

满足以上条件才可以使用欧拉公式计算压杆的临界应力。这类压杆通常称为**大柔度杆**，也就是我们前边提到的细长压杆。

λ_p仅与材料的弹性模量 E、比例极限 σ_p有关，材料不同，其 λ_p值不同。例如，Q235 钢的 $E=206$ GPa，$\sigma_p=200$ MPa，可得

$$\lambda_p=\pi\sqrt{\frac{E}{\sigma_p}}=\pi\sqrt{\frac{206\times10^3}{200}}\approx100$$

三、超过比例极限时压杆的临界应力

工程中常用的压杆，通常其柔度小于 λ_p，即杆内的工作应力超过比例极限，欧拉公式已不适用，需要采用**经验公式**来计算临界应力。常用的是**直线公式**，即

$$\sigma_{lj}=a-b\lambda \tag{14-4}$$

式中的 a 和 b 是与材料力学性质有关的常数，其单位为 MPa。一些常用材料的 a、b、λ_p、λ_s 值见表 14.2。

表 14.2　部分常用材料的 a、b、λ_p、λ_s 值

材　料	a(MPa)	b(MPa)	λ_p	λ_s
Q235 钢，10、25 钢	310	1.14	100	60
35 钢	469	2.62	100	60
45、55 钢	589	3.82	100	60
硅　钢	577	3.74	100	60
优质钢	461	2.568	86	44
硬　铝	372	2.14	50	
铸　铁	332.2	1.453		
松　木	28.7	0.199	59	

上述经验公式也有一个适用范围，例如对塑性材料制成的压杆，要求其临界应力不超过材料的屈服点，即

$$\sigma_{lj} \leqslant \sigma_s$$

将式(14-4)代入上式得

$$a - b\lambda \leqslant \sigma_s \quad 或 \quad \lambda \geqslant \frac{a-\sigma_s}{b}$$

令 $\lambda_s = \dfrac{a-\sigma_s}{b}$，可得

$$\lambda \geqslant \lambda_s$$

λ_s是和屈服点对应的柔度，是能够使用经验公式的最小柔度值。即经验公式的适用范围为

$$\lambda_s \leqslant \lambda \leqslant \lambda_p$$

满足 $\lambda_s \leqslant \lambda \leqslant \lambda_p$ 的受压杆件称为**中柔度杆**或**中长杆**。

对于 $\lambda < \lambda_s$ 的压杆，称为**短粗杆**或**小柔度杆**。短粗杆不会发生失稳破坏，因为当 $\lambda < \lambda_s$ 时，即应力超过了材料的屈服点 σ_s 或抗拉强度 σ_b，它的破坏是由强度破坏引起的。

四、临界应力总图

压杆的临界应力随着压杆柔度变化情况可用图 14.4 的曲线表示，该曲线是**临界应力总图**。

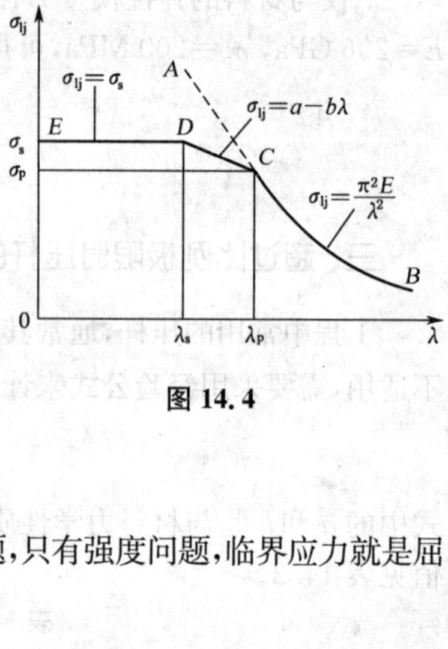

图 14.4

如图 14.4 所示，各类柔度压杆的临界应力计算公式归纳如下：

(1) 当 $\lambda \geqslant \lambda_p$ 时，是大柔度杆(细长杆)，存在材料比例极限内的稳定性问题，用欧拉公式(14-1)和(14-2)计算临界力和临界应力；

(2) 当 $\lambda_s \leqslant \lambda \leqslant \lambda_p$ 时，是中柔度杆(中长杆)，用经验公式(14-4)计算临界应力；

(3) 当 $\lambda < \lambda_s$ 时，是小柔度杆(短粗杆)，不存在稳定性问题，只有强度问题，临界应力就是屈服强度 σ_s 或抗压强度 σ_b。

五、应用举例

例 14-2 三个圆截面压杆，圆截面直径均为 $d = 160$ mm，材料为 235 钢，$a = 304$ MPa，$b = 1.12$ MPa，$E = 206$ MPa，$\sigma_p = 200$ MPa，$\sigma_s = 235$ MPa，各杆两端均为铰支，长度分别为$l_1 = 5 \times 10^3$ mm，$l_2 = 2.5 \times 10^3$ mm，$l_3 = 1.25 \times 10^3$ mm。试计算各杆的临界力。

解 (1) 计算杆件的横截面面积 A、轴惯性矩 I 以及 Q235 钢的 λ_p、λ_s：

$$A = \frac{\pi d^2}{4} = \frac{\pi \times 160^2}{4} \approx 2 \times 10^4 \ \text{mm}^2$$

$$I = \frac{\pi d^4}{64} = \frac{\pi \times 160^4}{64} \approx 3.22 \times 10^7 \ \text{mm}^4$$

$$i = \frac{d}{4} = 40 \text{ mm}$$

$$\mu = 1$$

$$\lambda_p = \pi\sqrt{\frac{E}{\sigma_p}} = \pi\sqrt{\frac{206 \times 10^9}{200 \times 10^6}} \approx 100$$

$$\lambda_s = \frac{a - \sigma_s}{b} = \frac{304 - 235}{1.12} \approx 61.6$$

(2) 计算各杆的临界力：

$$l_1 = 5 \times 10^3 \text{ mm}, \quad \lambda_1 = \frac{\mu l_1}{i} = \frac{1 \times 5 \times 10^3}{40} = 125 > \lambda_p$$

所以杆件 1 属于细长杆，用欧拉公式计算，得

$$F_{lj1} = \frac{\pi^2 EI}{(\mu l_1)^2} = \frac{\pi^2 \times 206 \times 10^9 \times 3.22 \times 10^{-5}}{(1 \times 5)^2} \approx 2\,619 \text{ kN}$$

$$l_2 = 2.5 \times 10^3 \text{ mm}, \lambda_2 = \frac{1 \times 2.5 \times 10^3}{40} = 62.5$$

所以杆件 2 属于中长杆，用直线公式计算，得：

$$\sigma_{lj} = a - b\lambda_2 = 304 - 1.12 \times 62.5 = 234 \text{ MPa}$$

$$F_{lj2} = \sigma_{lj} A = 234 \times 10^6 \times 2 \times 10^{-2} = 4\,680 \text{ kN}$$

$$l_3 = 1.25 \times 10^3 \text{ mm}, \lambda_3 = \frac{1 \times 1.25 \times 10^3}{40} = 31.3 < \lambda_s$$

所以杆件 3 属于短粗杆，应按强度计算，得

$$F_{lj3} = \sigma_{lj} A = 235 \times 10^6 \times 2 \times 10^{-2} = 4\,700 \text{ kN}$$

第四节　压杆的稳定性计算

一、安全系数法

为了使压杆具有足够的稳定性，不仅要使作用在压杆上的工作压力（应力）小于临界压力（临界应力），而且还应有一定程度的稳定储备，即

$$n_w = \frac{P_{lj}}{P} = \frac{\sigma_{lj}}{\sigma} \tag{14-5}$$

P_{lj}、σ_{lj}是压杆的临界压力和临界应力，P、σ 是压杆的工作压力和工作应力，n_w 则称为压杆的**工作稳定安全系数**，它反映了压杆稳定储备的实际程度。

在工程中，对构件的稳定安全储备都有一定的要求，常以$[n_w]$表示要求压杆必须达到

的稳定储备程度，称为**规定的稳定安全系数**。

杆件具有足够的稳定性，就必须使工作稳定安全系数大于规定的稳定安全系数，即：

$$n_w = \frac{P_{lj}}{P} \geqslant [n_w]$$
$$n_w = \frac{\sigma_{lj}}{\sigma} \geqslant [n_w] \tag{14-6}$$

式(14-6)称为压杆的稳定性条件。

确定规定的稳定安全系数$[n_w]$涉及的因素较多，是一个既复杂又重要的问题。$[n_w]$的值在有关的设计规范中都有明确规定、对常见的几种材料，规定稳定安全系数$[n_w]$数值为：

钢 $[n_w] = 1.8 \sim 3.0$

铸铁 $[n_w] = 5.0 \sim 5.5$

木材 $[n_w] = 2.8 \sim 3.2$

按公式(14-6)进行稳定计算的方法称为**安全系数法**。

二、应用举例

例 14-3 螺旋千斤顶如图 14.5 所示，丝杠长度 $l = 375$ mm，直径 $d = 40$ mm，材料为 45 号钢，最大起重量 $P = 80$ kN，规定的稳定安全系数$[n_w] = 4$。试校核丝杠的稳定性。

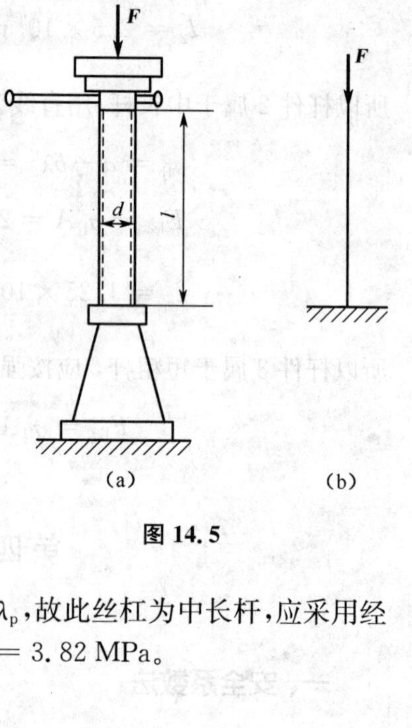

图 14.5

解 (1) 计算临界力。

丝杠可简化为下端固定、上端自由的压杆(见图 14.5(b))，故长度系数 $\mu = 2$。

$$i = \sqrt{\frac{I}{A}} = \sqrt{\frac{\pi d^4/64}{\pi d^2/4}} = d/4 = 40/4 = 10 \text{ mm}$$

$$\lambda = \frac{\mu l}{i} = \frac{2 \times 375}{10} = 75$$

查表 14.2 得：45 号钢 $\lambda_p = 100$，$\lambda_s = 60$，因 $\lambda_s < \lambda < \lambda_p$，故此丝杠为中长杆，应采用经验公式计算临界应力。又由表 14.2 查得：$a = 589$ MPa，$b = 3.82$ MPa。

根据公式(14-4)得

$$\sigma_{lj} = a - b\lambda = 589 - 3.82 \times 75 = 302.5 \text{ MPa}$$

于是可得临界力

$$F_{lj} = \sigma_{lj} A = 302.5 \times \frac{3.14 \times 40^2}{4} = 380 \text{ kN}$$

(2) 校核压杆的稳定性。

$$n_w = \frac{F_{lj}}{P} = \frac{380}{80} = 4.75 > [n_w] = 4$$

所以千斤顶丝杠是稳定的。

例 14-4　如图 14.6 所示连杆，材料为 Q235 钢，其 $E=200\ \text{MPa}$，$\sigma_p=200\ \text{MPa}$，$\sigma_s=235\ \text{MPa}$，承受轴向压力 $F=110\ \text{kN}$。若$[n_w]=3$，试校核连杆的稳定性。

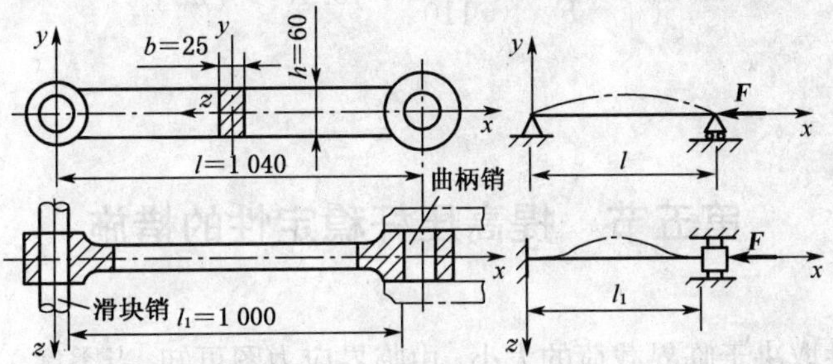

图 14.6

解　根据图 14.6 中连杆端部约束情况，在 xy 纵向平面内可视为两端铰支；在 xz 平面内可视为两端固定约束。又因压杆为矩形截面，所以 $I_y\neq I_z$。

根据上面的分析，首先应分别算出杆件在两个平面内的柔度，以判断此杆将在哪个平面内失稳，然后再根据柔度值选用相应的公式来计算临界力。

(1) 计算 λ

在 xy 纵向平面内，$\mu=1$，z 轴为中性轴

$$i_z=\sqrt{\frac{I_z}{A}}=\frac{h}{2\sqrt{3}}=\frac{6}{2\sqrt{3}}\ \text{cm}=1.732\ \text{cm}$$

$$\lambda_z=\frac{\mu l}{i_z}=\frac{1\times 104}{1.732}=54.3$$

在 xz 纵向平面内，$\mu=0.5$，y 轴为中性轴

$$i_y=\sqrt{\frac{I_y}{A}}=\frac{b}{2\sqrt{3}}=\frac{2.5}{2\sqrt{3}}\ \text{cm}=0.722\ \text{cm}$$

$$\lambda_y=\frac{\mu l}{i_y}=\frac{0.5\times 100}{0.722}=69.25$$

$\lambda_y>\lambda_z$，$\lambda_{max}=\lambda_y=62.3$。连杆若失稳必发生在 xz 纵向平面内。

(2) 计算临界力，校核稳定性

$$\lambda_p=\pi\sqrt{\frac{E}{\sigma_p}}=\pi\sqrt{\frac{200\times 10^9}{200\times 10^6}}\approx 99.3$$

$\lambda_{max}<\lambda_p$，该连杆不属细长杆，不能用欧拉公式计算其临界力。这里采用直线公式，查表 14.2，Q235 钢的 $a=310\ \text{MPa}$，$b=1.14\ \text{MPa}$

$$\lambda_s=\frac{a-\sigma_s}{b}=\frac{310-235}{1.14}=65.8$$

$\lambda_s<\lambda_{max}<\lambda_p$，属中等杆，因此

$$\sigma_{lj} = a - b\lambda_{max} = (310 - 1.14 \times 69.25)\text{MPa} = 231\text{ MPa}$$

$$F_{lj} = A\sigma_{lj} = 6 \times 2.5 \times 10^{-4} \times 231 \times 10^{3}\text{ kN} = 346.5\text{ kN}$$

$$n_w = \frac{F_{lj}}{F} = \frac{346.5}{110} = 3.15 > [n_w]$$

该连杆稳定。

第五节　提高压杆稳定性的措施

压杆的稳定性取决于临界载荷的大小。由临界应力图可知，当柔度 λ 减小时，则临界应力提高，而 $\lambda = \frac{\mu l}{i}$，所以提高压杆承载能力的措施主要是尽量减小压杆的长度，选用合理的截面形状，增加支承的刚性以及合理选用材料。现分述如下：

一、合理选用材料

对于大柔度杆，临界应力与材料的弹性模量 E 成正比。因此钢压杆比铜、铸铁或铝制压杆的临界载荷高。但各种钢材的 E 基本相同，所以对大柔度杆选用优质钢材和选用低碳钢并无多大差别。对中柔度杆，由临界应力图可以看到，材料的屈服极限 σ_s 和比例极限 σ_p 越高，临界应力就越大。这时选用优质钢材会提高压杆的承载能力。至于小柔度杆，本来就是强度问题，优质钢材的强度高，其承载能力的提高是显然的。

二、选用合理的截面形状

压杆的承载能力取决于最小惯性矩 I。当压杆各个方向的约束条件相同时，使截面对两个形心主轴的惯性矩尽可能大，而且相等，是压杆合理截面的基本原则。因此，薄壁圆管（见图 14.7(a)）、正方形薄壁箱形截面（见图 14.7(b)）是理想截面，它们各个方向的惯性矩相同，且惯性矩比同等面积的实心杆大得多。但这种薄壁杆的壁厚不能过薄，否则会出现局部失稳现象。对于型钢截面（如工字钢、槽钢、角钢等），由于它们的两个形心主轴惯性矩相差较大，为了提高这类型钢截面压杆的承载能力，工程实际中常用几个型钢，通过缀板组成一个组合截面，如图(14.7(c)、(d))所示。并选用合适的距离 a，使 $I_y = I_z$，这样可大大的提高压杆的承载能力。但设计这种组合截面杆时，应注意控制两缀板之间的长度 l，以保证单个型钢的局部稳定性。

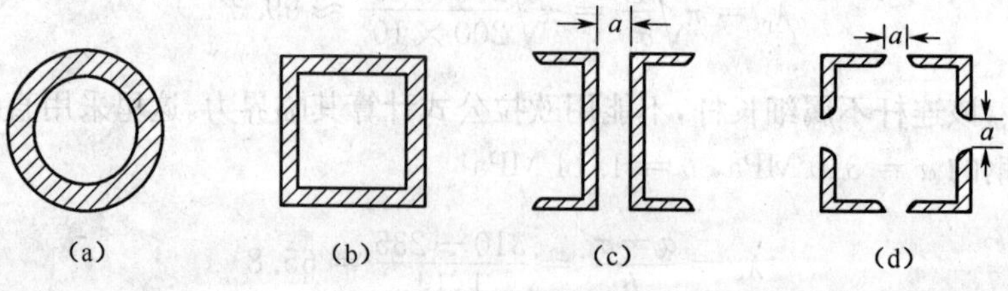

图 14.7

三、减小压杆的长度

减小压杆的长度，可使 λ 降低，从而提高了压杆的临界载荷。工程中，为了减小柱子的长度，通常在柱子的中间设置一定形式的撑杆，它们与其他构件连接在一起后，对柱子形成支点，限制了柱子的弯曲变形，起到减小柱长的作用。对于细长杆，若在柱子中设置一个支点，则长度减小一半，而承载能力可增加到原来的 4 倍。

四、改善杆端的支承情况

对于大柔度的细长杆，一端铰支另一端固定压杆的临界载荷比两端铰支的大一倍。因此，杆端越不易转动，杆端的刚性越大，长度系数就越小。如图 14.8 所示压杆，若增大杆右端止推轴承的长度 a，就加强了约束的刚性。

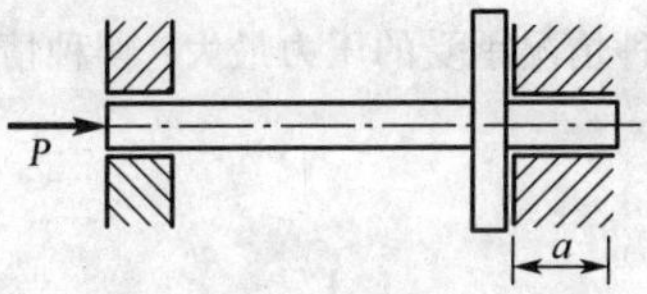

图 14.8

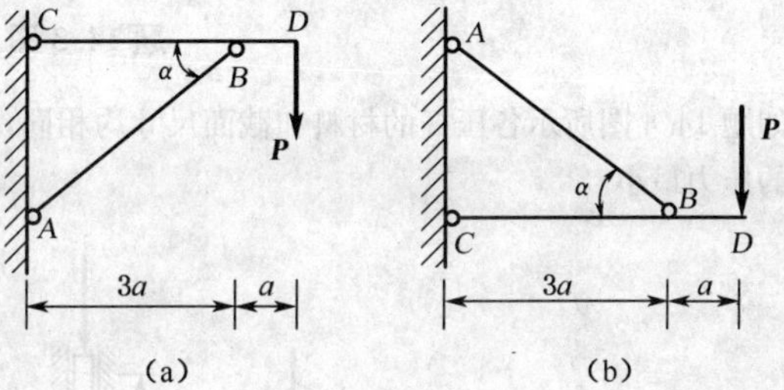

图 14.9

最后尚需指出，对于压杆，除了可以采取上述几方面的措施以提高其承载能力外，在可能的条件下，还可以从结构方面采取相应的措施。例如，将结构中的压杆转换成拉杆，这样，就可以从根本上避免失稳问题。以图 14.9 所示的托架为例，在不影响结构使用的条件下，若图(a)所示结构改换成图(b)所示结构，则 AB 杆由承受压力变为承受拉力，从而避免了压杆的失稳问题。

习　题

14.1　对于圆截面细长压杆，当(1) 杆长增加一倍；(2) 直径增加一倍时，其临界力将怎样变化？

14.2　两端为球铰的压杆，当其横截面为题 14.2 图所示的不同形状时，试问压杆会在哪个平面内失稳(即失稳时截面绕哪根轴转动)？

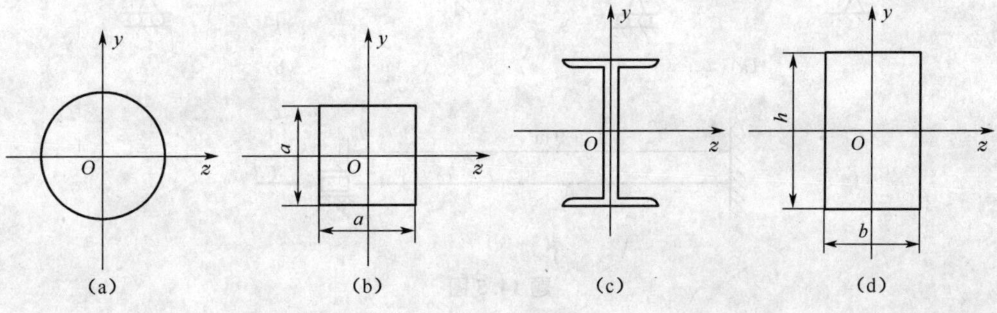

题 14.2 图

14.3 一压杆如题 14.3 图所示。在计算其临界力 F_{lj}时，如考虑在 yz 平面内失稳，应该用哪一根轴的惯性矩 I 和惯性半径 i 来计算？

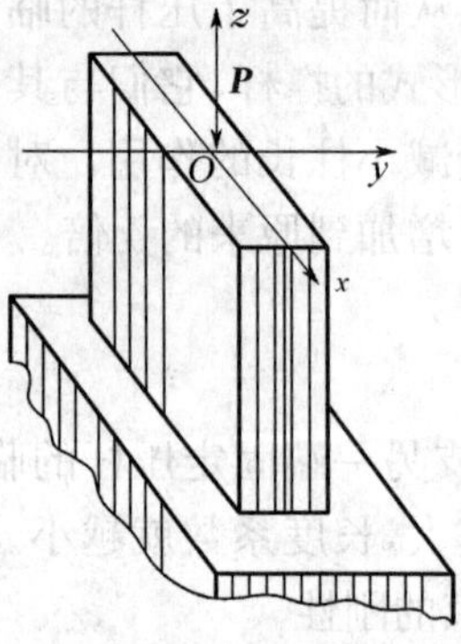

题 14.3 图

14.4 如题 14.4 图所示各压杆的材料和截面尺寸均相同，试问哪种情况承受的压力最大？哪种情况承受的压力最小？

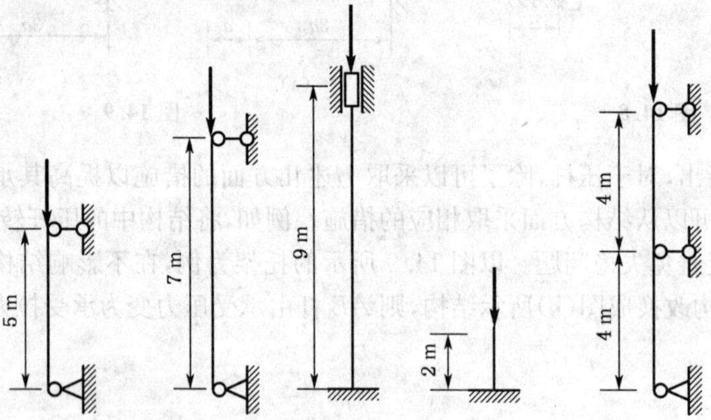

题 14.4 图

14.5 如题 14.5 图所示，三个圆截面细长压杆，材料均为 Q235 钢，$E=200\,\text{GPa}$，直径均为 160 mm，试按欧拉公式计算各杆的临界力。

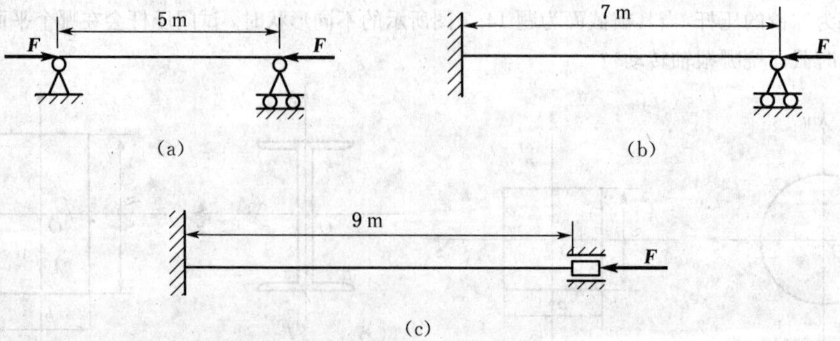

题 14.5 图

14.6　三根圆截面压杆，直径均为 $d = 160\ \text{mm}$，长度分别为 l_1、l_2、l_3，且 $l_1 = 2l_2 = 4l_3 = 5\ \text{m}$。材料均为 Q235 钢，两端均为铰支。试计算各杆的临界力。

14.7　细长压杆的两端为球铰支座，如题 14.7 图所示，$E = 200\ \text{GPa}$，试用欧拉公式计算下列三种情况的临界力：

(1) 圆形截面：$d = 25\ \text{mm}$，$l = 1\ \text{m}$；

(2) 矩形截面：$h = 2b = 40\ \text{mm}$，$l = 1\ \text{m}$；

(3) 16 号工字钢：$l = 2\ \text{m}$。

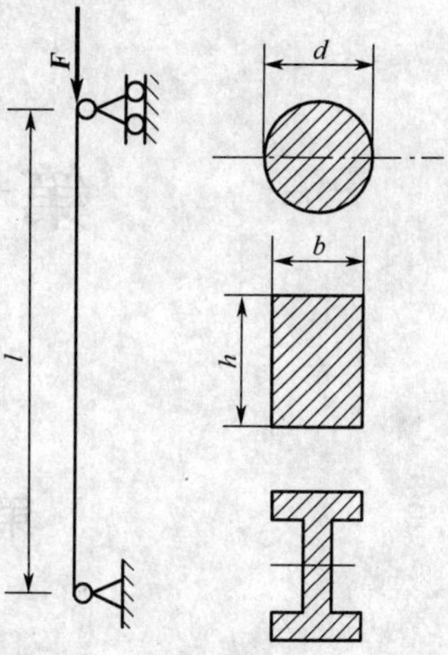

题 14.7 图

14.8　用 Q235 钢制成的圆柱，两端铰支。试问：若用欧拉公式计算临界应力，则圆柱的长度应是直径的多少倍？

14.9　题 14.9 图示受压杆件，材料为 Q235 钢，弹性模量 $E = 200\ \text{GPa}$，横截面面积 $A = 44 \times 10^2\ \text{mm}^2$，惯性矩 $I_y = 120 \times 10^4\ \text{mm}^4$，$I_z = 797 \times 10^4\ \text{mm}^4$。在 xy 平面内，长度系数 $\mu_z = 1$；在 xz 平面内，长度系数 $\mu_y = 0.5$。试求临界应力和临界力。

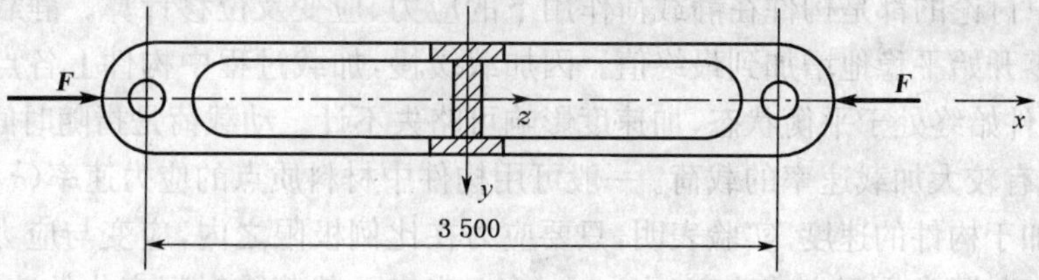

题 14.9 图

14.10　某柴油机的挺杆两端铰接，长度 $l = 257\ \text{mm}$，圆形横截面的直径 $d = 8\ \text{mm}$，钢材的 $E = 210\ \text{GPa}$，$\sigma_p = 240\ \text{MPa}$，挺杆所受的最大压力 $P = 1.76\ \text{kN}$。规定的稳定安全系数 $[n_w] = 2.5$，试校核挺杆的稳定性。

14.11　题 14.11 图示 AB 杆的截面为矩形，尺寸如图所示。CD 杆的截面为圆形，其直径 $d = 20\ \text{mm}$。两杆在 C 处用铰链连接。材料为 Q235 钢，规定的稳定安全系数 $[n_w] = 3$。若测得 AB 的最大弯曲应力 $\sigma = 140\ \text{MPa}$，试校核 CD 杆的稳定性。

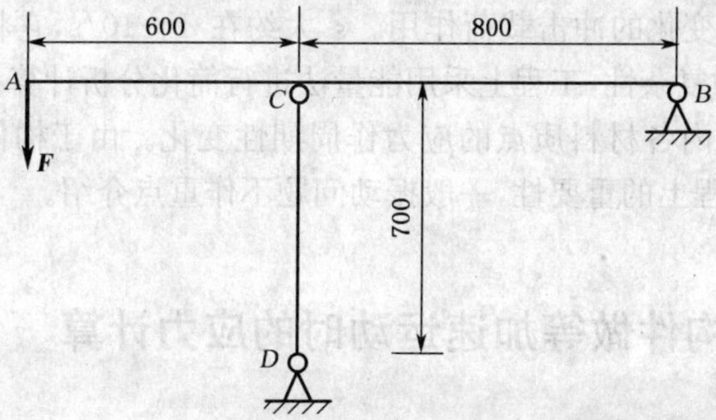

题 14.11 图

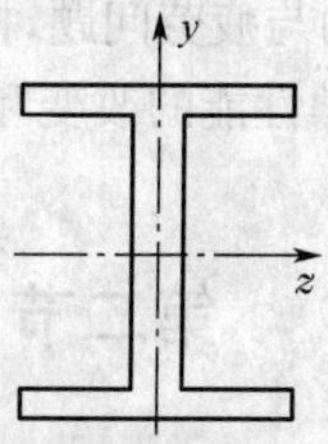

题 14.12 图

14.12　题 14.12 图示中心受压杆件由 32a 工字型钢制成。在 z 轴平面内弯曲时（截面绕 y 轴转动），杆两端为固结；在 y 轴平面内弯曲时，杆一端固定、一端自由。杆长 $l = 5\ \text{m}$，$[n_w] = 2$。试确定压杆的许可载荷。

第十五章　动　载　荷

第一节　动载荷的概念与分类

一、动载荷概念

前面各章讨论的都是构件在静载荷作用下的应力、应变及位移计算。静载荷是指构件上的载荷从零开始平稳地增加到最终值。因加载缓慢，加载过程中构件上各点的加速度很小，可认为构件始终处于平衡状态，加速度影响可略去不计。动载荷是指随时间作明显变化的载荷，即具有较大加载速率的载荷。一般可用构件中材料质点的应力速率($\dot{\sigma}=\mathrm{d}\sigma/\mathrm{d}t$)来表示载荷施加于构件的速度。实验表明，只要应力在比例极限之内，应变与应力关系仍服从虎克定律，因而，通常也用应变速率($\dot{\varepsilon}=\mathrm{d}\varepsilon/\mathrm{d}t$)来表示载荷随时间变化的速度。一般认为标准静载荷的 $\dot{\varepsilon}=(0.01\sim3)/\text{min}$，随着动载荷 $\dot{\varepsilon}$ 的增加，它对材料力学性能的影响越趋明显。对金属材料，静载荷范围约在 $\dot{\varepsilon}=10^{-4}\sim10^{-2}/\text{s}$，如果 $\dot{\varepsilon}\geqslant10^{-2}/\text{s}$，即认为是动载荷。

二、三类动载荷问题

根据加载的速度与性质，有三类动载荷问题。

(1) 一般加速运动(包括线加速与角加速)构件问题，此时 $\dot{\varepsilon}$ 不会引起材料力学性能的改变，该类问题的处理方法是动静法。

(2) 冲击问题，构件受剧烈变化的冲击载荷作用。$\dot{\varepsilon}$ 大约在 1～10/s，它将引起材料力学性能的很大变化，由于问题的复杂性，工程上采用能量法进行简化分析计算。

(3) 振动与疲劳问题，构件内各材料质点的应力作周期性变化。由于构件的疲劳问题涉及材料力学性能的改变和工程上的重要性，一般振动问题不作重点介绍。

第二节　构件做等加速运动时的应力计算

一、动应力分析中的动静法

加速度为 a 的质点，惯性力为其质量 m 与 a 的乘积，方向与 a 相反。达朗贝尔原理指出，对做加速运动的质点系，如假想地在每一质点上加上惯性力，则质点系上的原力系与惯性力系组成平衡力系。这样，可把动力学问题在形式上作为静力学问题处理，这就是动静法。

二、等加速运动构件中的动应力分析

下面举例说明动静法在动应力分析中的应用。

例 15-1 图 15.1 中一钢索起吊重物，以等加速度 a 提升。重物 M 的重力为 $\boldsymbol{P}$，钢索的横截面积为 A，钢索的重量与 $\boldsymbol{P}$ 相比甚小可略去不计。试求钢索横截面上的动应力 σ_d。

解 钢索除受重力 P 作用外，还受动载荷(惯性力)作用。根据动静法，将惯性力 $\frac{P}{g}a$ 加在重物上，这样，可按静载荷问题求钢索横截面上的轴力 N_d。

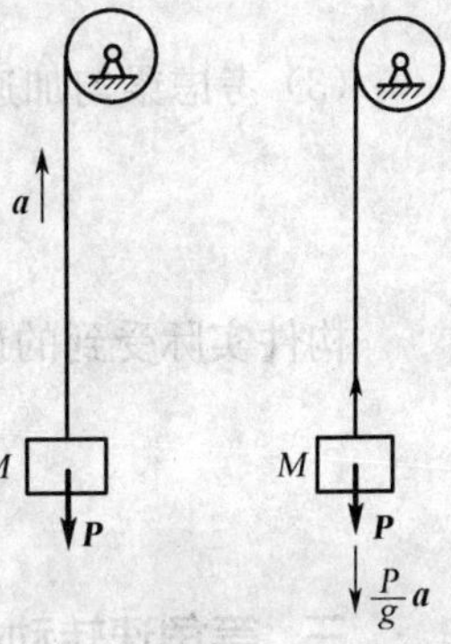

图 15.1

由静力平衡方程：

$$N_d - P - \frac{P}{g}a = 0$$

解得

$$N_d = P + \frac{P}{g}a = P\left(1 + \frac{a}{g}\right)$$

从而可求得钢索横截面上的动应力为：

$$\sigma_d = \frac{N_d}{A} = \frac{P}{A}\left(1 + \frac{a}{g}\right) = \sigma_w\left(1 + \frac{a}{g}\right) = K_d\sigma_w$$

其中

$$\sigma_w = \frac{P}{A}$$

是 P 作为静载荷作用时钢索横截面上的应力。

$$K_d = 1 + \frac{a}{g}$$

是动载荷系数。对于有动载荷作用的构件，常用动载荷系数 K_d 来反映动载荷的效应。

此时钢索的强度条件为

$$\sigma_d = K_d\sigma_w \leqslant [\sigma]$$

其中$[\sigma]$为构件静载荷下的许用应力。

例 15-2 如图 15.2(a)所示，梁由钢丝绳起吊匀加速上升，加速度为 a。已知梁的横截面面积为 A，抗弯截面系数为 W，材料的容重为 γ，求梁的最大动应力。

解 (1) 梁的计算简图如图 15.2(b)、(c)所示，这是一个外伸梁。

(2) 若梁静止或匀速上升，那么梁受到由自重引起的均布载荷的作用，其载荷集度为

$$q_j = A\gamma$$

最大静应力为

$$\sigma_j = \frac{M_j}{W} = \frac{0.025A\gamma l^2}{W}$$

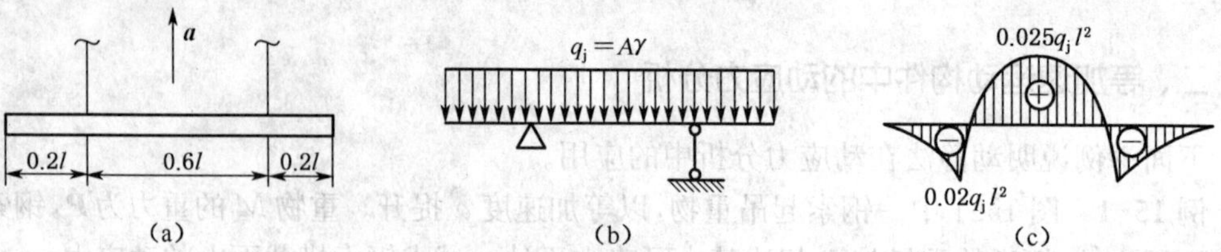

图 15.2

(3) 考虑梁匀加速运动,动载荷系数为

$$K_d = 1 + \frac{a}{g}$$

构件实际受到的最大应力

$$\sigma_d = K_d \sigma_j = \left(1 + \frac{a}{g}\right) \frac{0.025 A\gamma l^2}{W}$$

三、等角速转动构件内的动应力分析

再以匀速旋转圆环为例说明动静法的应用。

例 15-3 图 15.3 中一平均直径为 D,壁厚为 δ 的薄壁圆环,绕通过其圆心且垂直于环平面的轴做匀速转动。已知环的角速度 ω,环的横截面面积 A 和材料的容重 γ,求此环横截面上的正应力。

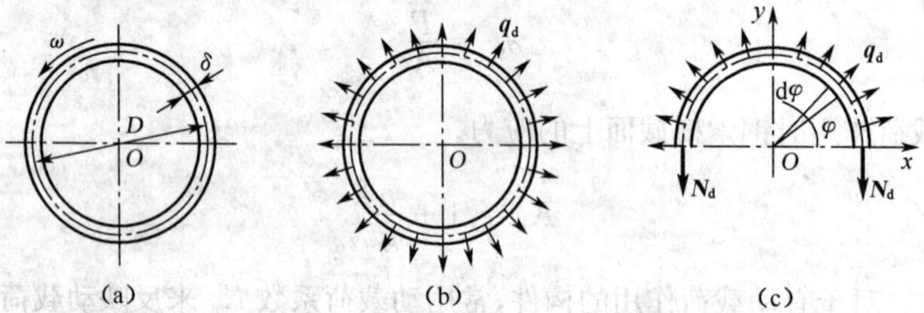

图 15.3

解 因圆环等速转动,故环内各点只有向心加速度。又因为 $\delta \ll D$,故可认为环内各点的向心加速度大小相等,都等于

$$a_n = \frac{D\omega^2}{2}$$

沿环轴线均匀分布的惯性力集度 q_d 就是沿轴线单位长度上的惯性力,即:

$$q_d = \frac{1 \cdot A \cdot \gamma}{g} a_n = \frac{A\gamma D}{2g}\omega^2$$

上述分布惯性力构成圆环上的平衡力系。用截面平衡法可求得圆环横截面上的内力 N_d。N_d 的计算,可利用积分的方法求得 y 轴方向惯性力的合力,亦可等价地将 q_d 视为“内

压”得：

$$2N_{\mathrm{d}} = R_{\mathrm{d}} = q_{\mathrm{d}} \cdot D$$

求得

$$N_{\mathrm{d}} = \frac{A\gamma D^2 \omega^2}{4g}$$

于是横截面上的正应力 σ_{d} 为：

$$\sigma_{\mathrm{d}} = \frac{N_{\mathrm{d}}}{A} = \frac{\gamma D^2 \omega^2}{4g} = \frac{\gamma v^2}{g}$$

其中：$v = \dfrac{D\omega}{2}$，是圆环轴线上点的线速度。

由 σ_{d} 的表达式可知，σ_{d} 与圆环横截面积 A 无关。故要保证圆环的强度，只能限制圆环的转速，仅增大横截面积 A 并不能提高圆环的强度。

第三节 构件受冲击载荷作用时的应力与变形

一、工程中的冲击问题

锻锤与锻件的撞击，重锤打桩，用铆钉枪进行铆接，高速转动的飞轮突然刹车等均为冲击问题，其特点是冲击物在极短瞬间速度剧变为零，被冲击物在此瞬间经受很大的 $\dot{\sigma}$ 和 $\dot{\varepsilon}$。

二、求解冲击问题的能量法

冲击问题极其复杂，难以精确求解。工程中常采用一种较为简略但偏于安全的估算方法——能量法，来近似估算构件内的冲击载荷和冲击应力。

在冲击应力估算中作如下基本假定：①不计冲击物的变形；②冲击物与构件（被冲击物）接触后无回弹，二者合为一个运动系统；③构件的质量（惯性）与冲击物相比很小，可略去不计，冲击应力瞬时传遍整个构件；④材料服从虎克定律；⑤冲击过程中，声、热等能量损耗很小，可略去不计。

在以上假设下，即可利用机械能守恒定律估算冲击应力。

三、杆件受冲击时的应力和变形分析计算模型

任一被冲击物（弹性杆件或结构）都可简化成如图 15.4 所示的弹簧。

冲击过程中，设重量为 Q 的冲击物一经与弹簧接触就互相附着共同运动。如省略弹簧的质量，只考虑其弹性，可简化成单自由度的运动体系。冲击物与弹簧接触瞬间的动能为 T；弹簧达到最低位置时体系的速度变为零，弹簧的变形为 Δ_{d}，冲击物的势能的变化为：

$$V = Q\Delta_{\mathrm{d}} \tag{a}$$

若以 U_d 表示弹簧的变形能，由能量守恒定律，冲击系统的动能和势能全部转化成弹簧的变形能：

$$T+V=U_d \tag{b}$$

设体系速度为零时冲击物作用在弹簧上的冲击载荷为 P_d。材料服从虎克定律条件下，P_d 与 Δ_d 成正比。故冲击过程中动载荷所做的功为 $\frac{1}{2}P_d\Delta_d$，且有

$$U_d=\frac{1}{2}P_d\Delta_d \tag{c}$$

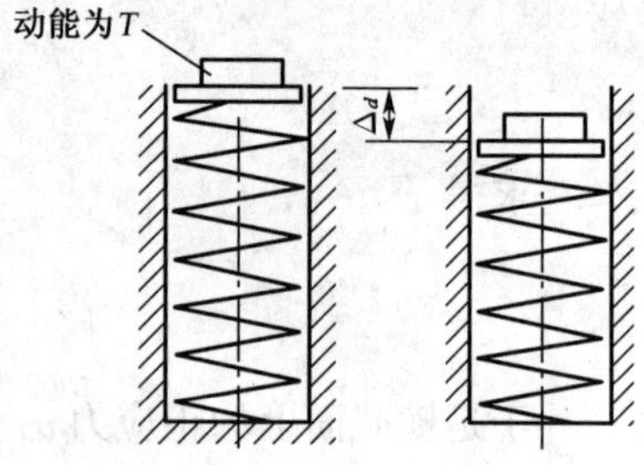

(a) (b)

图 15.4

若重物 Q 以静载荷方式作用于构件上，构件的静变形和静应力分别为 Δ_w 和 σ_w。在动载荷 P_d 作用下，相应的冲击变形和冲击应力分别为 Δ_d 和 σ_d。对于线弹性材料，有比例关系：

$$\frac{P_d}{Q}=\frac{\Delta_d}{\Delta_w}=\frac{\sigma_d}{\sigma_w} \tag{d}$$

或

$$P_d=\frac{\Delta_d}{\Delta_w}Q,\quad \sigma_d=\frac{\Delta_d}{\Delta_w}\sigma_w \tag{e}$$

将(e)中的 P_d 代入(c)：

$$U_d=\frac{1}{2}\frac{\Delta_d^2}{\Delta_w}Q \tag{f}$$

将(a)，(f)代入(b)，有：

$$\Delta_d^2-2\Delta_w\Delta_d-\frac{2T\Delta_w}{Q}=0$$

解得：

$$\Delta_d=\Delta_w\left(1+\sqrt{1+\frac{2T}{Q\Delta_w}}\right) \tag{g}$$

引入冲击动载荷系数 K_d：

$$K_d=\frac{\Delta_d}{\Delta_w}=1+\sqrt{1+\frac{2T}{Q\Delta_w}} \tag{h}$$

于是有：

$$\Delta_d=K_d\Delta_w,\quad P_d=K_dQ,\quad \sigma_d=K_d\sigma_w \tag{i}$$

对上述结果讨论如下：

(1) 以 K_d 乘以构件的静载荷、静变形和静应力，就得到冲击时相应构件的冲击载荷 P_d，最大冲击变形 Δ_d 和冲击应力 σ_d。

(2) $K_d\geqslant 2$，且 $T=0$ 时，"="号成立，这表明即使冲击物初始速度为零，但只要是突然加于构件上的载荷，其性质也是动载荷，此时构件内的应力和变形分别为静载荷时的两倍。

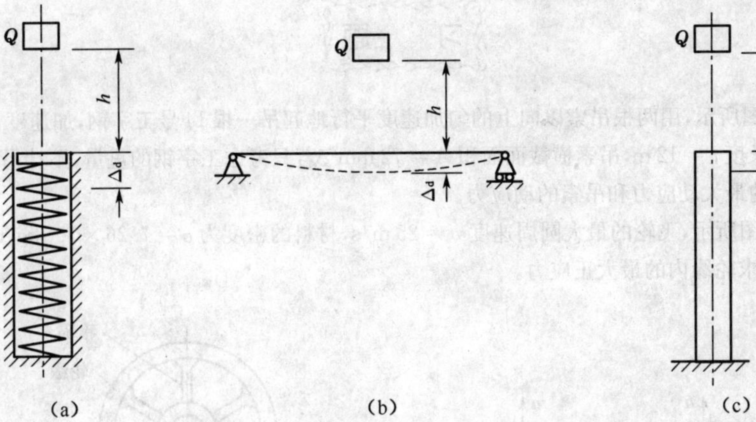

图 15.5

(3) 如果 Δ_w 增大，则 K_d 减小，其含义是，构件越柔软（刚性越小），缓冲作用越强。

(4) 如果冲击是由重物 Q 从高度 h 处自由下落造成的，如图 15.5，则冲击开始时，Q 的动能：

$$T = \frac{1}{2}\frac{Q}{g}v^2 = \frac{1}{2}\frac{Q}{g} \times 2gh = Qh \tag{j}$$

(j)代入(h)，有：

$$K_d = 1 + \sqrt{1 + \frac{2h}{\Delta_w}} \tag{k}$$

(5) 对水平放置系统（如图 15.6），冲击物的势能 $V = 0$，动能 $T = \frac{1}{2}\frac{Q}{g}v^2$，于是由(b)，(f)得：

$$\frac{1}{2}\frac{Q}{g}v^2 = \frac{1}{2}\frac{\Delta_d^2}{\Delta_w}Q$$

图 15.6

解得：

$$\Delta_d = \sqrt{\frac{v^2}{g\Delta_w}}\Delta_w = K_d\Delta_w \tag{l}$$

其中　$K_d = \sqrt{\dfrac{v^2}{g\Delta_w}}$

由此求得：

$$P_d = K_d Q = \sqrt{\frac{v^2}{g\Delta_w}} Q$$

$$\sigma_d = K_d \sigma_w = \sqrt{\frac{v^2}{g\Delta_w}} \sigma_w$$

习　题

15.1 如题 15.1 图所示，用两根吊索以向上的匀加速度平行地起吊一根 14 号工字钢，加速度 $a = 10\,\mathrm{m/s^2}$，工字钢的长度 $l = 12\,\mathrm{m}$，吊索横截面面积 $A = 72\,\mathrm{mm^2}$。若只考虑工字钢的重量，不计吊索自重，试计算工字钢的最大动应力和吊索的动应力。

15.2 如题 15.2 图所示，飞轮的最大圆周速度 $v = 25\,\mathrm{m/s}$，材料的密度为 $\rho = 7.26\times10^3\,\mathrm{kg/m^3}$。若不计轮辐影响，试求轮缘内的最大正应力。

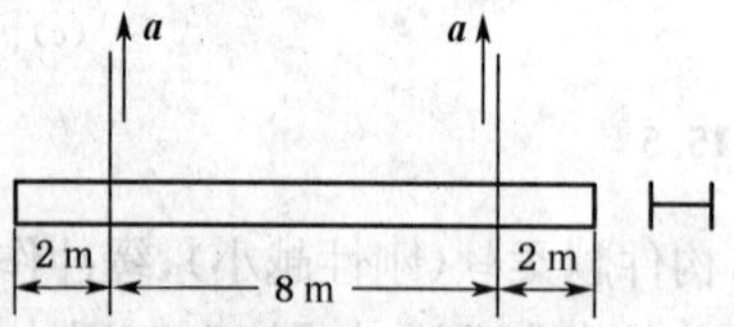

题 15.1 图

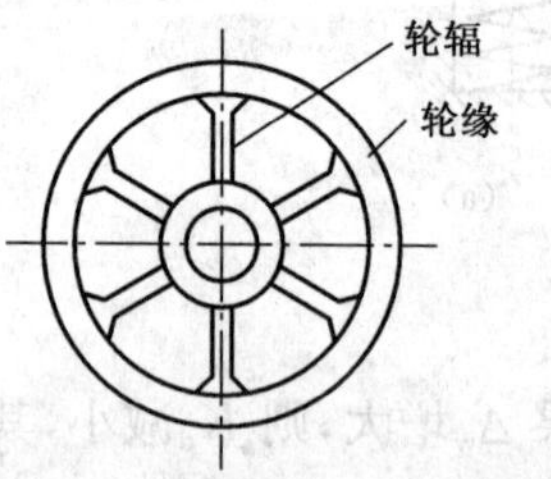

题 15.2 图

15.3 如题 15.3 图所示，机车车轮以 $n = 300\,\mathrm{r/min}$ 的转速旋转，平行杆 AB 的横截面为矩形。$h = 5.6\,\mathrm{cm}$，$b = 2.8\,\mathrm{cm}$，长度 $l = 2\,\mathrm{m}$，$r = 25\,\mathrm{cm}$，材料的密度为 $\rho = 7.8\,\mathrm{g/cm^3}$，试确定平行杆最危险的位置和杆内最大正应力。

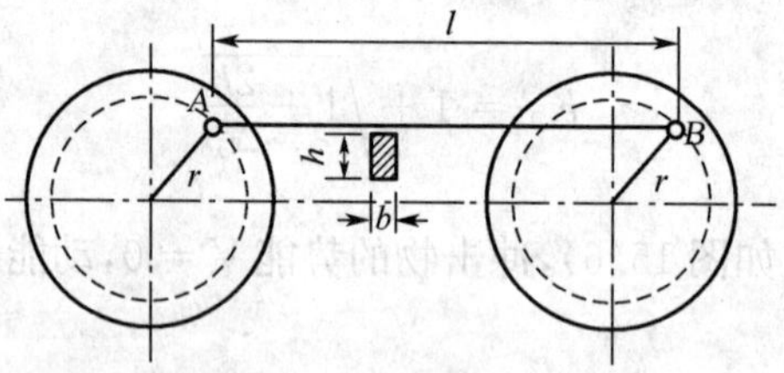

题 15.3 图

15.4 如题 15.4 图所示，钢吊索的下端悬挂一重为 $G = 25\,\mathrm{kN}$ 的重物，并以 $v = 100\,\mathrm{cm/s}$ 的速度下降。当吊索长 $l = 20\,\mathrm{m}$ 时，滑轮突然卡住。设钢索的横截面面积 $A = 4.1\,\mathrm{cm^2}$，弹性模量 $E = 170\,\mathrm{GPa}$，且滑轮和吊索的质量均不计，试求吊索所受的冲击载荷 P_d。

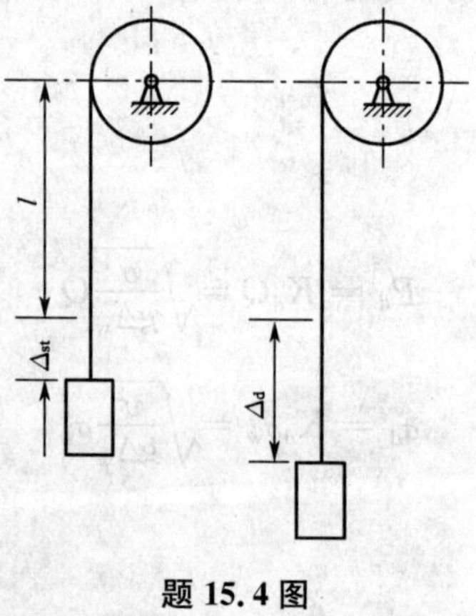

题 15.4 图

15.5　一铸铁飞轮以转速 $n = 6$ r/s 匀速旋转，轮缘中径 $D = 2.5$ m，铸铁密度 $\rho = 7.3 \times 10^3$ kg/m^3，轮缘厚度 $t = D$。且忽略轮辐影响。若铸铁的许用拉应力 $[\sigma_1] = 40$ MPa，试(1)校核飞轮的强度；(2)确定飞轮允许的最大转速。

15.6　直径 $d = 30$ mm，长 $l = 6$ m 的圆木柱，下端固定，上端受重 $W = 5$ kN 的重锤作用。木材的 $E_1 = 10$ GPa。试求如题 15.6 图所示的三种情况下，木桩内的最大正应力。

(1) 重锤以静载荷方式作用于木桩上；

(2) 重锤从离桩顶 0.5 m 的高度自由落下；

(3) 在柱顶放置直径为 15 cm，厚度为 40 mm 的圆橡皮垫，橡皮垫的弹性模量 $E_2 = 8$ MPa，重锤也是从橡皮垫顶面向上 0.5 m 的高度自由落下。

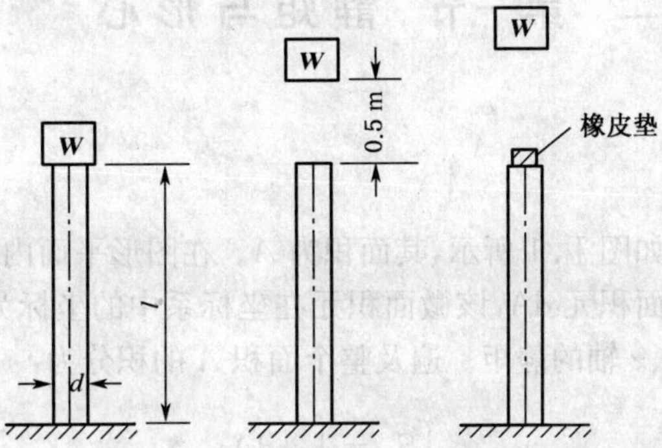

题 15.6 图

附录Ⅰ 平面图形的几何性质

第一节 静矩与形心

一、静矩

任意平面几何图形如图Ⅰ.1所示，其面积为A。在图形平面内选取一对直角坐标轴如图所示。在图形内取微面积元dA，该微面积元在坐标系中的坐标为(y, z)。zdA、ydA分别称为微面积元对y轴、z轴的静矩。遍及整个面积A的积分为：

$$\begin{cases} S_y = \int_A z\,dA \\ S_z = \int_A y\,dA \end{cases} \tag{Ⅰ-1}$$

分别称为图形对于y轴和z轴的**静矩**。由(Ⅰ-1)式可见，随着坐标轴y、z选取的不同，静矩的数值可能为正，可能为负，也可能为零。静矩的量纲是长度的三次方。

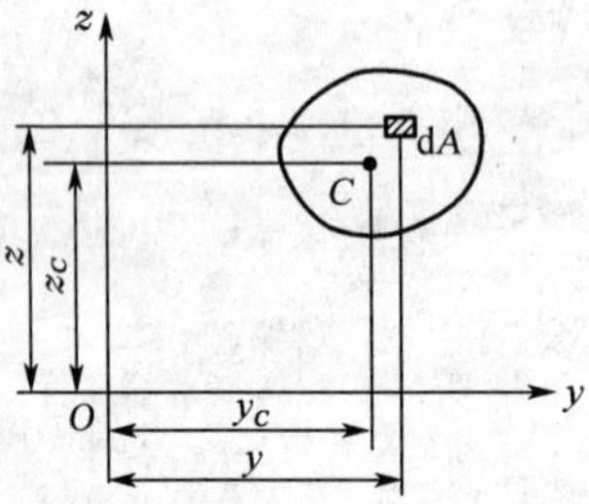

图Ⅰ.1

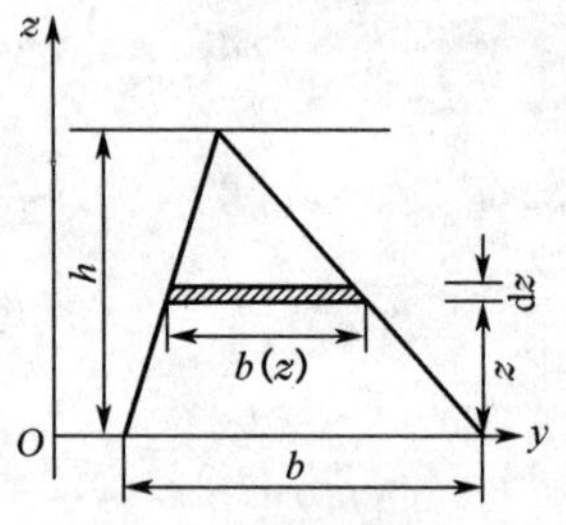

图Ⅰ.2

例Ⅰ-1 试计算图Ⅰ.2所示三角形截面对与其底边重合的y轴的静矩。

解 计算此截面对y轴的静矩S_y时，可以取平行于y轴的狭长条为微面积，则有：

$$dA = b(z)dz$$

由相似三角形关系，可知

$$b(z) = \frac{b}{h}(h - z)$$

因此，有$dA = \frac{b}{h}(h - z)dz$，将其代入式(Ⅰ-1)积分，即得：

$$S_y=\int_A z\mathrm{d}A=\int_0^h z\,\frac{b}{h}(h-z)\mathrm{d}z=b\int_0^h z\mathrm{d}z-\frac{b}{h}\int_0^h z^2\mathrm{d}z=\frac{bh^2}{6}$$

二、形心

设想有一个厚度很小的均质薄板，薄板中间面的形状与图Ⅰ.1的平面图形相同。显然，在 Oyz 坐标系中，上述均质薄板的重心与平面图形的形心有相同的坐标 y_C 和 z_C。由静力学的合力矩定理可知，薄板重心的坐标 y_C 和 z_C 分别为：

$$\begin{cases} y_C=\dfrac{\int_A y\mathrm{d}A}{A} \\ z_C=\dfrac{\int_A z\mathrm{d}A}{A} \end{cases} \tag{Ⅰ-2}$$

这也是确定平面图形的形心坐标公式。

利用式(Ⅰ-1)可以把式(Ⅰ-2)改写成：

$$\begin{cases} y_C=\dfrac{S_z}{A} \\ z_C=\dfrac{S_y}{A} \end{cases} \tag{Ⅰ-3}$$

所以，如果截面面积和静矩已知时，可由静矩除以图形的面积 A 来确定图形形心的坐标。式(Ⅰ-3)也可改写为：

$$\begin{cases} S_y=Az_C \\ S_z=Ay_C \end{cases} \tag{Ⅰ-4}$$

这表明，**平面图形对 y 轴和 z 轴的静矩，分别等于图形面积 A 乘以图形形心坐标 z_C 和 y_C**。这也就是图形形心坐标与静矩之间的关系。

由式(Ⅰ-4)可以看出，若 $S_z=0$ 和 $S_y=0$，则 y_C 和 z_C 都等于零。由此可见**若图形对某一轴的静矩等于零，则该轴必然通过图形的形心；反之，若某一轴通过形心，则图形对该轴的静矩等于零**。例如，对于图Ⅰ.3所示的平面图形，它们都具有铅垂对称轴 z 轴，z 轴左右两边的面积对 z 轴的静矩数值相等而符号相反，故整个面积对 z 轴的静矩等于零，形心必在 z 轴上。因此，当图形有对称轴时，形心必在此对称轴上。如果图形有两个对称轴 y 轴和 z 轴，如图Ⅰ.3(a)、(b)、(c)所示，则形心必在此两对称轴的交点上。

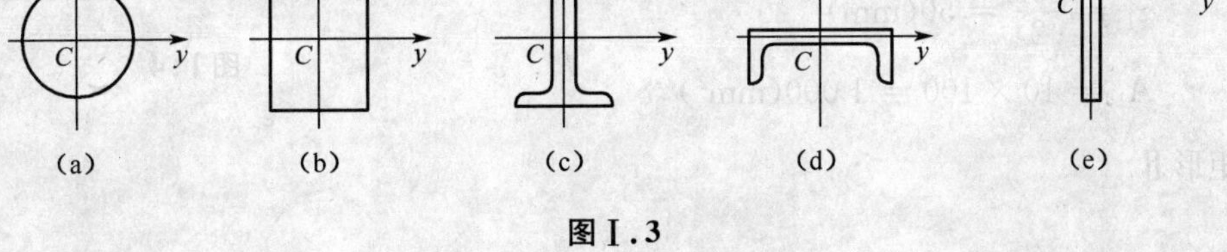

图Ⅰ.3

根据上述定义可以看出：**静矩与坐标轴有关，同一平面图形对于不同的坐标轴有不同的静矩。对于某些坐标轴静矩为正；对于另外某些坐标轴为负；对于通过形心的坐标轴静矩等于零。**

如果已经计算出图形的静矩，就可以确定形心的位置；反之，如果已知形心的位置，则可计算图形的静矩。

三、组合截面的静矩和形心

实际计算中，对于简单的、规则的图形，其形心位置可以直接判断。例如，矩形、正方形、圆形、正三角形等的形心位置显而易见。对于由几个简单图形组合而成的组合图形，其形心位置是一眼看不出的。对于组合图形，则先将其分解为若干个简单图形，然后分别计算它们对于给定坐标轴的静矩，并求其代数和，即当一个图形 A 是由 A_1，A_2，…，A_n组合而成的图形时，由静矩的定义得：

$$S_z = \int_A y\mathrm{d}A = \int_{A_1} y\mathrm{d}A + \int_{A_2} y\mathrm{d}A + \cdots + \int_{A_n} y\mathrm{d}A$$

$$= A_1 y_1 + A_2 y_2 + \cdots + A_n y_n = \sum_{i=1}^{n} A_i y_i$$

$$S_z = \sum_{i=1}^{n} A_i y_i, \quad S_y = \sum_{i=1}^{n} A_i z_i \tag{Ⅰ-5}$$

式中，A_i和 y_i、z_i分别表示第 i 个简单图形的面积及形心坐标；n 为组成该平面图形的简单图形的个数。

将式（Ⅰ-5）代入（Ⅰ-3），则可得组合图形形心坐标的计算公式，即

$$y_C = \frac{\sum_{i=1}^{n} A_i y_i}{\sum_{i=1}^{n} A_i}, \quad z_C = \frac{\sum_{i=1}^{n} A_i z_i}{\sum_{i=1}^{n} A_i} \tag{Ⅰ-6}$$

例Ⅰ-2 试确定图Ⅰ.4 所示平面图形的形心 C 的位置。

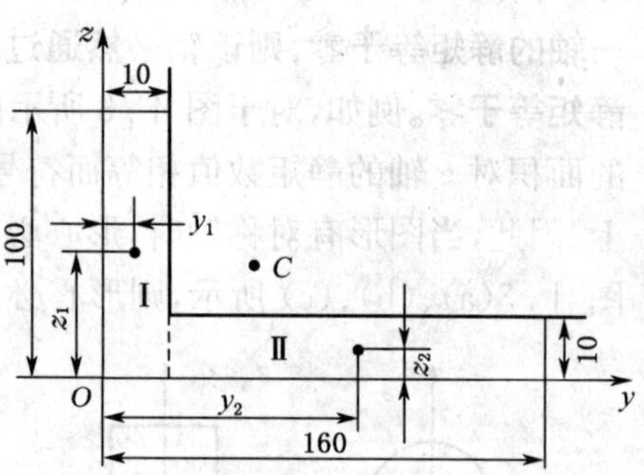

图Ⅰ.4

解 将图形分为Ⅰ、Ⅱ两个矩形，选取坐标系如图Ⅰ.4 所示。每个矩形的形心坐标及面积为：

矩形Ⅰ

$$y_1 = \frac{10}{2} = 5(\text{mm})$$

$$z_1 = \frac{100}{2} = 50(\text{mm})$$

$$A_1 = 10 \times 100 = 1\,000(\text{mm}^2)$$

矩形Ⅱ

$$y_2 = 10 + \frac{150}{2} = 85(\text{mm})$$

$$z_2 = \frac{10}{2} = 5(\text{mm})$$

$$A_2 = 10 \times 150 = 1\,500(\text{mm}^2)$$

得形心 C 的坐标为：

$$y_C = \frac{A_1 y_1 + A_2 y_2}{A_1 + A_2} = \frac{1\,000 \times 5 + 1\,500 \times 85}{1\,000 + 1\,500} = 53(\text{mm})$$

$$z_C = \frac{A_1 z_1 + A_2 z_2}{A_1 + A_2} = \frac{1\,000 \times 50 + 1\,500 \times 5}{1\,000 + 1\,500} = 23(\text{mm})$$

第二节　惯性矩与惯性积

1. 惯性矩

任意平面几何图形如图Ⅰ.5所示，其面积为 A，y 轴和 z 轴为图形所在平面内的一对任意直角坐标轴。在图形内取微面积元 dA，该微面积元在坐标系中的坐标为 $(y,\ z)$，$z^2 dA$ 和 $y^2 dA$ 分别为微面积元 dA 对 y 轴和 z 轴的惯性矩，而遍及整个平面图形的积分

$$\begin{cases} I_y = \int_A z^2 \mathrm{d}A \\ I_z = \int_A y^2 \mathrm{d}A \end{cases} \quad (\text{Ⅰ-7})$$

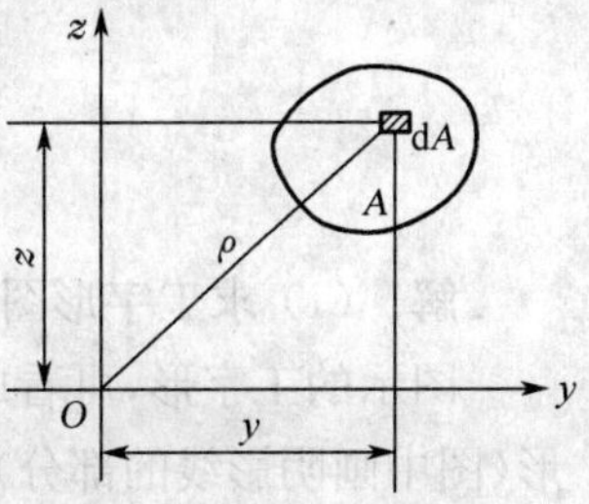

图Ⅰ.5

分别定义为平面图形对 y 轴和 z 轴的惯性矩。

在式(Ⅰ-7)中，由于 y^2、z^2 总是正值，所以 I_y、I_z 也恒为正值。惯性矩的量纲是长度的四次方。

例Ⅰ-3　图Ⅰ.6为一矩形截面，y、z 轴为其对称轴。矩形的宽为 b，高为 h。试计算该矩形截面对 y 轴和 z 轴的惯性矩。

解　先求对 y 轴的惯性矩。取平行于 y 轴的狭长条作为微面积元 dA，则：

$$\mathrm{d}A = b\mathrm{d}z$$

$$I_y = \int_A z^2 \mathrm{d}A = \int_{-\frac{h}{2}}^{\frac{h}{2}} bz^2 \mathrm{d}z = \frac{bh^3}{12}$$

同理可得对 z 轴的惯性矩

$$I_z = \frac{hb^3}{12}$$

若图形是高为 h、宽为 b 的平行四边形，如图Ⅰ.7所示，它对形心轴 y 的惯性矩仍为 $I_y = \frac{bh^3}{12}$。

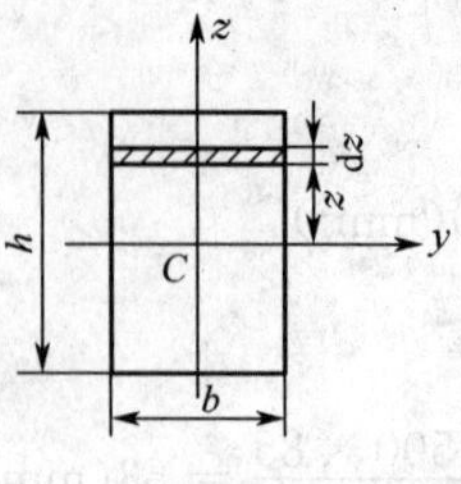

图Ⅰ.6

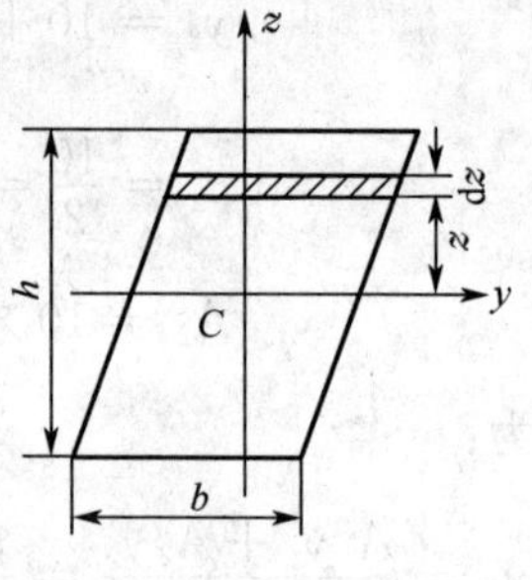

图Ⅰ.7

例Ⅰ-4 试求图Ⅰ.8(a)所示工字钢平面图形对其形心轴 y、z 的惯性矩。

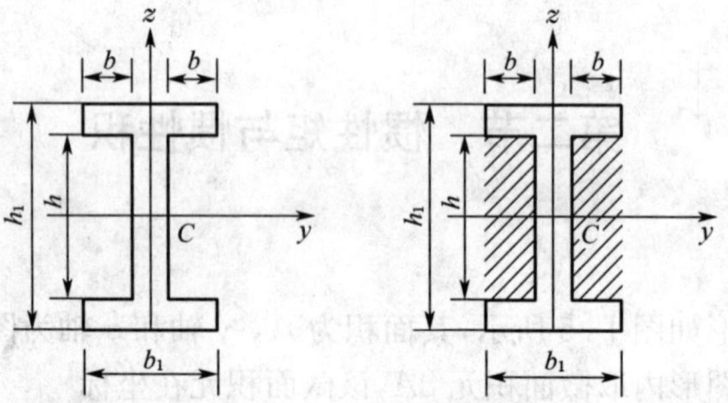

图Ⅰ.8

解 (1) 求工字形图形对 y 轴的惯性矩。

图示的工字形,可看成是由图Ⅰ.8(b)中面积为 b_1h_1 的矩形,减去两个面积为 bh 的小矩形(图中画阴影线的部分)而得到的,故工字形对 y 轴的惯性矩为大矩形与小矩形对该轴的惯性矩之差,即

$$I_y=\frac{b_1h_1^3}{12}-2\frac{bh^3}{12}=\frac{1}{12}(b_1h_1^3-2bh^3)$$

(2) 求工字形图形对 z 轴的惯性矩。

$$I_z=2\times\frac{\frac{h_1-h}{2}b_1^3}{12}+\frac{h\,(b_1-2b)^3}{12}=\frac{(h_1-h)b_1^3+h\,(b_1-2b)^3}{12}$$

二、极惯性矩

如图Ⅰ.5所示,若微面积元 $\mathrm{d}A$ 到坐标原点的距离为 ρ,将

$$I_{\mathrm{p}}=\int_A\rho^2\mathrm{d}A \tag{Ⅰ-8}$$

定义为平面图形对坐标原点的极惯性矩,其量纲仍为长度的四次方。由图 Ⅰ.5 可以看出,$\rho^2=y^2+z^2$,则有

$$I_p = \int_A \rho^2 dA = \int_A (y^2 + z^2) dA = \int_A y^2 dA + \int_A z^2 dA = I_z + I_y \qquad (\text{Ⅰ-9})$$

所以，图形对于任意一对互相垂直的轴的惯性矩之和，等于它对该两轴交点的极惯性矩。

例Ⅰ-5　图Ⅰ.9为一直径为 d 的圆形截面，计算圆形对圆心 O 的极惯性矩和对 z 轴的惯性矩。

解　取图中的阴影部分的环形面积为微面积元 dA，即

$$dA = 2\pi\rho d\rho$$

圆形对圆心的极惯性矩为

$$I_p = \int_A \rho^2 dA = \int_0^{\frac{d}{2}} \rho^2 2\pi\rho d\rho = \frac{\pi d^4}{32}$$

z 轴和 y 轴都过圆心，由于对称性，必然有 $I_y = I_z$。由式(Ⅰ-9)，显然可以求得

$$I_p = I_z + I_y = 2I_z$$

所以

$$I_z = \frac{I_\rho}{2} = \frac{\pi d^4}{64}$$

另外，对于外径为 D、内径为 d 的环形图形(见图Ⅰ.10)，同理可得其对圆心 O 的极惯性矩和对 z 轴的惯性矩。

$$I_p = \frac{\pi}{32}(D^4 - d^4)$$

$$I_y = I_z = \frac{1}{2} I_p = \frac{\pi}{64}(D^4 - d^4)$$

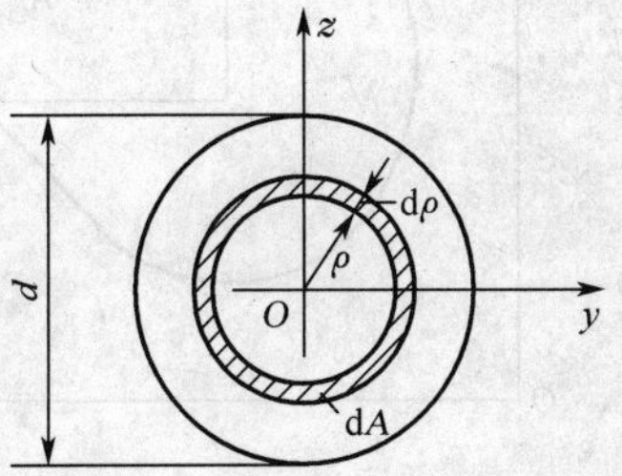

图Ⅰ.9

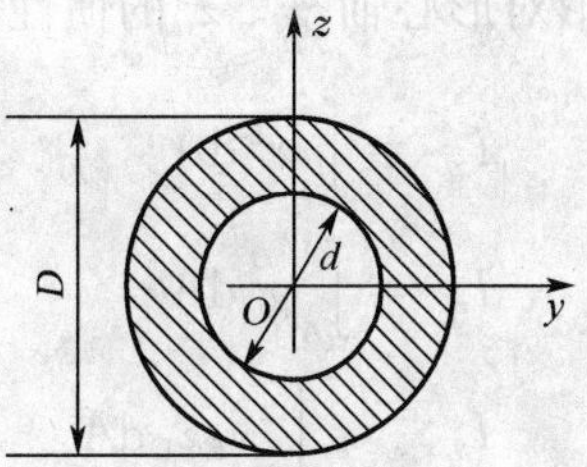

图Ⅰ.10

三、惯性积

在图Ⅰ.5所示的平面图形中，定义 $yzdA$ 为微面积元 dA 对 y 轴和 z 轴的惯性积，而积分式

$$I_{yz} = \int_A yz dA \qquad (\text{Ⅰ-10})$$

定义为图形对 y、z 轴的惯性积。惯性积的量纲为长度的四次方。

例Ⅰ-6 试计算例Ⅰ-3中的矩形截面对 y、z 轴的惯性积。

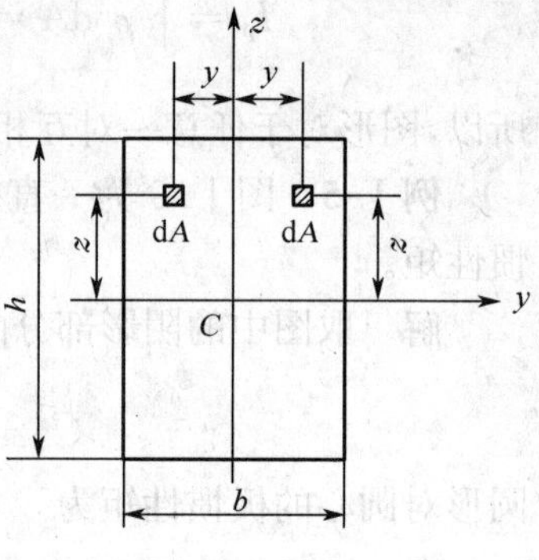

图Ⅰ.11

解 坐标轴 y、z 是图形的对称轴，在 z 轴两侧的对称位置处，各取一微面积元 dA(图Ⅰ.11)，显然，两者的 z 坐标相同，y 坐标则数值相等、符号相反，所以两个微面积的惯性积数值相等、符号相反。因此，这两个微面积元对 y、z 轴的惯性积之和等于零，将此推广，则有

$$I_{yz} = \int_A yz\mathrm{d}A = 0$$

所以，两个坐标轴中只要有一个轴为图形的对称轴，则图形对这一对坐标轴的惯性积等于零。

第三节 平行移轴定理

同一平面图形，对互相平行的两个坐标轴的惯性矩或惯性积是不同的。如果其中一个是图形的形心轴时，则两者存在着较为简单的关系。现介绍这种关系的表达式。

如图Ⅰ.12所示，y 轴与 z 轴是任意选定的参考坐标轴。C 为图形的形心，图形的面积为 A。y_C 轴和 z_C 轴是分别平行于 y、z 轴的形心轴，y 轴平行于 y_C 轴，且两者距离为 a；z 轴平行于 z_C 轴，且两者的距离为 b。取微面积元 dA，其在两坐标系中的坐标分别为 y、z 及 y_C、z_C。

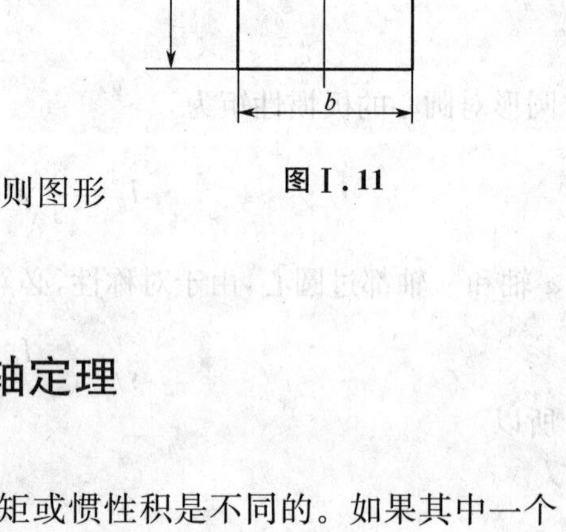

图Ⅰ.12

由图Ⅰ-12可见

$$y = y_C + b \quad z = z_C + a \qquad (Ⅰ\text{-}11a)$$

平面图形对形心轴 y_C、z_C 的惯性矩及惯性积为

$$\begin{aligned} I_{y_C} &= \int_A z_C^2 \mathrm{d}A \\ I_{z_C} &= \int_A y_C^2 \mathrm{d}A \\ I_{y_C z_C} &= \int_A y_C z_C \mathrm{d}A \end{aligned} \qquad (Ⅰ\text{-}11b)$$

平面图形对 y、z 轴的惯性矩及惯性积为

$$I_y = \int_A z^2 \mathrm{d}A = \int_A (z_C + a)^2 \mathrm{d}A = \int_A z_C^2 \mathrm{d}A + 2a\int_A z_C \mathrm{d}A + a^2\int_A \mathrm{d}A$$

$$I_z = \int_A y^2 \mathrm{d}A = \int_A (y_C + b)^2 \mathrm{d}A = \int_A y_C^2 \mathrm{d}A + 2b\int_A y_C \mathrm{d}A + b^2\int_A \mathrm{d}A$$

$$\begin{aligned} I_{yz} &= \int_A yz\mathrm{d}A = \int_A (y_C + b)(z_C + a)\mathrm{d}A \\ &= \int_A y_C z_C \mathrm{d}A + a\int_A y_C \mathrm{d}A + b\int_A z_C \mathrm{d}A + ab\int_A \mathrm{d}A \end{aligned}$$

以上三式中，$\int_A z_C \mathrm{d}A$ 及 $\int_A y_C \mathrm{d}A$ 分别为平面图形对形心轴 y_C 和 z_C 的静矩，其值均等于零，$\int_A \mathrm{d}A = A$。再应用式（Ⅰ-11b），以上三式简化为

$$\begin{aligned} I_y &= I_{y_C} + a^2 A \\ I_z &= I_{z_C} + b^2 A \\ I_{yz} &= I_{y_C z_C} + abA \end{aligned} \tag{Ⅰ-12}$$

习　题

Ⅰ.1　求题Ⅰ.1图所示两个截面图形的形心位置。

Ⅰ.2　如题Ⅰ.2图所示，抛物线的方程为 $z = h\left(1 - \frac{y^2}{b^2}\right)$。计算由抛物线、$y$ 轴和 z 轴所围成的平面图形对 y 轴和 z 轴的静矩 S_y 和 S_z，并确定图形的形心 C 的坐标。

Ⅰ.3　如题Ⅰ.3图所示的矩形，z 轴和 y 轴通过其形心 O，试求图形阴影部分对 z 轴的静矩。

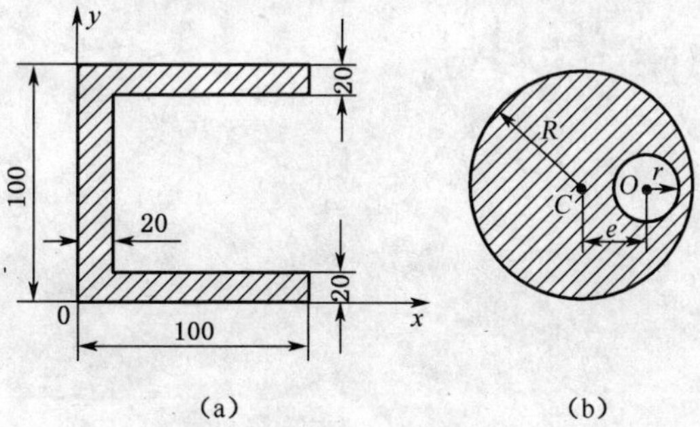

题Ⅰ.1图

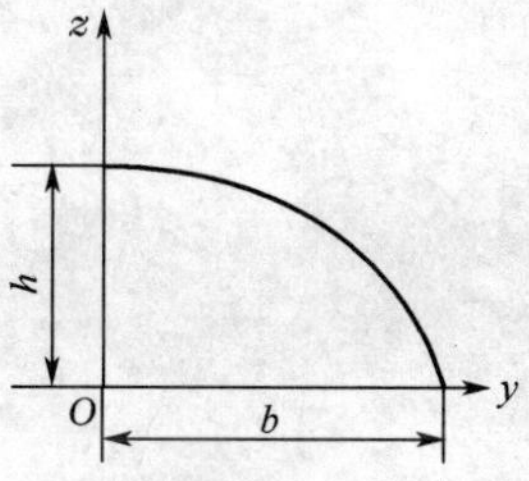

题Ⅰ.2图

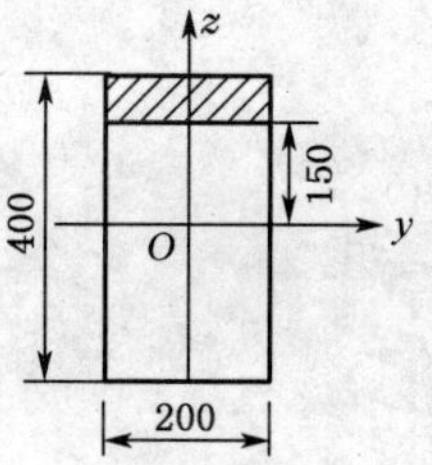

题Ⅰ.3图

Ⅰ.4　试求题Ⅰ.4图所示两个截面图形对其形心轴 x 的惯性矩。

Ⅰ.5　一直径为 d 的圆形截面，按题Ⅰ.5图中阴影部分取微面积元 $\mathrm{d}A$，计算圆截面图形对圆心 O 的极惯性矩和对 z 轴的惯性矩。

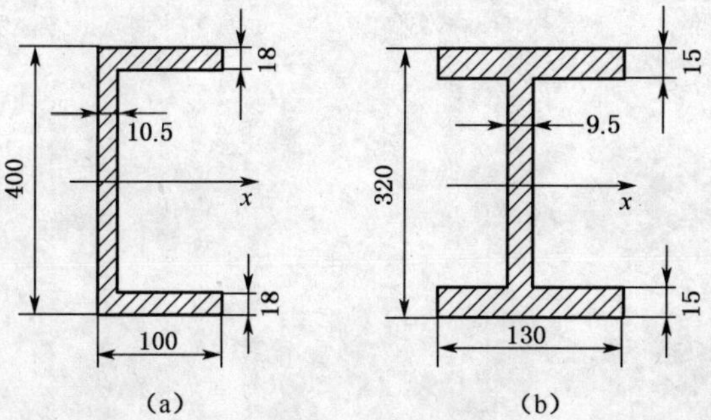

题Ⅰ.4图

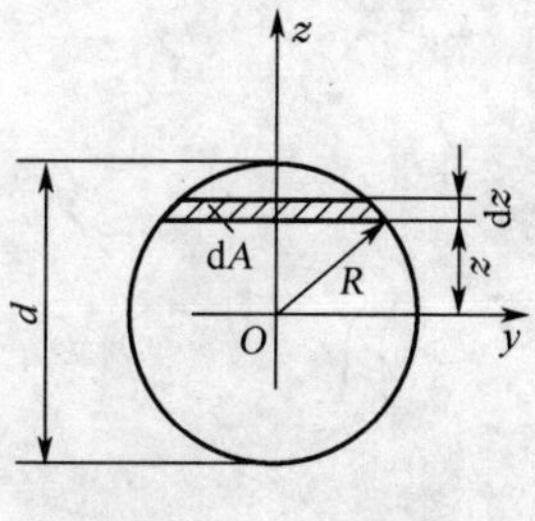

题Ⅰ.5图

Ⅰ.6 试求题Ⅰ.6图所示平面图形对 y、z 轴的惯性矩 I_y、I_z 以及惯性积 I_{yz}。

Ⅰ.7 试求题Ⅰ.7图所示两个截面图形对其形心轴 x 的惯性矩。

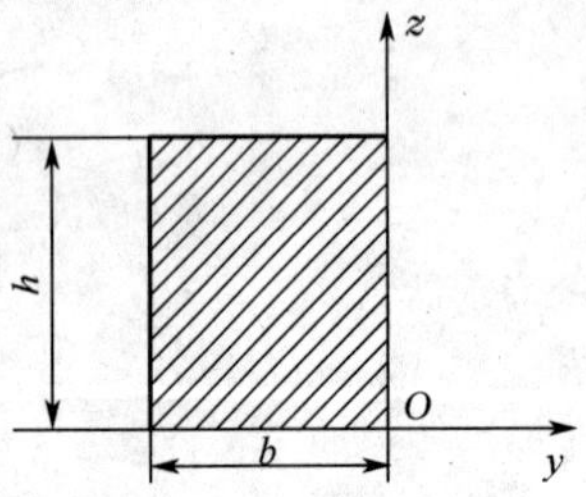

题Ⅰ.6图

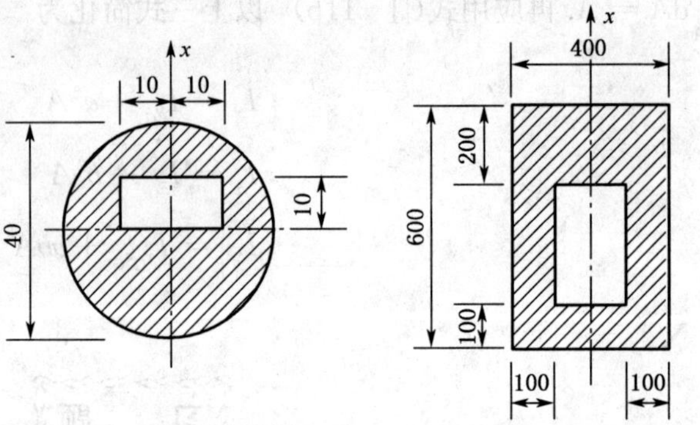

题Ⅰ.7图

附录Ⅱ 型钢规格表

表 1 热轧等边角钢(GB/T 9787—1988)

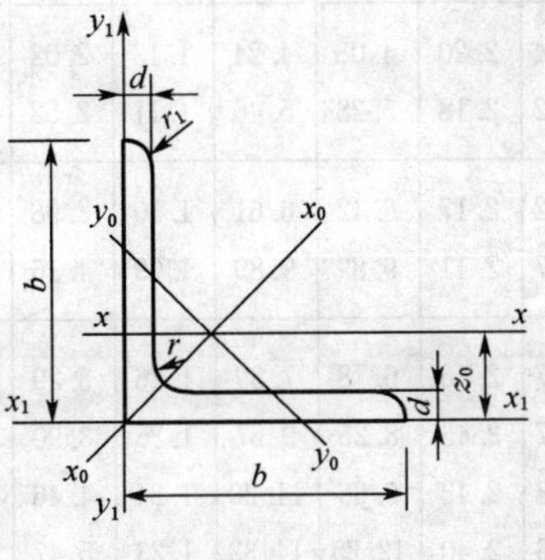

符号意义：

b——边宽度； I——惯性矩；

d——边厚度； i——惯性半径；

r——内圆弧半径； W——截面系数；

r_1——边端内圆弧半径； z_0——重心距离。

角钢号数	尺寸 mm			截面面积/cm²	理论质量/(kg/m)	外表面积/(m²/m)	参考数值										
							x—x			x_0—x_0			y_0—y_0			x_1—x_1	z_0 cm
	b	d	r				I_x/cm⁴	i_x/cm	W_x/cm³	I_{x0}/cm⁴	i_{x0}/cm	W_{x0}/cm³	I_{y0}/cm⁴	i_{y0}/cm	W_{y0}/cm³	I_{x1}/cm⁴	
2	20	3	3.5	1.132	0.889	0.078	0.40	0.59	0.29	0.63	0.75	0.45	0.17	0.39	0.20	0.81	0.60
		4		1.459	1.145	0.077	0.50	0.58	0.36	0.78	0.73	0.55	0.22	0.38	0.24	1.09	0.64
2.5	25	3		1.432	1.124	0.098	0.82	0.76	0.46	1.29	0.95	0.73	0.34	0.49	0.33	1.57	0.73
		4		1.859	1.459	0.097	1.03	0.74	0.59	1.62	0.93	0.92	0.43	0.48	0.40	2.11	0.76
3.0	30	3	4.5	1.749	1.373	0.117	1.46	0.91	0.68	2.31	1.15	1.09	0.61	0.59	0.51	2.71	0.85
		4		2.276	1.786	0.117	1.84	0.90	0.87	2.92	1.13	1.37	0.77	0.58	0.62	3.63	0.89
3.6	36	3	4.5	2.109	1.656	0.141	2.58	1.11	0.99	4.09	1.39	1.61	1.07	0.71	0.76	4.68	1.00
		4		2.756	2.163	0.141	3.29	1.09	1.28	5.22	1.38	2.05	1.37	0.70	0.93	6.25	1.04
		5		3.382	2.654	0.141	3.95	1.08	1.56	6.24	1.36	2.45	1.65	0.70	1.09	7.84	1.07
4.0	40	3	5	2.359	1.852	0.157	3.59	1.23	1.23	5.69	1.55	2.01	1.49	0.79	0.96	6.41	1.09
		4		3.086	2.422	0.157	4.60	1.22	1.60	7.29	1.54	2.58	1.91	0.79	1.19	8.56	1.13
		5		3.791	2.976	0.156	5.53	1.21	1.96	8.76	1.52	3.01	2.30	0.78	1.39	10.74	1.17
4.5	45	3	5	2.659	2.088	0.177	5.17	1.40	1.58	8.20	1.76	2.58	2.14	0.90	1.24	9.12	1.22
		4		3.486	2.736	0.177	6.65	1.38	2.05	10.56	1.74	3.32	2.75	0.89	1.54	12.18	1.26
		5		4.292	3.369	0.176	8.04	1.37	2.51	12.74	1.72	4.00	3.33	0.88	1.81	15.25	1.30
		6		5.076	3.985	0.176	9.33	1.36	2.95	14.76	1.70	4.64	3.89	0.88	2.06	18.36	1.33

续表 1

角钢号数	尺寸/mm			截面面积/cm²	理论质量/(kg/m)	外表面积/(m²/m)	参考数值										z_0/cm
							x—x			x_0—x_0			y_0—y_0			x_1—x_1	
	b	d	r				I_x/cm⁴	i_x/cm	W_x/cm³	I_{x0}/cm⁴	i_{x0}/cm	W_{x0}/cm³	I_{y0}/cm⁴	i_{y0}/cm	W_{y0}/cm³	I_{x1}/cm⁴	
5	50	3	5.5	2.971	2.332	0.197	7.18	1.55	1.96	11.37	1.96	3.22	2.98	1.00	1.57	12.50	1.34
		4		3.897	3.059	0.197	9.26	1.54	2.56	14.70	1.94	4.16	3.82	0.99	1.96	16.60	1.38
		5		4.803	3.770	0.196	11.21	1.53	3.13	17.79	1.92	5.03	4.64	0.98	2.31	20.90	1.42
		6		5.688	4.465	0.196	13.05	1.52	3.68	20.68	1.91	5.85	5.42	0.98	2.63	25.14	1.46
5.6	56	3	6	3.343	2.624	0.221	10.19	1.75	2.48	16.14	2.20	4.08	4.24	1.13	2.02	17.56	1.48
		4		4.390	3.446	0.220	13.18	1.73	3.24	20.92	2.18	5.28	5.46	1.11	2.52	23.43	1.53
5.6	56	5	6	5.415	4.251	0.220	16.02	1.72	3.97	25.42	2.17	6.42	6.61	1.10	2.98	29.33	1.57
		8	7	8.367	6.568	0.219	23.63	1.68	6.03	37.37	2.11	9.89	9.89	1.09	4.16	47.24	1.68
6.3	63	4	7	4.978	3.907	0.248	19.03	1.96	4.13	30.17	2.46	6.78	7.89	1.26	3.29	33.35	1.70
		5		6.143	4.822	0.248	23.17	1.94	5.08	36.77	2.45	8.25	9.57	1.25	3.90	41.73	1.74
		6		7.288	5.721	0.247	27.12	1.93	6.00	43.03	2.43	9.66	11.20	1.24	4.46	50.14	1.78
		8		9.515	7.469	0.247	34.46	1.90	7.75	54.56	2.40	12.25	14.33	1.23	5.47	67.11	1.85
		10		11.657	9.151	0.246	41.09	1.88	9.39	64.85	2.36	14.56	17.33	1.22	6.36	84.31	1.93
7	70	4	8	5.570	4.372	0.275	26.39	2.18	5.14	41.80	2.74	8.44	10.99	1.40	4.17	45.74	1.86
		5		6.875	5.397	0.275	32.21	2.16	6.32	51.08	2.73	10.32	13.34	1.39	4.95	57.21	1.91
		6		8.160	6.406	0.275	37.77	2.15	7.48	59.93	2.71	12.11	15.61	1.38	5.67	68.73	1.95
		7		9.424	7.398	0.275	43.09	2.14	8.59	68.35	2.69	13.81	17.82	1.38	6.34	80.29	1.99
		8		10.667	8.373	0.274	48.17	2.12	9.68	76.37	2.68	15.43	19.98	1.37	6.98	91.92	2.03
7.5	75	5	9	7.367	5.818	0.295	39.97	2.33	7.32	63.30	2.92	11.94	16.63	1.50	5.77	70.56	2.04
		6		8.797	6.905	0.294	46.95	2.31	8.64	74.38	2.90	14.02	19.51	1.49	6.67	84.55	2.07
		7		10.160	7.976	0.294	53.57	2.30	9.93	84.96	2.89	16.02	22.18	1.48	7.44	98.71	2.11
		8		11.503	9.030	0.294	59.96	2.28	11.20	95.07	2.88	17.93	24.86	1.47	8.19	112.97	2.15
		10		14.126	11.089	0.293	71.98	2.26	13.64	113.92	2.84	21.84	30.05	1.46	9.56	141.71	2.22
8	80	5	9	7.912	6.211	0.315	48.79	2.48	8.34	77.33	3.13	13.67	20.25	1.60	6.66	85.36	2.15
		6		9.397	7.376	0.314	57.35	2.47	9.87	90.98	3.11	16.08	23.72	1.59	7.65	102.50	2.19
		7		10.860	8.525	0.314	65.58	2.46	11.37	104.07	3.10	18.40	27.09	1.58	8.58	119.70	2.23
		8		12.303	9.658	0.314	73.49	2.44	12.83	116.60	3.08	20.61	30.39	1.57	9.46	136.97	2.27
		10		15.126	11.874	0.313	88.43	2.42	15.64	140.09	3.04	24.76	36.77	1.56	11.08	171.74	2.35
9	90	6	10	10.637	8.350	0.354	82.77	2.79	12.61	131.26	3.51	30.63	34.28	1.80	9.95	145.87	2.44
		7		12.301	9.656	0.354	94.83	2.78	14.54	150.47	3.50	23.64	39.18	1.78	11.19	170.30	2.48
		8		13.944	10.946	0.353	106.47	2.76	16.42	168.97	3.48	26.55	43.97	1.78	12.35	194.80	2.52
		10		17.167	13.476	0.353	128.58	2.74	20.07	203.90	3.45	32.04	53.26	1.76	14.52	244.07	2.59
		12		20.306	15.940	0.352	149.22	2.71	23.57	236.21	3.41	37.12	62.22	1.75	16.49	293.76	2.67

续表 1

角钢号数	尺寸/mm b	尺寸/mm d	尺寸/mm r	截面面积/cm^2	理论质量/(kg/m)	外表面积/(m^2/m)	参考数值 x—x I_x/cm^4	i_x/cm	W_x/cm^3	x_0—x_0 I_{x0}/cm^4	i_{x0}/cm	W_{x0}/cm^3	y_0—y_0 I_{y0}/cm^4	i_{y0}/cm	W_{y0}/cm^3	x_1—x_1 I_{x1}/cm^4	z_0/cm
10	100	6	12	11.932	9.366	0.393	114.95	3.01	15.68	181.98	3.90	25.74	47.92	2.00	12.69	200.07	2.67
		7		13.796	10.830	0.393	131.86	3.09	18.10	208.97	3.89	29.55	54.74	1.99	14.26	233.54	2.71
		8		15.638	12.276	0.393	148.24	3.08	20.47	235.07	3.88	33.24	61.41	1.98	15.75	267.09	2.76
		10		19.261	15.120	0.392	179.51	3.05	25.06	284.68	3.84	40.26	74.35	1.96	18.54	334.48	2.84
		12		22.800	17.898	0.391	208.90	3.03	29.48	330.95	3.81	46.80	86.84	1.95	21.08	402.34	2.91
		14		26.256	20.611	0.391	236.53	3.00	33.73	374.06	3.77	52.90	99.00	1.94	23.44	470.75	2.99
		16		29.627	23.257	0.390	262.53	2.98	37.82	414.16	3.74	58.57	110.89	1.94	25.63	539.80	3.06
11	110	7	12	15.196	11.928	0.433	177.16	3.41	22.05	280.94	4.30	36.12	73.38	2.20	17.51	310.64	2.96
		8		17.238	13.532	0.433	199.46	4.04	24.95	316.49	4.28	40.69	82.42	2.19	19.39	355.20	3.01
		10		21.261	16.690	0.432	242.19	3.38	30.60	384.39	4.25	49.42	99.98	2.17	22.91	444.65	3.09
		12		25.200	19.782	0.431	282.55	3.35	36.05	448.17	4.22	57.62	116.93	2.15	26.15	534.60	3.16
		14		29.056	22.809	0.431	320.71	3.32	41.31	508.01	4.18	65.31	133.40	2.14	29.14	625.16	3.24
12.5	125	8	14	19.750	15.504	0.492	297.03	3.88	32.52	470.89	4.88	53.28	123.16	2.50	25.86	521.01	3.37
		10		24.373	19.133	0.491	361.67	3.85	39.97	573.89	4.85	64.93	149.46	2.48	30.62	651.93	3.45
		12		28.912	22.696	0.491	423.16	3.83	41.17	671.44	4.82	76.96	174.88	2.46	35.03	783.42	3.53
		14		33.367	26.193	0.490	481.65	3.80	54.16	763.73	4.78	86.41	199.57	2.45	39.13	915.61	3.61
14	140	10	14	27.373	21.488	0.551	514.65	4.34	50.58	817.27	5.46	82.56	212.04	2.78	39.20	915.11	3.82
		12		32.512	25.522	0.551	603.68	4.31	59.80	958.79	5.43	96.85	248.57	2.76	45.02	1099.28	3.90
		14		37.567	29.490	0.550	688.81	3.28	68.75	1093.56	5.40	110.47	284.06	2.75	50.45	1284.22	3.98
		16		42.539	33.393	0.549	770.24	4.26	77.46	1221.81	5.36	123.42	318.67	2.74	55.55	1470.07	4.06
16	160	10	16	31.502	24.729	0.630	779.53	4.98	66.70	1237.30	6.27	109.36	321.76	3.20	52.76	1365.33	4.31
		12		37.441	29.391	0.630	916.58	4.95	78.98	1455.68	6.24	128.67	377.49	3.18	60.74	1639.57	4.39
		14		43.296	33.987	0.629	1048.36	4.92	90.95	1665.02	6.20	147.17	431.70	3.16	68.24	1914.68	4.47
		16		49.067	38.518	0.629	1175.08	4.89	102.63	1865.57	6.17	164.89	484.59	3.14	75.31	2190.82	4.55
18	180	12	16	42.241	35.159	0.710	1321.35	5.59	100.82	2100.10	7.05	165.00	542.61	3.58	78.41	2332.80	4.89
		14		48.896	38.388	0.709	1514.48	5.56	116.25	2407.42	7.02	189.14	625.53	3.56	88.38	2723.48	4.97
		16		55.467	43.542	0.709	1700.99	5.54	131.13	2703.37	6.98	212.40	698.0	3.55	97.83	3115.29	5.05
		18		61.955	48.634	0.708	1875.12	5.50	145.64	2988.24	6.94	234.78	762.01	3.51	105.14	3502.43	5.13
20	200	14	18	54.642	42.894	0.788	2103.55	6.20	144.70	3343.26	7.82	236.40	863.83	3.98	111.82	3734.10	5.46
		16		62.013	48.680	0.788	2366.15	6.18	163.65	3760.89	7.79	265.93	971.41	3.96	123.96	4270.39	5.54
		18		69.301	54.401	0.787	2620.64	6.15	182.22	4164.54	7.75	294.48	1076.74	3.94	135.52	4808.13	5.62
		20		76.505	60.056	0.787	2867.30	6.12	200.42	4554.55	7.72	322.06	1180.04	3.93	146.55	5347.51	5.69
		24		90.661	71.168	0.785	2338.25	6.07	236.17	5294.97	7.64	374.41	1381.53	3.90	166.55	6457.16	5.87

注：截面图中的 $r_1=\frac{1}{3}d$ 及表中 r 值的数据用于孔型设计，不作交货条件。

表 2 热轧不等边角钢(GB/T 9788—1988)

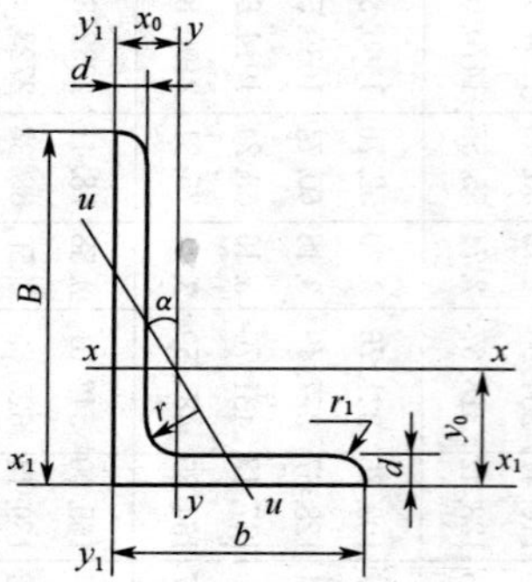

符号意义：

B——长边宽度；	b——短边宽度；
d——边厚度；	r——内圆弧半径；
r_1——边端内圆弧半径；	I——惯性矩；
i——惯性半径；	W——截面系数；
x_0——重心距离；	y_0——重心距离。

角钢号数	尺寸 mm				截面面积/ cm^2	理论质量/ (kg/m)	外表面积/ (m^2/m)	参考数值													
								x—x			y—y			x_1—x_1		y_1—y_1		u—u			
	B	b	d	r				I_x cm^4	i_x cm	W_x cm^3	I_y cm^4	i_y cm	W_y cm^3	I_{x1} cm^4	y_0 cm	I_{y1} cm^4	x_0 cm	I_u cm^4	i_u cm	W_u cm^3	$\tan\alpha$
2.5/1.6	25	16	3	3.5	1.162	0.912	0.080	0.70	0.78	0.43	0.22	0.44	0.19	1.56	0.86	0.43	0.42	0.14	0.34	0.16	0.392
			4		1.499	1.176	0.079	0.88	0.77	0.55	0.27	0.43	0.24	2.09	0.90	0.59	0.46	0.17	0.34	0.20	0.381
3.2/2	32	20	3		1.492	1.171	0.102	1.53	1.01	0.72	0.46	0.55	0.30	3.27	1.08	0.82	0.49	0.28	0.43	0.25	0.382
			4		1.939	1.522	0.101	1.93	1.00	0.93	0.57	0.54	0.39	4.37	1.12	1.12	0.53	0.35	0.42	0.32	0.374
4/2.5	40	25	3	4	1.890	1.484	0.127	3.08	1.28	1.15	0.93	0.70	0.49	6.39	1.32	1.59	0.59	0.56	0.54	0.40	0.386
			4		2.467	1.936	0.127	3.93	1.26	1.49	1.18	0.69	0.63	8.53	1.37	2.14	0.63	0.71	0.54	0.52	0.381
4.5/2.8	45	28	3	5	2.149	1.687	0.143	4.45	1.44	1.47	1.34	0.79	0.62	9.10	1.47	2.23	0.64	0.80	0.61	0.51	0.383
			4		2.806	2.203	0.143	5.69	1.42	1.91	1.70	0.78	0.80	12.13	1.51	3.00	0.68	1.02	0.60	0.66	0.380
5/3.2	50	32	3	5.5	2.431	1.908	0.161	6.24	1.60	1.84	2.02	0.91	0.82	12.49	1.60	3.31	0.73	1.20	0.70	0.68	0.404
			4		3.177	2.494	0.160	8.02	1.59	2.39	2.58	0.90	1.06	16.65	1.65	4.45	0.77	1.53	0.69	0.87	0.402
5.6/3.6	56	36	3	6	2.743	2.153	0.181	8.88	1.80	2.32	2.92	1.03	1.05	17.54	1.78	4.70	0.80	1.73	0.79	0.87	0.408
			4		3.590	2.818	0.180	11.45	1.79	3.03	3.76	1.02	1.37	23.39	1.82	6.33	0.85	2.23	0.79	1.13	0.408
			5		4.415	3.466	0.180	13.86	1.77	3.71	4.49	1.01	1.65	29.25	1.87	7.94	0.88	2.67	0.78	1.36	0.404

续表 2

角钢号数	尺寸/mm				截面面积/cm²	理论质量/(kg/m)	外表面积/(m²/m)	参考数值													
								x—x			y—y			x_1—x_1		y_1—y_1		u—u			
	B	b	d	r				I_x/cm⁴	i_x/cm	W_x/cm³	I_y/cm⁴	i_y/cm	W_y/cm³	I_{x1}/cm⁴	y_0/cm	I_{y1}/cm⁴	x_0/cm	I_u/cm⁴	i_u/cm	W_u/cm³	tanα
6.3/4	63	40	4	7	4.058	3.185	0.202	16.49	2.02	3.87	5.23	1.14	1.70	33.30	2.04	8.63	0.92	3.12	0.88	1.40	0.398
			5		4.993	3.920	0.202	20.02	2.00	4.74	6.31	1.12	2.71	41.63	2.08	10.86	0.95	3.76	0.87	1.71	0.396
			6		5.908	4.638	0.201	23.36	1.96	5.59	7.29	1.11	2.43	49.98	2.12	13.12	0.99	4.34	0.86	1.99	0.393
			7		6.802	5.339	0.201	26.53	1.98	6.40	8.24	1.10	2.78	58.07	2.15	15.47	1.03	4.97	0.86	2.29	0.389
7/4.5	70	45	4	7.5	4.547	3.570	0.225	23.17	2.26	4.86	7.55	1.29	2.17	45.92	2.24	12.26	1.02	4.40	0.98	1.77	0.410
			5		5.609	4.403	0.225	27.95	2.23	5.92	9.13	1.28	2.65	57.10	2.28	15.39	1.06	5.40	0.98	2.19	0.407
			6		6.647	5.218	0.225	32.54	2.21	6.95	10.62	1.26	3.12	68.35	2.32	18.58	1.09	6.35	0.98	2.59	0.404
			7		7.657	6.011	0.225	37.22	2.20	8.03	12.01	1.25	3.57	79.99	2.36	21.84	1.13	7.16	0.97	2.94	0.402
(7.5/5)	75	50	5	8	6.125	4.808	0.245	34.86	2.39	6.83	12.61	1.44	3.30	70.00	2.40	21.04	1.17	7.41	1.10	2.74	0.435
			6		7.260	5.699	0.245	41.12	2.38	8.12	14.70	1.42	3.88	84.30	2.44	25.37	1.21	8.54	1.08	3.19	0.435
			8		9.467	7.431	0.244	52.39	2.35	10.52	18.53	1.40	4.99	112.50	2.52	34.23	1.29	10.87	1.07	4.10	0.429
			10		11.590	9.098	0.244	62.71	2.33	12.79	21.96	1.38	6.04	140.80	2.60	43.43	1.36	13.10	1.06	4.99	0.423
8/5	80	50	5	8	6.375	5.005	0.255	41.96	2.56	7.78	12.82	1.42	3.32	85.21	2.60	21.06	1.14	7.66	1.10	2.74	0.388
			6		7.560	5.935	0.255	49.49	2.56	9.25	14.95	1.41	3.91	102.53	2.65	25.41	1.18	8.85	1.08	3.20	0.387
			7		8.724	6.848	0.255	56.16	2.54	10.58	16.96	1.39	4.48	119.33	2.69	29.82	1.21	10.18	1.08	3.70	0.384
			8		9.867	7.745	0.254	62.83	2.52	11.92	18.85	1.38	5.03	136.41	2.73	34.32	1.25	11.38	1.07	4.16	0.381
9/5.6	90	56	5	9	7.212	5.661	0.287	60.45	2.90	9.92	18.32	1.59	4.21	121.32	2.91	29.53	1.25	10.98	1.23	3.49	0.385
			6		8.557	6.717	0.286	71.03	2.88	11.74	21.42	1.58	4.96	145.59	2.95	35.58	1.29	12.90	1.23	4.18	0.384
			7		9.880	7.756	0.286	81.01	2.86	13.49	24.36	1.57	5.70	169.66	3.00	41.71	1.33	14.67	1.22	4.72	0.382
			8		11.183	8.779	0.286	91.03	2.85	15.27	27.15	1.56	6.41	194.17	3.04	47.93	1.36	16.34	1.21	5.29	0.380
10/6.3	100	63	6	10	9.617	7.550	0.320	99.06	3.21	14.64	30.94	1.79	6.35	199.71	3.24	50.50	1.43	18.42	1.38	5.25	0.394
			7		11.111	8.722	0.320	113.45	3.29	16.88	35.26	1.78	7.29	233.00	3.28	59.14	1.47	21.00	1.38	6.02	0.393
			8		12.584	9.878	0.319	127.37	3.18	19.08	39.39	1.77	8.21	266.32	3.32	67.88	1.50	23.50	1.37	6.78	0.391
			10		15.467	12.142	0.319	153.81	3.15	23.32	47.12	1.74	9.98	333.06	3.40	85.73	1.58	28.33	1.35	8.24	0.387

续表 2

角钢号数	尺寸/mm				截面面积/cm^2	理论质量/(kg/m)	外表面积/(m^2/m)	参考数值													
								x—x			y—y			x_1—x_1		y_1—y_1		u—u			
	B	b	d	r				I_x/cm^4	i_x/cm	W_x/cm^3	I_y/cm^4	i_y/cm	W_y/cm^3	I_{x1}/cm^4	y_0/cm	I_{y1}/cm^4	x_0/cm	I_u/cm^4	i_u/cm	W_u/cm^3	$\tan\alpha$
10/8	100	80	6	10	10.637	8.350	0.454	107.04	3.17	15.19	61.24	2.40	10.16	199.83	2.95	102.68	1.97	31.65	1.72	8.37	0.627
			7		12.301	9.656	0.354	122.73	3.16	17.52	70.08	2.39	11.71	233.20	3.00	119.98	2.01	36.17	1.72	9.60	0.626
			8		13.944	10.946	0.353	137.92	3.14	19.81	78.58	2.37	13.21	266.61	3.04	137.37	2.05	40.58	1.71	10.80	0.625
			10		17.167	13.476	0.353	166.87	3.12	24.24	94.65	2.35	16.12	333.63	3.12	172.48	2.13	49.10	1.69	13.12	0.622
11/7	110	70	6	10	10.637	8.350	0.354	133.57	3.54	17.85	42.92	2.01	7.90	265.78	3.53	69.08	1.57	25.36	1.54	6.53	0.403
			7		12.301	9.656	0.354	153.00	3.53	20.60	49.01	2.00	9.09	310.07	3.57	80.82	1.61	28.95	1.53	7.50	0.402
			8		13.944	10.946	0.353	172.04	3.51	23.30	54.87	1.98	10.25	354.39	3.62	92.70	1.65	32.45	1.53	8.45	0.401
			10		17.167	13.476	0.353	208.39	3.48	28.54	65.88	1.96	12.48	443.13	3.70	116.83	1.72	39.20	1.51	10.29	0.397
12.5/8	125	80	7	11	14.096	11.066	0.403	277.98	4.02	26.86	74.42	2.30	12.01	454.99	4.01	120.32	1.80	43.81	1.76	9.92	0.408
			8		15.989	12.551	0.403	256.77	4.01	30.41	83.49	2.28	13.56	519.99	4.06	137.85	1.84	49.15	1.75	11.18	0.407
			10		19.712	15.474	0.402	312.04	3.98	37.33	100.67	2.26	16.56	650.99	4.14	173.40	1.92	59.45	1.74	13.64	0.404
			12		23.351	18.330	0.402	364.41	3.95	44.01	116.67	2.24	19.43	780.39	4.22	209.67	2.00	69.35	1.72	16.01	0.400
14/9	140	90	8	12	18.038	14.160	0.453	365.64	4.50	38.48	120.69	2.59	17.34	730.53	4.50	195.79	2.04	70.83	1.98	14.31	0.411
			10		22.261	17.475	0.452	445.50	4.47	47.31	146.03	2.56	21.22	913.20	4.58	245.92	2.12	85.82	1.96	17.48	0.409
			12		26.400	20.724	0.451	521.59	4.44	55.87	169.79	2.54	24.95	1096.09	4.66	296.89	2.19	100.21	1.95	20.54	0.406
			14		30.456	23.908	0.451	594.10	4.42	64.18	192.10	2.51	28.54	1279.26	4.74	348.82	2.27	114.13	1.94	23.52	0.403
16/10	160	100	10	13	25.315	19.872	0.512	668.69	5.14	62.13	205.03	2.85	26.56	1362.89	5.24	336.59	2.28	121.74	2.19	21.92	0.390
			12		30.054	23.592	0.511	784.91	5.11	73.49	239.06	2.82	31.28	1635.56	5.32	405.94	2.36	142.33	2.17	25.79	0.388
			14		34.709	27.247	0.510	896.30	5.08	84.56	271.20	2.80	35.83	1908.50	5.40	476.42	2.43	162.23	2.16	29.56	0.385
			16		39.281	30.835	0.510	1003.04	5.05	95.33	301.60	2.77	40.24	2181.79	5.48	548.22	2.51	182.57	2.16	33.44	0.382
18/11	180	110	10	14	28.373	22.273	0.571	956.25	5.80	78.96	278.11	3.13	32.49	1940.40	5.89	447.22	2.44	166.50	2.42	26.88	0.376
			12		33.721	26.464	0.571	1124.72	5.78	93.53	325.03	3.10	34.32	2328.38	5.98	538.94	2.52	194.87	2.40	31.66	0.374
			14		38.967	30.589	0.570	1286.91	5.75	107.76	369.55	3.08	43.97	2176.60	6.06	631.95	2.59	222.30	2.39	36.32	0.372
			16		44.139	34.649	0.569	1443.06	5.72	121.64	411.85	3.06	49.44	3105.15	6.14	726.46	2.67	248.94	2.38	40.87	0.369
20/12.5	200	125	12		37.912	29.761	0.641	1570.90	6.44	116.73	483.16	3.57	49.99	3193.85	6.54	787.74	2.83	285.79	2.74	41.23	0.392
			14		42.867	34.436	0.640	1800.97	4.41	134.65	550.83	3.54	57.44	3726.17	6.02	922.47	2.91	326.58	2.73	47.34	0.390
			16		49.739	39.045	0.639	2023.35	6.38	152.18	615.44	3.52	64.69	4258.86	6.70	1058.86	2.99	366.21	2.71	53.32	0.388
			18		55.526	43.588	0.639	2238.30	6.35	169.33	677.19	3.49	71.74	4792.00	6.78	1197.13	3.06	404.83	2.70	59.18	0.385

注：1. 括号内型号不推荐使用。

2. 截面图中的 $r_1=\frac{1}{3}d$ 及表中 r 的数据用于孔型设计，不作交货条件。

表 3 热轧工字钢(GB/T 706—1988)

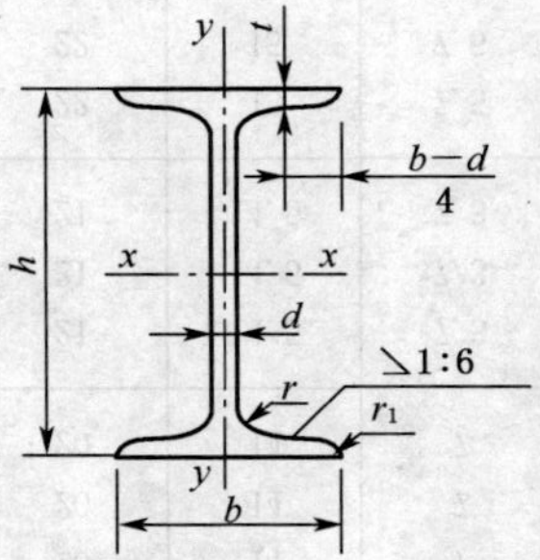

符号意义：
h——高度；
b——腿宽度；
d——腰厚度；
t——平均腿厚度；
r——内圆弧半径；
r_1——腿端圆弧半径；
I——惯性矩；
W——截面系数；
i——惯性半径；
S——半截面的静矩。

型号	尺寸 mm						截面面积 cm^2	理论质量 (kg/m)	参考数值						
									x—x				y—y		
	h	b	d	t	r	r_1			I_x cm^4	W_x cm^3	i_x cm	$i_x:S_x$ cm	I_y cm^4	W_y cm^3	i_y cm
10	100	68	4.5	7.6	6.5	3.3	14.3	11.2	245	49	4.14	8.59	33	9.72	1.52
12.6	126	74	5	8.4	7	3.5	18.1	14.2	488.43	77.529	5.195	10.85	46.906	12.677	1.609
14	140	80	5.5	9.1	7.5	3.8	21.5	16.9	712	102	5.76	12	64.4	16.1	1.73
16	160	88	6	9.9	8	4	26.1	20.5	1130	141	6.58	13.8	93.1	21.2	1.89
18	180	94	6.5	10.7	8.5	4.3	30.6	24.1	1660	185	7.36	15.4	122	26	2
20a	200	100	7	11.4	9	4.5	35.5	27.9	2370	237	8.15	17.2	158	31.5	2.12
20b	200	102	9	11.4	9	4.5	39.5	31.1	2500	250	7.96	16.9	169	33.1	2.06
22a	200	110	7.5	12.3	9.5	4.8	42	33	3400	309	8.99	18.9	225	40.9	2.31
22b	220	112	9.5	12.3	9.5	4.8	46.4	36.4	3570	325	8.78	18.7	239	42.7	2.27
25a	250	116	8	13	10	5	48.5	38.1	5023.54	401.88	10.18	21.58	280.046	48.283	2.403
25b	250	118	10	13	10	3	53.5	42	5283.96	422.72	9.938	21.27	309.297	52.423	2.404
28a	280	122	8.5	13.7	10.5	5.3	55.45	43.4	7114.14	508.15	11.32	24.62	345.051	56.565	2.495
28b	280	124	10.5	13.7	10.5	5.3	61.05	47.9	7480	534.29	11.08	24.24	379.496	61.209	2.493

续表 3

型号	尺寸 mm						截面面积 cm^2	理论质量 (kg/m)	参考数值						
									$x-x$				$y-y$		
	h	b	d	t	r	r_1			$\frac{I_x}{cm^4}$	$\frac{W_x}{cm^3}$	$\frac{i_x}{cm}$	$\frac{i_x:S_x}{cm}$	$\frac{I_y}{cm^4}$	$\frac{W_y}{cm^3}$	$\frac{i_y}{cm}$
32a	320	130	9.5	15	11.5	5.8	67.05	52.7	11075.5	692.2	12.84	27.46	459.93	70.758	2.619
32b	320	132	11.5	15	11.5	5.8	73.45	57.7	11621.4	726.33	12.58	27.09	501.93	75.989	2.614
32c	320	134	13.5	15	11.5	5.8	79.95	62.8	12167.5	760.47	12.34	26.77	543.81	81.166	2.608
36a	360	136	10	15.8	12	6	76.3	59.9	15760	875	14.4	30.7	552	81.2	2.69
36b	360	138	12	15.8	12	6	83.5	65.6	16530	919	14.1	30.3	582	84.3	2.64
36c	360	140	14	15.8	12	6	90.7	71.2	17310	962	13.8	29.9	612	87.4	2.6
40a	400	142	10.5	16.5	12.5	6.3	86.1	67.6	21720	1090	15.9	34.1	660	93.2	2.77
40b	400	144	12.5	16.5	12.5	6.3	94.1	73.8	22780	1140	15.6	33.6	692	96.2	2.71
40c	400	146	14.5	16.5	12.5	6.3	102	80.1	23850	1190	15.2	33.2	727	99.6	2.65
45a	450	150	11.5	18	13.5	6.8	102	80.4	32240	1430	17.7	38.6	855	114	2.89
45b	450	152	13.5	18	13.5	6.8	111	87.4	33760	1500	17.4	38	894	118	2.84
45c	450	154	15.5	18	13.5	6.8	120	94.5	35280	1570	17.1	37.6	938	122	2.79
50a	500	158	12	20	14	7	119	93.6	46470	1860	19.7	42.8	1120	142	3.07
50b	500	160	14	20	14	7	129	101	48560	1940	19.4	42.4	1170	146	3.01
50c	500	162	16	20	14	7	139	109	50640	2080	19	41.8	1220	151	2.96
56a	560	166	12.5	21	14.5	7.3	135.25	106.2	65585.6	2342.31	22.02	47.73	1370.16	165.08	3.182
56b	560	168	14.5	21	14.5	7.3	146.45	115	68512.5	2446.69	21.63	47.17	1486.75	174.25	3.162
56c	560	170	16.5	21	14.5	7.3	157.85	123.9	71439.4	2551.41	21.27	46.66	1558.39	183.34	3.158
63a	630	176	13	22	15	7.5	154.9	121.6	93916.2	2981.47	24.62	54.17	1700.55	193.24	3.314
63b	630	178	15	22	15	7.5	167.5	131.5	98083.6	3163.38	24.2	53.51	1812.07	203.6	3.289
63c	630	180	17	22	15	7.5	180.1	141	102251.1	3298.42	23.82	52.92	1924.91	213.88	3.268

注：截面图和表中标注的圆弧半径 r、r_1 的数据用于孔型设计，不作交货条件。

表 4　热轧槽钢(GB/T 707—1988)

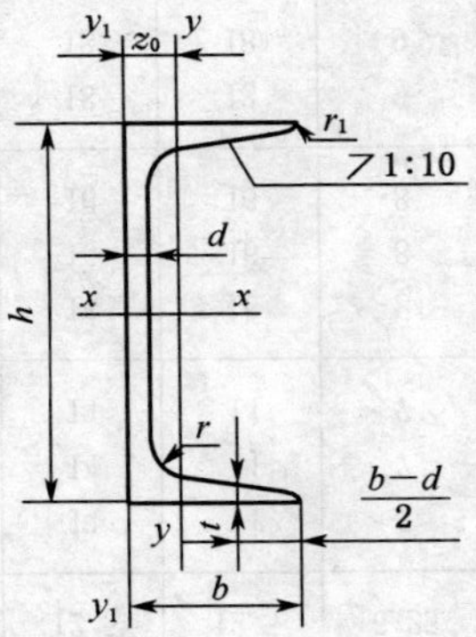

符号意义：
- h——高度；
- b——腿宽度；
- d——腰厚度；
- t——平均腿厚度；
- r——内圆弧半径；
- r_1——腿端圆弧半径；
- I——惯矩；
- W——截面模量；
- i——惯性半径；
- z_0——y-y 轴与 y_1-y_1 轴间距。

型号	尺寸 mm						截面面积 cm^2	理论质量 (kg/m)	参考数值							
									x—x			y—y			y_1—y_1	
	h	b	d	t	r	r_1			W_x cm^3	I_x cm^4	i_x cm	W_y cm^3	I_y cm^4	i_y cm	I_{y1} cm^4	z_0 cm
5	50	37	4.5	7	7	3.5	6.93	5.44	10.4	26	1.94	3.55	8.3	1.1	20.9	1.35
6.3	63	40	4.8	7.5	7.5	3.75	8.444	6.63	16.123	50.786	2.453	4.50	11.872	1.185	28.38	1.36
8	80	43	5	8	8	4	10.24	8.04	25.3	101.3	3.15	5.79	16.6	1.27	37.4	1.43
10	100	48	5.3	8.5	8.5	4.25	12.74	10	39.7	198.3	3.95	7.8	25.6	1.41	54.9	1.52
12.6	126	53	5.5	9	9	4.5	15.69	12.37	62.137	391.466	4.953	10.242	37.99	1.567	77.09	1.59
14a	140	58	6	9.5	9.5	4.75	18.51	14.53	80.5	563.7	5.52	13.01	53.2	1.7	107.1	1.71
14b	140	60	8	9.5	9.5	4.75	21.31	16.73	87.1	609.4	5.35	14.12	61.1	1.69	120.6	1.67
16a	160	63	6.5	10	10	5	21.95	17.23	108.3	866.2	6.28	16.3	73.3	1.83	144.1	1.8
16b	160	63	8.5	10	10	5	25.15	19.74	116.8	934.5	6.1	17.55	83.4	1.82	160.8	1.75

续表 4

型号	尺寸 mm						截面面积 cm^2	理论质量 (kg/m)	参考数值								
									$x—x$			$y—y$			$y_1—y_1$		
	h	b	d	t	r	r_1			W_x / cm^3	I_x / cm^4	i_x / cm	W_y / cm^3	I_y / cm^4	i_y / cm	I_{y1} / cm^4	z_0 / cm
18a	180	68	7	10.5	10.5	5.25	25.69	20.17	141.4	1272.7	7.04	20.03	98.6	1.96	189.7	1.88
18b	180	70	9	10.5	10.5	5.25	29.29	22.99	152.2	1369.9	6.84	21.52	111	1.95	210.1	1.84
20a	200	73	7	11	11	5.5	28.83	22.63	178	1780.4	7.86	24.2	128	2.11	244	2.01
20b	200	73	9	11	11	5.5	32.83	25.77	191.4	1913.7	7.64	25.88	143.6	2.09	268.4	1.95
22a	220	77	7	11.5	11.5	5.75	31.84	24.99	217.6	2393.7	8.67	28.17	157.8	2.23	298.2	2.1
22b	220	79	9	11.5	11.5	5.75	36.24	28.45	233.8	2571.4	8.42	30.05	176.4	2.21	326.3	2.03
25a	250	78	7	12	12	6	34.91	27.47	269.597	3369.62	9.823	30.607	175.529	2.243	322.256	2.065
25b	250	80	9	12	12	6	39.91	31.39	282.402	3530.04	9.405	32.657	196.421	2.218	353.187	1.982
25c	250	82	11	12	12	6	44.91	35.32	295.236	3690.45	9.065	35.926	218.415	2.206	384.133	1.921
28a	280	82	7.5	12.5	12.5	6.25	40.02	31.42	340.328	4764.59	10.91	35.718	217.989	2.333	387.566	2.097
28b	280	84	9.5	12.5	12.5	6.25	45.62	35.81	366.46	5130.45	10.6	37.929	242.144	2.304	427.589	2.016
28c	280	86	11.5	12.5	12.5	6.25	51.22	40.21	392.594	5496.32	10.35	40.301	267.602	2.286	426.597	1.951
32a	320	88	8	14	14	7	48.7	38.22	474.879	7598.06	12.49	46.473	304.787	2.502	552.31	2.242
32b	320	90	10	14	14	7	55.1	43.25	509.012	8144.2	12.15	49.157	336.332	2.471	592.933	2.158
32c	320	92	12	14	14	7	61.5	48.28	543.145	8690.33	11.88	52.642	374.175	2.467	643.299	2.092
36a	360	96	9	16	16	8	60.89	47.8	659.7	11874.2	13.97	63.54	455	2.73	818.4	2.44
36b	360	98	11	16	16	8	68.09	53.45	702.9	12651.8	13.63	66.85	496.7	2.7	880.4	2.37
36c	360	100	13	16	16	8	75.29	50.1	746.1	13429.4	13.36	70.02	536.4	2.67	947.9	2.34
40a	400	100	10.5	18	18	9	75.05	58.91	878.9	17577.9	15.30	78.83	592	2.81	1067.7	2.49
40b	400	102	12.5	18	18	9	83.05	65.19	932.2	18644.5	14.98	82.52	640	2.78	1135.6	2.44
40c	400	104	14.5	18	18	9	91.05	71.47	985.6	19711.2	14.71	86.19	687.8	2.75	1220.7	2.42

注：截面图和表中标注的圆弧半径 r、r_1 的数据用于孔型设计，不作交货条件。

参 考 文 献

[1] 吴绍莲. 工程力学[M]. 北京:机械工业出版社,2002

[2] 吴建生. 工程力学[M]. 北京:机械工业出版社,2003

[3] 李龙堂. 工程力学[M]. 北京:机械工业出版社,1985

[4] 吕书清. 工程力学[M]. 北京:科学出版社,2009

[5] 徐广民. 工程力学[M]. 成都:西南交通大学出版社,2004

[6] 史艺农,王美蓉. 工程力学[M]. 西安:西安电子科技大学出版社,2006

[7] 黄孟生,赵引. 工程力学[M]. 北京:清华大学出版社,2006

[8] 瞿芳. 工程机械基础[M]. 哈尔滨:哈尔滨工程大学出版社,2008

[9] 北京科技大学,东北大学合编. 工程力学(静力学、运动学和动力学、材料力学)[M]. 北京:高等教育出版社,1997

[10] 王崇革,付彦坤,戴葆青. 工程力学教程[M]. 北京:北京航空航天大学出版社,2004

[11] 张功学. 理论力学[M]. 西安:西安电子科技大学出版社,2008

[12] 王月梅. 理论力学[M]. 北京:机械工业出版社,2004

[13] 张洪霞,张玉贤. 理论力学[M]. 哈尔滨:哈尔滨工业大学出版社,2007

[14] 哈尔滨工业大学理论力学教研室编. 理论力学(Ⅰ、Ⅱ)(第7版)[M]. 北京:高等教育出版社,2009

[15] 刘鸿文. 材料力学(第4版)[M]. 北京:高等教育出版社,2004

[16] 赵诒枢. 工程力学习题全解[M]. 武汉:华中科技大学出版社,2008

[17] 韦林. 理论力学习题精选精解[M]. 上海:同济大学出版社,2003